张毅刚◉主编

51单片机典型项目实战全能一本通

C语言版|视频版

彭喜元 崔秀海◉副主编

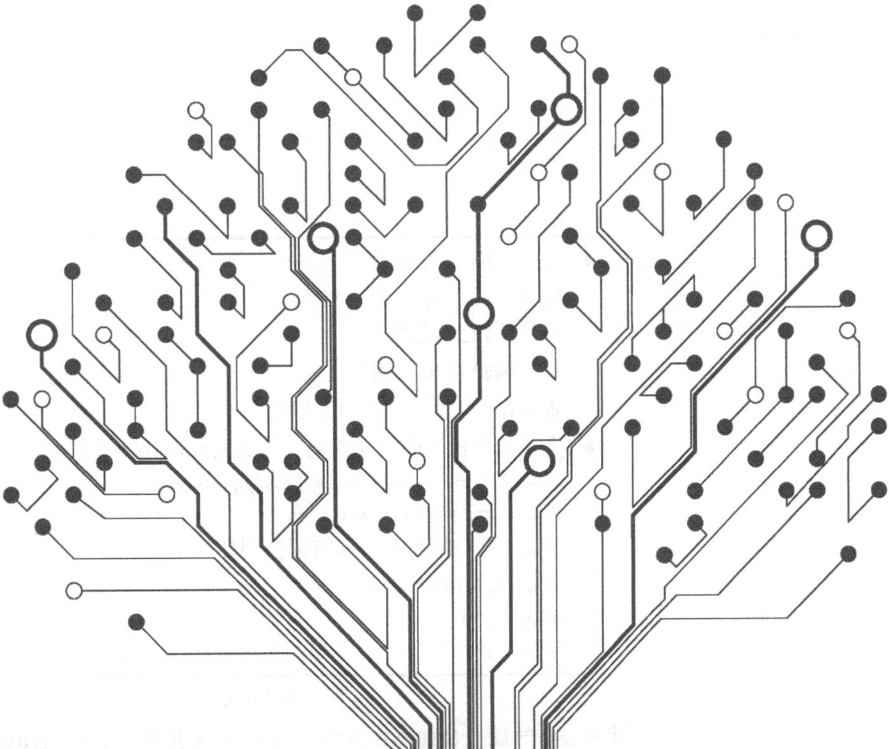

人 民 邮 电 出 版 社

北 京

图书在版编目（CIP）数据

51单片机典型项目实战全能一本通 : C语言版 : 视频版 / 张毅刚主编. -- 北京 : 人民邮电出版社, 2018.6
ISBN 978-7-115-47400-1

Ⅰ. ①5… Ⅱ. ①张… Ⅲ. ①单片微型计算机－C语言－程序设计 Ⅳ. ①TP368.1②TP312

中国版本图书馆CIP数据核字(2017)第319377号

内容提要

本书采用案例设计的形式，介绍了 AT89S51 单片机各种应用案例的 C51 程序设计，为初学者掌握 AT89S51 单片机片内功能部件与各种接口的软硬件设计提供了很好的借鉴，为快速掌握 AT89S51 单片机的 C51 程序设计，本书提供了许多可供参考的程序。本书从应用角度介绍了开关、键盘检测以及 LED 数码管、LCD 的显示控制案例；单片机片内的中断系统、定时器、串行口的各种应用案例设计；单片机系统的并行与串行扩展技术，包括 I/O 端口、数据存储器、D/A 与 A/D 转换器、电机控制，以及各种综合应用设计，案例设计基本涵盖了单片机各种常见的典型器件。

本书可作为工科院校、职业技术学院各专业单片机应用课程的教材或参考书，也可作为单片机课程的基础实验、课程设计或毕业设计的参考资料，还可供 AT89S51 单片机应用设计的工程技术人员参考。

◆ 主　　编　张毅刚
副 主 编　彭喜元　崔秀海
责任编辑　武恩玉
执行编辑　刘　蔚
责任印制　沈　蓉　彭志环

◆ 人民邮电出版社出版发行　　北京市丰台区成寿寺路 11 号
邮编　100164　　电子邮件　315@ptpress.com.cn
网址　http://www.ptpress.com.cn
北京七彩京通数码快印有限公司印刷

◆ 开本：787×1092　1/16
印张：21.75　　　　2018 年 6 月第 1 版
字数：527 千字　　　2025 年 1 月北京第 14 次印刷

定价：79.80 元

读者服务热线：(010) 81055256　印装质量热线：(010) 81055316
反盗版热线：(010) 81055315
广告经营许可证：京东市监广登字20170147号

前　言

单片机问世以来，已在诸多领域得到广泛应用。快速掌握单片机应用技术，已经成为广大工程技术人员以及在校学生的迫切需要。掌握单片机应用技术的一种有效的方式，就是借鉴已调试通过的案例，掌握 C51 软件设计的基本思想与方法。本书给出的案例涵盖了单片机应用最基本的开关、键盘检测以及 LED 数码管、LCD 的控制显示案例；还包括了片内外设，如中断系统、定时器、串行口的各种应用编程，以及 I/O 口扩展、数据存储器扩展、D/A 与 A/D 转换器的典型应用、电机控制和各种综合应用案例等，同时也涵盖各种其他的典型应用设计与典型器件。

本书采用了易于掌握的 C 语言进行单片机应用程序设计，大大降低了读者对单片机硬件结构了解程度的要求，使得初学者能在短时间内就可以开发出满足要求的单片机实用系统。本书可以帮助读者用 C 语言快速地迈入单片机应用系统设计的大门，并使读者用 C 语言设计开发 8051 单片机应用系统的能力得到大幅提升。

全书共分为 11 章，第 1 章和第 2 章从实际操作的角度，介绍 Proteus 虚拟仿真平台以及 Keil μVision 3 开发工具的使用，读者如果已经熟知和掌握这两个工具软件的使用，可以跳过不看。第 3 章、第 4 章从 I/O 应用基础出发，介绍开关、键盘检测以及 LED 数码管、LCD 的控制显示案例，既为读者掌握开关、键盘检测以及 LED 数码管、LCD 的控制器示，也为以后各章的案例仿真和观察系统运行的结果，打下基础。第 5 章～第 7 章介绍单片机的片内外设，即中断系统、定时器、串行口的应用设计案例。第 8 章介绍系统扩展应用案例，既包括典型的并行扩展，也包括应用较广泛的 I^2C 与单总线串行扩展等。第 9 章介绍扩展 DAC 与 ADC 的案例设计，其中既包括了并行扩展，也包括了应用较为广泛的串行扩展的 DAC 与 ADC。第 10 章介绍目前单片机控制各种电机的应用案例。第 11 章介绍了各种常见的综合性应用案例设计。

本书由哈尔滨工业大学张毅刚教授担任主编，副主编由彭喜元和崔秀海担任，此外参加编写工作的还有哈尔滨工业大学自动化测试与控制研究所的赵光权、马云彤、刘旺、王少军、杨智明、付宁、俞洋、刘兆庆、梁军、张京超、魏德宝，在此也对上述各位教师的辛勤工作表示衷心感谢。

特别感谢广州风标电子有限公司总经理匡载华先生为本书的编写、出版提供了技术资料，以及给予的大力支持和帮助。

最后竭诚希望本书能为读者学习单片机的应用设计提供帮助，欢迎读者对书中错误及疏漏之处给予指正，并请与主编张毅刚联系（邮箱：zyg@hit.edu.cn）。

作者

2018 年 4 月于哈尔滨工业大学

目　录

第 1 章　虚拟仿真工具 Proteus 的使用 ······ 1
1.1　Proteus 功能概述 ······ 1
1.2　Proteus ISIS 的虚拟仿真 ······ 2
1.3　Proteus ISIS 环境简介 ······ 2
1.3.1　ISIS 各窗口简介 ······ 3
1.3.2　主菜单栏 ······ 4
1.3.3　主工具栏 ······ 7
1.3.4　工具箱 ······ 8
1.3.5　仿真工具栏 ······ 10
1.3.6　元件列表 ······ 10
1.3.7　预览窗口 ······ 11
1.3.8　原理图编辑窗口 ······ 11
1.4　Proteus ISIS 的编辑环境设置 ······ 12
1.4.1　选择模板 ······ 12
1.4.2　选择图纸 ······ 12
1.4.3　设置文本编辑器 ······ 12
1.4.4　网格开关与格点间距设置 ······ 12
1.5　Proteus ISIS 的系统运行环境设置 ······ 13
1.6　单片机系统的原理电路设计与虚拟仿真 ······ 13
1.6.1　原理电路设计与虚拟仿真步骤 ······ 14
1.6.2　新建或打开一个设计文件 ······ 14
1.6.3　选择需要的元件到元件列表 ······ 16
1.6.4　放置元件并连接电路 ······ 17
1.6.5　加载目标代码文件、设置时钟频率及仿真运行 ······ 21
1.7　Proteus 的虚拟仿真调试工具 ······ 23
1.7.1　虚拟信号源 ······ 23
1.7.2　虚拟仪器 ······ 28
1.7.3　图表仿真 ······ 39
1.7.4　硬件断点的设置 ······ 41

第 2 章 C51 语言开发工具 Keil μVision 3 的使用 …… 44
2.1 Keil μVision 3 开发工具简介 …… 44
2.2 Keil μVision 3 的基本操作 …… 44
2.2.1 Keil μVision 3 的安装与启动 …… 44
2.2.2 创建项目 …… 45
2.3 添加用户源程序文件 …… 47
2.4 程序的编译与调试 …… 49
2.5 项目的设置 …… 52
2.6 Proteus 与μVision 3 的联调 …… 54
第 3 章 单片机 I/O 口应用——点亮发光二极管与开关检测 …… 57
例 3-1 单片机控制点亮发光 LED 案例 1 …… 57
例 3-2 单片机控制点亮发光 LED 案例 2 …… 59
例 3-3 生日蜡烛的实现 …… 61
例 3-4 开关状态检测——模拟开关灯的实现 …… 62
例 3-5 开关检测案例 1 …… 63
例 3-6 开关检测案例 2 …… 64
例 3-7 开关控制 LED 灯的流水点亮 …… 65
例 3-8 开关状态的检测与显示 …… 66
例 3-9 节日彩灯控制器 …… 68
例 3-10 花样流水灯的制作 …… 70
例 3-11 单片机实现的顺序控制 …… 72
第 4 章 显示与键盘的案例设计 …… 75
例 4-1 控制单只 LED 数码管轮流显示奇数与偶数 …… 75
例 4-2 控制 2 只 LED 数码管的静态显示 …… 77
例 4-3 8 只 LED 数码管滚动显示单个数字 …… 78
例 4-4 8 只数码管同时显示字符（动态扫描） …… 79
例 4-5 BCD 译码的 2 位数码管扫描的数字显示 …… 80
例 4-6 16×16 LED 点阵单色显示屏的字符显示 …… 82
例 4-7 电梯运行控制的楼层显示（8×8 LED 点阵） …… 85
例 4-8 查询方式的独立式键盘设计 …… 88
例 4-9 中断方式的独立式键盘设计 …… 90
例 4-10 软件去抖的查询方式的独立式键盘设计 …… 91
例 4-11 4×4 矩阵键盘的查询方式扫描设计 …… 94
例 4-12 4×4 矩阵键盘的中断方式扫描设计 …… 96

例 4-13 4×4 矩阵键盘按键识别与 BCD-7 段译码显示 …… 97
例 4-14 字符型 LCD1602 的控制显示（I/O 方式） …… 99
例 4-15 字符型 LCD1602 的控制显示（总线方式） …… 108
例 4-16 点阵式液晶显示屏 LCD12864 的显示编程 …… 110
例 4-17 采用专用芯片 HD7279A 的键盘/显示器的接口设计 …… 118

第 5 章 中断系统的应用设计 …… 129

例 5-1 单一外中断应用案例 1 …… 129
例 5-2 单一外中断应用案例 2 …… 130
例 5-3 两个外中断的应用 …… 132
例 5-4 中断嵌套的应用 …… 133

第 6 章 定时器/计数器应用设计案例 …… 136

例 6-1 计数器对外部脉冲计数 …… 136
例 6-2 外部计数输入信号控制 LED 灯闪烁 …… 137
例 6-3 控制 8 只 LED 每 0.5s 闪亮一次 …… 138
例 6-4 秒定时的设计 …… 140
例 6-5 控制 P1.0 脚产生频率为 500Hz 的方波 …… 141
例 6-6 利用 T1 控制发出 1kHz 的音频信号 …… 143
例 6-7 LED 显示的秒计时表的制作 …… 144
例 6-8 使用专用数码管显示控制芯片的秒计时表制作 …… 146
例 6-9 脉冲分频器的设计 …… 151
例 6-10 利用定时器设计的门铃 …… 153
例 6-11 60 秒倒计时时钟设计 …… 155
例 6-12 LCD 电子钟的设计 …… 157
例 6-13 LCD 显示的定时闹钟制作 …… 159
例 6-14 频率计的设计 …… 166
例 6-15 PWM 发生器的制作 …… 168
例 6-16 测量脉冲宽度（定时器门控位 GATEx 的应用） …… 170
例 6-17 十字路口交通灯控制器 …… 172
例 6-18 时间可调的十字路口交通灯控制器 …… 175
例 6-19 LCD 显示的音乐倒计数计数器的制作 …… 180
例 6-20 音乐音符发生器的制作 …… 185
例 6-21 数字音乐盒的制作 …… 188

第 7 章 串行口编程设计案例……190

例 7-1 串行口方式 0 扩展并行输出端口……190

例 7-2 串行口方式 0 扩展并行输入端口……192

例 7-3 方式 1 单工串行通信……193

例 7-4 方式 1 半双工串行通信……194

例 7-5 方式 1 全双工串行通信……199

例 7-6 甲机通过串行口控制乙机的 LED 闪烁……201

例 7-7 波特率可选的双机串行通信……205

例 7-8 双机全双工串行通信……210

例 7-9 方式 3（或方式 2）的应用设计……212

例 7-10 多机串行通信……214

例 7-11 单片机与 PC 串行通信的设计……218

例 7-12 PC 向单片机发送数据……221

例 7-13 RS-485 串行通信设计……223

第 8 章 I/O 扩展与存储器扩展……226

例 8-1 单片机扩展并行 I/O 接口 82C55 的开关指示器……226

例 8-2 单片机扩展 82C55 控制交通灯……227

例 8-3 单片机控制 82C55 产生 500Hz 方波……229

例 8-4 扩展 74LSTTL 电路的开关检测器……231

例 8-5 单总线 DS18B20 测温系统案例设计 1……232

例 8-6 单总线 DS18B20 测温系统案例设计 2……237

例 8-7 片内 RAM 的读写……243

例 8-8 单片机并行扩展数据存储器 RAM6264……245

例 8-9 基于 I^2C 总线的 AT24C02 存储器 IC 卡设计……246

例 8-10 基于 I^2C 总线的 AT24C02 存储器记录按键次数并显示……252

例 8-11 基于 I^2C 总线多个存储器 AT24C02 的读写……257

第 9 章 DAC、ADC 的扩展及软件滤波……261

例 9-1 单片机控制 DAC0832 的程控电压源……261

例 9-2 单片机扩展 10 位串行 DAC-TLC5615……262

例 9-3 单片机扩展 DAC0832 的波形发生器……265

例 9-4 单片机扩展 ADC0809 的 A/D 转换……270

例 9-5 单片机控制 ADC0809 两路数据采集……271

例 9-6 2 路查询方式的数字电压表设计……274

例 9-7 2 路中断方式的数字电压表设计……277

例 9-8 单片机扩展串行 8 位 ADC-TLC549 ······ 279
例 9-9 单片机扩展串行 12 位 ADC-TLC2543 ······ 282
例 9-10 算术平均软件滤波 ······ 286
例 9-11 滑动平均软件滤波 ······ 287
例 9-12 中位值软件滤波 ······ 287
例 9-13 防脉冲干扰软件滤波 ······ 288

第 10 章 电机控制 ······ 290

例 10-1 步进电机正反转的控制 ······ 290
例 10-2 步进电机正反转与转速的控制 ······ 292
例 10-3 单片机控制直流电机 ······ 294
例 10-4 小直流电机调速控制系统 ······ 297
例 10-5 单片机控制三相单三拍步进电机 ······ 299
例 10-6 单片机控制三相双三拍步进电机 ······ 303
例 10-7 直流电机转速测量 ······ 306

第 11 章 其他常用的应用案例设计 ······ 308

例 11-1 8 位竞赛抢答器设计 ······ 308
例 11-2 电话拨号的模拟 ······ 312
例 11-3 基于热敏电阻的数字温度计设计 ······ 316
例 11-4 基于时钟/日历芯片 DS1302 的电子钟设计 ······ 319
例 11-5 电容、电阻参数测试仪设计 ······ 324

附录 1 头文件 LCD1602.h 清单 ······ 331

附录 2 头文件 DS1302.h 清单 ······ 333

参考文献 ······ 337

第 1 章

虚拟仿真工具 Proteus 的使用

Proteus 是英国 Lab center Electronics 公司于 1989 年推出的一种完全用软件手段对单片机应用系统进行虚拟仿真的开发工具，与用户样机在硬件上无任何联系，只需在 PC 上安装仿真开发软件 Proteus，就可进行单片机应用系统的设计开发、调试与虚拟仿真，为实际的单片机应用系统设计开发提供了功能强大的虚拟仿真功能。下面首先了解 Proteus 的基本功能。

1.1 Proteus 功能概述

Proteus 除了具有模拟电路、数字电路的原理电路的设计与仿真功能外，最大特色是对单片机应用系统连同程序运行以及所有的外围接口器件、外部的测试仪器一起仿真。针对单片机的应用设计，可直接在基于原理图的虚拟模型上编程，并实现源代码级的实时调试与仿真。由于 Proteus 软件的强大功能与特色，目前已在全球包括斯坦福大学、加州大学等数千所高校以及世界各大研发公司得到广泛应用。

Proteus 的特点如下。

（1）Proteus 是目前世界上唯一的支持嵌入式处理器的虚拟仿真平台，除了可仿真 8051 单片机外，还可仿真其他各主流系列的单片机，包括 MSP430 系列、68000 系列、AVR 系列、PIC12/16/18 系列、Z80 系列、HC11 系列等，以及各种外围可编程接口芯片。此外还支持 ARM7、ARM9 等嵌入式微处理器的虚拟仿真。

（2）Proteus 的元件库中具有几万种元件模型，可直接对单片机的各种外围电路进行仿真，如 RAM、ROM、总线驱动器、各种可编程外围接口芯片、LED 数码管显示器、LCD 显示模块、矩阵式键盘、实时时钟芯片以及多种 D/A 和 A/D 转换器等。虚拟终端还可对 RS232 总线、I^2C 总线、SPI 总线进行动态仿真。

（3）Proteus 提供了各种信号源，如信号发生器、计数器等；以及丰富的虚拟仿真仪器，如示波器、逻辑分析仪、电压源、电流源、电压表、电流表等，并能对电路原理图的关键点进行虚拟测试。Proteus 还提供了一个与示波器作用相似的图形显示功能，可将线路上变化的信号以图形的方式实时显示出来。仿真时，可以运用这些虚拟仪器仪表及图形显示功能来演示程序和电路的调试过程，更清晰地观察程序和电路设计调试中的细节，发现设计中的问题。

（4）Proteus 提供了丰富的调试手段。在虚拟仿真中具有全速、单步、设置断点等调试功能，同时可观察各 RAM、寄存器单元的当前状态。

Proteus 的虚拟仿真不需要用户硬件样机，直接在 PC 上进行虚拟设计与调试，调试完毕的程序代码固化在单片机片内的 Flash 程序存储器中，一般能直接投入运行。

1.2　Proteus ISIS 的虚拟仿真

单片机系统仿真运行是在电路原理图上进行的，而电路原理图是在 Proteus ISIS（智能原理图输入）环境下绘出的。当电路连接完成无误后，单击单片机芯片载入经调试通过生成的.hex 文件，直接单击仿真运行按钮，即可实现声、光及各种动作等的逼真效果，以检验电路硬件及软件设计的正确与否，非常直观。

图 1-1 是一个单片机应用系统仿真的例子。AT89C51 单片机控制的液晶显示器实时显示输出的广告牌。单片机系统的程序可通过软件平台 Keil μVision 3 (支持 C51 和汇编语言编程，第 2 章介绍)编辑、编译成可执行的.hex 文件后，直接双击单片机上的 AT89C51 芯片，把.hex 文件载入即可。单击 ISIS 界面的仿真运行按钮，如果程序无误，且硬件电路连接正确，则会出现图 1-1 所示的仿真运行结果。其中，每个元器件各引脚还会出现红、蓝两色的方点（红色代表高电平，蓝色代表低电平，可通过软件设置改变），表示此时各引脚电平的高低。

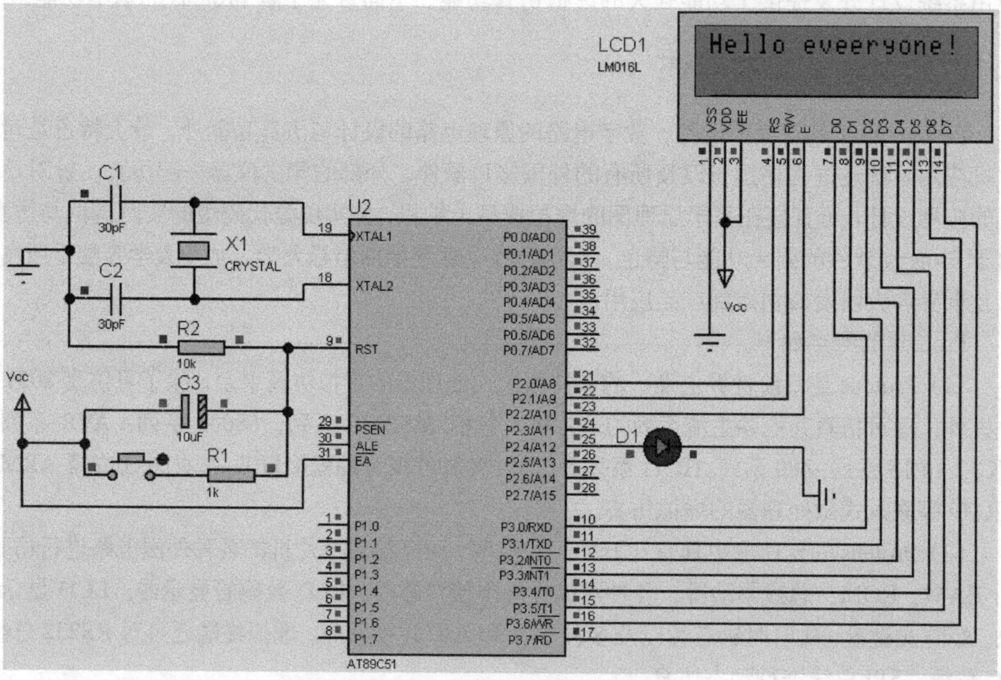

图 1-1　单片机系统仿真实例

本章后续各节将介绍 Proteus ISIS 环境下各种操作命令的功能，以及在 Proteus ISIS 环境下绘制电路原理图的步骤与过程。

1.3　Proteus ISIS 环境简介

把 Proteus 软件安装到 PC 后，单击桌面上的 ISIS 运行界面图标，出现图 1-2 所示的 Proteus ISIS 原理电路图绘制界面（以汉化的 7.5 版本为例）。

整个 ISIS 界面分为若干区域，由原理图编辑窗口、预览窗口、工具箱、主菜单栏、主工具栏等组成。

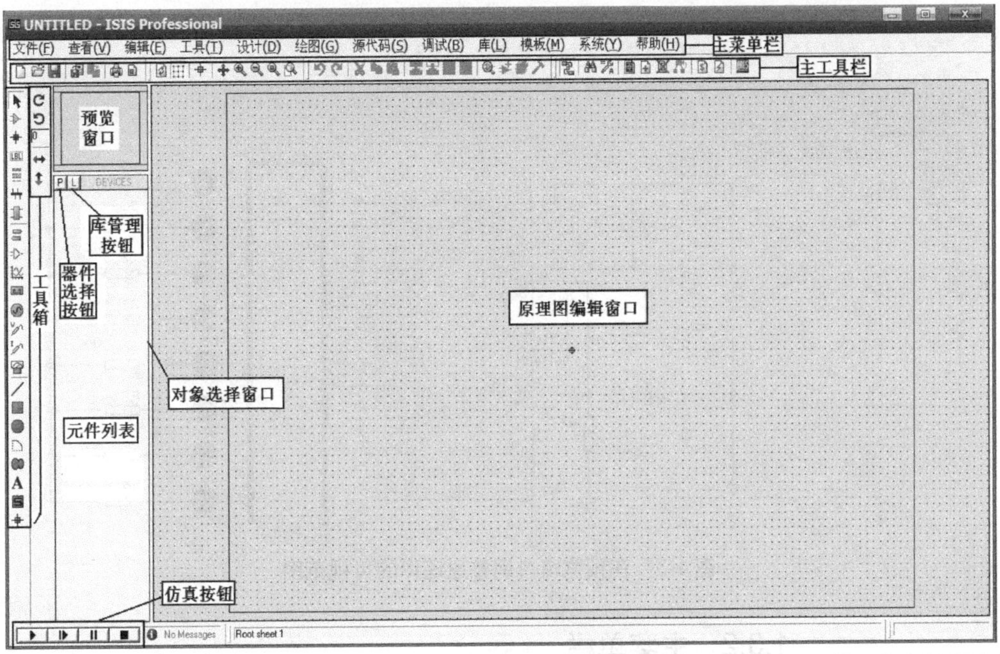

图 1-2 Proteus ISIS 的界面

1.3.1 ISIS 各窗口简介

ISIS 界面主要有 3 个窗口：原理图编辑窗口、预览窗口和对象选择窗口。

1．原理图编辑窗口

该窗口用来绘制电路原理图、设计电路、设计各种符号模型的区域，元件放置、电路设置都在此窗口中完成。

注意，该窗口设有滚动条，用户可移动图 1-2 左上角预览窗口中的绿色方框来改变电路原理图的可视范围。

2．预览窗口

可预览选中的元器件对象和原理图编辑窗口。它可显示两种内容。

（1）单击某个元件列表中的元件时，预览窗口显示该元件的符号。

（2）当鼠标焦点落在原理图窗口时（即放置元件到原理图编辑窗口后或在原理图编辑窗口中单击鼠标后），它会显示整张原理图的缩略图，并显示一个绿色的方框，方框里面的内容就是当前原理图窗口中显示的内容。单击绿色方框中的某一点，可以拖动鼠标来改变绿色方框的位置，从而改变原理图的可视范围，最后在绿色方框内单击，绿色方框就不再移动，使原理图的可视范围固定，如图 1-3 所示。

3．对象选择窗口

对象选择窗口用来选择元器件、终端、仪表等对象。该窗口中的元件列表区域用来表明当前所处模式以及其中的对象列表，如图 1-3 所示。在该窗口还有两个按钮：P 为器件选择按钮，L 为库管理按钮。在图 1-4 中，可以看到元件列表，即已经选择的 AT89C51 单片机、电容电阻、晶振、发光二极管等各种元器件。

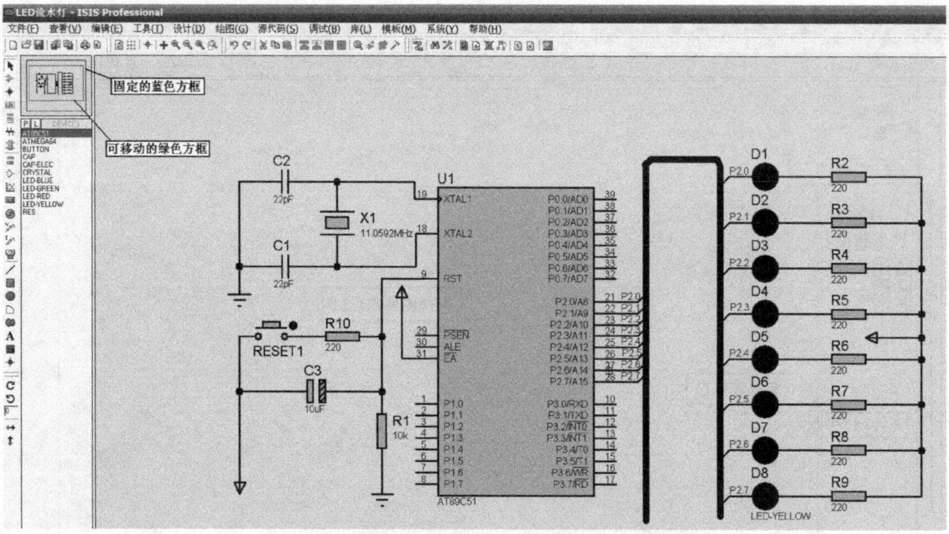

图 1-3　在预览窗口调整原理图的可视范围

1.3.2　主菜单栏

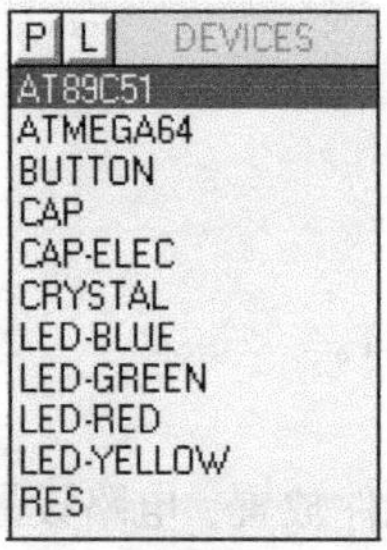

图 1-4　元件列表

图 1-2 所示的界面中最上面一行为主菜单栏，包含各种菜单命令：文件、查看、编辑、工具、设计、绘图、源代码、调试、库、模板、系统和帮助。单击任意菜单命令后，都将弹出其下拉子菜单。

1.“文件”（File）菜单

“文件”菜单包括项目的新建设计、打开设计和打印等操作，如图 1-5 所示。ISIS 下的文件主要是设计文件（Design Files）。设计文件包括一个单片机硬件系统的原理电路图及其所有信息，用于虚拟仿真，文件扩展名为“.DSN”。

下面介绍“文件”菜单下的几个主要子命令。

（1）新建设计

单击“文件”→“新建设计”（或单击图 1-2 所示的主工具栏中的图标），将清除所有的原有设计数据，出现一个空的 A4 纸。新设计的默认名称为 UNTITLED.DSN。命令会把该设计以这个名称存入磁盘文件中，文件的其他选项也会使用它作为默认名。

如果想进行新的设计，需要给这个设计命名，单击“文件”→“保存设计”（或单击图标），输入新的文件名保存即可。

（2）打开设计

“打开设计”命令用来装载一个设计（也可直接单击主工具栏中的图标）。

（3）保存设计

可以在退出 ISIS 系统或者其他任何时候保存设计。在上述两种情况下，设计都被保存到装载时的文件中，旧的“.DSN”文件会在名称前加前缀 Back of。

（4）另存为

“另存为”命令可以把设计保存到另一个文件中。

(5) 导出区域/导入区域

“导出区域”命令可以把当前选中的对象生成一个局部文件。这个局部文件可以使用“导入区域”命令导入另一个设计中。局部文件的导入与导出类似于“块复制”。

(6) 退出

“退出”命令用于退出 ISIS 系统。如果文件修改过，系统会出现对话框，询问用户是否保存文件。

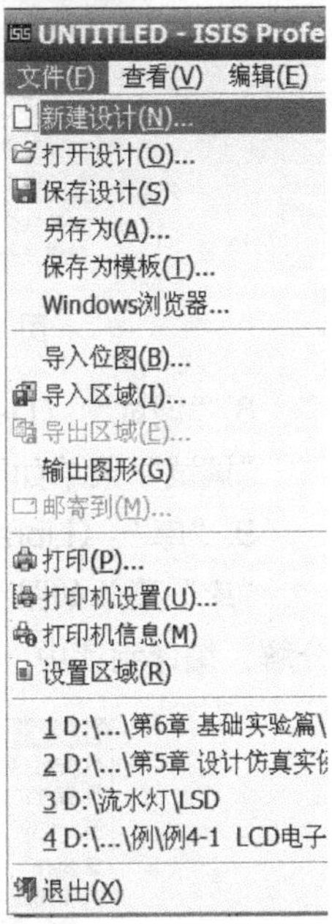

图 1-5 “文件”菜单

2. “查看”（View）菜单

“查看”菜单包括原理图编辑窗口的定位、网格的调整及图形的缩放等基本常用子菜单。

3. “编辑”（Edit）菜单

“编辑”菜单实现各种编辑功能，如剪切、复制、粘贴、置于下层、置于上层、清理、撤销、重做、查找并编辑元件等命令。

4. “工具”（Tools）菜单

“工具”菜单如图 1-6 所示。

菜单中的“自动连线”命令将在绘制电路原理图中用到，命令文字前的图标会在绘制电路原理图时出现，单击该图标即进入自动连线状态。

菜单中的“电气规则检查”命令，可检查绘制完毕的电路原理图是否符合电气规则。

5. “设计”菜单

“设计”菜单如图 1-7 所示，该菜单具有编辑设计属性、编辑页面属性、配置电源、新建一张原理图、删除原理图、转到上一张原理图、转到下一张原理图、转到子原理图、转到主原理图等功能。

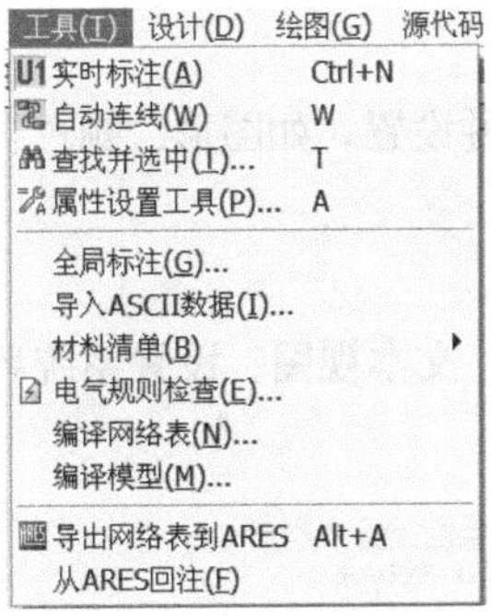

图 1-6 “工具”菜单

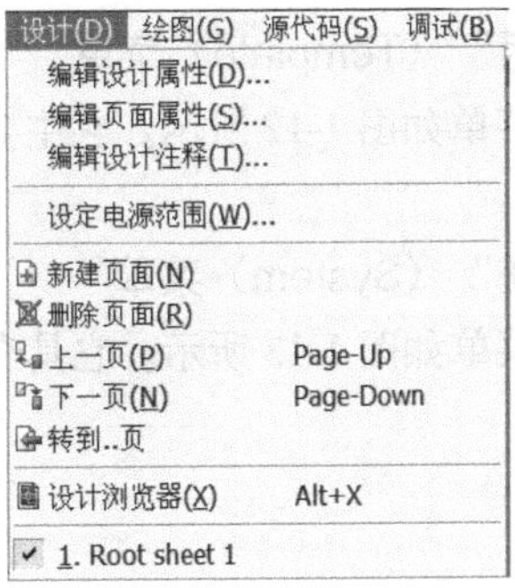

图 1-7 “设计”菜单

6. “绘图”（Graph）菜单

“绘图”菜单如图 1-8 所示。它具有编辑图表、添加图线、仿真图表、查看日志、导出数据、清除数据、一致性分析以及批模式一致性分析功能。

7. “源代码”（Source）菜单

“源代码”菜单如图 1-9 所示。它具有添加/删除源文件、设定代码生成工具、设置外部文本编辑器和全部编译功能。

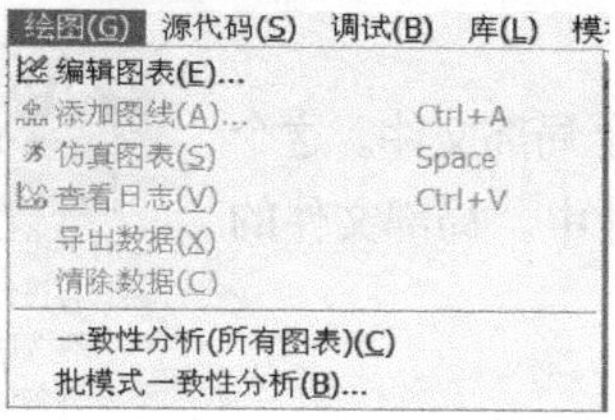

图 1-8 “绘图”菜单

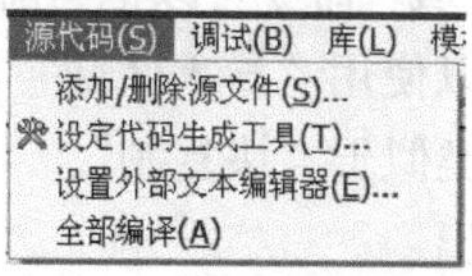

图 1-9 “源代码”菜单

8.“调试”（Debug）菜单

“调试”菜单如图 1-10 所示。它主要完成单步运行、断点设置等功能。

9.“库”（Library）菜单

“库”菜单如图 1-11 所示。它主要完成拾取元件/符号、制作元件、制作符号、封装工具、分解、编译到库中、自动放置库文件、检验封装、库管理等操作。

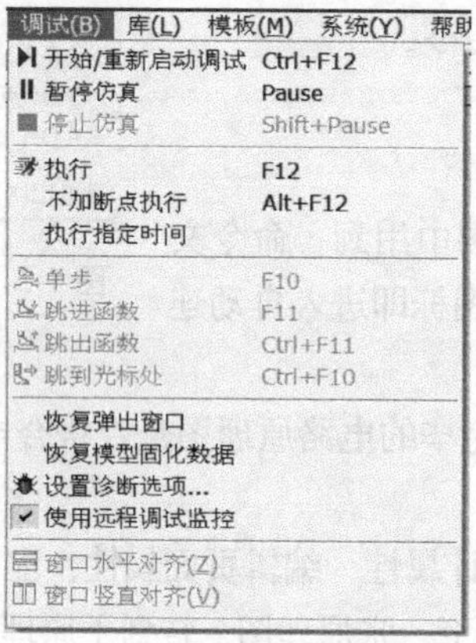

图 1-10 “调试”菜单

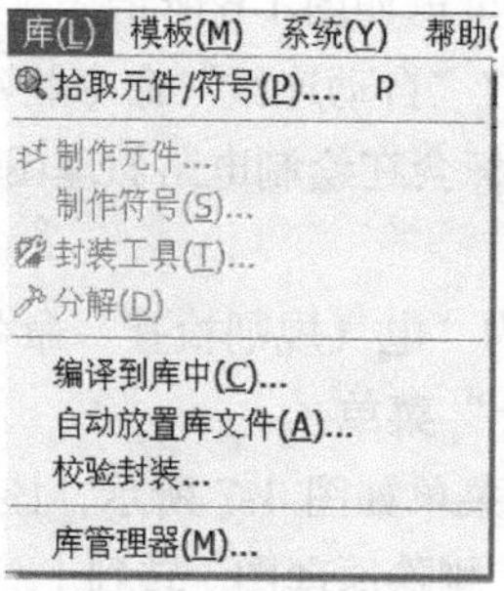

图 1-11 “库”菜单

10.“模板”（Template）菜单

“模板”菜单如图 1-12 所示。它主要完成模板的各种设置，如图形、颜色、字体、连接点等功能。

11.“系统”（System）菜单

“系统”菜单如图 1-13 所示。它具有设置系统信息、文本视图、设置系统环境、设置路径等功能。

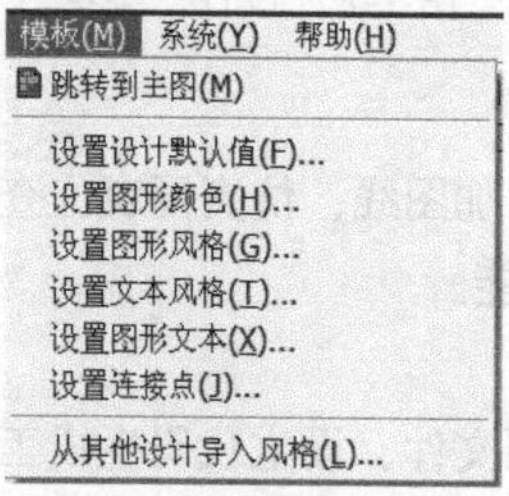

图 1-12 “模板”菜单

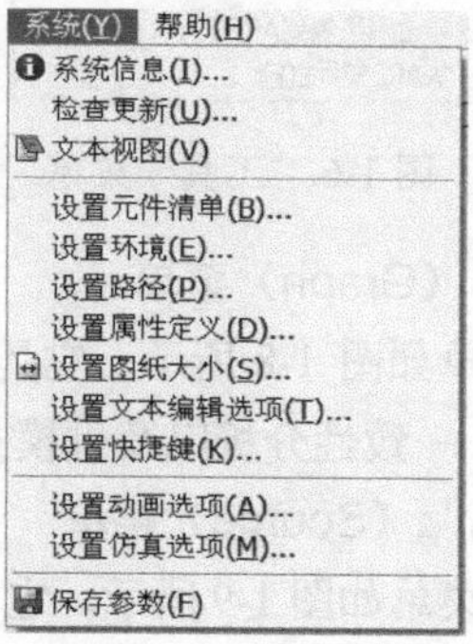

图 1-13 “系统”菜单

12. “帮助”（Help）菜单

“帮助”菜单如图 1-14 所示。它用来调用帮助文档，同时每个元件均可通过属性中的 Help 获得帮助。

图 1-14 “帮助”菜单

1.3.3 主工具栏

主工具栏位于主菜单下面两行，以图标形式给出，栏中共有 38 个图标按钮，每一个图标按钮都对应一个具体的菜单命令，主要目的是快捷方便地使用这些命令。下面把 38 个图标按钮分为 4 组，简要介绍各图标按钮的功能。

的功能如下。

：新建一个设计文件。
：打开一个已存在的设计文件。
：保存当前的电路图设计。
：将一个局部文件导入 ISIS 中。
：将当前选中的对象导出为一个局部文件。
：打印当前设计文件。
：选择打印的区域。

的功能如下。

：刷新显示。
：原理图是否显示网格的控制开关。
：放置连线点。
：以鼠标所在点为中心居中。
：放大。
：缩小。
：查看整张图。
：查看局部图。

的功能如下。

：撤销上一步的操作。
：恢复上一步的操作。
：剪切选中对象。
：复制选中对象至剪切板。
：从剪切板粘贴。
：复制选中的块对象。
：移动选中的块对象。
：旋转选中的块对象。
：删除选中的块对象。
：从库中选取器件。
：创建器件。
：封装工具。
：释放元件。

的功能如下。

：自动连线。

：查找并连接。

：属性分配工具。

：设计浏览器。

：新建图纸。

：移动页面/删除页面。

：退出到父页面。

：生成元件列表。

：生成电气规则检查报告。

：生成网表并传输到 ARES。

1.3.4 工具箱

图 1-2 所示的左侧为工具箱，选择相应的工具箱图标按钮，系统将提供不同的操作工具。对象选择器根据不同的工具箱图标决定当前状态显示的内容。显示对象的类型包括元器件、终端、引脚、图形符号、标注和图表等。

下面介绍工具箱中各图标按钮的功能。

(1) 模型工具栏各图标的功能

：用于即时编辑元件参数，即先单击该图标再单击要修改的元件。

：元件模式，用来拾取元器件。设计者可根据需要，从丰富的元件库中拾取元器件并添加元件到列表中。单击此图标可在列表中选择元件，同时在预览窗口中列出元件的外形及引脚。

：放置电路的连接点。此按钮适用于节点的连线，在不用连线工具的条件下，可方便地在节点之间或节点到电路中的任意点或线之间连线。

：标注线标签或网络标号。在绘制电路图时，使用该图标按钮可使连线简单化。例如，从 8051 单片机的 P1.7 脚和二极管的阳极各画出一条短线，并标注网络标号为 1，说明 P1.7 脚和二极管的阳极已经在电路上连接在一起了，不用真的画一条线把它们连接起来。

：输入文本。使用该图标按钮，可在绘制的电路上添加说明文本。

：绘制总线。总线在电路图上表现为一条粗线，它代表一组总线。当某根线连接到总线上时，要注意标好网络标号。

：绘制子电路块。

：选择端子。单击此图标按钮，在对象选择器中列出可供选择的各种常用端子如下。

- DEFAULT：默认的无定义端子。
- INPUT：输入端子。
- OUTPUT：输出端子。
- BIDIR：双向端子。
- POWER：电源端子。
- GROUND：接地端子。
- BUS：总线端子。

：元件引脚选择，用于绘制各种引脚。

：在对象选择器中列出可供选择的各种仿真分析所需的图表（如模拟图表、数字图表、混合图表和噪声图表等）。

：当需要对设计电路分割仿真时，采用此模式。

：在对象选择器中列出各种信号源（如正弦、脉冲和 FILE 信号源等）模式。

：在电路原理图中添加电压探针。电路仿真时可显示探针处的电压值。

：在电路原理图中添加电流探针。电路仿真时可显示探针处的电流值。

：在对象选择器中列出可供选择的各种虚拟仪器。

（2）2D 图形模式各图标按钮的功能

：画线，单击该图标，右侧的窗口中提供了各种专用的画线工具，具体如下。

- COMPONENT：用于元器件的连线。
- PIN：用于引脚的连线。
- PORT：用于端口的连线。
- MARKER：用于标记的连线。
- ACTUATOR：用于激励源的连线。
- INDICATOR：用于指示器的连线。
- VPROBE：用于电压探针的连线。
- IPROBE：用于电流探针的连线。
- GENERATOR：用于信号发生器的连线。
- TERMINAL：用于端子的连线。
- SUBCIRCUIT：用于支电路的连线。
- 4D GRAPHIC：用于二维图的连线。
- WIRE DOT：用于线连接点的连线。
- WIRE：用于线连接。
- BUS WIRE：用于总线的连线。
- BORDER：用于边界的连线。
- TEMPLATE：用于模板的连线。

：画一个方框。

：画一个圆。

：画一段弧线。

：图形弧线模式。

A：图形文本模式。

：图形符号模式。

（3）旋转或翻转的图标按钮

可旋转或翻转元件预览窗口内的元件。

：元件顺时针方向旋转，角度只能是 90° 的整数倍。

：元件逆时针方向旋转，角度只能是 90° 的整数倍。

↔：元件水平镜像旋转。

↕：元件垂直镜像旋转。

1.3.5　仿真工具栏

在图1-2所示的仿真按钮工具栏中，各图标的功能如下。

：运行程序。

：单步运行程序。

：暂停程序的运行。

：停止运行程序。

1.3.6　元件列表

元件列表用于挑选元件、终端接口、信号发生器、仿真图表等。挑选元件时，单击P图标，打开挑选元件的对话框，在“关键字”文本框中输入要检索的元器件的关键词，例如，要选择使用AT89C51，就可以直接输入。输入以后可以在中间的“结果”栏中看到搜索的元器件的结果。在对话框的右侧，还能看到选择的元器件的仿真模型以及PCB参数，如图1-15所示。选择元件AT89C51后，双击AT89C51，该元件会在左侧的元件列表中显示，以后用到该元件时，只需在元件列表中选择即可。

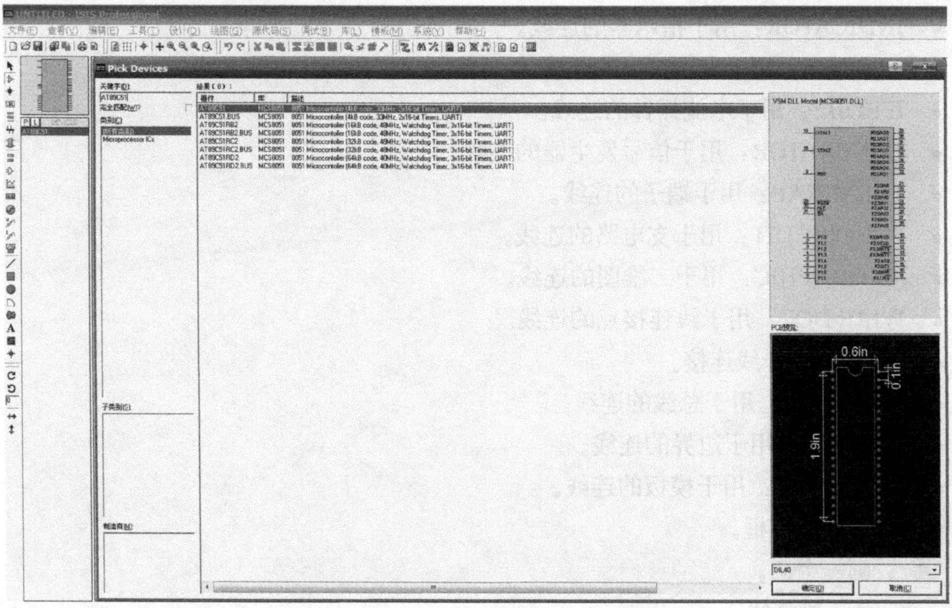

图1-15　元件列表

上述选取元件的方法称为“关键字查找法”。关键字可以是对象的名称、描述、分类、子类，甚至是对象的属性值。如果与搜索结果匹配的元器件太多，可以通过限列表进一步地选择。

还有一种“分类查找法”，以元器件所属大类、子类，甚至生产厂家为条件一级一级地缩小范围进行查找。在具体操作时，常将这两种方法结合使用。

如果选择的元器件并没有仿真模型，对话框将在仿真模型和引脚一栏中显示No Simulator Model（无仿真模型）。这时，就不能用该元器件进行仿真了，或者只能做它的PCB板，或者选择其他与其功能类似且具有仿真模型的元器件。

1.3.7 预览窗口

预览窗口可显示两种内容，一是在元件列表中选择一个元件名称时，显示该元件的预览图，如图 1-16 所示。二是当鼠标指针落在原理图编辑窗口时，即放置元件到原理图编辑窗口或单击原理图编辑窗口后，显示整张原理图的缩略图，并显示一个绿色的方框，绿色方框中的内容就是当前原理图编辑窗口中显示的内容，按住鼠标右键不放开，然后移动鼠标即可改变绿色方框的位置，从而改变原理图的可视范围，如图 1-3 所示。

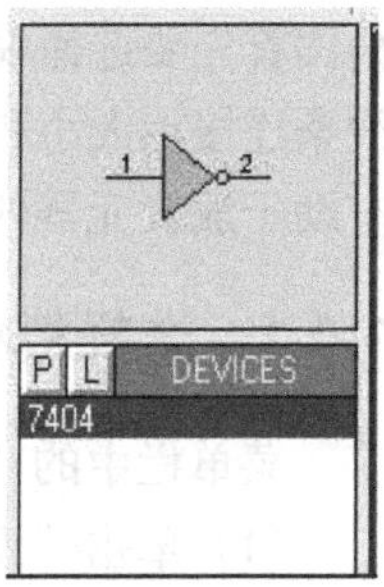

图 1-16 预览窗口

该窗口通常显示整张电路图的缩略图，上面有一个 0.5 英寸（1 英寸=2.54 厘米）的格子。青绿色的区域标示出图的边框，同时窗口上的绿框标出在原理图编辑窗口中显示的区域。

在预览窗口中单击，将会以单击位置为中心刷新原理图编辑窗口。其他情况下预览窗口显示将要放置的对象的预览。

1.3.8 原理图编辑窗口

原理图编辑窗口（见图 1-2）用来绘制原理图。需要注意的是，该窗口没有滚动条，用户可用预览窗口来改变原理图的可视范围。具体操作是：鼠标滚轮用来放大或缩小原理图；左键放置元件；右键选择元件；按两次右键删除元件；单击右键出现菜单后可编辑元件属性；先右键后左键可拖动元件；连线用左键，删除用右键。

要使编辑窗口显示一张大的电路图的其他部分，可通过以下方式。

（1）单击预览窗口中想要显示的位置，编辑窗口将显示以单击处为中心的内容。

（2）在编辑窗口内移动鼠标指针，可使显示平移。拨动鼠标滚轮可使编辑窗口缩小或放大，编辑窗口会以鼠标指针为中心重新显示。

下面介绍工具栏中与原理图编辑窗口有关的几个功能按钮。

1．缩放原理电路图

放大与缩小原理电路图，可采用工具栏中的“放大”按钮或“缩小”按钮，这两种操作无论哪种，操作之后都会使编辑窗口以当前鼠标指针位置为中心重新显示。按下工具栏中的“显示全部”按钮可把一整张电路图缩放到完全显示出来，即使是在滚动或拖动对象时，也可使用上述的按钮来控制缩放。

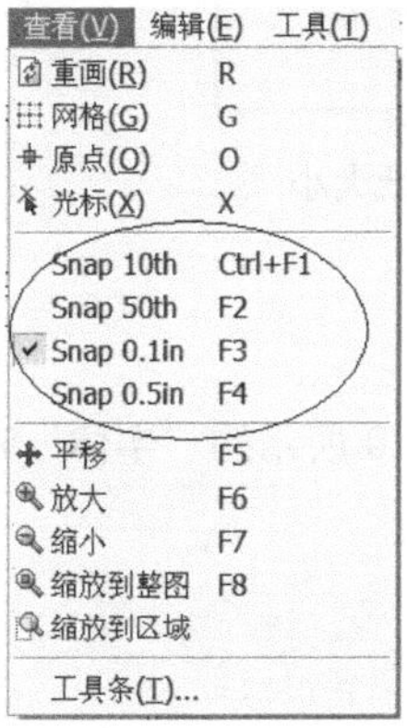

图 1-17 “查看”菜单下的捕捉尺度

2．点状网格开关

编辑窗口内的原理电路图的背景是否带有点状网格，可由主工具栏中的“网格开关”按钮控制。点与点之间的间距由对捕捉的设置来决定。

3．捕捉到网格

鼠标指针在编辑窗口内移动时，坐标值是以固定的步长增长的：初始设定值是 100，该功能称为捕捉，能够把元件按网格对齐。捕捉的尺度可以由“查看”菜单的命令设置，如图 1-17 所示。

4．实时捕捉

当鼠标指针指向引脚末端或者导线时，鼠标指针将会捕捉到这些物体。这种功能称为实时捕捉。该功能可以方便地连接导线和引脚。

1.4　Proteus ISIS 的编辑环境设置

设置 Proteus ISIS 编辑环境主要是指选择模板、选择图纸、设置图纸和网格格点。绘制电路图首先要选择模板，模板主要控制电路图的外观信息，如图形格式、文本格式、设计颜色、线条连接点大小和图形等。然后设置图纸，如设置纸张的型号、标注的字体等。图纸的格点将有助于放置元器件、连接线路。

1.4.1　选择模板

菜单栏中的“模板”菜单如图 1-18 所示。

(1) 单击“设置设计默认值”，编辑设计的默认选项。

(2) 单击“设置图形颜色”，编辑图形颜色。

(3) 单击“设置图形风格”，编辑图形的全局风格。

(4) 单击“设置文本风格”，编辑全局文本风格。

(5) 单击“设置图形文本”，编辑图形字体格式。

(6) 单击“设置连接点”，弹出编辑节点对话框。

注意：模板的改变只影响当前运行的 Proteus ISIS，但这些模板也有可能在保存后被别的设计调用。

1.4.2　选择图纸

在菜单栏中选择“系统”→“设置图纸尺寸”菜单项，出现图 1-19 所示的对话框，可选择图纸的大小或自定义图纸的大小。一般情况下选择 A4 图纸尺寸即可。

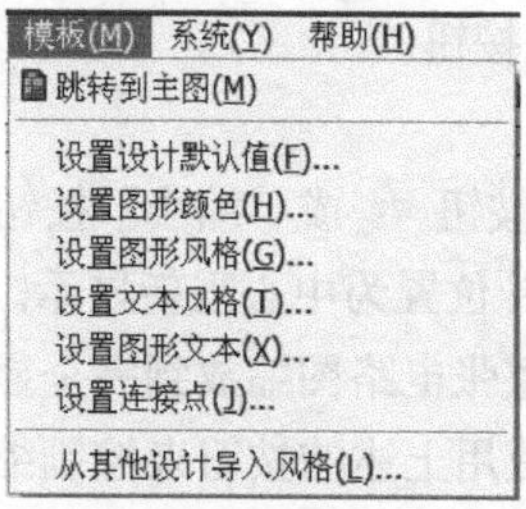

图 1-18 “模板”菜单

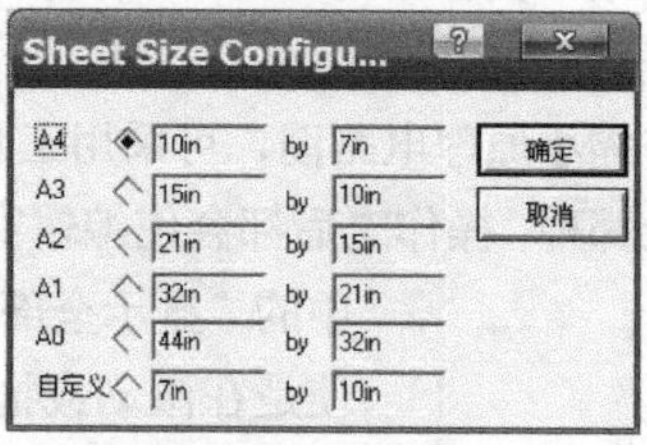

图 1-19　设置图纸大小

1.4.3　设置文本编辑器

在菜单栏中选择“系统”→“设置文本编辑选项”命令，出现图 1-20 所示的“字体”对话框。在该对话框中可以设置文本的字体、字形、大小、效果和颜色等。

1.4.4　网格开关与格点间距设置

(1) 网格的显示或隐藏。可直接单击按钮来控制网格的显示与隐藏。也可选择“查看”→“网格”菜单项控制网格是否显示。

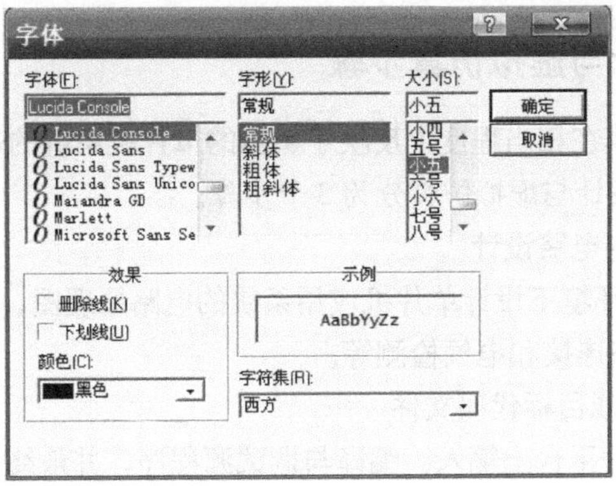

图 1-20　设置文本格式

(2) 设置格点的间距。单击“查看”菜单，出现 Snap 10th、Snap 50th、Snap 0.1in 和 Snap 0.5in 格点间距，可选择网格点之间的间距（默认值为 0.1in）。

1.5　Proteus ISIS 的系统运行环境设置

在 Proteus ISIS 主界面中选择“系统”→“设置环境”命令，打开图 1-21 所示的“环境设置”对话框。

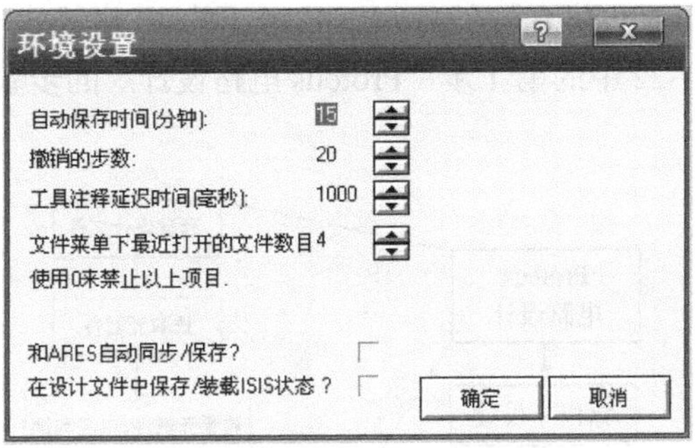

图 1-21　“环境设置”对话框

对话框包括如下设置项。

- 自动保存时间（分钟）：设置系统自动保存设计文件的时间（单位为分钟）。
- 撤销的步数：设置可撤销操作的次数。
- 工具注释延迟时间（毫秒）：工具提示延时，单位为毫秒。
- 文件菜单下最近打开的文件数目：设置“文件”菜单中显示文件名的数量。
- 和 ARES 自动同步/保存？：设置在保存设计文件时，是否自动同步/保存 ARES。
- 在设计文件中保存/装载 ISIS 状态？：设置是否在设计文档中保存/装载 Proteus ISIS 状态。

1.6　单片机系统的原理电路设计与虚拟仿真

前面介绍了 Proteus ISIS 软件平台的基本功能及使用。本节通过一个“流水灯制作”的案例，介绍 Proteus 下的单片机系统原理电路的设计与虚拟仿真。

1.6.1　原理电路设计与虚拟仿真步骤

Proteus 下的虚拟仿真在相当程度上反映了实际的单片机系统的运行情况，在 Proteus 开发环境下，单片机系统的设计与虚拟仿真分为 3 个步骤。

1．Proteus ISIS下的电路设计

首先在 Proteus ISIS 环境下设计单片机应用系统的电路原理图，包括选择各种元器件、外围接口芯片等，以及电路连接和电气检测等。

2．源程序设计与生成目标代码文件

在 Keil μVision 3 软件平台上输入、编译与调试源程序，并最终生成目标代码文件（*.hex 文件）。Keil μVision 3 将在下一章介绍。

3．调试与仿真

在 Proteus ISIS 平台下将目标代码文件（*.hex 文件）加载到单片机中，并对系统进行虚拟仿真，这是本节要介绍的内容。在调试时也可以使用 Proteus ISIS 与 Keil μVision 3 进行联合仿真调试，请见后面的介绍。

单片机系统的原理电路设计及虚拟仿真整体流程如图 1-22 左侧的流程图所示。第 1 步“Proteus 电路设计”在 Proteus ISIS 平台上完成。第 2 步“源程序设计”与第 3 步“生成目标代码文件”在 Keil μVision 3 平台上完成。第 4 步“加载目标代码、设置时钟频率”在 Proteus ISIS 下完成。第 5 步“Proteus 仿真”在 Proteus ISIS 下的 VSM 模式下进行，其中也包含了各种调试工具的使用。图 1-22 中的第 1 步“Proteus 电路设计”的步骤展开如图 1-22 右侧的流程图所示。

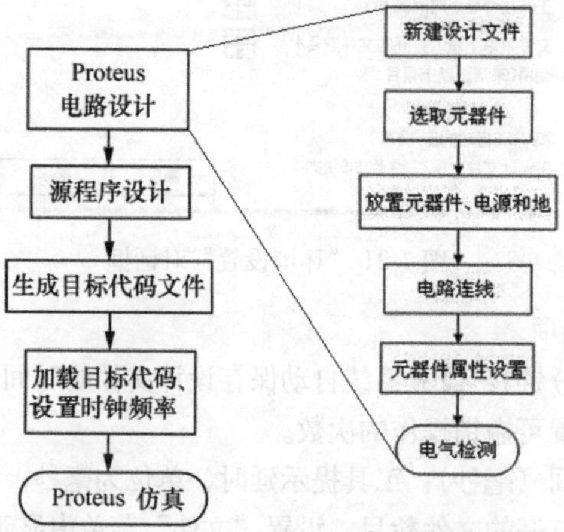

图 1-22　Proteus 电路设计与仿真流程

由图 1-22 右侧的流程图可以看到，用 Proteus ISIS 软件设计单片机系统电路原理图的各个步骤。下面以“流水灯的制作”的原理电路设计与虚拟仿真为例，详细说明具体操作。

1.6.2　新建或打开一个设计文件

1．建立新设计文件

单击主菜单的“文件”→“新建设计”选项（或单击主工具栏的 按钮）来新建一个文

件。如果选择前者新建设计文件，会弹出图 1-23 所示的“新建设计”对话框，其中提供了多种模板，单击要选择的模板图标，再单击“确定”按钮，即可建立一个该模板的空白文件。如果直接单击“确定”按钮，则选用系统默认的 DEFAULT 模板。如果单击工具栏的按钮来新建文件，就不会出现图 1-23 所示的对话框，而直接选择系统默认的模板。

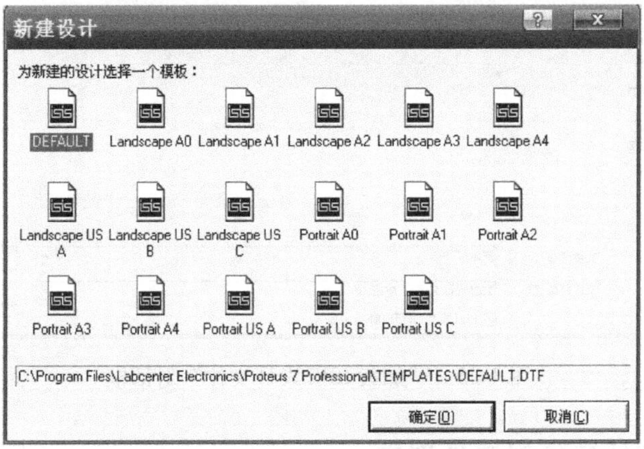

图 1-23 “新建设计”对话框

2. 保存文件

按照上面的操作，为案例建立一个新的文件，在第一次保存该文件时，选择“文件”→“另存为”选项，弹出图 1-24 所示的“保存 ISIS 设计文件”对话框，在该对话框选择文件的保存路径和文件名“流水灯”后，单击“保存”按钮，就完成了设计文件的保存。这样就在“实验 1（流水灯）”子目录下建立了一个文件名为“流水灯”的新设计文件。

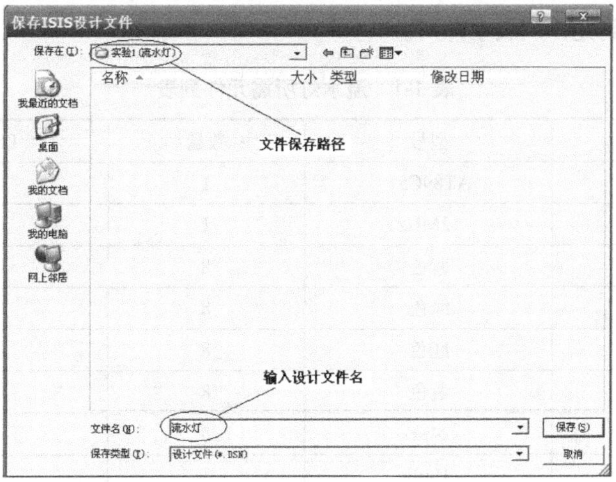

图 1-24 “保存 ISIS 设计文件”对话框

如果不是第一次保存，可选择“文件”→“保存设计”选项，或直接单击按钮。

3. 打开已保存的设计文件

选择“文件”→“打开设计”命令，或直接单击按钮，弹出图 1-25 所示的“加载 ISIS 设计文件”对话框。单击需要打开的文件名，再单击“打开”按钮即可。

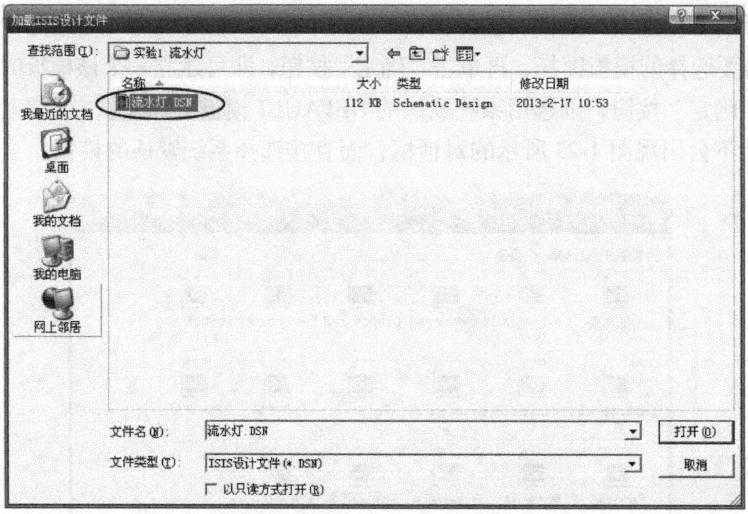

图 1-25　“加载 ISIS 设计文件”对话框

1.6.3　选择需要的元件到元件列表

电路设计前，先列出设计“流水灯”电路原理图需要的元器件，如表 1-1 所示。

然后根据表 1-1 选择元件到元件列表中。观察图 1-2，左侧的元件列表中没有一个元件，单击左侧工具栏中的按钮，再单击器件选择P按钮，出现 Pick Devices 窗口，在窗口的“关键字”栏中，输入 AT89C51，此时在“结果”栏中出现“元件搜索结果列表”，并在右侧出现“元件预览”和“元件 PCB 预览”，如图 1-26 所示。在“元件搜索结果列表”中双击需要的元件 AT89C51，这时在主窗口的元件列表中就会添加该元件。用同样的方法将表 1-1 中需要选择的其他元件也添加到元件列表中即可。

表 1-1　流水灯所需元件列表

元件名称	型号	数量	Proteus 的关键字
单片机	AT89C51	1	AT89C51
晶振	12MHz	1	CRYSTAL
二极管	蓝色	8	LED-BLUE
二极管	绿色	8	LED-GREEN
二极管	红色	8	LED-RED
二极管	黄色	8	LED-YELLOW
电容	24pF	4	CAP
电解电容	10μF	1	CAP-ELEC
电阻	240Ω	10	RES
电阻	10kΩ	1	RES
复位按钮		1	BUTTON

所有元件选取完毕后，单击“确定”按钮，即可关闭 Pick Devices 窗口，回到主界面绘制原理图。此时的“流水灯”的元件列表如图 1-27 所示。

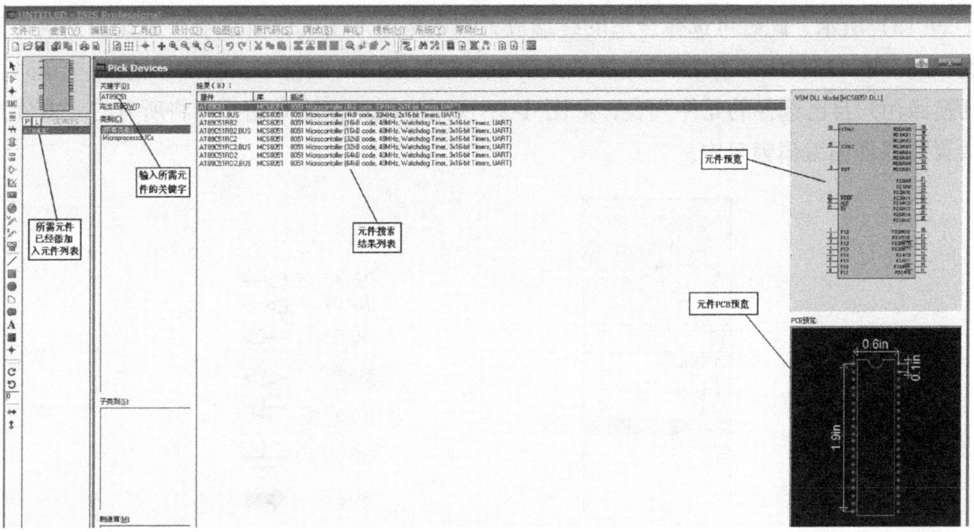

图 1-26 Pick Devices 窗口

1.6.4 放置元件并连接电路

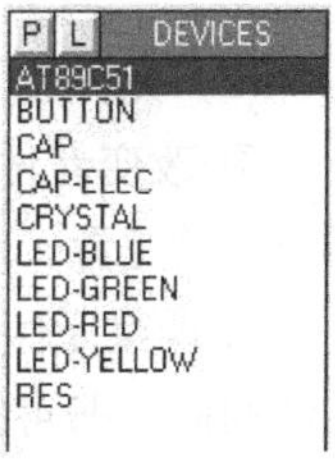

图 1-27 元件已添加到元件列表

1. 元件的放置、调整与编辑

(1) 元件的放置

单击元件列表中需要放置的元器件，然后将鼠标指针移至原理图编辑窗口中单击，就会在鼠标单击处有一个粉红色的元器件，移动鼠标指针选择合适的位置单击，此时该元件就被放置在原理图窗口了。例如，选择放置单片机 AT89C51 到原理图编辑窗口，具体步骤如图 1-28 所示。

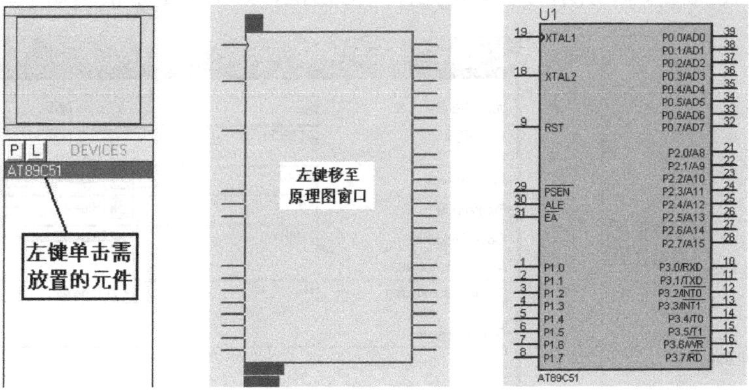

(a) (b) (c)

图 1-28 元件放置的操作步骤

若要删除已放置的元件，则单击该元件，然后按 Delete 键删除元件，如果进行了误删除操作，可以单击按钮恢复。

单片机系统电路原理图设计，除了元器件，还需要电源和地等终端，单击工具栏中的按钮，出现各种终端列表，单击元件终端中的某一项，上方的窗口中会出现该终端的符号，如

图 1-29（a）所示。此时可选择合适的终端放置到电路原理图编辑窗口中，放置的方法与元件放置相同。图 1-29（b）为图 1-29（a）列表中各项对应的终端符号。再次单击按钮时，即可切换回用户自己选择的元件列表，如图 1-27 所示。根据上述介绍，可将所有的元器件及终端放置到原理图编辑窗口中。

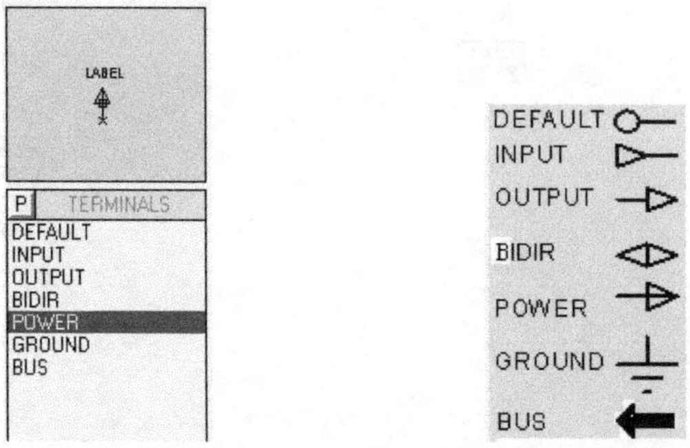

(a)　(b)

图 1-29　终端列表及终端符号

（2）元件位置的调整

① 改变元件在原理图中的位置，单击需调整位置的元件，元件变为红色，移动鼠标指针到合适的位置，再释放鼠标即可。

② 调整元件的角度，用鼠标右键单击需要调整的元件，出现图 1-30 所示的菜单，选择菜单中的命令即可。

（3）元件参数设置

双击需要设置参数的元件，出现“编辑元件”对话框。下面以单片机 AT89C51 为例，双击 AT89C51，出现图 1-31 所示的“编辑元件”对话框，其中的基本信息如下。

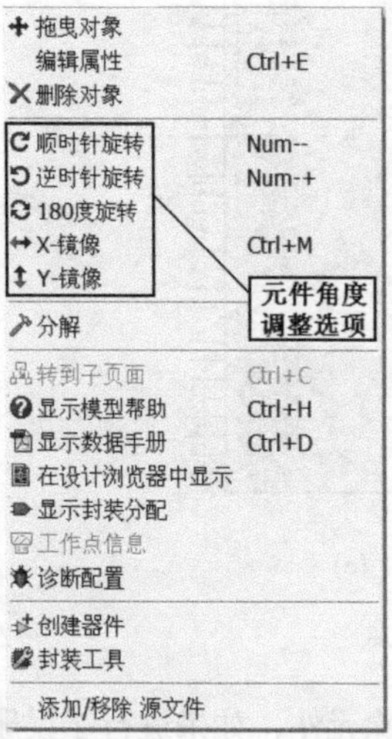

图 1-30　调整元件角度的命令

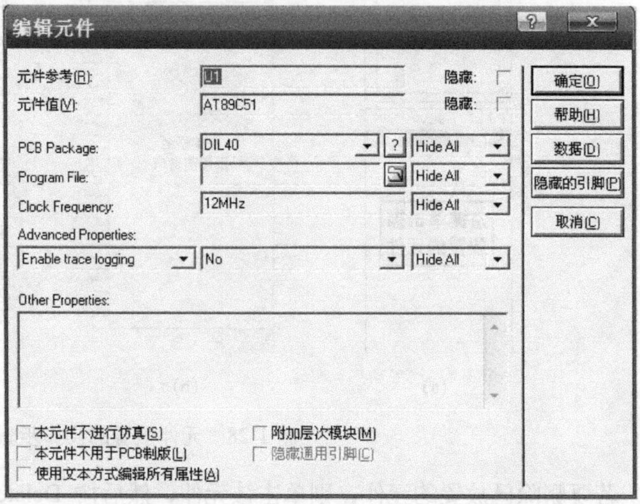

图 1-31　“编辑元件”对话框

- 元件参考：U1，有一个隐藏选项，可在其后打√，选择隐藏。
- 元件值：AT89C51，有一个隐藏选项，可在其后打√，选择隐藏。

- Clock Frequency：单片机的晶振频率为 12MHz。
- “隐藏”选择，可在下拉列表中选择要隐藏的选项。

设计者可根据设计的需要，双击需要设置参数的元件，进入“编辑元件”对话框设置原理图中各元件的参数。

2. 电路元件的连接

（1）在两元件间绘制导线

按下元件模式 按钮与自动布线器 按钮时，两个元件导线的连接方法是：先单击第一个元件的连接点，移动鼠标指针，此时在连接点引出一条导线。如果想自动绘出直线路径，只需单击另一个连接点。如果设计者想自己决定走线路径，只需在希望的拐点处单击即可。需要注意的是，拐点处导线的走线只能是直角。在自动布线器 按钮弹起时，导线可按任意角度走线，只需要在希望的拐点处单击，把鼠标指针拉向目标点即可，拐点处导线的走向只取决于鼠标指针的拖动。

（2）连接导线连接的圆点

单击连接点 按钮，会在两根导线连接处或两根导线交叉处添加一个圆点，表示它们是连接的。

（3）导线位置的调整

要想调整导线的位置，可单击导线，导线两端各有一个小黑方块，单击鼠标右键，在快捷菜单（见图 1-32）中单击“拖曳对象”命令，即可拖曳导线到指定的位置，也可旋转，然后单击导线，完成导线位置的调整。

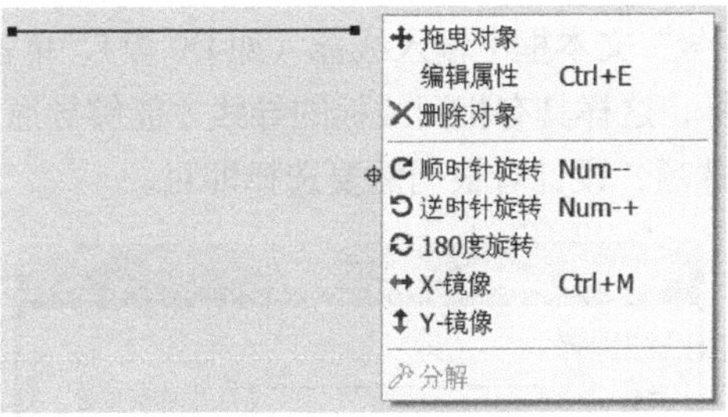

图 1-32 改变导线位置的菜单

（4）绘制总线与总线分支

① 总线的绘制。单击工具栏的 按钮，移动鼠标指针到绘制总线的起始位置单击，便可绘制出一条总线。如想要总线出现不是 90° 角的转折，则使自动布线器 按钮弹起，总线即可按任意角度走线，只需要在希望的拐点处单击，把鼠标指针拉向目标点，拐点处导线的走向只取决于鼠标指针的拖动。在总线的终点处双击，即可结束总线的绘制。

② 总线分支绘制。总线绘制完以后，有时还需绘制总线分支。为了使电路图专业和美观，通常把总线分支画成与总线成 45° 角的相互平行的斜线，如图 1-33 所示。注意，此时一定要让自动布线器 按钮弹起，总线分支的走向只取决于鼠标指针的拖动。

绘制图 1-33 所示的总线分支，先在 AT89C51 的 P0 口右侧画一条总线，然后画总线分支。在元件模式按钮 按下且自动布线器 按钮弹起时，导线可按任意角度走线。先单击第一个元件的连接点，移动鼠标指针，在希望的拐点处单击，然后向上移动鼠标指针，在与总线成 45°角相交时单击确认，就完成了一条总线分支的绘制。其他总线分支的绘制只需在其他总线的起始点双击，不断复制即可。例如，绘制 P0.1 引脚至总线的分支，只要把鼠标指针放置在 P0.1 引脚的口位置，出现一个红色小方框时双击，自动完成像 P0.0 引脚到总线那样的连线，这样可依次完成所有总线分支的绘制。在绘制多条平行线时也可采用这种画法。

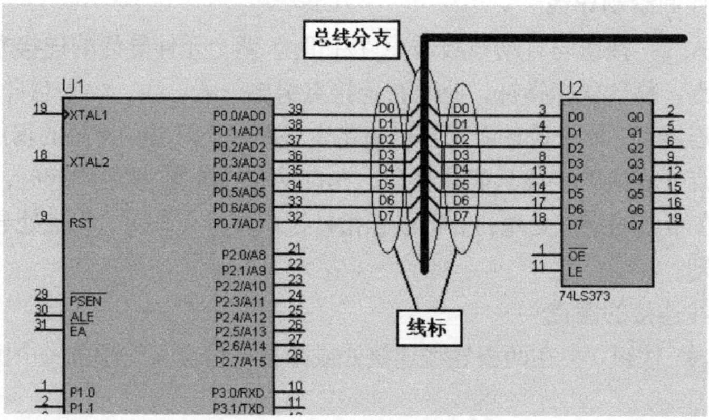

图 1-33　总线与总线分支及线标

(5) 放置线标签

从图 1-33 中可看到与总线相连的导线上都有线标 D0、D1…D7。放置线标的方法为：单击工具栏的 LBL 图标，将鼠标指针移至需要放置线标的导线上单击，出现图 1-34 所示的 Edit Wire Label 对话框，在“标号”文本框中输入线标（如 D0 等），单击“确定”按钮即可。与总线相连的导线必须放置线标，这样具有相同线标的导线才能够导通。Edit Wire Label 对话框除了填入线标外，还有几个选项，设计者根据需要选择即可。

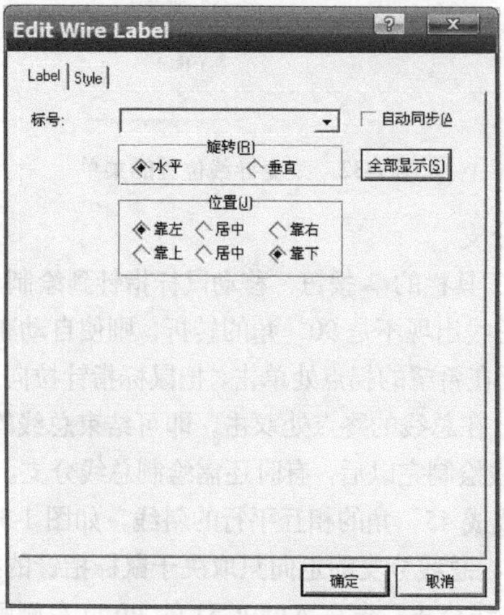

图 1-34　Edit Wire Label 对话框

经过上述步骤的操作，最终绘制的“流水灯”电路原理图如图 1-35 所示。

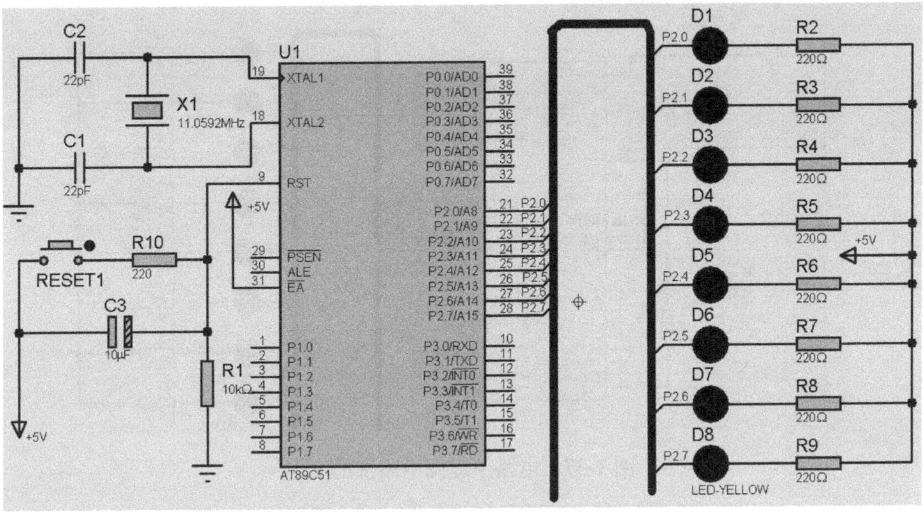

图 1-35 “流水灯”电路原理图

(6) 在电路原理电路图中输入文字

如果想在电路原理图中的某个位置输入文字，可采用如下方法。例如，要在图 1-35 中的石英晶振上方输入“石英晶振”4 个字，方法为：单击左侧工具栏中的图形文本模式 **A** 按钮，然后单击电路原理图中要输入文字的位置，这时出现图 1-36 所示的“编辑 2D 图形文本”对话框。在“字符串”文本框中，输入文字“石英晶振”，然后设置字符的“位置”“字体属性”等选项。单击“确定”按钮后，在电路原理图中出现刚才添加的文字“石英晶振”，如图 1-37 所示。

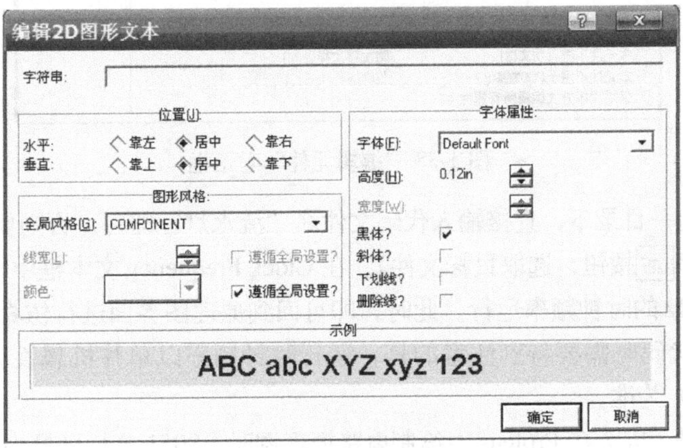

图 1-36 “编辑 2D 图形文本”对话框

1.6.5　加载目标代码文件、设置时钟频率及仿真运行

1. 加载目标代码文件、设置时钟频率

电路图绘制完成后，把 keil μVision 3 下生成的“.hex”文件加载到电路图中的单片机内即可进行仿真了。加载步骤为：在 Proteus ISIS 中双击编辑区中原理图中的单片机 AT89C51，出现图 1-38 所示的“编辑元件”对话框，在 Program File 文本框中，输入.hex 目标代码文件

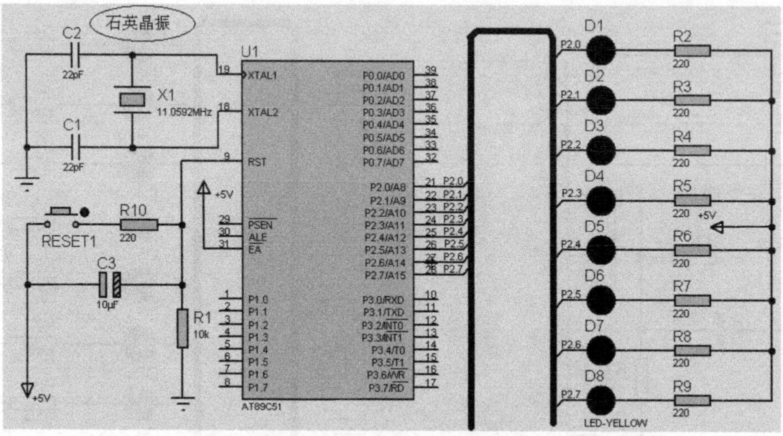

图 1-37　电路原理图中添加的文字

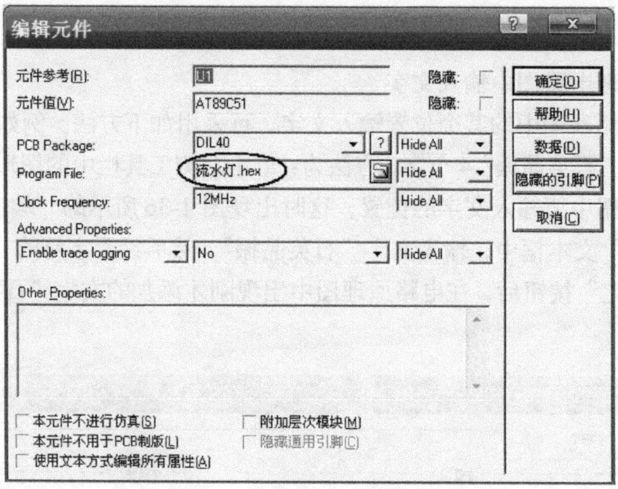

图 1-38 “编辑元件”对话框

(与.DSN 文件在同一目录下，直接输入代码文件名“流水灯”即可，否则要写出完整的路径，也可单击文件打开按钮，选取目标文件)。在 Clock Frequency 文本框中输入 12MHz，使该虚拟系统以 12MHz 的时钟频率运行。此时，即可回到原理图界面进行仿真了。

在加载目标代码时需要特别注意的是，运行时钟频率以单片机属性设置中的时钟频率(Clock Frequency)为准。

需要注意的是，因为在 Proteus 中绘制电路原理图时，8051 单片机最小系统所需的时钟振荡电路、复位电路 $\overline{\text{EA}}$ 引脚与+5V 电源的连接均可省略，Proteus 已经默认，不影响仿真效果。所以本书案例在绘制硬件原理图时，有时为使电路原理图简洁、清晰，时钟振荡电路、复位电路、$\overline{\text{EA}}$ 引脚与+5V 电源的连接均省略不画。

2．仿真运行

完成上述所有操作后，单击 Proteus ISIS 界面中的按钮（见图 1-2 左下角）运行程序即可。

这里再重温本章前面介绍的各种仿真运行按钮的功能。

：运行程序。

：单步运行程序。

：暂停程序。

：停止运行程序。

1.7 Proteus 的虚拟仿真调试工具

ISIS 下的电路原理图设计以及 C51 源程序编辑、编译完成后，还需要利用 Proteus 提供的多种虚拟仿真工具对其进行调试，以检查设计是否正确。因此，虚拟仿真工具为单片机系统的电路设计、分析以及软硬件联调测试带来了极大的方便。

本节介绍 Proteus 的各种虚拟仿真调试工具，如虚拟信号源、虚拟仪器、图表仿真与硬件断点的设置。

1.7.1 虚拟信号源

Proteus ISIS 提供了各种类型的虚拟激励信号源，并允许用户设置其参数。单击图 1-2 左侧工具箱中的图标，出现各种类型的激励信号源的名称列表及对应的符号，如图 1-39 所示。图 1-39 中选择的是正弦波信号源，在预览窗口中显示正弦波信号源符号。名称列表中各符号对应的激励信号源如表 1-2 所示。

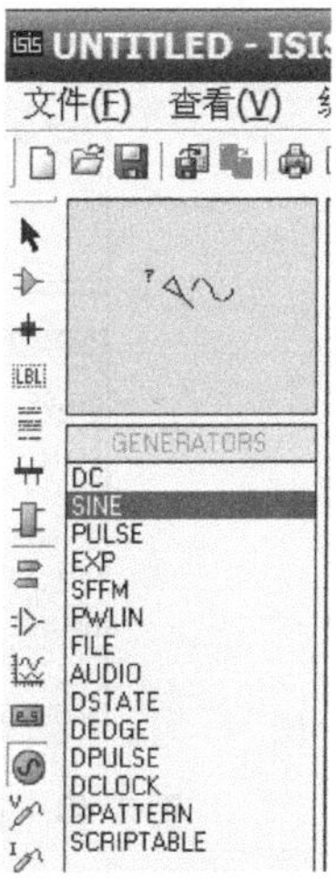

图 1-39 各种激励信号源及对应的符号

表 1-2 各种激励信号源及对应的符号

符号	激励信号源
DC	直流信号源
SINE	正弦波信号源
PULSE	脉冲发生器
AUDIO	音频信号发生器
DSTATE	单稳态逻辑电平发生器
DEDGE	跳沿信号发生器
DPULSE	单周期数字脉冲发生器
DCLOCK	数字时钟信号发生器
……	……

下面介绍在单片机系统虚拟仿真中经常用到的几种信号源。

1. 直流信号源

直流信号源用于产生模拟直流电压或电流。

(1) 直流信号源的选择与放置

① 在图 1-39 所示的激励源的名称列表中，单击 DC，在预览窗口中出现直流信号发生器的符号，如图 1-40 所示。

② 在编辑窗口双击，直流信号发生器被放置到原理图编辑窗口中。可使用镜像、翻转工具调整直流信号发生器在原理图中的位置。

（2）属性设置

① 在原理图编辑区中，双击直流信号源符号，出现图 1-41 所示的属性设置对话框。

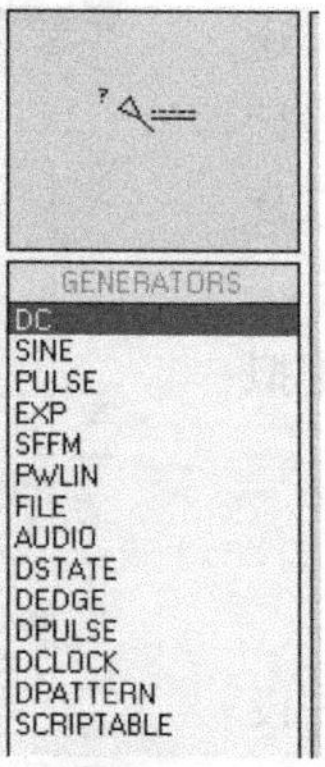

图 1-40　直流信号源符号

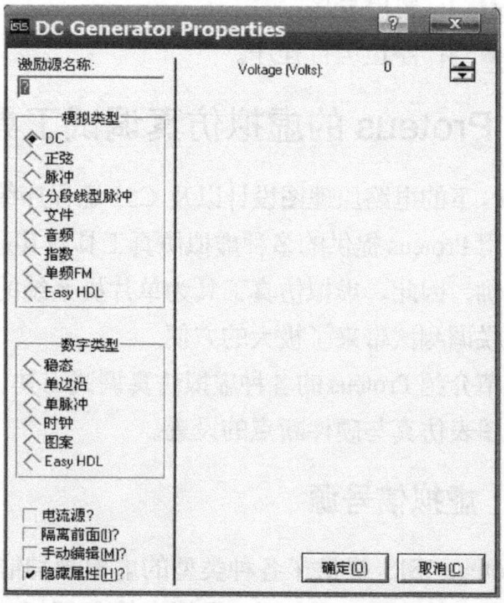

图 1-41　直流信号源属性设置对话框

② 在“模拟类型”栏中选择 DC，如图 1-41 所示，即选择了直流电压源，直流电压源的电压值可在右上角设置。

③ 如果需要直流电流源，则选择图 1-41 中左下方的“电流源？”，在图 1-42 右侧自动出现电流值的标记 Current(Amps)，可根据需要填写电流值。

④ 单击“确定”按钮，完成属性设置。

2．正弦波信号源

正弦波信号源是设计中经常用到的信号源之一。

（1）正弦波信号源的选择与放置

① 单击工具箱中的图标，出现所有信号源的名称列表（见图 1-39），单击 SINE，在预览窗口中出现正弦波信号源的符号。

② 在编辑窗口双击，正弦波信号发生器被放置到原理图编辑界面中。可使用镜像、翻转工具调整正弦波信号源在原理图中的位置。

（2）属性设置

① 双击原理图中的正弦波信号源符号，出现其属性设置对话框，如图 1-43 所示。属性设置对话框中主要选项的含义如下。

- Offset（Volts）：正弦波的振荡中心电平。
- Amplitude（Volts）：正弦波有 3 种幅值表示方式，其中“幅度”为振幅，即半波峰值电压；“峰值”是指峰值电压；“有效值”为有效值电压。以上 3 种表示方式任选一项即可。
- 时间：正弦波频率有 3 种表示方式，其中“频率（Hz）”单位为 Hz，“周期（秒）”单位为 s，选一项即可。
- 延时：选择正弦波的初始相位。其中延时（单位 s）是指在时间轴的延时；相位（°）是指正弦波的初始相位。

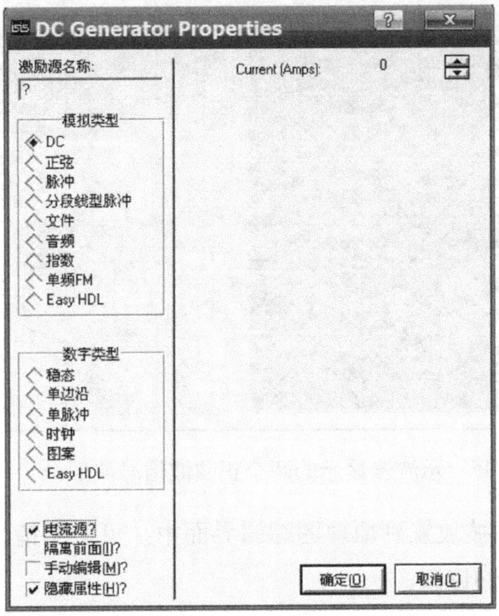

图 1-42　设置电流源的属性

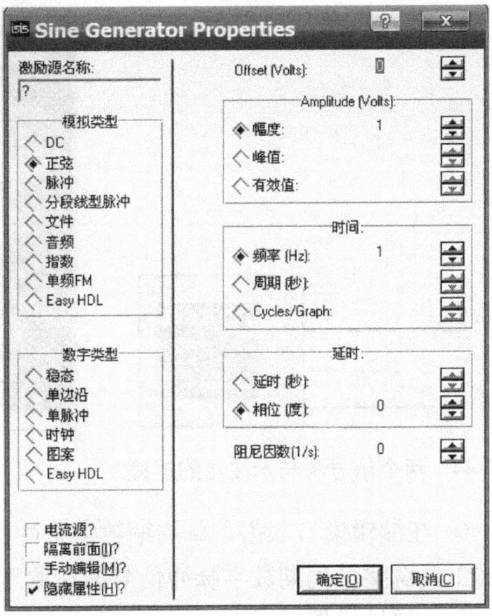

图 1-43　正弦波属性的设置

② 在“激励源名称”文本框中输入正弦波信号源的名称，如输入“正弦信号源”。如果要在电路中使用两个正弦波信号源，则分别输入两个正弦波信号源的名称 A 和 B。两个正弦波信号源各参数设置如表 1-3 所示。

表 1-3　两个正弦波信号源的参数设置

信号源名称	幅值（V）	频率（Hz）	相位（°）
正弦信号源 A	1	200	0
正弦信号源 B	2	200	90

③ 单击“确定”按钮，设置完成。

④ 使用虚拟示波器（见 1.7.2 节）观察两个信号源产生的信号。具体操作如下。

单击工具箱中的图标，出现激励源名称列表，单击 SINE，在预览窗口中出现正弦波信号源的符号。在原理图编辑窗口双击，将两个正弦波信号发生器放置到原理图编辑界面中。单击工具箱中的按钮，列出所有虚拟仪器名称，单击列表区中的 OSCILLOSCOPE，在预览窗口中出现示波器的符号图标。在原理编辑窗口单击，出现示波器的拖动图标，将示波器拖动到合适的位置，再次单击，示波器就被放置到原理图编辑窗口中。将示波器与正弦波信号源连接，如图 1-44 所示。

单击仿真按钮开始仿真运行，出现示波器运行界面，示波器屏幕上显示的两个正弦信号源的波形如图 1-45 所示。

3．单周期数字脉冲信号源

在单片机系统电路的虚拟仿真中，有时需要将单个脉冲作为激励信号。

（1）单周期数字脉冲信号源的选择与放置

① 单击工具箱中的图标，出现所有激励源的名称列表，单击 DPULSE，在预览窗口中出现单数字脉冲信号源的符号，如图 1-46 所示。

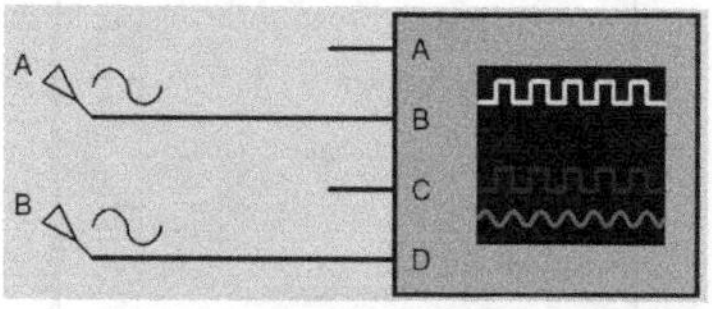

图 1-44 两个信号源与示波器的连接

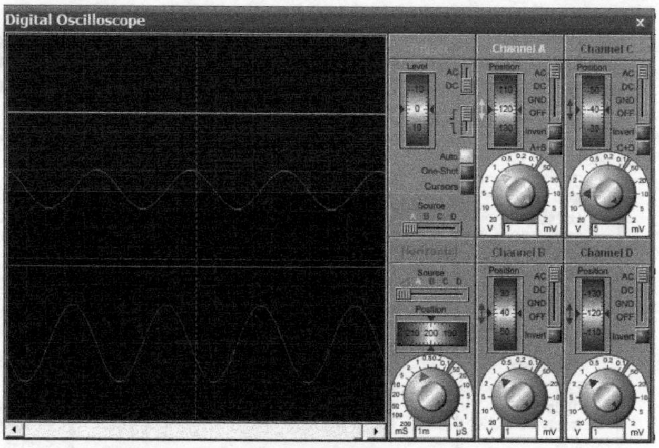

图 1-45 示波器显示的两个正弦波信号波形

② 在编辑窗口双击，单周期数字脉冲信号源被放置到原理图编辑界面中。可使用镜像、翻转工具调整单周期数字脉冲信号源在原理图中的位置。

(2) 属性设置

① 双击原理图中的单周期数字脉冲发生器符号，出现单周期数字脉冲源属性设置对话框，如图 1-47 所示。

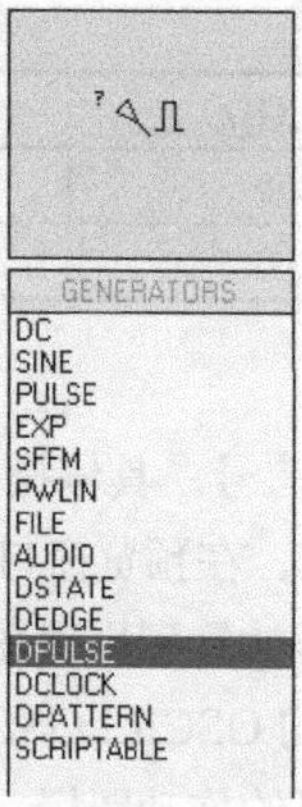

图 1-46 单周期数字脉冲源的符号

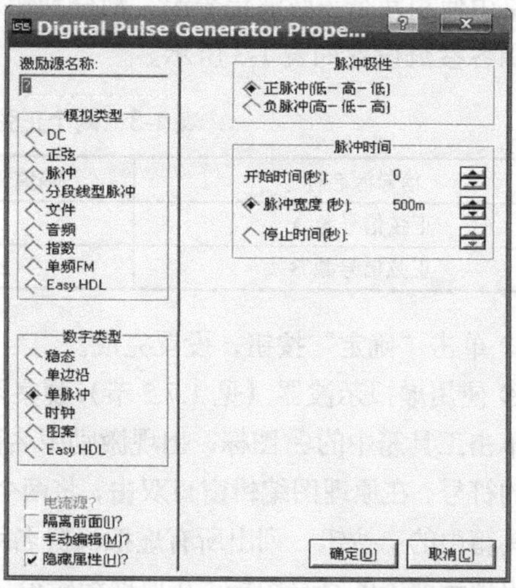

图 1-47 单周期数字脉冲属性设置对话框

主要设置的参数如下。

- 脉冲极性：正脉冲或负脉冲。
- 脉冲时间：设置脉冲开始时间、脉冲宽度（秒）和脉冲停止时间（秒）。

② 在“激励源名称”文本框中输入单周期数字脉冲发生器的名称“单脉冲源”。

③ 单击“确定”按钮，完成设置。

④ 采用图表仿真模式（见 1.7.3 小节）可观察单周期数字脉冲信号的产生，如图 1-48 所示。注意，如果采用示波器来观察该单周期数字脉冲信号，由于示波器只能观察周期信号，而单周期数字脉冲信号会瞬间消失，所以示波器也观察不到稳定的单周期数字脉冲信号。

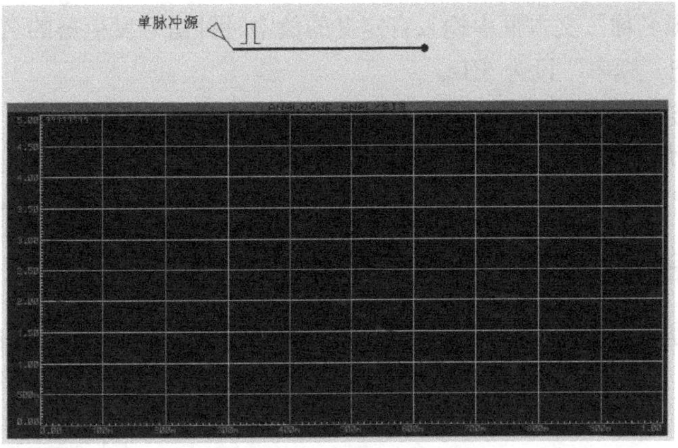

图 1-48 单周期正脉冲图表仿真

4. 数字时钟信号源

数字时钟信号源也是单片机系统虚拟仿真中经常用到的信号源。例如，制作一个频率计，需要有被测量的时钟脉冲信号源，这时可由数字时钟信号源产生时钟脉冲，用频率计来测量时钟脉冲的频率。

(1) 数字时钟信号源的选择与放置

① 单击工具箱中的图标，出现图 1-49 所示的所有激励源的名称列表，单击 DCLOCK，在预览窗口中出现数字时钟信号源的符号。

② 在编辑窗口双击，数字时钟信号源被放置到原理图编辑界面中。可使用镜像、翻转工具调整数字时钟信号源在原理图中的位置。

(2) 属性设置

① 双击原理图中的数字时钟信号源符号，出现数字时钟信号源属性设置对话框，如图 1-50 所示。

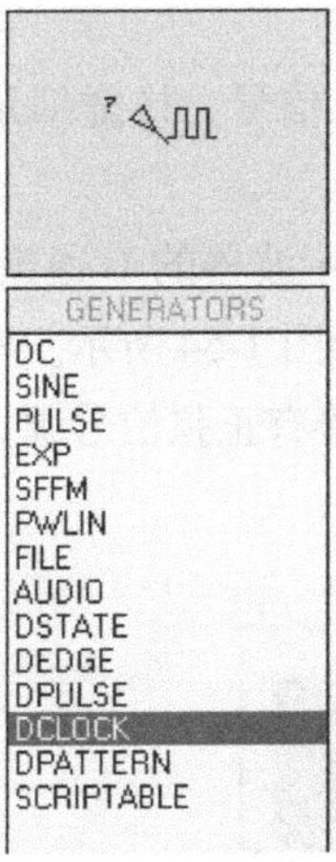

图 1-49 激励源的名称列表以及数字时钟信号源的符号

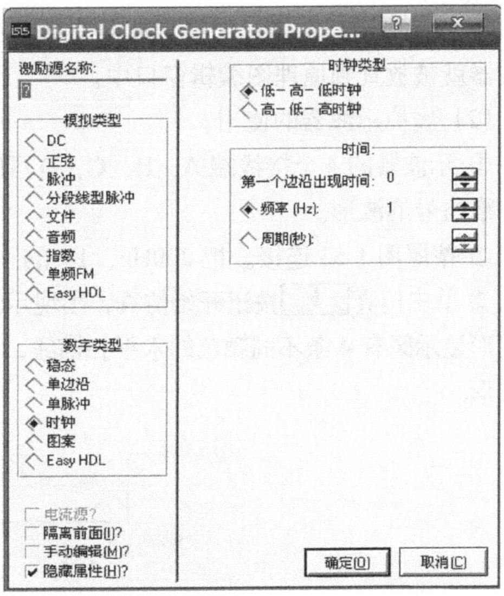

图 1-50 数字时钟信号源属性设置对话框

② 在“激励源名称”文本框中输入自定义的数字时钟信号发生器的名称“数字脉冲源”，在“时间”项中把“频率”设为 5Hz。

③ 单击“确定”按钮，完成设置。

④ 采用图表仿真模式（见 1.7.3 小节）观察数字脉冲信号的产生，如图 1-51 所示。由于频率设为 5Hz，周期为 200ms，图表的时间横轴的范围设为 0～1s，所以可观察到 5 个脉冲。

1.7.2　虚拟仪器

Proteus ISIS 提供了多种虚拟仪器，单击工具箱中的按钮，可列出所有的虚拟仪器名称，如图 1-52 所示。

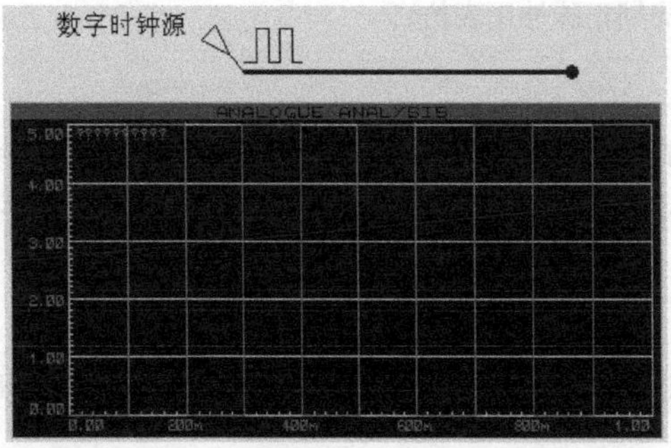

图 1-51　数字时钟信号源图表仿真结果

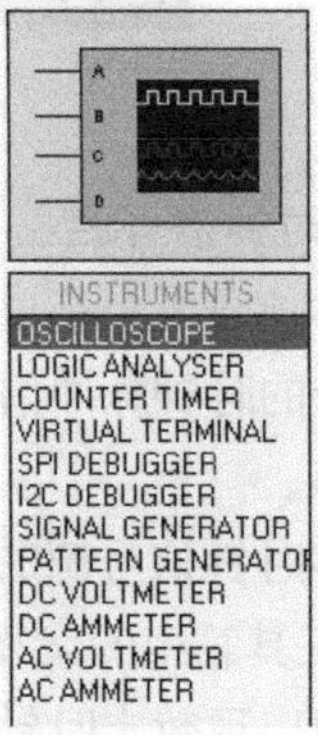

图 1-52　虚拟仪器名称列表

1．虚拟示波器

虚拟示波器是最常用的虚拟仪器之一。

（1）放置虚拟示波器

① 单击图 1-52 列表区中的 OSCILLOSCOPE，在预览窗口中出现示波器的符号图标。

② 在编辑窗口单击，出现示波器的拖动图标，将示波器拖动到合适的位置，再次单击，示波器就被放置到原理图编辑窗口中。

（2）虚拟示波器的使用

① 示波器的 4 个接线端 A、B、C、D 可以分别接 4 路输入信号，该虚拟示波器能同时观看 4 路信号的波形。

② 按照图 1-53 连接。把 200Hz、1V 的正弦激励信号加到示波器的 B 通道。

③ 单击仿真按钮开始仿真，出现示波器运行界面，如图 1-54 所示。可以看到，左边的图形显示区有 4 条不同颜色的水平扫描线，其中 B 通道由于接有正弦信号源，已经显示出正弦波形。

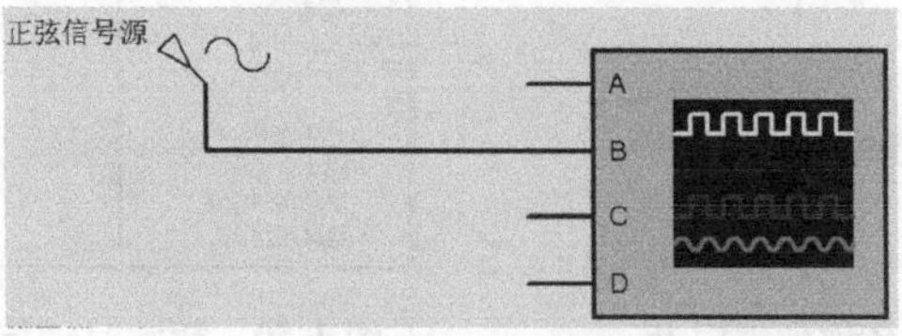

图 1-53　正弦信号与示波器的连接

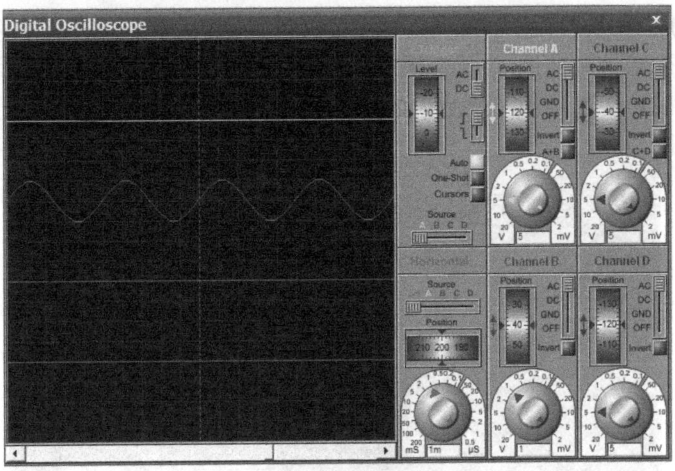

图 1-54 仿真运行后的示波器界面

示波器的操作区分为 6 个部分，如图 1-55 所示。

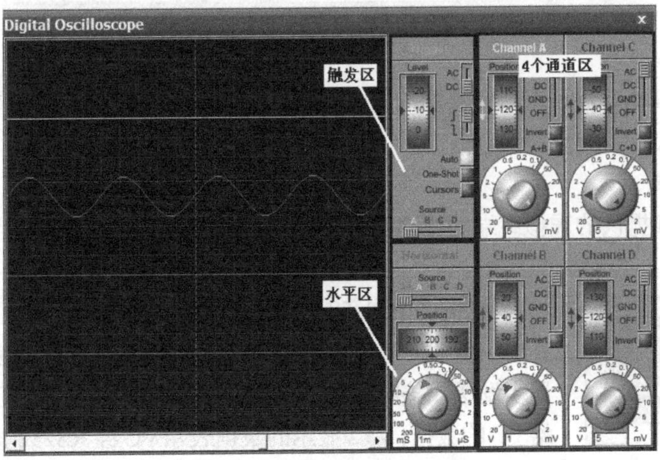

图 1-55 示波器的操作区

- Channel A：A 通道。
- Channel B：B 通道。
- Channel C：C 通道。
- Channel D：D 通道。
- Trigger：触发区。
- Horizontal：水平区。

下面对操作区进行说明。

① 4 个通道区：4 个区的操作功能都一样。主要有两个旋钮，Position 滚轮旋钮用来调整波形的垂直位移；下面的旋钮用来调整波形的 Y 轴增益，白色区域的刻度表示图形区每格对应的电压值。外旋钮是粗调，内旋钮是微调。在图形区读取波形的电压值时，会把内旋钮顺时针调到最右端。

② 触发区：该区中的 Level 滚轮旋钮用来调节水平坐标，水平坐标只在调节时才显示。

Auto按钮一般为红色选中状态。Cursors光标按钮选中后变为红色，可以在图标区标注横坐标和纵坐标，从而读取波形的电压、时间值及周期，如图1-56所示。单击鼠标右键，在快捷菜单中选择清除所有的标注坐标、打印及颜色设置。

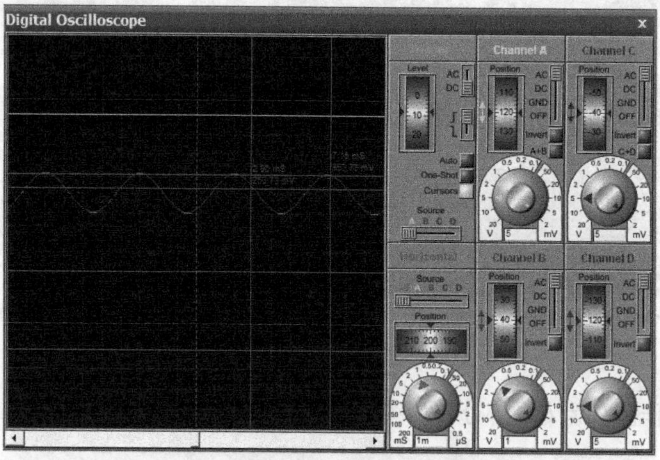

图1-56 触发区Cursors按钮的使用

③ 水平区：Position用来调整波形的左右位移，下面的旋钮调整扫描频率。读周期时，应把内环的微调旋钮顺时针旋转到底。

2. 虚拟终端

Proteus VSM提供的虚拟终端的原理图符号如图1-57所示。虚拟终端相当于键盘和屏幕的双重功能。

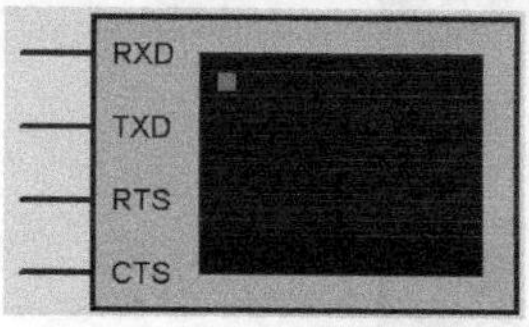

图1-57 虚拟终端的原理图符号

例如，在图1-58所示的单片机与上位机（PC）之间串行通信时，直接由虚拟终端VT1、VT2显示出经RS232接口模型与单片机之间异步发送或接收数据的情况。VT1显示的数据表示单片机经串口发给PC的数据，VT2显示的数据表示PC经RS232接口模型接收到的数据，从而省去了PC的模型。虚拟终端在运行仿真时会弹出一个仿真界面，当PC向单片机发送数据时，可以和虚拟键盘关联，用户可从虚拟键盘经虚拟终端输入数据；当PC接收到单片机发送来的数据后，虚拟终端相当于一个显示屏，会显示相应信息。

图1-58所示的虚拟终端共有4个接线端，其中RXD为数据接收端，TXD为数据发送端，RTS为请求发送信号，CTS为清除传送，是对RTS的响应信号。

在使用虚拟终端时，首先要设置其属性参数。双击元件，出现如图1-59所示的虚拟终端属性设置对话框。

需要设置的参数主要有下面几个。

- Baud Rate：波特率，范围为300～57 600B/s。
- Data Bits：传输的数据位数，为7位或8位。
- Parity：奇偶校验位，包括奇校验、偶校验和无校验。
- Stop Bits：停止位，具有0，1或2位停止位。
- Send XON/XOFF：第9位发送允许/禁止。

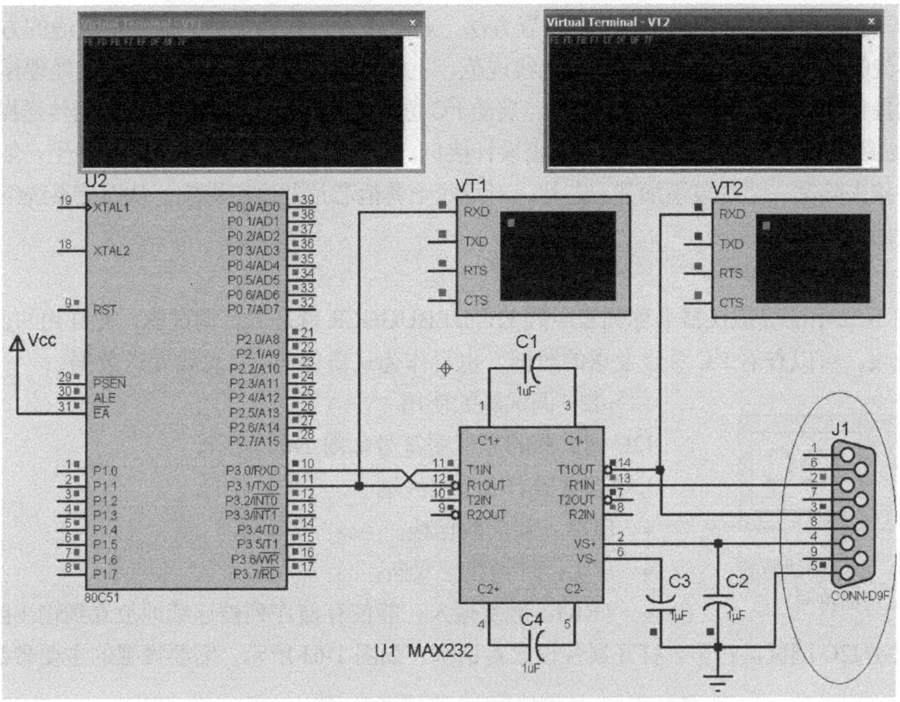

图 1-58　单片机与 PC 之间串行通信的虚拟终端

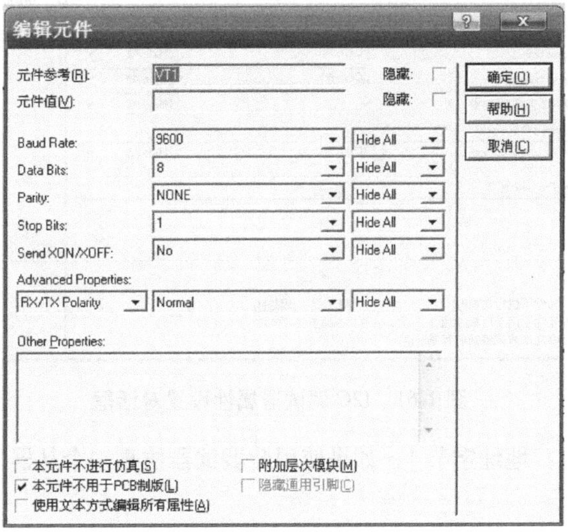

图 1-59　虚拟终端属性设置对话框

选择合适参数后，单击“确定”按钮，关闭对话框。运行仿真，弹出图 1-58 所示的虚拟终端 VT1 和 VT2 的仿真界面。从仿真界面可以看到串口发送与接收的数据。

3．I2C调试器

I^2C 总线是 Philips 公司推出的芯片间的串行传输总线。只需要两根线（即串行时钟线 SCL 和串行数据线 SDA）就能实现总线上各元器件的连接与全双工同步数据传送。芯片间接口简单，非常容易实现单片机应用系统的扩展。

I^2C 总线采用元器件地址的硬件设置方法，避免了通过软件寻址元器件片选线的方法，使硬件系统的扩展简单灵活。按照 I^2C 总线规范，主机只要在程序中装入这些标准处理模块，根据数据操作要求完成 I^2C 总线的初始化，启动 I^2C 总线，就能自动完成规定的数据传送操作。由于 I^2C 总线接口集成在芯片内，用户无需设计接口，只需将芯片直接挂在 I^2C 总线上。如果从系统中直接去除某一芯片或添加某一芯片，对总线上其他芯片并没有影响，从而使系统组建与重构的时间大为缩短。

（1）I2C 调试器

图 1-52 中的虚拟仪器名称列表中的 I2C DEBUGGER 就是 I2C 调试器，允许用户监测 I^2C 接口总线，可以查看 I^2C 总线发送的数据，也可作为从器件向 I^2C 总线发送数据。

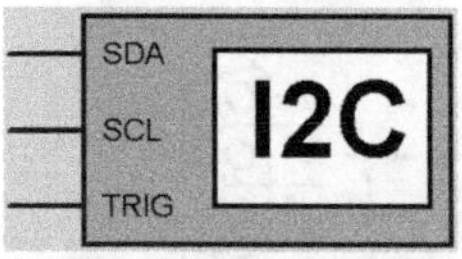

图 1-60　I2C 调试器的原理图符号

（2）I2C 调试器的使用

I2C 调试器的原理图符号如图 1-60 所示。

I2C 调试器有 3 个接线端。

- SDA：双向数据线。
- SCL：时钟线，双向。
- TRIG：触发输入，能使存储序列被连续地放置到输出队列中。

双击 I2C 调试器符号，打开属性设置对话框，如图 1-61 所示。需要设置的主要参数如下。

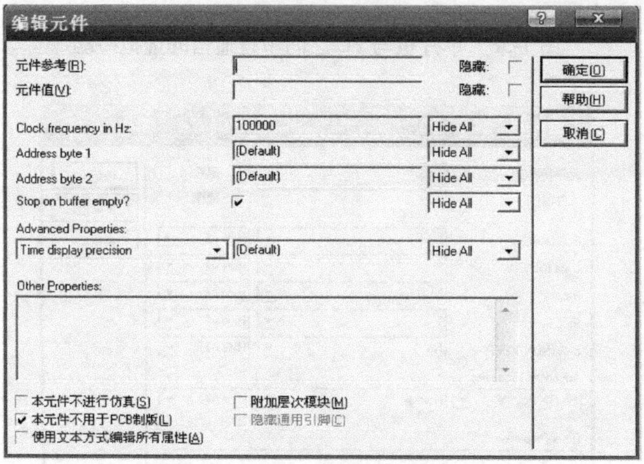

图 1-61　I2C 调试器属性设置对话框

- Address byte 1：地址字节 1，如果使用此调试器仿真一个从器件，则用于指定从器件的第 1 个地址字节。
- Address byte 2：地址字节 2，如果使用此调试器仿真一个从器件，并期望使用 10 位地址，则用于指定从器件的第 2 个地址字节。

（3）I2C 调试器的应用

下面通过例子说明 I2C 调试器的应用。

如图 1-62 所示，单片机通过控制 I^2C 总线读写带有 I^2C 接口的存储器芯片 AT24C02，可用 I2C 调试器观察 I^2C 总线数据传送的过程。

启动仿真，用鼠标右键单击 I2C 调试器，出现 I2C 调试窗口，如图 1-63 所示。该调试窗口分为 4 部分，即数据监测窗口、队列缓冲区、预传输队列和队列容器。

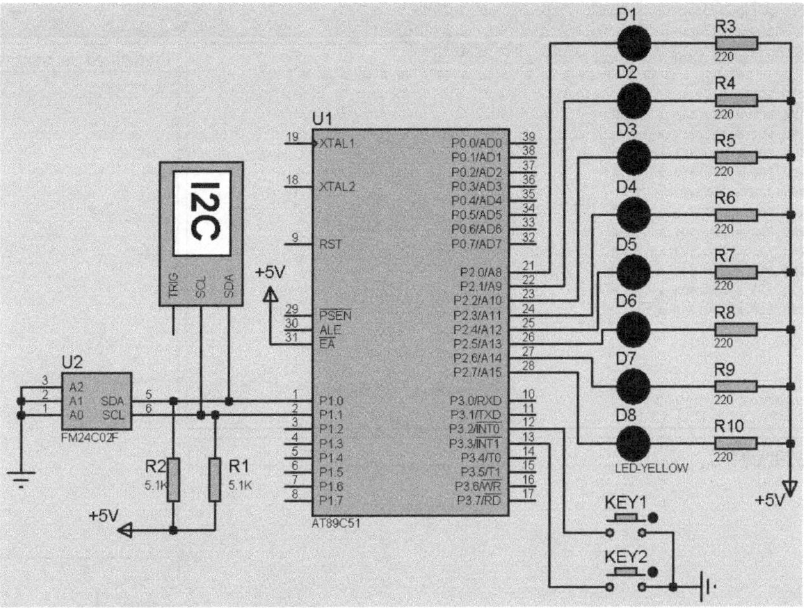

图 1-62 单片机读写带有 I2C 接口的存储器 AT24C02 的电路原理图

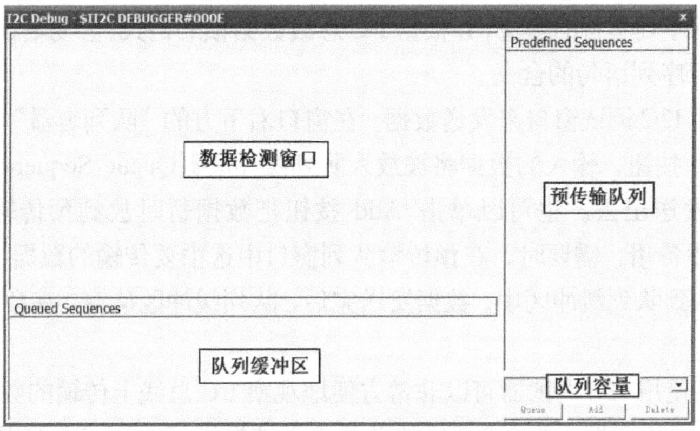

图 1-63 I2C 调试窗口

先后单击图 1-62 中的 KEY1 和 KEY2 按钮开关，即单片机向 AT24C02 写入和读出数据。此时在 I2C 调试窗口中的数据监测窗口出现写入和读出的数据，第 1 行为单片机通过 I^2C 总线向 AT24C02 写入的数据，第 2 行为单片机通过 I^2C 总线从 AT24C02 读出的数据，如图 1-64 所示。单击其中的“+”符号，还能把 I^2C 总线传送数据的细节展现出来。I^2C 总线传送数据时，采用了特别的序列语句，出现在数据监测窗口中。此语句用于指定序列的启动和确认，下面是特别序列字符的含义。

S：启动序列。

Sr：重新启动序列。

P：停止序列。

N：接收（未确认）。

A：接收（确认）。

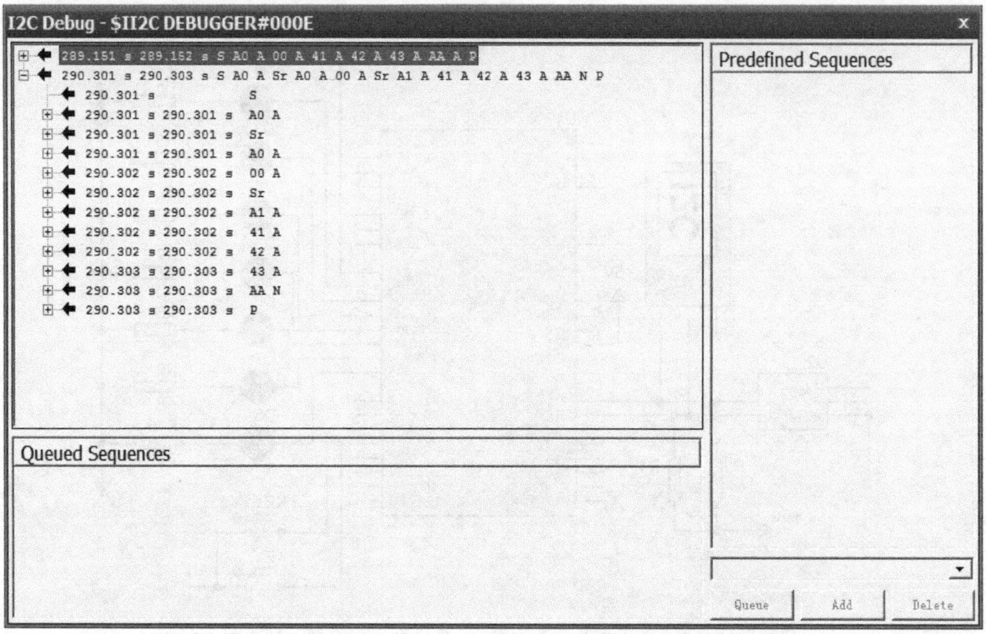

图 1-64　I2C 调试窗口及单片机向 AT24C02 写入和读出的数据

通过这些特别序列字符的含义，并根据 I^2C 总线数据帧的格式，容易看出数据监测窗口（见图 1-64）中的两行序列语句的含义。

用户也可使用 I2C 调试窗口来发送数据。在窗口右下方的“队列容器”中输入需要传送的数据。单击 Queue 按钮，输入的数据将被放入队列缓冲区（Queue Sequences）中，单击仿真运行按钮，数据发送出去。也可以单击 Add 按钮把数据暂时放到预传输队列（Predefined Sequences）窗口中备用，需要时，在预传输队列窗口中选中要传输的数据，单击 Queue 按钮把要传输的数据加到队列缓冲区中。数据发送完后，队列缓冲区清空，在数据监测窗口显示发送的信息。

由上述可见，使用 I2C 调试器可以非常方便地观察 I^2C 总线上传输的数据，非常容易地手动控制 I^2C 总线发送的数据，为 I^2C 总线的单片机系统提供了十分有效的虚拟调试手段。

4．SPI调试器

串行外设接口（Serial Peripheral Interface，SPI）总线是 Motorola 公司提出的一种同步串行外设接口，允许单片机与各种外围设备以同步串行通信方式交换信息。

图 1-52 中的 SPI DEBUGGER 为 SPI 调试器。SPI 调试器允许用户查看沿 SPI 总线发送和接收的数据。

图 1-65 为 SPI 调试器的原理图符号。

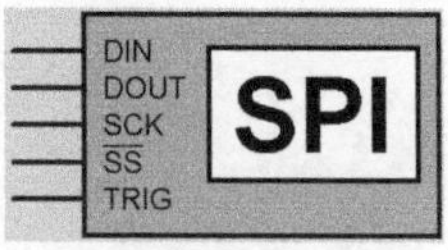

图 1-65　SPI 调试器的原理图符号

SPI 调试器共有 5 个接线端，分别介绍如下。

- DIN：接收数据端。
- DOUT：输出数据端。
- SCK：时钟端。
- $\overline{SS}$：从模式选择端，从模式时，此端必须为低电平才能使终端响应。只有工作在主模式下，而且数据正在传输时，此端才为低电平。

- TRIG：输入端，能把下一个存储序列放到 SPI 的输出序列中。

双击 SPI 的原理图符号，可以打开它的属性设置对话框，如图 1-66 所示。对话框主要参数如下。

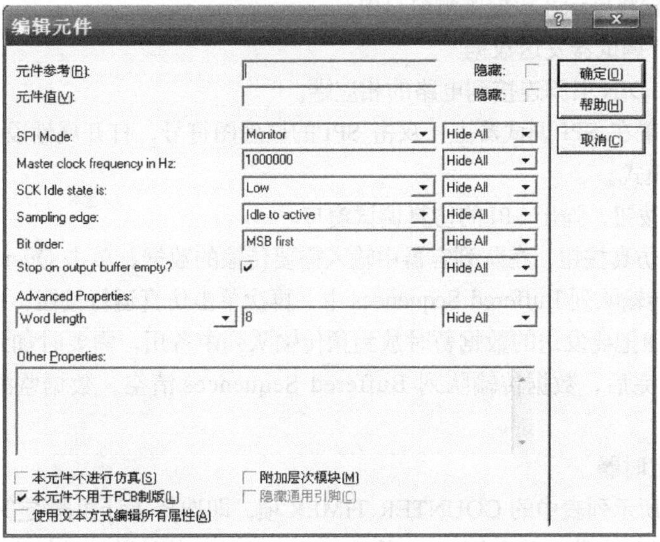

图 1-66 SPI 调试器属性设置对话框

- SPI Mode：有 3 种工作模式可选，Monitor 为监控模式，Master 为主模式，Slave 为从模式。
- Master clock frequency in Hz：主模式的时钟频率（Hz）。
- SCK Idle state is：SCK 空闲状态为高或低，选择一个。
- Sampling edge：采样的边沿，指定 DIN 引脚采样的边沿，选择 SCK 从空闲到激活状态，或从激活到空闲状态。
- Bit order：位顺序，指定传输数据的位顺序，可先传送最高位 MSB，也可先传送最低位 LSB。

SPI 调试器的窗口如图 1-67 所示，它与 I2C 调试窗口相似。

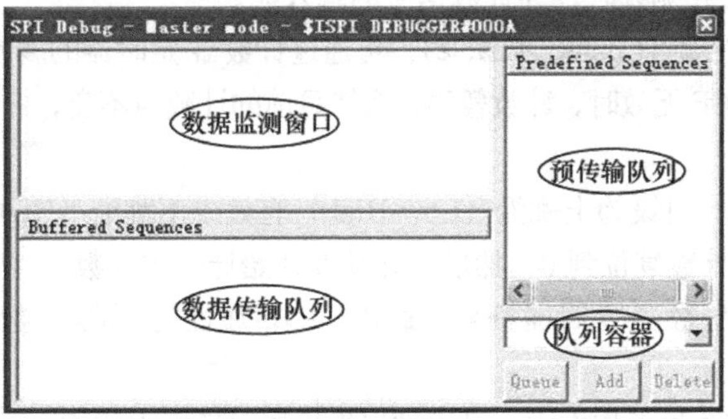

图 1-67 SPI 调试器的窗口

（1）使用 SPI 调试器接收数据

① 将 SCK 和 DIN 引脚连接到电路的相应端。

② 将光标放置在 SPI 调试器上，双击 SPI 的原理图符号，打开属性设置对话框，设置 SPI 为从模式，时钟频率与外时钟一致。

③ 运行仿真，弹出 SPI 的仿真调试窗口。

④ 接收的数据将显示在数据监测窗口中。

（2）使用 SPI 调试器发送数据

① 将 SCK 和 DIN 引脚连接到电路的相应端。

② 将光标放置在 SPI 调试器上，双击 SPI 的原理图符号，打开属性设置对话框，把 SPI 调试器设置为主模式。

③ 单击仿真按钮，弹出 SPI 的仿真调试窗口。

④ 单击暂停仿真按钮，在队列容器中输入需要传输的数据。单击 Queue 按钮，输入的数据将被放入数据传输队列 Buffered Sequences 中，再次单击仿真运行按钮，数据发送出去。也可以单击 Add 按钮把要发送的数据暂时放到预传输队列中备用，需要时加到传输队列中。

⑤ 数据发送完后，数据传输队列 Buffered Sequences 清空，数据监测窗口显示发送的信息。

5．计数器/定时器

单击图 1-52 所示列表中的 COUNTER TIMER 项，即选择了计数器/定时器，计数器/定时器的原理符号及测试电路连线如图 1-68 所示。CLK 为外加的计数脉冲输入。

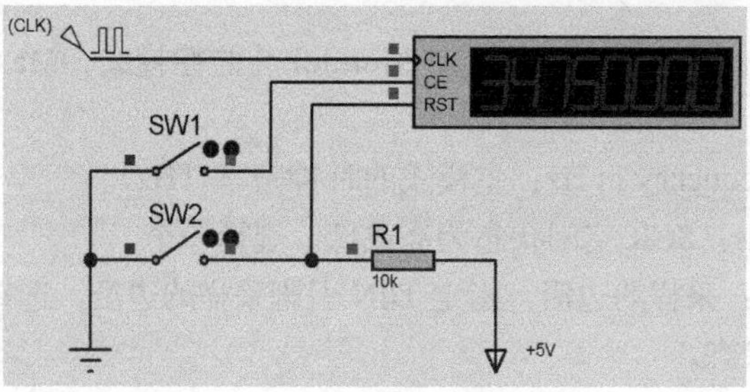

图 1-68　计数器/定时器电路

该虚拟仪器有 3 个输入端。

- CLK：在计数和测频时，为计数信号的输入端。
- CE：计数使能端（Counter Enable），可通过计数器/定时器的属性设置对话框设为高电平或低电平有效，当 CE 无效时，计数暂停，保持目前的计数值不变，一旦 CE 有效，计数继续进行。
- RST：复位端，可设为上跳沿（Low-High）有效或下跳沿（High-Low）有效。当有效跳沿到来时，计时或计数复位到 0，然后立即从 0 开始计时或计数。

用鼠标右键单击计数器/定时器符号，选择“编辑属性”，出现计数器/定时器的属性设置对话框，如图 1-69 所示。

计数器/定时器有 4 种工作方式，可通过属性设置对话框中的 Operating Mode 下拉列表框选择，如图 1-70 所示。

Operating Mode 下拉列表框（见图 1-70）包含以下选项。

- Default：缺省工作方式，即计数方式。

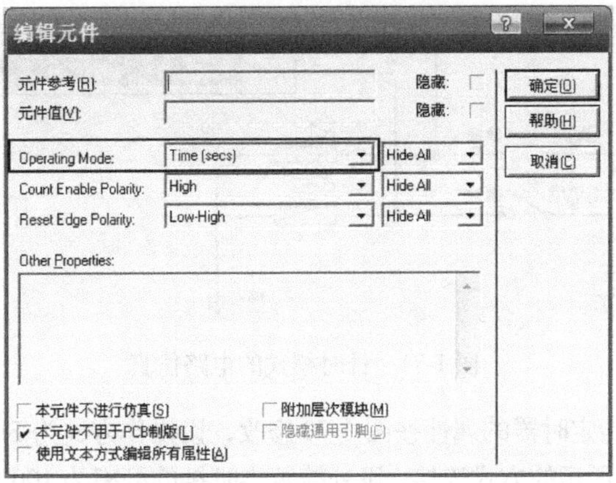

图 1-69 计数器/定时器的属性设置对话框

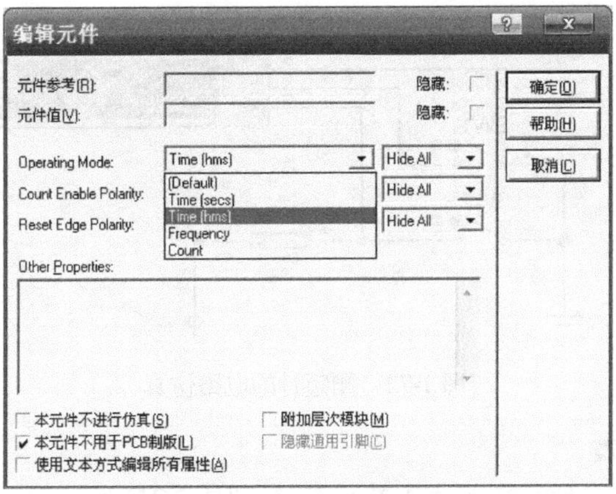

图 1-70 设置计数器/定时器的工作方式

- Time（secs）：计时方式，相当于一个秒表，最多计 100s，精确到 1μs。CLK 端无需外加输入信号，内部自动计时。由 CE 和 RST 端控制暂停或重新从零开始计时。
- Time（hms）：计时方式，相当于一个具有时、分、秒的时钟，最多计 10h，精确到 1ms。CLK 端无需外加输入信号，内部自动计时。由 CE 和 RST 端控制暂停或重新从零开始计时。
- Frequency：测频方式，在 RST 没有复位以及 CE 有效的情况下，能稳定显示 CLK 端外加的数字脉冲信号的频率。
- Count：计数方式，对外加时钟脉冲信号 CLK 进行计数，图 1-68 所示的计数显示，最多 8 位计数，即 99999999。

下面通过两个具体的例子介绍计数器/定时器的应用。

【例 1-1】按照图 1-71 设计，外部时钟 CLK 不接。双击计数器/定时器符号，设置其属性，如图 1-70 所示。设操作模式为 Time（hms），即定时器（计时）方式；计时使能端 CE 设为 High，即高电平有效，开关 SW1 合上为低电平时计时暂停。复位端设为 Low-High，即上跳沿有效。

运行仿真，可显示图 1-71 所示的定时器（计时）方式，合图 1-71 中的开关 SW1，则计时停止，打开开关 SW1 则继续计时；合上开关 SW2 再打开，计时器清零，打开开关 SW1 后，从零重新计时。

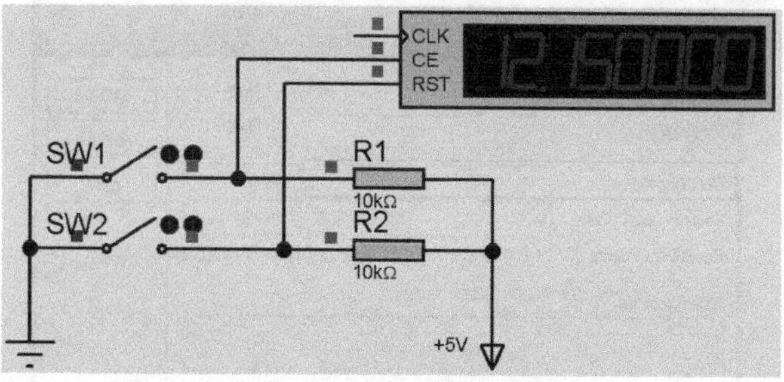

图 1-71　计时模式的电路仿真

【例 1-2】把计数器/定时器的属性按图 1-70 修改，设操作方式为 Frequency，即测频方式，其他不变，按照图 1-68 所示的方式连接，设外接数字时钟的频率为 100Hz，图中两个开关 SW1、SW2 位于打开状态，运行仿真，出现图 1-72 所示的测频结果。操作两个开关可以看到使能和清零的效果。

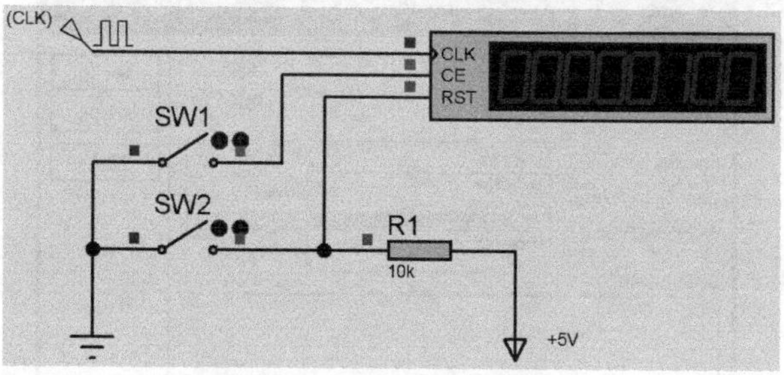

图 1-72　测频时的电路仿真

6. 电压表和电流表

Proteus VSM 提供了 4 种电表，如图 1-73 所示，分别是 DC Voltmeter（直流电压表）、DC Ammeter（直流电流表）、AC Voltmeter（交流电压表）和 AC Ammeter（交流电流表）。

（1）4 种电表的符号

在元件列表（见图 1-52）中，把上述 4 种电表分别放置到原理图编辑窗口中，如图 1-73 所示。

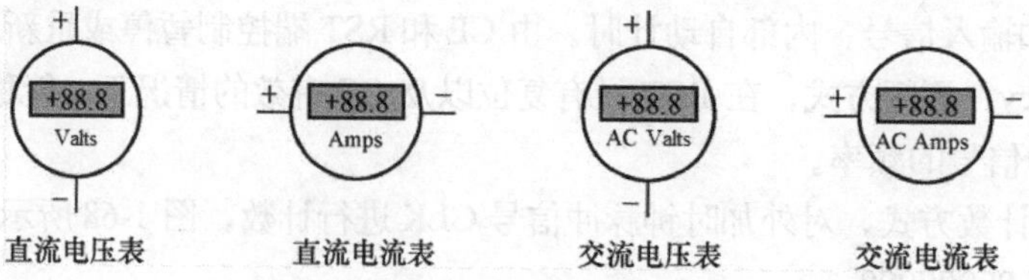

图 1-73　4 种电表的原理图符号

（2）属性设置

双击任一电表的原理图符号，出现其属性设置对话框，图 1-74 为直流电流表的属性设置对话框。

在“元件参考”文本框中输入该直流电流表的名称，元件值不填。在显示范围 Display Range 下拉列表中有 4 个选项，用来设置该直流电流表是安培表（Amps）、毫安表（Milliamps）还是微安表（Microamps），默认是安培表，然后单击“确定”按钮即完成设置。

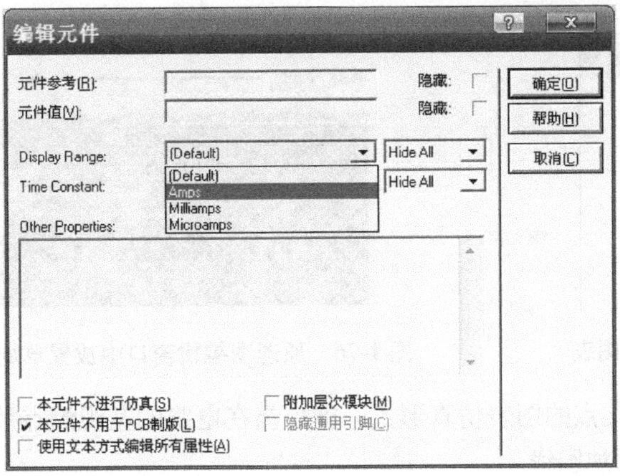

图 1-74 直流电流表的属性设置对话框

其他 3 种表的属性设置与此类似。

(3) 电表的使用

4 个电表的使用和实际的交、直流电表一样，电压表并联在被测电压两端，电流表串联在电路中，要注意方向。运行仿真时，直流电表出现负值，说明电表的极性接反了。两个交流电表显示的是有效值。

1.7.3 图表仿真

Proteus VSM 提供交互式动态仿真和静态图表仿真功能，如果采用动态仿真，这些虚拟仪器的仿真结果和状态随着仿真结束也就消失了，不能满足打印及长时间的分析要求。而静态图表仿真功能随着电路参数的修改，电路中的各点波形将重新生成，并以图表的形式留在电路图中，供以后分析和打印。本节介绍 Proteus ISIS 的图表仿真功能。

图表仿真能把电路中某点对地的电压或某条支路的电流与时间关系的波形自动绘制出来，且能保持记忆。例如，观察单脉冲的产生，如果采用虚拟示波器观察，在单脉冲过后，就观察不到单脉冲波形。如果采用图表仿真，就可把单脉冲波形记忆下来，显示在图表上。下面以图 1-48 的单周期正脉冲图表仿真为例，介绍如何进行图表仿真。

图表仿真的具体步骤如下。

1. 选择观测点

首先把单周期脉冲源与图表放置在电路图中，单周期脉冲源的输出就是图表仿真的观测点。具体操作如下。

(1) 放置单周期脉冲源。单击左侧工具箱中的图标，从列表中选择 DPULSE，在原理图编辑窗口双击，将单周期脉冲源放置在原理图编辑窗口中。双击单周期脉冲源符号，设置属性。

(2) 放置图表。单击左侧工具箱中的图标，从列表中选择模拟图表 ANALOGUE，如图 1-75 所示。在原理图编辑窗口双击，按住鼠标左键拖出一个方框，将模拟图表放置在编辑窗口中，如图 1-76 所示。

需要说明的是，在图 1-75 的列表中可选择各种类型图表，如模拟图表、数字图表、混合图表等。如要观察数字信号，可选用数字图表。如果同一图表中，观察的信号既有模拟信号，又有数字信号，应选择 MIXED，即混合图表。

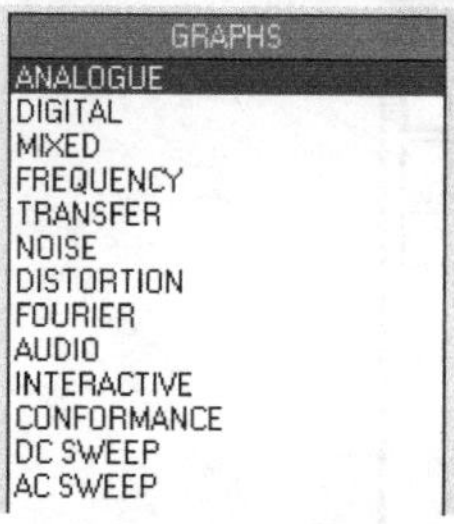

图 1-75　选择模拟图表

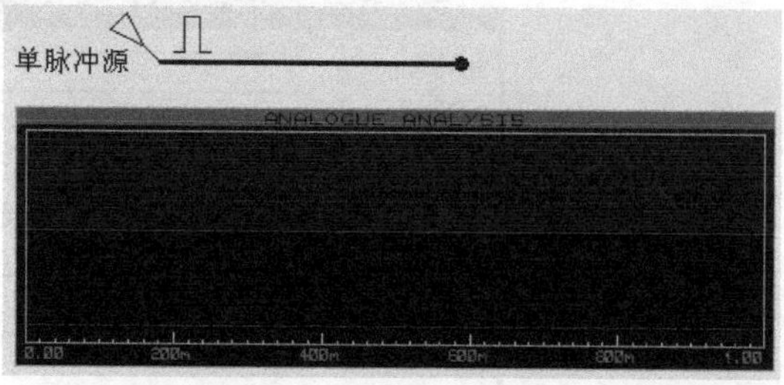

图 1-76　原理图编辑窗口中放置单周期脉冲源与模拟图表

如果要观测电路某点的图表仿真形式，就应当在电路的某观测点放置电压探针。

2．编辑图表与添加图线

用鼠标右键单击图 1-76 中的图表，在弹出的快捷菜单中选择“编辑图表”项如图 1-77 所示，出现“编辑瞬态图表”对话框，如图 1-78 所示。

在“图表标题”文本框中输入图表名称 ANALOGUE ANALYSIS，此外还需要为时间轴（*X* 轴）设置观测波形的起始时间与结束时间，设置左、右坐标轴（即 *X* 轴与 *Y* 轴）的名称以及 *Y* 轴的尺度。

图 1-77　选择“编辑图表”

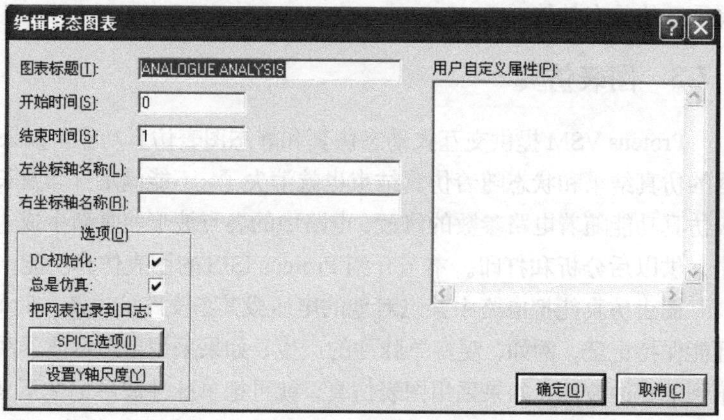

图 1-78　“编辑瞬态图表”对话框

“编辑瞬态图表”对话框各参数设置完成后，单击图 1-77 中的“添加图线”项，出现图 1-79 所示的对话框。该对话框用于建立观测点与图表的关联，即把观测点处的波形显示在图表上，最多可设置 4 个观测点（可设 4 个探针）。

本例只有一个观测点，即单脉冲源的输出，因此在“探针 P1”下拉列表中选择“单脉冲源”即可。如果有 4 个观测点，则需要在电路中分别设置探针，并分别给探针起名，然后把 4 个探针的名称添加到相应的栏目中，这样就可以把 4 个探针处的波形同时显示在图表上。利用“表达式”文本框还可以观察几个观测点叠加后的波形，例如想看 P1 波形和 P3 波形叠加后的波形，在“表达式”文本框中输入 P1+P3，就可将 P1 波形和 P3 波形叠加后的波形显示在图表中。该对话框中还有其他参数，如“轨迹类型”，有 4 个类型选项，由于本例是要显示单脉冲源的输出波形，所以属于“模拟”类型。此外，还有“坐标轴”的位置选项。

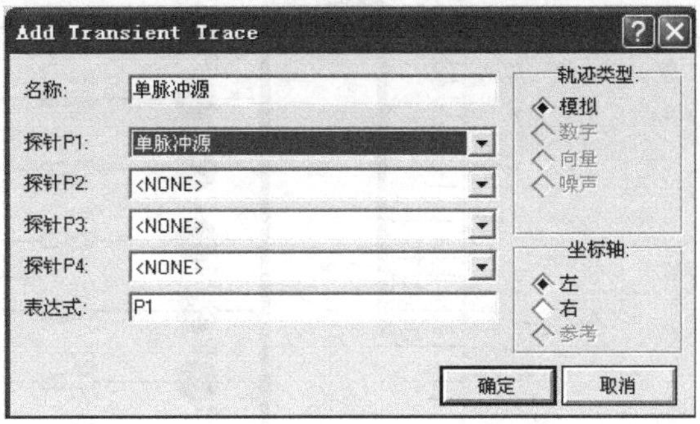

图 1-79 添加图线对话框

3. 图表仿真

上述工作完成后，就可进行图表仿真了。用鼠标右键单击图表，出现图 1-77 所示的快捷菜单。由于编辑图表与添加图线工作已完成，快捷菜单中的“仿真图表”项不再是不可操作的虚项，已变为黑色的可操作的命令，单击该命令，可以进行图表仿真，使仿真波形显示在图表上，如图 1-48 所示。

本例仅对单脉冲源的输出波形进行图表仿真，如果观察电路中不超过 4 个观测点的波形，只需要先在观察点处设置探针，然后再“编辑图表”与“添加图线”，最后单击图 1-77 所示菜单中的“仿真图表”项，即可进行图表仿真。

1.7.4 硬件断点的设置

许多元器件都具有当一特定电路情形发生变化时触发仿真延缓的功能。与单步仿真结合使用时，这一功能非常有用，因为电路只有当某一特定情形出现时，才进行正常仿真，然后使用单步，就可以看到电路在下一步将会发生什么动作。

利用硬件断点可以在匹配硬件断点的条件下暂停仿真，该功能在软件控制程序运行，需要分析程序或电路的故障时，非常有用。下面通过一个实例，了解硬件断点的设置方法。

【例 1-3】假设流水灯在运行时，当 P2.5 控制的灯 D6 点亮以后，流水点亮的工作不正常，要求在 P2.5 控制的灯亮以后设置硬件断点，然后单步执行，查找故障。这里设置硬件断点的条件是 P2.5=0。断点设置步骤如下。

（1）在欲触发断点的导线（总线）上放置电压探针，本例是在 P2.5 线上放置电压探针，如图 1-80 所示。

（2）在探针处单击鼠标右键，出现“编辑电压探针”对话框，如图 1-81 所示。

（3）在对话框（见图 1-81）的“实时断点”栏根据断点的性质，选择“数字的”或者“模拟的”并指定触发值，本例选择“数字的”。对于数字网点和单导线，“触发值”选定 1 或 0 对应的是逻辑高或逻辑低；对于模拟网点，将会是一个具体的电压值或电流值。设定“开始时间”作为起控时间（Arm），使断点在指定的起控时间开始后有效。

（4）单击“确定”按钮退出对话框。

设置完成后的电路原理图如图 1-82 所示。

仿真运行程序，当流水灯 D6 点亮时，即 P2.5=0，满足了设定的硬件断点条件，使程序停止运行，如图 1-83 所示。此时可在此硬件断点处，利用单步执行等手段来检查系统的故障。

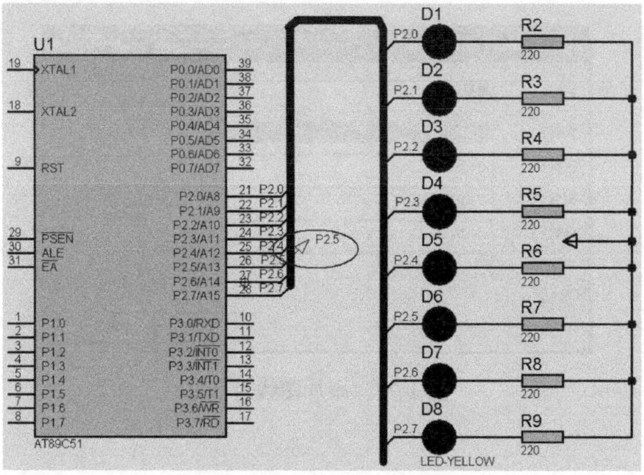

图 1-80　放置电压探针

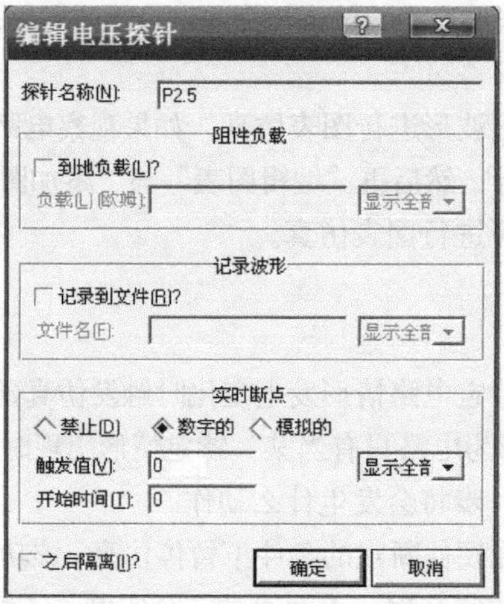

图 1-81 “编辑电压探针”对话框

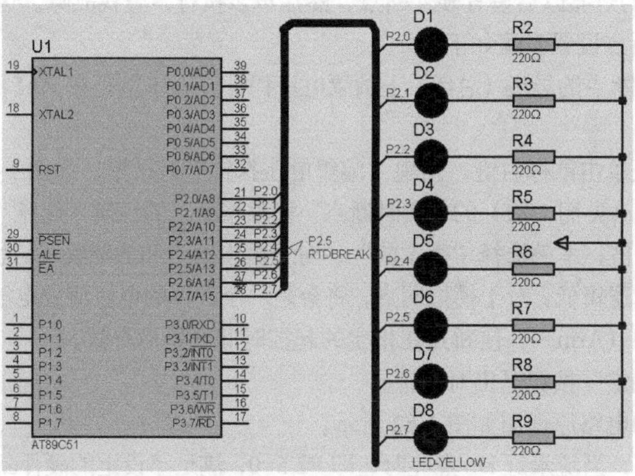

图 1-82　电压探针设置完成后的电路原理图

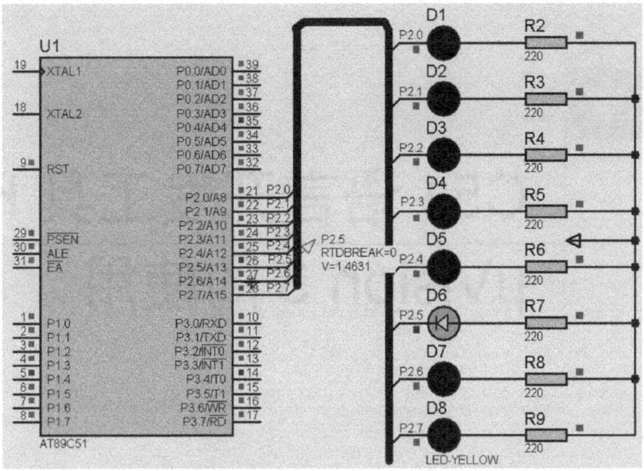

图 1-83　运行到 P2.5 控制的 D6 点亮的硬件断点处停下

本例中设置的是数字断点，当 P2.5=0 时，实时数字断点触发器 RTDBREAK 检测到 P2.5 脚的二进制数等于设定值时，触发断点。对于模拟的断点，实时断点发生器有实时电压、电流断点触发器RTVBREAK 和 RTI-BREAK：当触发器引脚上的电压或流经的电流超过设定的值时，将触发断点，此时为上升沿触发。

此外还有实时电压、电流监视器RTVMON 和 RTI-MON，即当输入电压或当流经的电流不在设定范围内时，可触发断点、警告或错误。因此可将 RTVMON 和 RTI-MON 用于创建仿真模型，当模型中的电压或电流超过设定的工作极限时警告用户。限于篇幅，读者可查阅相关资料。

第2章

C51 语言开发工具 Keil μVision 3 的使用

C51 语言是近年来在 8051 单片机开发中普遍使用的程序设计语言，它能直接对 8051 单片机硬件进行操作，既有高级语言的特点，又有汇编语言的特点，已得到非常广泛的使用。

C51 源程序的设计、开发与调试，是在集成化开发工具 Keil μVision 3 下进行的。熟练掌握开发工具 Keil μVision 3 的使用，将大大提高编写和调试 C51 源程序的效率。

本章在假设读者已经掌握 C51 编程语言的基础上，介绍集成化开发工具 Keil μVision 3 的使用。

2.1 Keil μVision 3 开发工具简介

Keil C51（简称 C51 语言）是德国 Keil software 公司（现已被并入美国 ARM 公司）开发的用于 8051 单片机的 C51 语言开发软件。目前，Keil C51 已被完全集成到一个功能强大的全新集成开发环境 IDE（Intergrated Development Eviroment）Keil μVision 3 中。

Keil μVision 3 是一款用于 8051 单片机的集成开发环境，它支持众多 8051 架构的芯片，同时集编辑、编译、仿真等功能于一体，具有强大的软件调试功能。Keil μVision 3 增加了很多与 8051 单片机硬件相关的编译特性，使得应用程序的开发更为方便和快捷，生成的程序代码运行速度快，需要的存储器空间小，完全可以和汇编语言相媲美，是目前 8051 单片机软件开发中最优秀的软件开发工具之一。

该开发环境集成了文件编辑处理、编译链接、项目（Project）管理、窗口、工具和仿真软件模拟器以及 Monitor 51 硬件目标调试器等多种功能，所有这些功能均可在 Keil μVision 3 环境中极为简便地操作。

下面介绍 Keil μVision 3 开发环境下的 C51 源程序的设计、调试与开发。

2.2 Keil μVision 3 的基本操作

2.2.1 Keil μVision 3 的安装与启动

Keil μVision 3 集成开发环境的安装，类似于大多数软件的安装。安装完毕后，可在桌面上看到 Keil μVision 3 软件的快捷图标。单击该快捷图标，即可启动软件，几秒钟后，出现如图 2-1 所示的 Keil μVision 3 界面，图中标出了 Keil μVision 3 界面各窗口的名称。

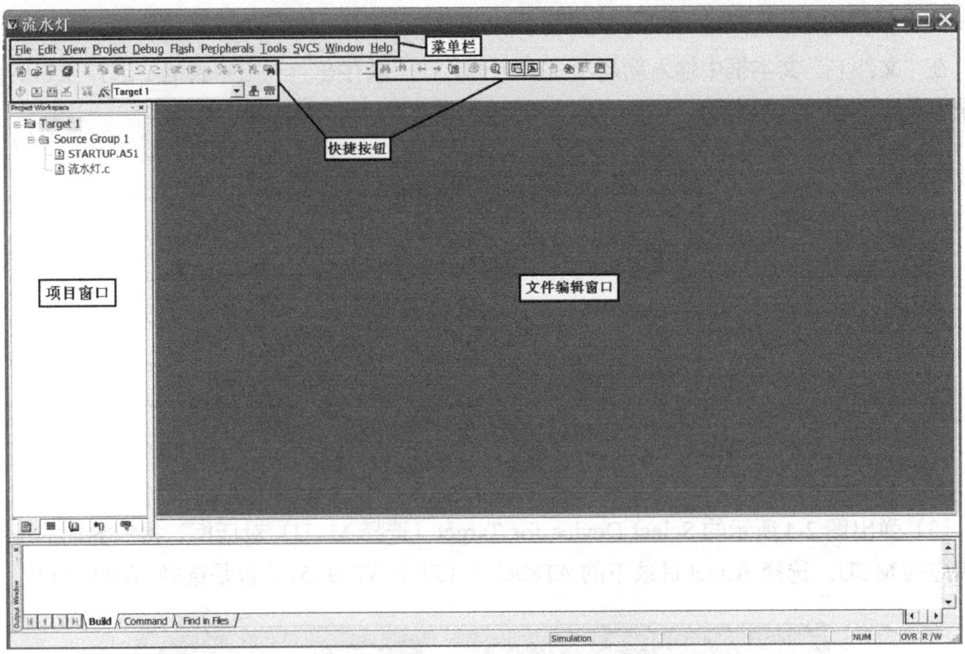

图 2-1　Keil 软件开发环境界面

2.2.2　创建项目

编写一个新的应用程序前，首先要建立项目（Project）。Keil μVision 3 把用户的每一个应用程序设计都当作一个项目，用项目管理的方法把一个程序设计中需要用到的、互相关联的程序链接在同一项目中。这样，打开一个项目时，需要的关联程序也都跟着进入了调试窗口，为用户编写、调试和存储项目中的各个程序提供了方便。用户也可能开发了多个项目，每个项目用到了相同或不同的程序文件和库文件，采用项目管理，很容易区分不同项目中用到的程序文件和库文件，非常容易管理。因此，在使用 μVision 3 对程序进行编辑、调试与编译之前，需要先创建一个新的项目。

在编辑界面下，这样 Project→New Project 命令，弹出文件对话框，选择要保存的路径，在“文件名”文本框中输入项目的名称，保存后的文件扩展名为“.uv2”，这是 Keil μVision 3 项目文件的扩展名，以后可直接单击此文件打开先前建立的项目。

（1）在图 2-1 所示的窗口中，单击 Project（项目）→New Project…命令，如图 2-2 所示。

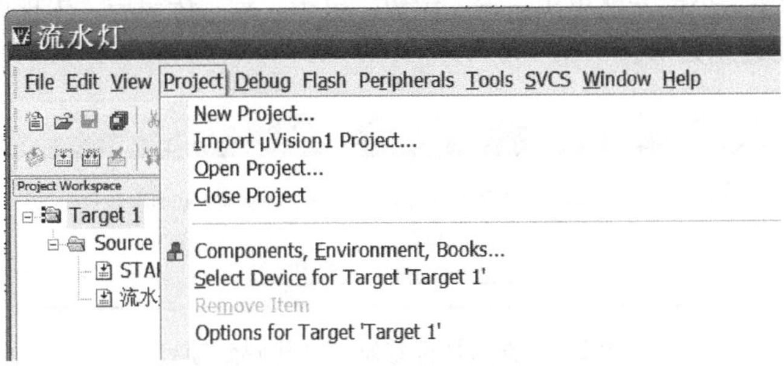

图 2-2　新建项目菜单

（2）弹出图 2-3 所示的 Create New Project 对话框。

在“文件名”文本框中输入新建项目的名称，在“保存在”下拉列表框中选择项目的保存目录，单击“保存”按钮。

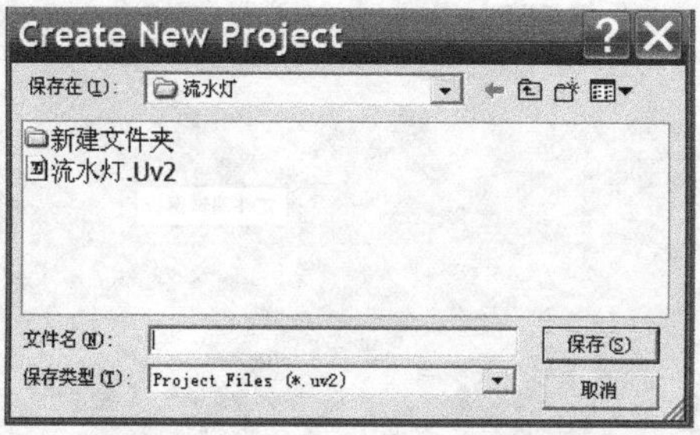

图 2-3　Create New Project 对话框

（3）弹出图 2-4 所示的 Select Device for Target（选择 MCU）对话框，按照界面的提示选择相应的 MCU。选择 Atmel 目录下的 AT89C51（对于 AT89S51，也是选择 AT89C51）。

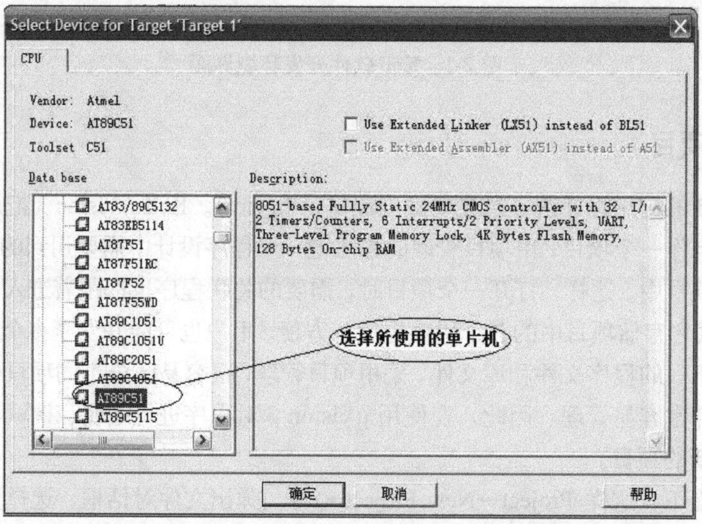

图 2-4　Select Device for Target 对话框

（4）单击“确定”按钮后，出现图 2-5 所示的对话框。如果需要复制启动代码到新建的项目，单击“是”按钮，不需要就单击“否”按钮。单击“是”按钮后，出现图 2-6 所示的窗口，这时新的项目已经建立完毕。

图 2-5　询问是否复制启动代码到项目

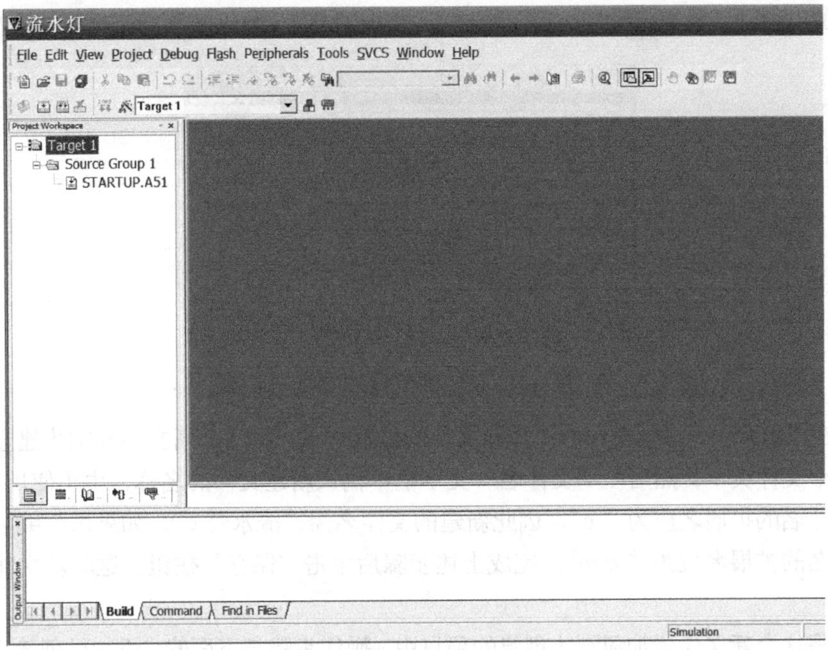

图 2-6　完成项目的创建

2.3　添加用户源程序文件

在一个新的项目创建完成后，就需要将自己编写的用户源程序代码添加到这个项目中。添加用户程序文件通常有两种方式：一种是新建文件，另一种是添加已创建的文件。

1．新建文件

(1) 单击图 2-1 中的按钮（或单击菜单栏 File→New 选项），会出现图 2-7 所示的窗口。在这个窗口出现一个空白的文件编辑画面，用户可在这里输入程序源代码。

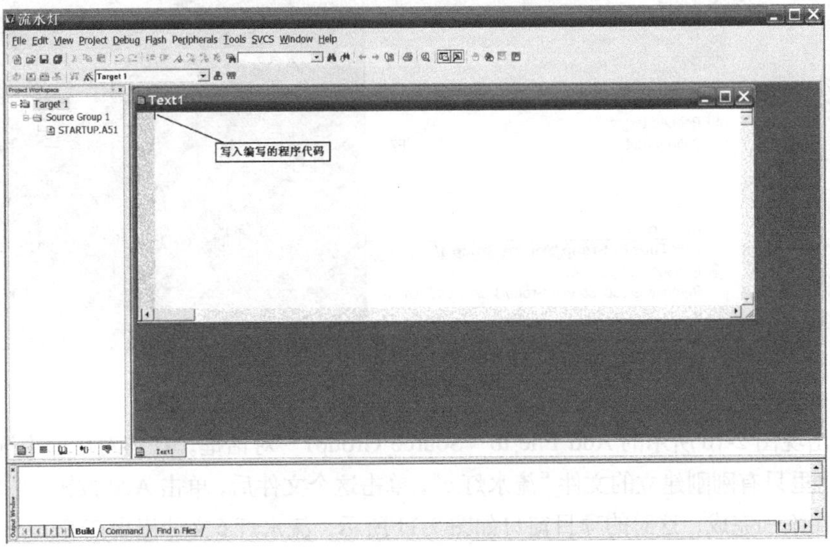

图 2-7　建立新文件

(2) 单击图 2-1 中的按钮（或单击 File→Save 选项），弹出图 2-8 所示的 Save As 对话框。

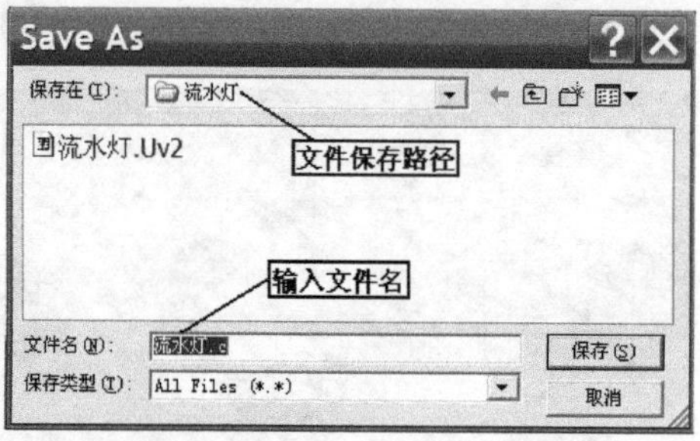

图 2-8　Save As 对话框

(3) 在“保存”下拉列表框中选择新文件的保存目录，将这个新文件与刚才建立的项目保存在同一个文件夹下，然后在“文件名”文本框中输入新建文件的名称，由于使用 C51 语言编程，文件名的扩展名应为“.c”，因此新建的文件名为“流水灯.c”。如果用汇编语言编程，那么文件名的扩展名应为“.asm”。完成上述步骤后单击“保存”按钮，这时新文件已经创建完成。

如果将这个新文件添加到刚才创建的项目中，操作步骤与下面的“添加已创建文件”步骤相同。

2．添加已创建文件

(1) 在项目窗口（见图 2-1）中，用鼠标右键单击 Source Group1，选择 Add File to‘Source Group1’选项，如图 2-9 所示。

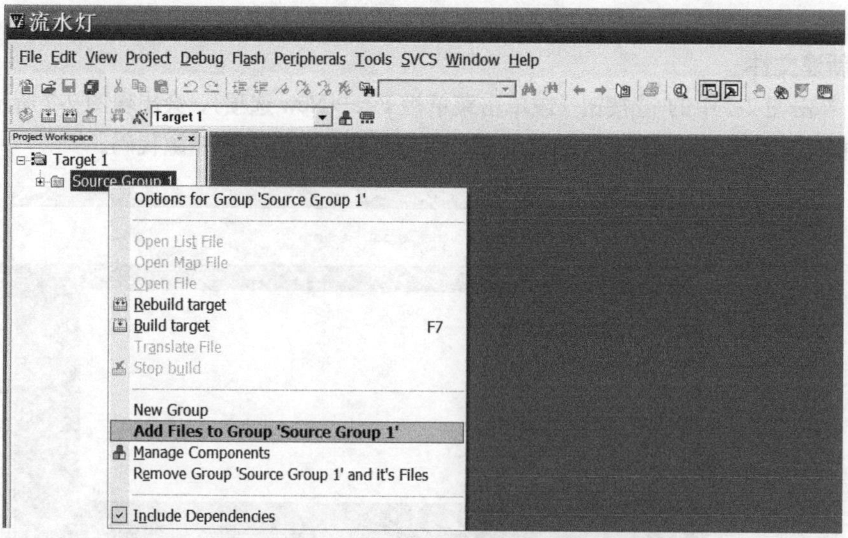

图 2-9　添加文件

(2) 出现图 2-10 所示的 Add File to‘Source Group1’对话框。在该对话框中选择要添加的文件，这里只有刚刚建立的文件“流水灯.c”，单击这个文件后，单击 Add 按钮，再单击 Close 按钮，文件添加完成，这时的项目窗口如图 2-11 所示，流水灯.c 文件出现在 Source Group1 目录下。

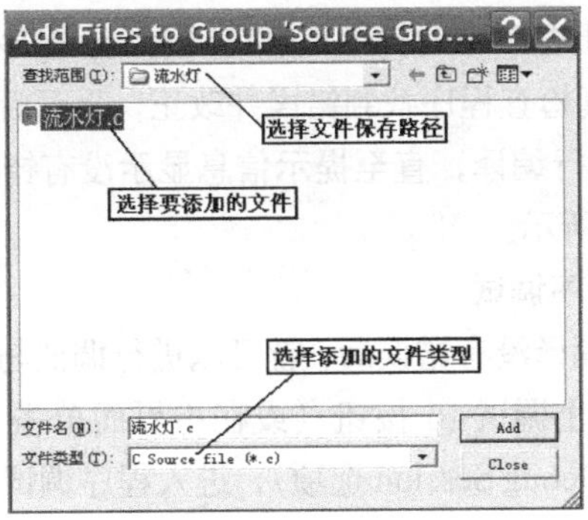

图 2-10 添加文件

图 2-11 文件添加到项目中

2.4 程序的编译与调试

上面在文件编辑窗口建立了文件“流水灯.c”，并且将文件添加到项目中，然后还需要编译和调试文件，发现并修改源程序中的语法错误和逻辑错误，最终目标是生成能够执行的.hex文件，具体步骤如下。

1. 程序编译

单击按钮，对当前文件进行编译，在图 2-12 所示的输出窗口会出现提示信息。

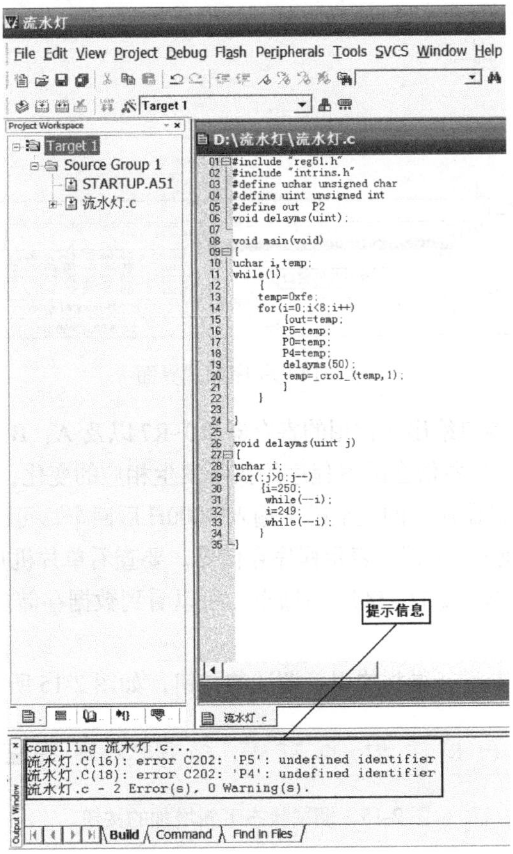

图 2-12 文件编译信息

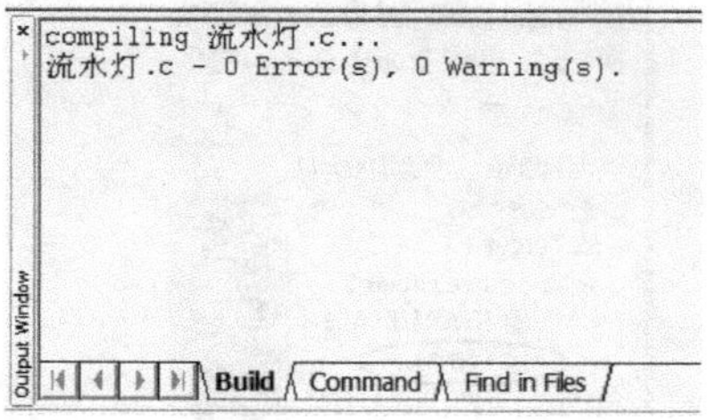

图 2-13　提示信息显示没有错误

从输出窗口中的提示信息可以看到，程序中有 2 个错误，认真检查程序找到错误并改正，改正后再次单击按钮进行编译，直至提示信息显示没有错误为止，如图 2-13 所示。

2．程序调试

程序编译没有错误后，就可以进行调试与仿真。单击开始/停止调试按钮（或在主界面单击 Debug→Start/Stop Debug Session 选项），进入程序调试状态，如图 2-14 所示。

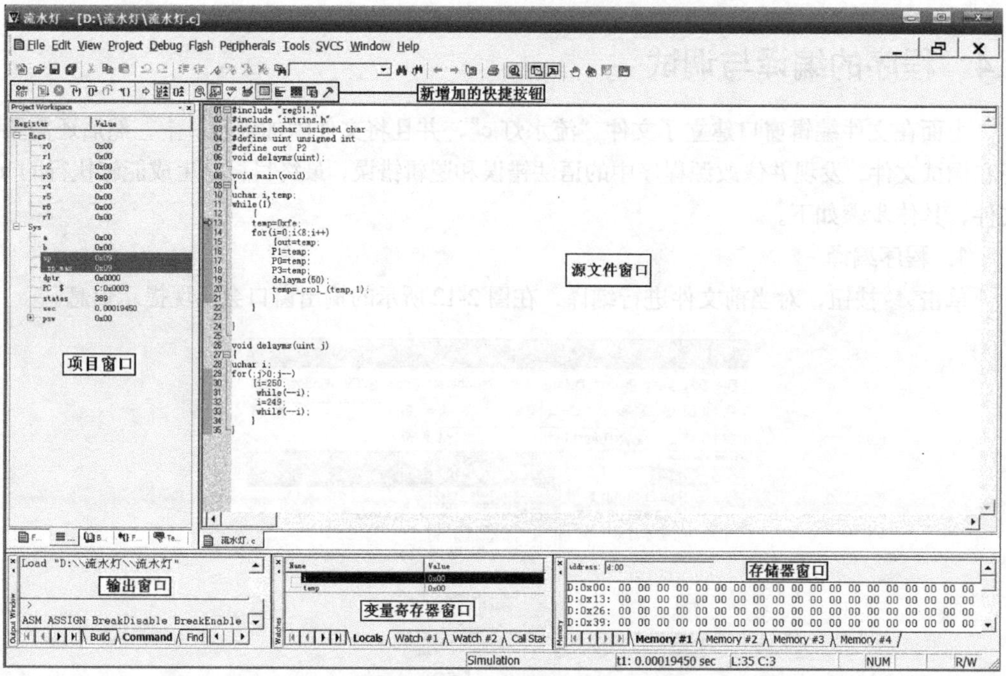

图 2-14　程序调试界面

图 2-14 左边的项目窗口给出了常用的寄存器 R0~R7 以及 A、B、SP、DPTR、PC、PSW 等特殊功能寄存器的值，这些值会随着程序的执行发生相应的变化。

在图 2-14 所示的存储器窗口的地址栏中输入 0000H 后回车，可以查看单片机片内程序存储器的内容，单元地址前有“C:”，表示程序存储器。要查看单片机片内数据存储器的内容，在存储器窗口的地址栏中输入 D：00H 后回车，可以看到数据存储器的内容。单元地址前有“D:”，表示数据存储器。

在图 2-14 中出现了一行新增加的用于调试的按钮，如图 2-15 所示。

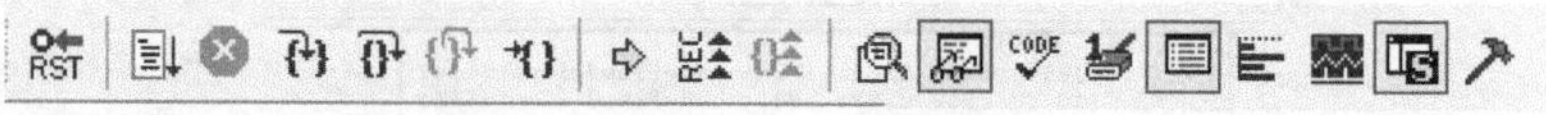

图 2-15　调试状态下新增加的按钮

还有几个原来就有的用于调试的按钮，如图 2-16 所示。

图 2-16 用于调试的其他几个按钮

在程序调试状态下，可运用按钮以单步、跟踪、断点、全速运行等方式调试，也可观察单片机资源的状态，如程序存储器、数据存储器、特殊功能寄存器、变量寄存器及 I/O 端口的状态。这些图标大多数与 Debug 菜单中的各项子命令一一对应，只是快捷按钮要比菜单使用起来更加方便快捷。

图 2-15 与图 2-16 中常用的快捷按钮的功能如下。

(1) 各调试窗口显示的开关按钮

下面的图标控制图 2-14 中各个窗口的开与关。

：项目窗口的开与关。

：特殊功能寄存器显示窗口的开与关。

：输出窗口的开与关。

：存储器窗口的开与关。

：变量寄存器窗口的开与关。

(2) 各调试功能的按钮

：调试状态的进入/退出。

RST：复位 CPU。在程序不改变的情况下，若想使程序重新开始运行，单击该按钮即可。执行此命令后，程序指针返回 0000H 地址单元。另外，一些内部特殊功能寄存器在复位期间也将重新赋值。例如，A 将变为 00H，SP 变为 07H，DPTR 变为 0000H，P3~P0 口变为 FFH。

：全速运行。单击该按钮，可全速运行程序。当然若程序中已经设置断点，程序将执行到断点处，并等待调试指令。在全速运行期间，不允许查看任何资源，也不接受其他命令。

：单步跟踪。可以单步跟踪程序。每执行一次此命令，程序将运行一条指令。当前的指令用黄色箭头标出，每执行一步箭头都会移动，已执行过的语句呈绿色。

：单步运行。本命令实现单步运行程序，此时单步运行命令将把函数和函数调用当作一个实体来看待，因此单步运行是以语句（该语句不管是单一命令行，还是函数调用）为基本执行单元。

：执行返回。在用单步跟踪命令跟踪到子函数或子程序内部时，使用该按钮，即可将程序的 PC 指针返回调用此子程序或函数的下一条语句。

：运行到光标行。

：停止程序运行。

在程序调试中，上述几种运行方式都要用到，灵活运用这些手段，可大大提高查找差错的效率。

(3) 断点操作的按钮

在程序调试中常常要设置断点，一旦执行到该程序行即停止，可在断点处观察有关变量值，以确定问题所在。图 2-16 中有关断点操作的按钮的功能如下。

：插入/清除断点。

：清除所有的断点设置。

：使能/禁止断点，用于开启或暂停光标所在行的断点。

：禁止所有断点。

此外，插入或清除断点最简单的方法，是把鼠标指针移至需要插入或清除断点的行首双击即可。

上述的 4 个按钮，也可 Debug 菜单中找到。

2.5　项目的设置

项目创建完毕后，还需要进一步设置项目，以满足要求。用鼠标右键单击项目窗口的 Target 1，选择 Options for Target ‘Target1’，如图 2-17 所示，出现项目设置对话框，如图 2-18 所示。该对话框有多个选项卡，通常需要设置的有两个 Output 和 Target 页面，其余设置取默认值即可。

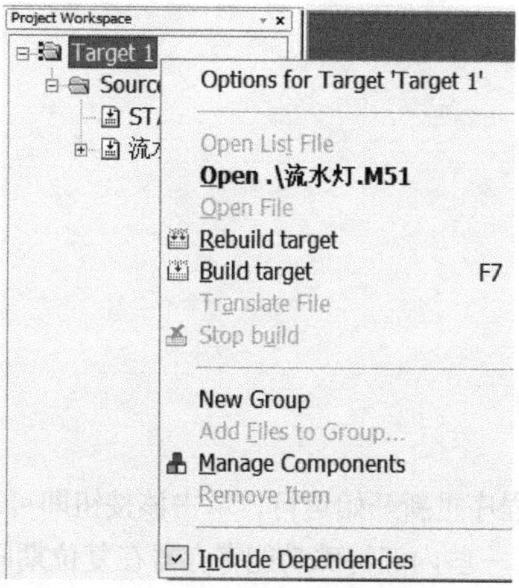

图 2-17　选择项目调试

1．Target页面

（1）Xtal（MHz）用于设置晶振频率，默认值是所选目标单片机的最高可用频率，可根据需要重新设置。该设置与最终产生的目标代码无关，仅用于软件模拟调试时显示程序执行时间。正确设置该数值可使显示时间与实际所用时间一致，一般将其设置成与硬件目标样机所用的频率相同，如果没必要了解程序执行的时间，也可以不设置。

（2）Memory Model 用于设置 RAM 的存储器模式，有 3 个选项。

① Small：所有变量都在单片机的内部 RAM 中。

② Compact：可以使用一页外部 RAM。

③ Large：可以使用全部外部的扩展 RAM。

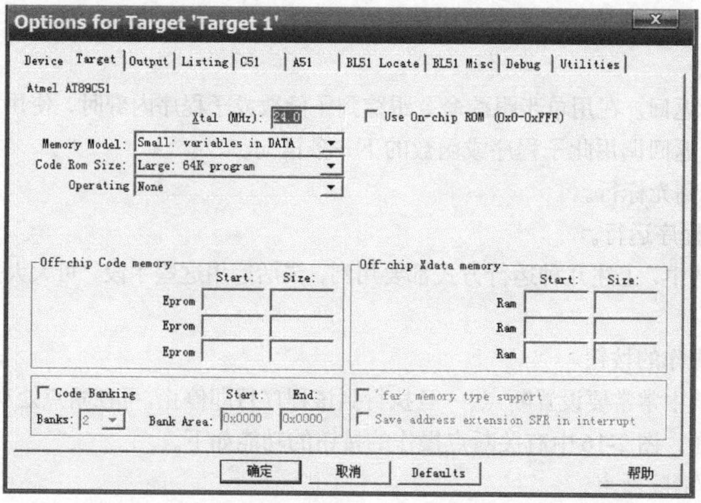

图 2-18　Options for Target ‘Target1’ 对话框

（3）Code Rom Size 用于设置 ROM 空间的使用，即程序的代码存储器模式，有 3 个选项。

① Small：只使用低于 2KB 的程序空间。

② Compact：单个函数的代码量不超过 2KB，整个程序可以使用 64KB 程序空间。

③ Large：可以使用全部 64KB 程序空间。

（4）Use on-chip ROM 设置是否仅使用片内 ROM 选项。注意，选中该项并不会影响最终生成的目标代码量。

（5）Operation 设置操作系统选项。Keil 提供了两种操作系统：Rtx tiny 和 Rtx full。通常不选操作系统，所以选用默认项 None。

（6）off-chip Cod Memory 确定系统扩展的程序存储器的地址范围。

（7）off-chip Xdata Memory 确定系统扩展的数据存储器的地址范围。

上述选项必须根据所用硬件决定，如果是最小应用系统，不进行任何扩展，则按默认值设置。

2．Output页面

单击 Options for Target‘Target1’对话框中的 Output 选项卡，如图 2-19 所示。

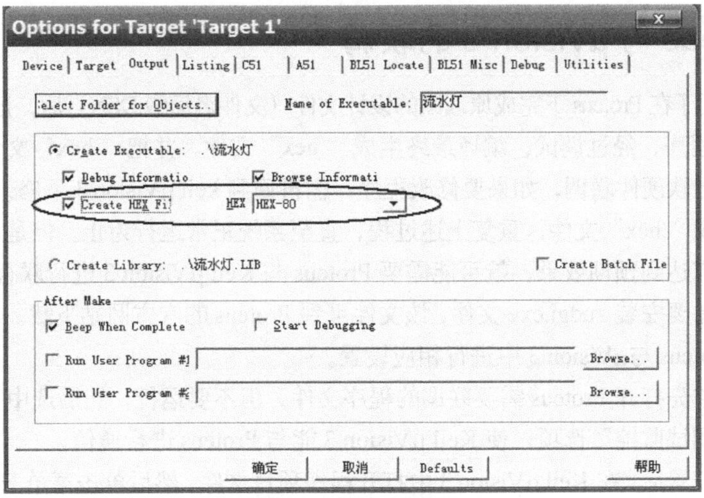

图 2-19 Output 选项卡

（1）Create HEX File：生成可执行文件代码文件。选择此项后即可生成单片机可以运行的二进制文件（.hex 格式文件），文件的扩展名为.hex。

（2）Select Folder for Objects：选择最终的目标文件所在的文件夹，默认与项目文件在同一文件夹中，通常保持默认设置。

（3）Name of Executable：用于指定最终生成的目标文件的名称，默认与项目文件相同，通常选默认。

（4）Debug Information：将会产生用于调试信息的选项，如果需要调试程序，则选中该项。

其他选项保持默认设置即可。

完成上述设置后，可以在程序编译时，单击按钮，显示图 2-20 所示的提示信息。该信息说明程序占用片内 RAM 共 11 字节，片外 RAM 共 0 字节，占用程序存储器共 89 字节。最后生成的.hex 文件名为“流水灯.hex”，至此，整个程序编译过程就结束了，生成的.hex 文件可以在后面介绍的 Proteus 环境下进行虚拟仿真时，装入单片机运行。

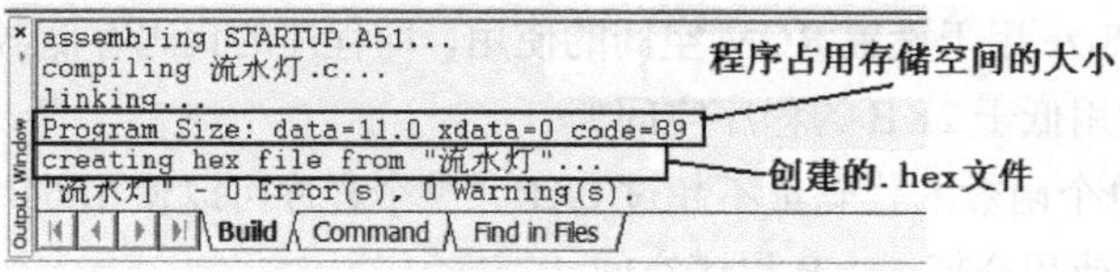

图 2-20　hex 文件生成的提示信息

下面简要说明用于编译、连接的与按钮。

（1）Build target按钮，即建立项目按钮，用来编译、链接当前的项目，并产生相应的目标文件，如.hex 文件。

（2）Rebuild all target files按钮，即全部重建项目按钮，主要用于在项目文件有改动时，重建整个项目，并产生相应的目标文件，如.hex 文件。

用 C51 语言编写的源代码程序不能直接使用，需要编译该源代码程序，最终生成可执行的目标代码.hex 文件，并加载到 Proteus 环境下的虚拟单片机中，才能进行虚拟仿真，具体见 1.6.5 小节的介绍。

2.6　Proteus 与 μVision 3 的联调

第 1 章介绍了在 Proteus 下完成原理图的设计文件（文件名后缀.DSN）后，把在 keil μVision 3 下编写的 C51 程序，经过调试、编译最终生成“.hex”文件，并把“.hex”文件载入虚拟单片机中，然后进行软硬件联调，如果要修改程序，需再回到 keil μVision 3 下修改，再经过调试、编译，重新生成“.hex”文件，重复上述过程，直至系统正常运行为止。但是对于较为复杂的程序，如果没有达到预期效果，就可能需要 Proteus 与 Keil μVision 3 进行联合调试。

联调之前需要安装 vudgi.exe 文件，该文件可到 Proteus 的官方网站下载。vudgi.exe 文件安装后，需在 Proteus 与μVision 3 中进行相应设置。

设置时，首先打开 Proteus 需要联调的程序文件，但不要运行，然后选中“调试”菜单中的“使用远程调试监控”选项，使 Keil μVision 3 能与 Proteus 进行通信。

完成上述设置后，在 Keil μVision 3 中打开程序项目文件，然后单击菜单 Project→Optioons for Target 选项（或单击工具栏上的 Optioons for Target 按钮），打开图 2-21 所示的项目对话框。

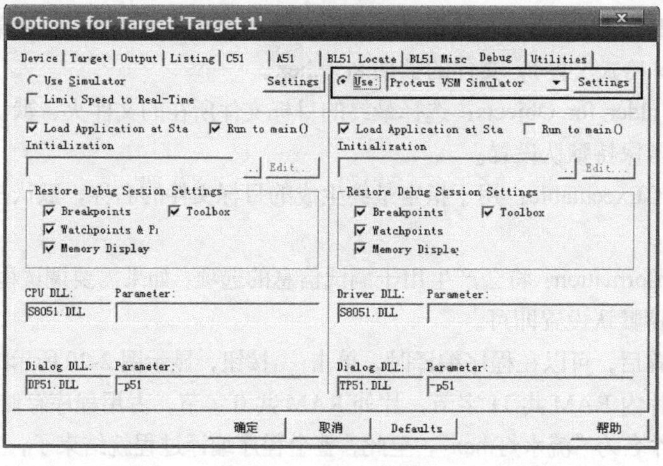

图 2-21　项目对话框

在 Debug 选项卡中选定右边的 Use 及 Proteus VSM Simulator 选项。如果 Proteus 与 Keil μVision 3 安装在同一台计算机中，单击 Setting 按钮，在打开的对话框中可保持 HOST 与 PORT 的默认值 127.0.0.1 与 8000 不变，如图 2-22 所示。如果跨计算机调试，则需要进行相应的修改。

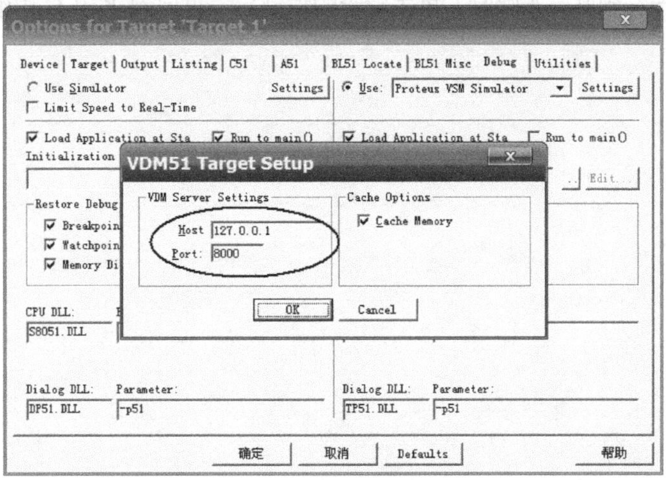

图 2-22 保持默认值

完成上述设置后，在 Keil μVision 3 中全速运行程序时，Proteus 中的单片机系统也会自动运行，出现的联调界面如图 2-23 所示。左半部分为 Keil μVision 3 的调试界面，右半部分是 Proteus ISIS 的界面。如果希望观察运行过程中某些变量的值或者设备状态，需要在 Keil μVision 3 中恰当使用各种 Step In/ Step Over/ Step Out/ Run To Cursor Line 及 Breakpoint 进行跟踪，以观察右边虚拟硬件系统运行的情况。总之，需要恰当配合 Keil μVision 3 中的各种调试手段，如单步、跳出、运行到当前行、设置断点等来联调单片机系统运行的软硬件。

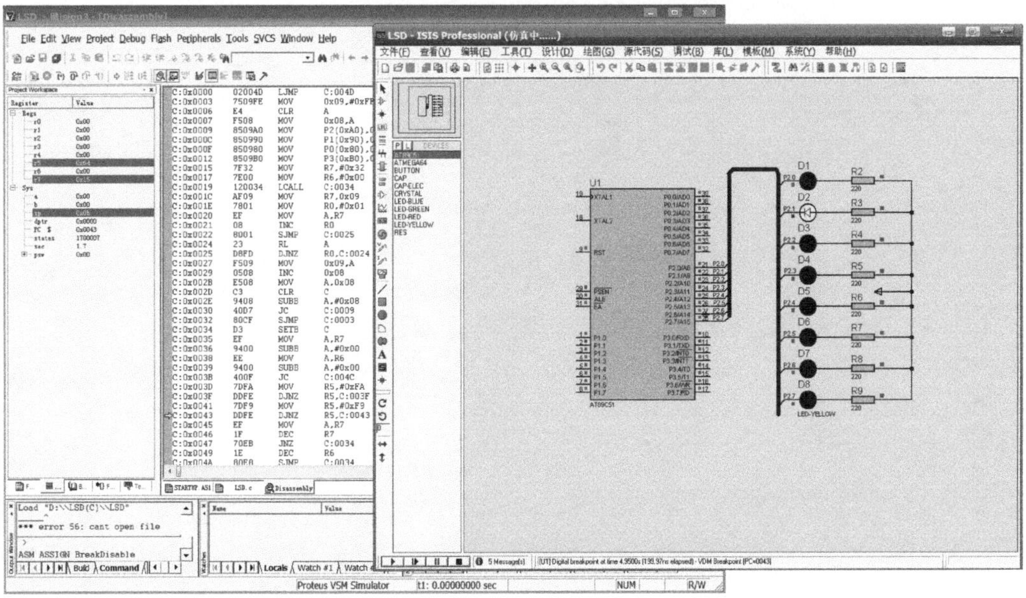

图 2-23 联调界面

需要说明的是，联调方式不支持需要调试的程序项目的中文名称及路径，因此需将项目的中文文件名“流水灯.Uv2”改为英文文件名 led.Uv2。

需要注意的是，这种联调方式在有些场合并不适用。例如，进行键盘扫描时就不能用单步跟踪，因为程序运行到某一步骤时，单击键盘的按键后，再回到 Keil C 中继续单步跟踪，按键早已释放了。

第 3 章

单片机 I/O 口应用——点亮发光二极管与开关检测

例 3-1　单片机控制点亮发光 LED 案例 1

由于 P0 口大多作为总线端口使用，但是点亮发光二极管时，是作为通用 I/O 口使用的，必须接上拉电阻。由于 P1～P3 口内部已有 30kΩ 左右的上拉电阻，因此要注意 P0 口作为通用 I/O 口使用时，与 P1～P3 口的差别。下面讨论 P1～P3 口与 LED 发光二极管的连接驱动问题。

使用单片机并行端口 P1～P3 直接驱动发光二极管，有两种连接方法，电路如图 3-1 所示。P1、P2、P3 口与 P0 口相比，P1～P3 口每一位的驱动能力只有 P0 口的一半，即每位驱动 4 个 LSTTL 负载。当 P1～P3 口的某位为高电平时，可提供 200μA 的拉电流；当某位为低电平(0.45V)时，可提供 1.6mA 的灌电流，为什么拉电流要比灌电流小许多，这是因为 P1～P3 口内部有 30kΩ 左右的上拉电阻，如果为图 3-1（a）所示的高电平输出，则从 P1、P2 和 P3 口输出的拉电流 I_d 仅为几百μA，驱动能力较弱，亮度较差。如果端口引脚为低电平，能使灌电流 I_d 从单片机的外部流入内部，将大大增加流过的灌电流值，如图 3-1（b）所示。所以，8051 单片机任何一个端口要想获得较大的驱动能力，要采用低电平输出。如果一定要高电平驱动，可在单片机与发光二极管之间加驱动电路，如 74LS04、74LS244 等。

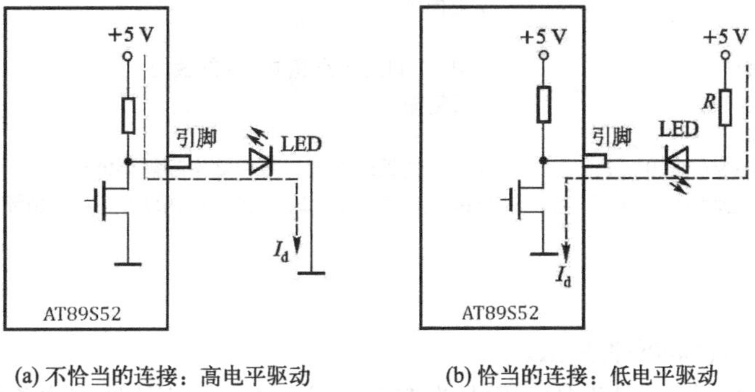

(a) 不恰当的连接：高电平驱动　　(b) 恰当的连接：低电平驱动

图 3-1　发光二极管与单片机并行口 P1～P3 的连接

制作一个流水灯，原理电路如图 3-2 所示，8 个发光二极管 LED0～LED7 经限流电阻分别接至 P1 口的 P1.0～P1.7 引脚上，阳极共同接高电平 V_{CC}。编写程序来控制发光二极管由上至下反复循环，把流水灯点亮，每次点亮一个发光二极管。

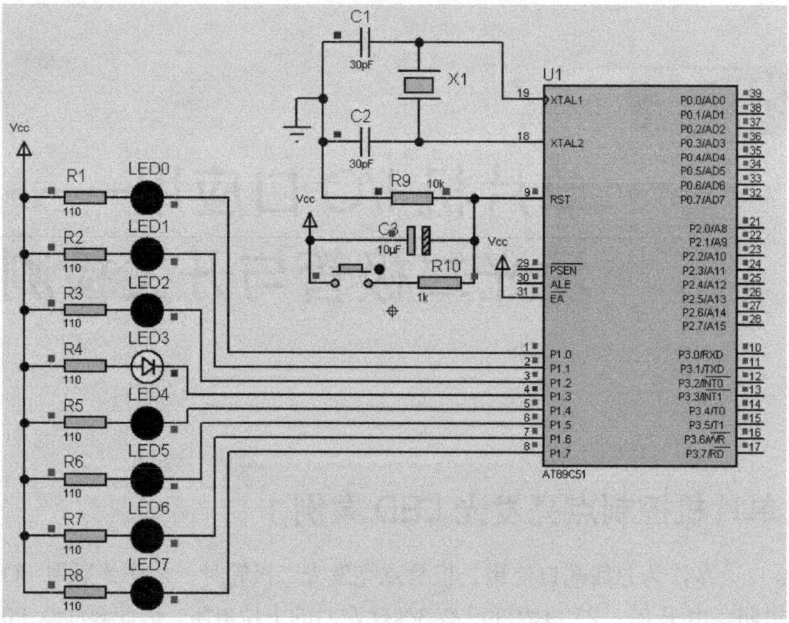

图3-2　单片机控制的流水灯电路

本例参考程序如下。

```
#include <reg51.h>
#include <intrins.h>          //包含移位函数_crol_( )的头文件 intrins.h
#define uchar unsigned char
#define uint unsigned int
void delay(uint i)            //延时函数
{
    uchar t;
    while (i--)
    {
        for(t=0;t<120;t++);
    }
}

void main( )                  //主程序
{
    P1=0xfe;                  //向 P1 口送出点亮 P1.0 的数据
    while (1)                 //反复循环
    {
        delay( 500 );         //500 为延时参数，可根据实际需要调整
        P1=_crol_(P1,1) ;     //函数_crol_(P1,1)把 P1 中的点亮数据循环左移 1 位
    }
}
```

程序说明如下。

(1) 关于 while(1)的两种用法。

- “while(1)；”：while(1)后面如果有个分号，表示程序停留在这条指令上。
- “while(1) {……；}”：是反复循环执行花括号内的程序段，这是本例的用法，即控制流水灯反复循环显示。

(2) 本例中用到了 C51 函数库中的循环移位函数，循环移位函数包括循环左移函数“_crol_”和循环右移函数“_cror_”。本例使用的是循环左移函数“_crol_(P1,1)”，括号中第 1 个参数为循环左移的对象，即对 P1 中的内容循环左移；第 2 个参数为左移的位数，即左移 1 位。在编程中一定要把移位函数的头文件 intrins.h 包含在内，例如，程序中的第 2 行“#include <intrins.h>”。

例 3-2　单片机控制点亮发光 LED 案例 2

控制发光二极管由上至下，再由下至上的反复循环点亮的流水灯，原理电路如图 3-3 所示。为了电路图简洁，电路中省去了时钟电路和复位电路，$\overline{EA}$ 引脚与+5V 电源的连接也可省略，Proteus 已经默认，不影响仿真效果。

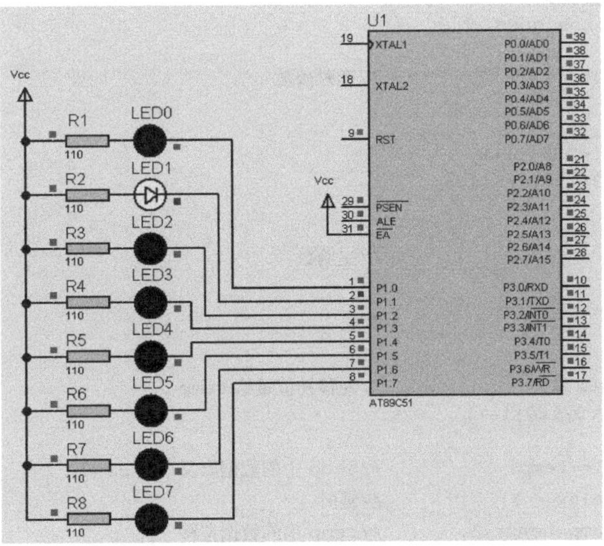

图 3-3　单片机控制的流水灯点亮原理电路

下面采用 3 种方法来实现题目要求，具体如下。

1．数组的字节操作实现

本方法是建立 1 个字符型数组，将控制 8 个 LED 显示的 8 位数据作为数组元素，依次送到 P1 口来实现。

参考程序如下。

```
#include <reg51.h>
#define uchar unsigned char
uchar tab[ ]={ 0xfe,0xfd,0xfb,0xf7,0xef,0xdf,0xbf,0x7f,0x7f,0xbf,0xdf,0xef,0xf7,0xfb,0xfd,0xfe };
                                //前 8 个数据为由上至下的点亮数据，后 8 个为由下至上的点亮数据

void  delay( )
{
     uchar i,j;
     for(i=0; i<255; i++)
     for(j=0; j<255; j++);
}

void  main( )                   //主函数
{
     uchar i;
     while (1)                  //反复循环
     {
          for(i=0;i<16; i++)
          {
```

```
            P1=tab[i];              //向 P1 口送出点亮数据的数组元素
            delay( );               //延时，即点亮一段时间
        }
    }
}
```

2. 通过移位运算符实现控制

本方法是使用 C51 编程语言中的移位运算符“>>”“<<”，把送到 P1 口的显示控制数据移位，从而实现发光二极管的依次点亮。

参考程序如下。

```
#include <reg51.h>
#define uchar unsigned char

void  delay( )                      //延时函数
{
    uchar i,j;
    for(i=0; i<255;i++)
    for(j=0; j<255;j++);
}

void  main( )                       //主函数
{
    uchar i,temp;
    while (1)
    {
        temp=0x01;                  //左移初值赋给 temp
        for(i=0;i<8;i++)
        {
            P1=~temp;               //temp 中的数据取反后送 P1 口
            delay( );               //延时
            temp=temp<<1;           //temp 中的数据左移一位
        }
        temp=0x80;                  //将右移初值赋予 temp
        for(i=0;i<8;i++)
        {
            P1=~temp;               //temp 中的数据取反后送 P1 口
            delay( );               //延时
            temp=temp>>1;           //temp 中的数据右移一位
        }
    }
}
```

程序说明如下。

本例使用了左移、右移移位运算符。注意使用移位运算符“>>”“<<”与 C51 中的库函数循环左移函数“_crol_”和循环右移函数“_cror_”的区别。左移移位运算“<<”是将高位丢弃，低位补 0；右移移位运算“>>”是将低位丢弃，高位补 0。循环左移函数“_crol_”是将移出的高位再补到低位，即“循环”移位。同理，循环右移函数“_cror_”是将移出的低位再补到高位。

3. 用循环左、右移位函数实现

本方法是使用 C51 中提供的库函数，即循环左移 *n* 位函数和循环右移 *n* 位函数，控制发光二极管的点亮。

参考程序如下。

```
#include <reg51.h>
#include <intrins.h>                //包含循环左、右移位函数的头文件
```

```
#define uchar unsigned char

void  delay( )
{
    uchar i,j;
    for(i=0;i<255;i++)
    for(j=0;j<255;j++);
}

void  main( )                         // 主函数
{
    uchar i,temp;
    while (1)
    {
        temp=0xfe;                    // 初值为 11111110B
        for(i=0;i<7;i++)
        {
           P1=temp;                   // temp 中的点亮数据送 P1 口，控制点亮显示
           delay( );                  // 延时
           temp=_crol_(temp,1);       // 执行左移函数，temp 中的数据循环左移 1 位
        }
        for(i=0;i<7;i++)
        {
           P1=temp;                   // temp 中的数据送 P1 口输出
           delay( );                  // 延时
           temp=_cror_( temp,1);      // 执行循环右移函数，temp 中的数据循环右移 1 位
        }
    }
}
```

例 3-3 生日蜡烛的实现

利用单片机和发光二极管，模拟生日蜡烛，原理电路如图 3-4 所示。所谓“生日蜡烛”，就是最初点亮所有的发光二极管，然后逐个熄灭。

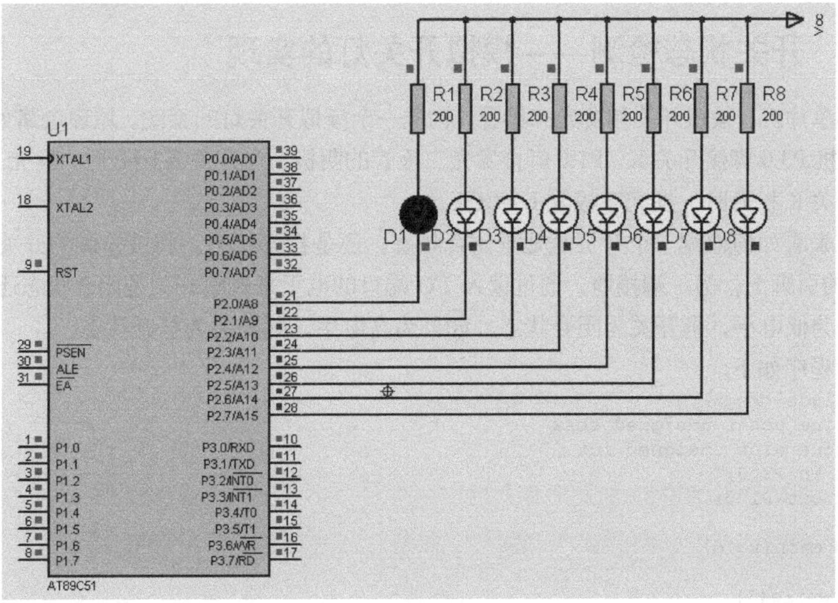

图 3-4 单片机控制的模拟生日蜡烛原理电路

参考程序如下。

```
#include<reg51.h>
#include<intrins.h>
unsigned int i;

void delay()                //延时程序
{
    unsigned char k,j;
    for(k=0;k<255;k++)
    for(j=0;j<255;j++);
}
void main()
{
    while(1)
    {
        P2=0x00;            //给 P2 口初值使灯全亮
        delay();            //延迟
        P2=0x01;            //使 D1 灯灭
        delay();            //延迟
        P2=0x03;            //使 D1 灯、D2 灯灭
        delay();
        P2=0x07;            //使 D1 灯、D2 灯、D3 灯灭
        delay();
        P2=0x0f;
        delay();
        P2=0x1f;
        delay();
        P2=0x3f;
        delay();
        P2=0x7f;            //使 D1 灯~D7 灯灭，D8 灯亮
        delay();
        P2=0xff;
        delay();
        P2=0xff;            //使 D1 灯~D8 灯灭
    }
}
```

例 3-4　开关状态检测——模拟开关灯的实现

利用单片机、按钮开关和发光二极管，构成一个模拟开关灯的系统。原理电路如图 3-5 所示，单片机 P3.0 脚接开关 K，P1.0 脚接发光二极管的阴极。当开关 K 闭合时，发光二极管 D1 点亮；开关 K 松开时，发光二极管 D1 熄灭。

首先来看如何检测一个开关是处于闭合状态，还是打开状态。将被检测的开关一端接到 I/O 端口的引脚上，另一端接地，通过读入 I/O 端口的电平来判断开关是闭合状态还是打开状态。如果为低电平，则开关为闭合状态，如果为高电平，则开关为打开状态。

参考程序如下。

```
#include <reg51.h>
#define uchar unsigned char
#define uint unsigned int
sbit in=P3^0;
sbit out=P1^0;

void main(void)
{
    while(1)
    {
        in=1;               //设置 P1.0 脚为输入
```

```
        if(in==0)out=0;else out=1; //检测 P1.0 脚电平,P1.0=0 时,P3.0=0;P1.0=1 时,P3.0=1
    }
}
```

本例中的 if…else…构成了一个简单的分支结构。

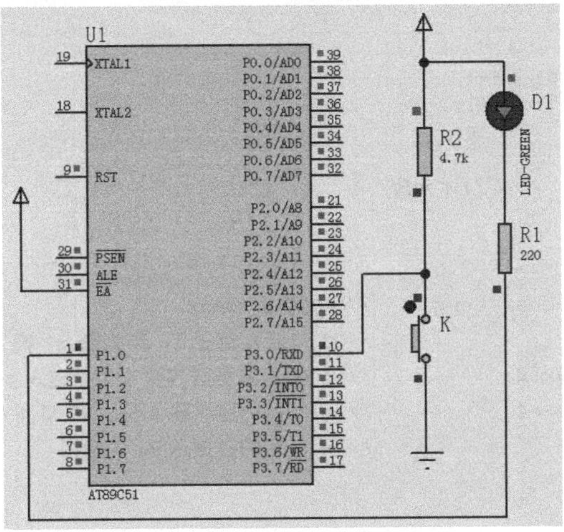

图 3-5　模拟开关灯的连接

例 3-5　开关检测案例 1

如图 3-6 所示，单片机的 P1.4～P1.7 接 4 个开关 S0～S3，P1.0～P1.3 接 4 个发光二极管 LED0～LED3。编写程序，将 P1.4～P1.7 上的 4 个开关的状态反映在 P1.0～P1.3 引脚控制的 4 个发光二极管上，开关闭合，对应的发光二极管点亮。例如，P1.4 引脚上开关 S0 的状态由 P1.0 脚上的 LED0 显示；P1.7 引脚上开关 S3 的状态，由 P1.3 脚上的 LED3 显示。

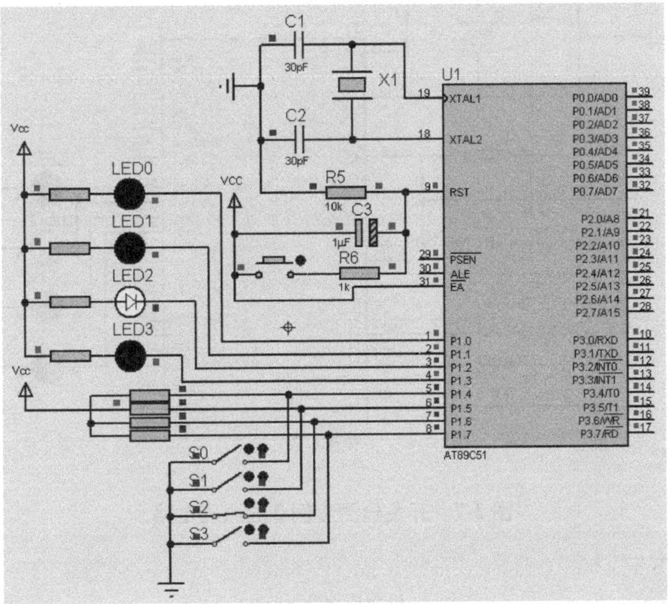

图 3-6　开关、LED 发光二极管与 P1 口的连接

参考程序如下。

```
#include <reg51.h>
#define uchar unsigned char

void delay( )             //延时函数
{
    uchar i,j;
    for(i=0; i<255; i++)
    for(j=0; j<255; j++);
}

void main( )             //主函数
{
    while (1)
    {
        unsigned char temp;     //定义变量temp
        P1=0xff;                //P1口低4位置1，作为输入；高4位置1，发光二极管熄灭
        temp=P1&0xf0;           //读P1口并屏蔽其低4位，送入temp中
        temp=temp>>4;           //temp的内容右移4位，P1口高4位状态移至低4位
        P1=temp;                //temp中的数据送P1口输出
        delay( );
    }
}
```

例 3-6　开关检测案例 2

如图3-7所示，单片机P1.0和P1.1引脚接有两个开关S0和S1，两只脚上的高低电平共有4种组合，这4种组合分别控制P2.0~P2.3引脚上的4只LED（LED0~LED3）点亮或熄灭。当S0、S1均闭合时，LED0亮，其余灭；S0打开、S1闭合时，LED1亮，其余灭；S0闭合、S1打开时，LED2亮，其余灭；S0、S1均打开时，LED3亮，其余灭。编程实现此功能。

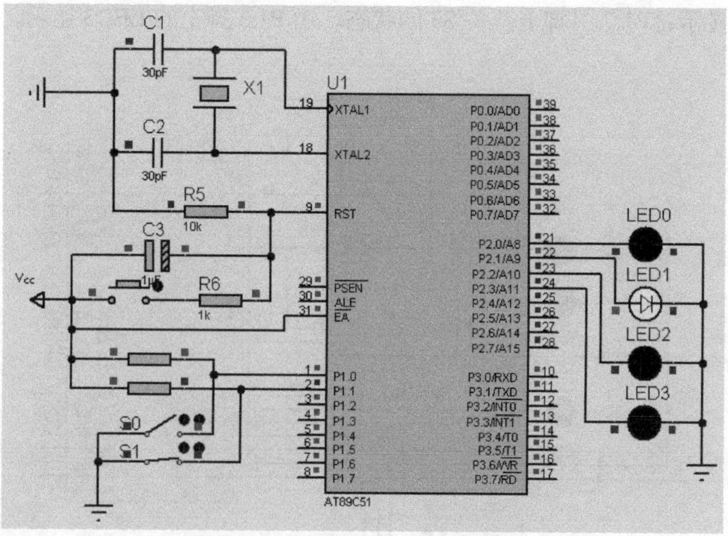

图3-7　开关检测案例2的原理电路

参考程序如下。

```
#include <reg51.h>                 // 包含头文件reg51.h
void main( )                       // 主函数main( )
```

```
{
    char state;
    do
    {
        P1=0xff;                          // P1 口为输入
        state=P1;                         // 读入 P1 口的状态，送入 state
        state=state&0x03;                 // 屏蔽 P1 口的高 5 位
        switch (state)                    // 判断 P1 口低 2 位的状态
        {
            case 0: P2=0x01; break;       // 如果键值为 0，则点亮 P2.0 脚上的 LED0
            case 1: P2=0x02; break;       // 如果键值为 1，则点亮 P2.1 脚上的 LED1
            case 2: P2=0x04; break;       // 如果键值为 2，则点亮 P2.2 脚上的 LED2
            case 3: P2=0x08; break;       // 如果键值为 2，则点亮 P2.3 脚上的 LED3
        }
    }while (1);
}
```


程序段中用到了循环结构控制语句 do…while 和 switch…case。

例 3-7　开关控制 LED 灯的流水点亮

利用单片机、2 个按键和 8 个发光二极管，构成一个控制 LED 灯流水点亮的系统，如图 3-8 所示。要求上电时,点亮 1 个 LED 灯，按下 K1 时, 点亮的 LED 灯向左移一位；按下 K2 时，点亮的 LED 灯向右移一位。

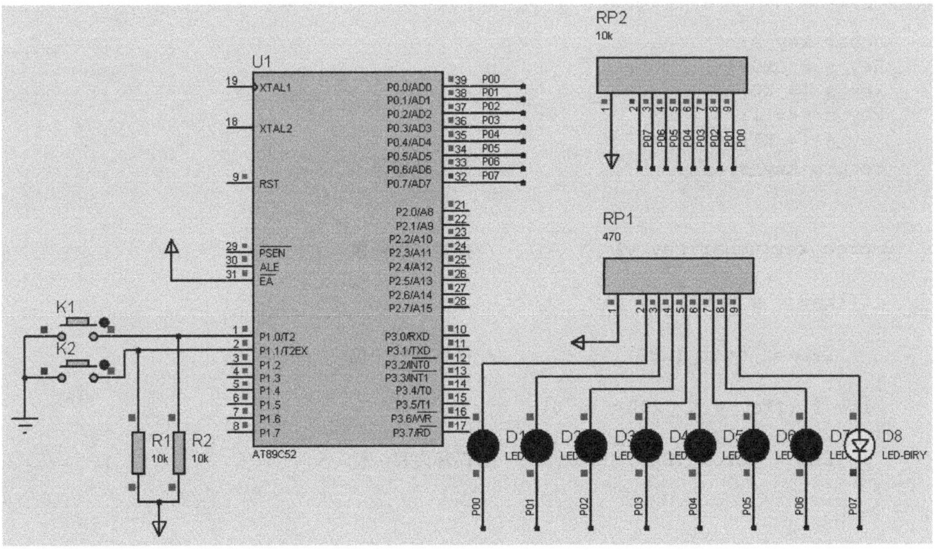

图 3-8　开关控制 LED 灯流水点亮的原理电路

参考程序如下。

```
#include <reg52.h>
#include <intrins.h>

#define uchar unsigned char           //数据类型宏定义
#define uint unsigned int
char code SST516[3] _at_ 0x003b;

#define  LED  P0                      //单片机 I/O 口引脚定义
sbit  K1 = P1^0;
```

```
sbit  K2 = P1^1;

uchar scan_key();                        //函数定义
void proc_key(uchar key_v);
void delayms(uchar ms);

void main(void)                          //主函数
{
    uchar key_s,key_v;
    key_v = 0x03;                        //初始化I/O口
    LED = 0xfe;
    while(1)
    {
        key_s = scan_key();
        if(key_s != key_v)               //判断按键是否按下
        {
            delayms(10);                 //延时消抖
            key_s = scan_key();
            if(key_s != key_v)
            {
                key_v = key_s;
                proc_key(key_v);
            }
        }
    }
}

uchar scan_key()                         //键盘扫描函数
{
    uchar key_s;
    key_s = 0x00;
    key_s |= K2;
    key_s <<= 1;
    key_s |= K1;
    return key_s;                        //返回按键号
}

void proc_key(uchar key_v)               //键盘处理函数
{
    if((key_v & 0x01) == 0)
    {
        LED = _cror_(LED,1);             //循环右移一位
    }
    else if((key_v & 0x02) == 0)
    {
        LED = _crol_(LED, 1);            //循环左移一位
    }
}

void delayms(uchar ms)                   //延时函数
{
    uchar i;
    while(ms--)
    {
        for(i = 0; i < 120; i++);
    }
}
```

例 3-8　开关状态的检测与显示

如图 3-9 所示，单片机检测 4 个开关 SW1～SW4 的状态，只需识别出单个开关闭合的状

态。例如，仅开关 SW1 合上时，数码管显示 1；仅 SW2 合上时，数码管显示 2；仅 SW3 合上时，数码管显示 3；仅 SW4 合上时，数码管显示 4；当没有开关合上，或合上的开关多于 1 个时，数码管均显示 0。

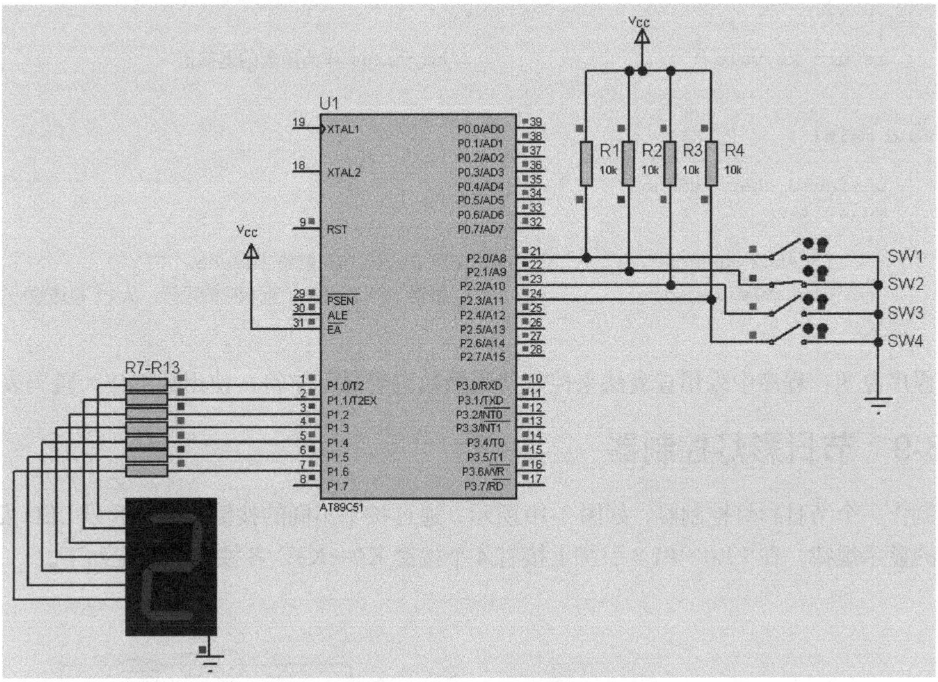

图 3-9 开关状态的检测与显示电路

参考程序如下。

```
    #include<reg51.h>                      //头文件
    unsigned char code table[ ]={0x3f,0x06,0x5b,0x4f,0x66,0x6d,0x7d,0x07,
0x7c,0x39,0x5e,0x79,0x71};
                                           //共阴极数码管的段码表

    unsigned char keyscan( )
    {
        unsigned char keyvalue,temp;       //定义无符号变量 keyvalue 和 temp
        keyvalue=0;                        //keyvalue 初值为 0
        P2=0xff;                           //向 P2 口送 0xff，P2 口为输入
        temp=P2;                           //从 P2 口读入 4 个开关的状态
        if(~(P2&temp))                     //4 个开关状态与 P2 状态相与再按位求反，只有对应的位开
                                             关按下，才为 1
        {
            switch(temp)
            {
                case 0xfe:                 //如果仅 SW1 按下，则 keyvalue =1
                keyvalue=1;
                break;
                case 0xfd:                 //如果仅 SW2 按下，则 keyvalue =2
                keyvalue=2;
                break;
                case 0xfb:
                keyvalue=3;                //如果仅 SW3 按下，则 keyvalue =3
                break;
                case 0xf7:
```

```
                keyvalue=4;                 //如果仅 SW4 按下，则 keyvalue =4
                break;
                default:
                keyvalue=0;                 //如果不是上述 4 种情形，则 keyvalue =0
                break;
            }
        }
        return keyvalue;                    //keyvalue 作为函数的返回值
    }

    void main( )
    {
        unsigned char ledshow;
        while(1)
        {
            ledshow=keyscan( );             //将 keyvalue 赋给 ledshow
            P1=table[ledshow];              //根据 ledshow 的值查相应的段码，从 P1 口送数码管显示
        }
    }
```

程序说明：程序中采用查表法来控制共阴极数码管显示字符，使用数组作为段码表。

例 3-9　节日彩灯控制器

制作一个节日彩灯控制器，如图 3-10 所示，通过按下不同的按键来控制 8 只 LED 发光二极管的显示规律，在 P1.0～P1.3 引脚上接有 4 个按键 K0～K3，各按键的功能如下。

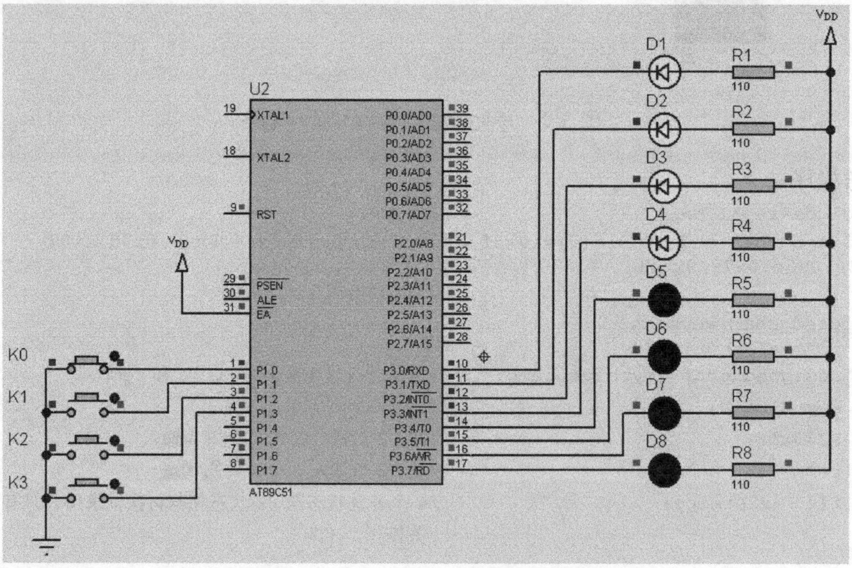

图 3-10　节日彩灯控制器原理电路

（1）K0 键按下：D1～D4 与 D5～D8 交替点亮。

（2）K1 键按下：D1、D3、D5、D7 与 D2、D4、D6、D8 交替点亮显示。

（3）K2 键按下：彩灯由上向下流水显示。

（4）K3 键按下：彩灯由下向上流水显示。

当没有按键按下时，彩灯运行的初始状态是全灭。

本例由按下不同的按键来控制节日彩灯的不同显示。通过扫描单片机的 P1 口低 4 位上连

接的按键，识别出按下的键，再由单片机的 P3 口输出控制 LED 显示不同的显示规律，从而实现要求的功能。

参考程序如下。

```
#include<reg51.h>                  //包含 51 单片机寄存器定义的头文件
sbit S1=P1^0;                      //将 S1 位定义为 P1.0 引脚
sbit S2=P1^1;                      //将 S2 位定义为 P1.1 引脚
sbit S3=P1^2;                      //将 S3 位定义为 P1.2 引脚
sbit S4=P1^3;                      //将 S4 位定义为 P1.3 引脚
unsigned char keyval;              //定义键值储存变量单元

void led_delay(void)               //彩灯点亮延时函数
{
    unsigned char i,j;
    for(i=0;i<220;i++)
    for(j=0;j<220;j++)
    ;
}

void Alter(void)                   //高 4 位与低 4 位交替点亮的函数
{
    P3=0x0f;
    led_delay();
    P3=0xf0;
    led_delay();
}

void flash(void)                   //奇数位与偶数位交替点亮的函数
{
    P3=0x55;
    led_delay();
    P3=0xaa;
    led_delay();
}

void forward(void)                 //正向流水点亮 LED 函数
{
    P3=0xfe;                       //LED0 亮
    led_delay();
    P3=0xfd;                       //LED1 亮
    led_delay();
    P3=0xfb;                       //LED2 亮
    led_delay();
    P3=0xf7;                       //LED3 亮
    led_delay();
    P3=0xef;                       //LED4 亮
    led_delay();
    P3=0xdf;                       //LED5 亮
    led_delay();
    P3=0xbf;                       //LED6 亮
    led_delay();
    P3=0x7f;                       //LED7 亮
    led_delay();
}

void backward(void)                //反向流水点亮 LED 函数
{
    P3=0x7f;                       //LED7 亮
    led_delay();
```

3

```
    P3=0xbf;                            //LED6 亮
    led_delay();
    P3=0xdf;                            //LED5 亮
    led_delay();
    P3=0xef;                            //LED4 亮
    led_delay();
    P3=0xf7;                            //LED3 亮
    led_delay();
    P3=0xfb;                            //LED2 亮
    led_delay();
    P3=0xfd;                            //LED1 亮
    led_delay();
    P3=0xfe;                            //LED0 亮
    led_delay();
}

void key_scan(void)                     //键盘扫描函数
{
    P1=0xff;
    if((P1&0x0f)!=0x0f)                 //检测到有键按下
    {
        if(S1==0)                       //按键 K1 被按下
        keyval=1;
        if(S2==0)                       //按键 K2 被按下
        keyval=2;
        if(S3==0)                       //按键 K3 被按下
        keyval=3;
        if(S4==0)                       //按键 K4 被按下
        keyval=4;
    }
}

void main(void)                         //主函数
{
    keyval=0;                           //键值初始化为 0
    while(1)
    {
        key_scan();                     //键盘扫描
        switch(keyval)                  //根据不同的键值，转向不同的花样显示
        {
            case 1:Alter();             //键值为 1，高 4 位与低 4 位交替点亮显示
                 break;
            case 2:flash();             //键值为 2，奇数位与偶数位交替点亮显示
                 break;
            case 3:forward();           //键值为 3，由上至下流水显示
                 break;
            case 4:backward();          //键值为 4，由下至上流水显示
                 break;
        }
    }
}
```

程序说明：按键查询是按照从上往下的次序来进行的，如果同时按下多个键，则按照最先查询到按键对应的显示规律来进行。

例 3-10 花样流水灯的制作

单片机的 P2 口上接由 8 只发光 LED 组成的流水灯。输入引脚 P3.3 接有一只按键开关 K，

原理电路如图 3-11 所示。按键开关 K 未按下时，控制流水灯先向右再向左流水点亮，从而左右循环流水点亮。按键开关 K 按下时，控制 8 只发光二极管齐亮、齐灭；当按键开关 K 松开时，流水灯又恢复至左右循环流水点亮。

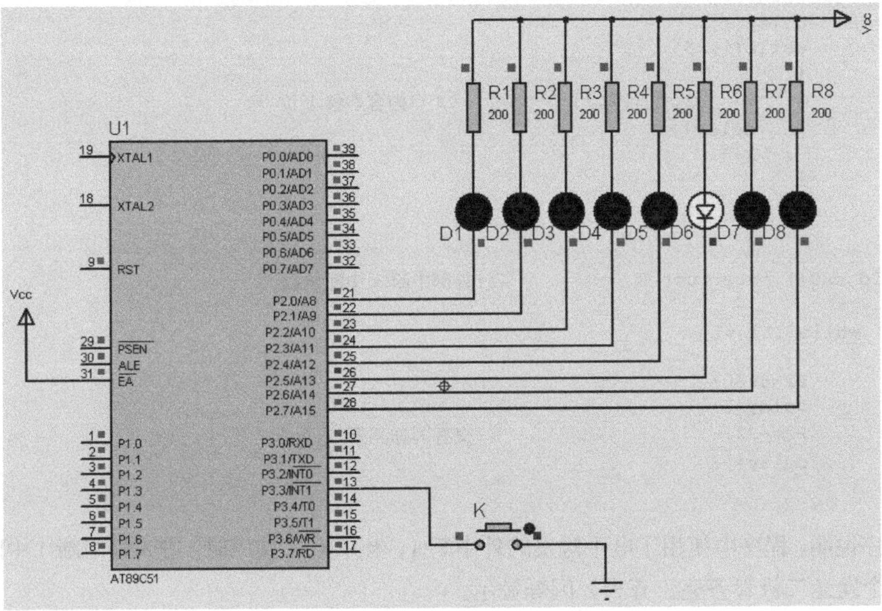

图 3-11　花样流水灯的电路原理图与仿真

参考程序如下。

```
#include<reg51.h>
#include<intrins.h>
unsigned int i;

void delay()                          //延时函数
{
    unsigned char k,j;
    for(k=0;k<255;k++)
    for(j=0;j<255;j++);
}

void init()                           //中断初始化
{
    IT1=0;                            //外中断 1 电平触发
    EA=1;                             //总中断允许
    EX1=1;                            //外中断 1 中断允许
    IP=0x00;
}

void main()
{
    init();
    while(1)
    {
        i=0;
        P2=0xfe;                      //给 P0 口初值使第一个灯亮
        delay();                      //延迟一下使第一个灯亮能看见
        while(i<=6)
        {
```

```
                P2=_crol_(P2,1);        // P2 口内容左移 1 位
                delay();
                i++;
            }
            i=0;
            P2=0x7f;
            delay();
            while(i<=6)
            {
                P2=_cror_(P2,1);        // P2 口内容右移 1 位
                delay();
                i++;
            }
        }
}

void tx0() interrupt 2              //外部中断 1 中断函数
{
    while(IE1==1)
    {
        P2=0x00;
        delay();
        P2=~P2;                     //交替闪烁亮灭
        delay();
    }
}
```

程序说明：程序中使用了电平触发的外中断 1，当开关 K 按下时，进入外中断 1 中断函数，控制 8 个发光二极管齐亮、齐灭，闪烁显示。

例 3-11　单片机实现的顺序控制

在工业生产中，利用单片机的 I/O 输出可实现顺序控制。例如，注塑机工艺过程大致按“合模→注射→延时→开模→产伸→产退”顺序动作，可采用单片机的 I/O 控制来实现。单片机顺序控制器的原理电路如图 3-12 所示。

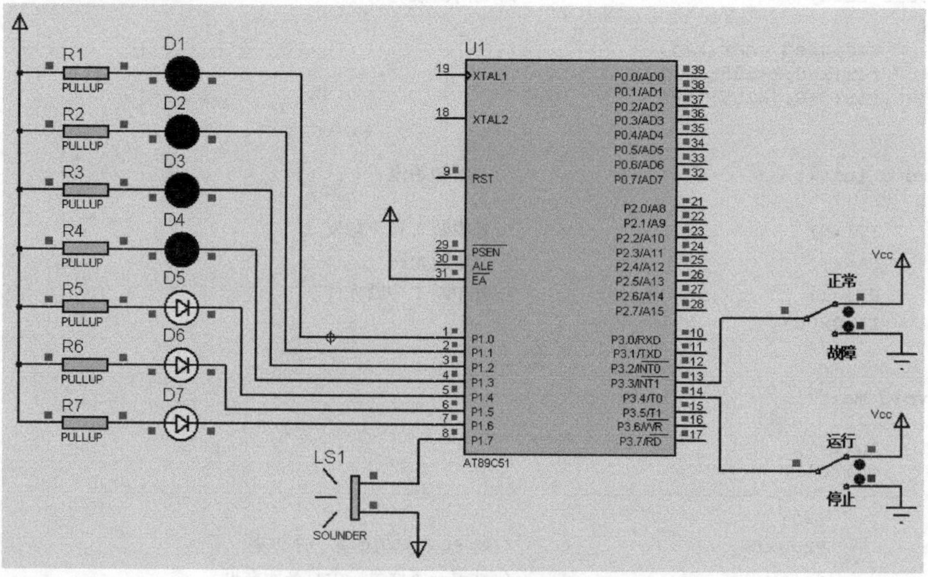

图 3-12　顺序控制的原理电路

图 3-12 中的单片机 P1.0～P1.6 的输出控制 7 个发光二极管的亮灭，7 个发光二极管从上到下分别代表注塑机的 7 道工序，前 6 道工序用分别点亮相应的发光二极管 D1～D6 来模拟，第 7 道工序用同时点亮 P1.4、P1.5、P1.6 上的 3 只发光二极管 D5、D6 和 D7 来模拟，见图 3-12。每道工序间转换以延迟 500ms 表示。

P1.7 的输出控制发出报警声响，蜂鸣器声响只有在下面的开关打向“运行”时，且上面的开关打向“故障”时，才会响起，而下面的开关打向“停止”期间，蜂鸣器不会响起。

单片机 P3.4 脚上的开关为“运行”或“停止”开关，用来选择控制操作“运行”或“停止”，采用查询方式实现，用于控制注塑机 7 道工序的运行，如果开关打向“停止”，则注塑机将在执行完当前循环之后停止工作。P3.3 脚为“报警”开关的外中断请求输入信号，引脚上的开关打向“报警”，产生中断信号，表示发生故障，注塑机即暂停工作，控制 P1.7 上的蜂鸣器发出报警声响。P3.3 引脚上的开关如打向“正常”，则故障解除，注塑机重新开始正常运行。

“运行”开关接通后，发光二极管将按前 6 道工序用分别点亮相应的发光二极管 D1~D6 来模拟，进入第 7 道工序后，同时点亮 P1.4、P1.5、P1.6 上的 3 只发光二极管 D5、D6 和 D7。

参考程序如下。

```
#include<reg51.h>
sbit P3_4=P3^4;
sbit P1_7=P1^7;

void delay(unsigned char n)
{
    unsigned char i,j,k;
    for(i=0;i<n;i++)
        for(j=0;j<200;j++)
        {
            for(k=0;k<=5;k++)
            {
                ;
            }
    }
}

void  erro(void) interrupt 2       //外中断 1 中断函数，当上面开关打向"故障"时，进入中断
{
    P1=0xff;
    P1_7=1;                        //声音报警
    delay(100);
    P1_7=0;
    delay(100);
}

void  main()
{
    IT1=0;                         //外中断 1 电平触发
    EX1=1;                         //允许外中断 1 中断
    EA=1;                          //总中断允许
    while(1)
    {
        if(P3_4==1)                //如果 P3.4=1，则开关打向"运行"
        {
            P1=0xfe;               //点亮 D1，代表执行第 1 道工序
            delay(2000);
            P1=0xfd;               //点亮 D2，代表执行第 2 道工序
            delay(2000);
            P1=0xfb;               //点亮 D3，代表执行第 3 道工序
```

```
        delay(2000);
        P1=0xf7;                    //点亮 D4，代表执行第 4 道工序
        delay(2000);
        P1=0xef;                    //点亮 D5，代表执行第 5 道工序
        delay(2000);
        P1=0xdf;                    //点亮 D6，代表执行第 6 道工序
        delay(2000);
        P1=0x8f;                    //点亮 D5、D6、D7，代表执行第 7 道工序
        delay(2000);
      }
    else                          //如果 P3.4=0，则开关打向"停止"
      {
        P1=0xff;                    //停止运行
      }
  }
}
```

第 4 章

显示与键盘的案例设计

例 4-1 控制单只 LED 数码管轮流显示奇数与偶数

8 字型 LED 数码管共 7 段（不包括小数点段）或 8 段（包括小数点段），每一段对应一个发光二极管，有共阳极和共阴极两种，如图 4-1 所示。

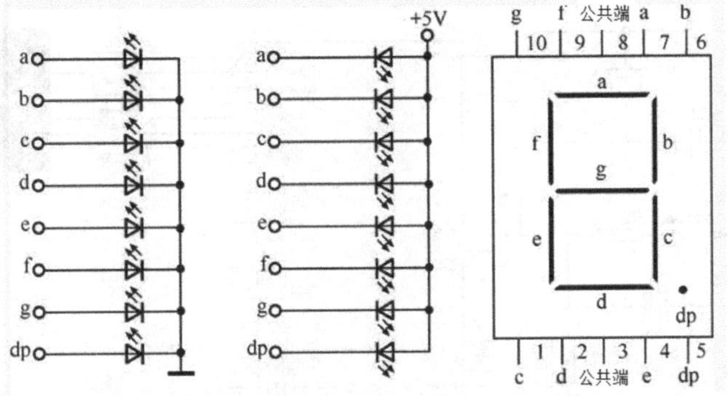

(a)共阴极 (b)共阳极 (c)外形及引脚

图 4-1 8 段 LED 数码管结构及外形

共阳极数码管的阳极连接在一起，公共阳极接到+5V 上；共阴极数码管的阴极连接在一起，通常此公共阴极接地。

点亮数码管的不同段，数码管就显示不同的字符，这就要为数码管的各段提供一字节的段码。习惯上以 a 段为段码字节的最低位。各种字符的段码如表 4-1 所示。

表 4-1 LED 数码管的段码

显示字符	共阴极字型码	共阳极字型码	显示字符	共阴极字型码	共阳极字型码
0	3FH	C0H	C	39H	C6H
1	06H	F9H	d	5EH	A1H
2	5BH	A4H	E	79H	86H
3	4FH	B0H	F	71H	8EH
4	66H	99H	P	73H	8CH
5	6DH	92H	U	3EH	C1H
6	7DH	82H	y	6EH	91H

续表

显示字符	共阴极字型码	共阳极字型码	显示字符	共阴极字型码	共阳极字型码
7	07H	F8H	H	76H	89H
8	7FH	80H	L	38H	C7H
9	6FH	90H	—	40H	BFH
A	77H	88H	“灭”	00H	FFH
b	7CH	83H	……	……	……

本例利用单片机控制单只LED数码管轮流显示奇数与偶数，原理电路如图4-2所示。单片机P0口控制一个LED数码管的显示，先循环显示单个偶数0，2，4，6，8，再显示单个奇数1，3，5，7，9，如此反复。由于利用P0口的锁存功能，属于静态显示，所以需向P0口写入相应的显示字符的段码。

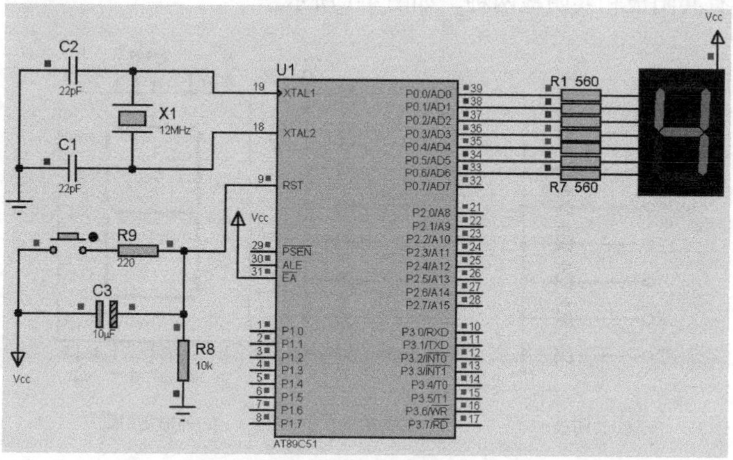

图4-2　控制数码管循环显示单个数字的原理电路

参考程序如下。

```
#include "reg51.h"
#include "intrins.h"
#define uchar unsigned char
#define uint unsigned int
#define out P0
uchar code seg[]={0xc0,0xa4,0x99,0x82,0x80,0xf9,0xb0,0x92,0xf8,0x90,0x01};
                                    //共阳极段码表
void delayms(uint);

void main(void)                     //主函数
{
    uchar i;
    while(1)
    {
        out=seg[i];
        delayms(900);
        i++;
        if(seg[i]==0x01)i=0;        //如果段码为0x01，则表明一个循环的显示已结束
    }
}
```

```
void delayms(uint j)          //延时函数
{
    uchar i;
    for(;j>0;j--)
    {
        i=250;
        while(--i);
        i=249;
        while(--i);
    }
}
```

程序说明：程序中语句“if(seg[i]==0x01)i=0;”的含义是：如果欲送出的数组元素为 0x01（数字 9 段码 0x90 的下一个元素，即结束码），则表明一个循环的显示已结束，重新开始循环显示，因此应使 i=0，从段码数组表的第一个元素 seg[0]，即数字 0（段码 0xc0），重新开始显示。

例 4-2 控制 2 只 LED 数码管的静态显示

本例的原理电路如图 4-3 所示，单片机控制 2 只数码管显示，例如，显示 2 个数字 27。

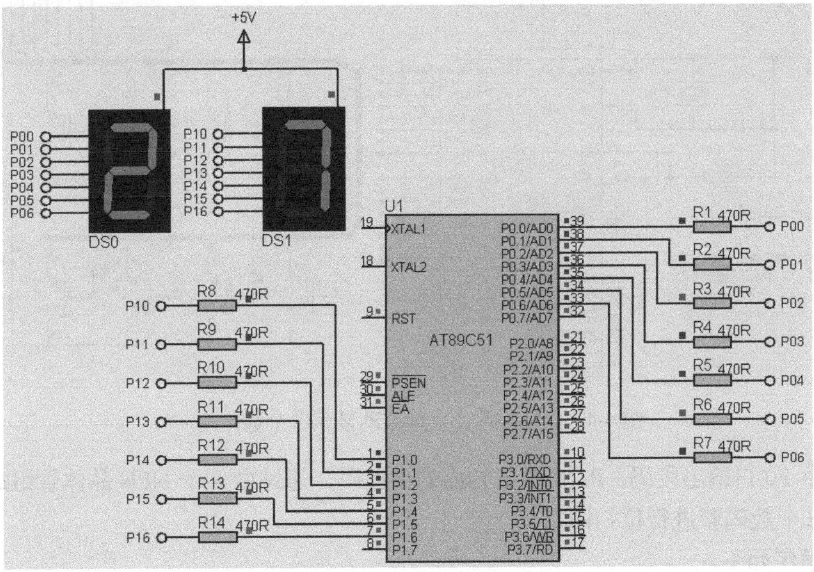

图 4-3 2 位数码管静态显示的原理电路与仿真

单片机通过 P0 口与 P1 口分别控制加到两个 LED 数码管的段码，而共阳极数码管 DS0 与 DS1 的公共端（公共阳极端）直接接至+5V，因此数码管 DS0 与 DS1 始终处于导通状态。利用 P0 口与 P1 口的锁存功能，只需向单片机的 P0 口与 P1 口分别写入相应的显示字符 2 和 7 的段码即可。由于一个数码管就占用一个 I/O 端口，因此如果数码管数目增多，则需要增加 I/O 端口。本例为静态显示，软件编程比较简单。

参考程序如下。

```
#include<reg51.h>             //包含单片机寄存器定义的头文件

void main(void)
{
```

```
    P0=0xa4;                        //将数字2的段码送P0口
    P1=0xf8;                        //将数字7的段码送P1口
    while(1)                        //无限循环
    ;
}
```

例 4-3 8只LED数码管滚动显示单个数字

本例原理电路如图4-4所示,单片机控制8只集成式数码管,分别滚动显示单个数字0~7。程序运行后，单片机控制左边第1个数码管显示0，其他数码管不显示，延时之后，控制左边第2个数码管显示1，其他不显示，直至最右边数码管显示7，其他不显示，反复循环上述过程。

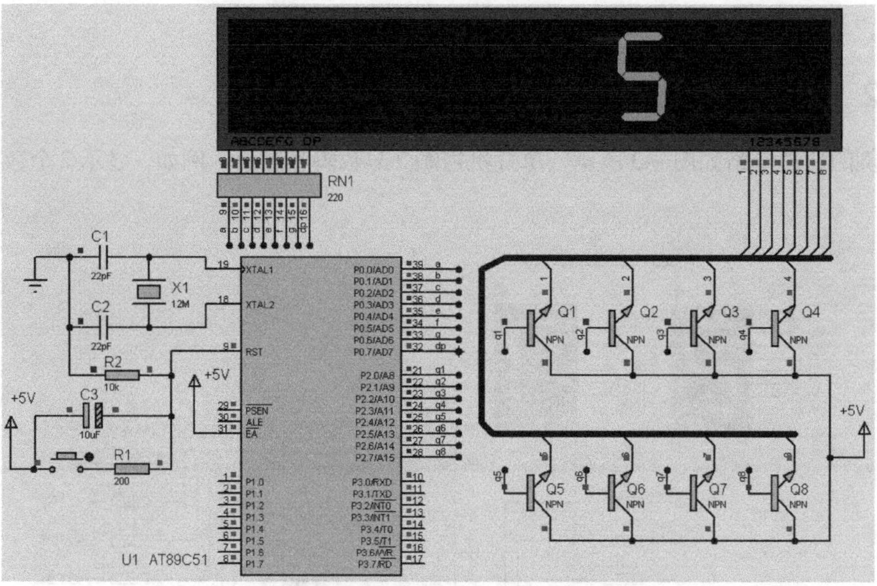

图4-4 8只数码管分别滚动显示单个数字0~7

本例中P0口输出段码，P2口输出扫描的位控码，通过由8个NPN晶体管组成的位驱动电路来对8个数码管进行位扫描。

参考程序如下。

```
#include<reg51.h>
#include<intrins.h>
#define uchar unsigned char
#define uint unsigned int
uchar code dis_code[]={0xf9,0xa4,0xb0,0x99,0x92,0x82,0xf8,0x80,0x90,0x88,0xc0};
                                                //共阳数码管段码表

void  delay(uint t)                             //延时函数
{
    uchar i;
    while(t--) for(i=0;i<200;i++);
}

void  main()
{
    uchar i,j=0x80;
```

```
    while(1)                          //反复循环执行下面的程序段
    {
        for(i=0;i<8;i++)
        {
            j=_crol_(j,1);            //_crol_(j,1)为将对象 j 循环左移 1 位
            P0=dis_code[i];           //P0 口输出段码
            P2=j;                     //P2 口输出位控码
            delay(180);               //延时，控制每位显示的时间
        }
    }
}
```

如果 8 个数码管的扫描频率加快，由于数码管的余辉和人眼的“视觉暂留”作用，只要控制好每位数码管显示的时间和间隔，保证对 8 个数码管的扫描频率高于视觉暂留频率 16~20Hz，就可造成“多位同时亮”的假象，达到同时显示的效果，这就是动态扫描显示。读者可修改本例程序中的扫描频率，尝试在 8 个数码管上同时显示 12345678。

例 4-4　8 只数码管同时显示字符（动态扫描）

利用单片机控制实现动态扫描数码管，在 8 只数码管上同时显示 12345678。原理电路如图 4-5 所示。图中 8 个 NPN 晶体管为位驱动电路。

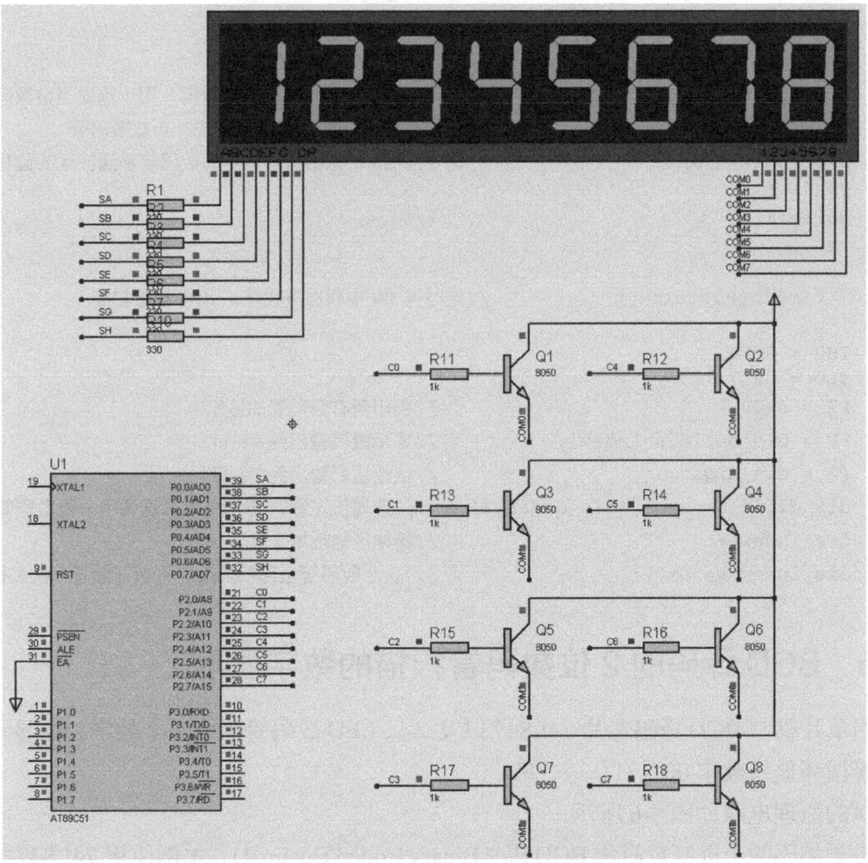

图 4-5　8 只数码管动态扫描同时显示 8 个数字

参考程序如下。

```
#include <reg52.h>
#include <intrins.h>

char code SST516[3] _at_ 0x003b;
unsigned char data dis_digit;
unsigned char code dis_code[11]={0xc0,0xf9,0xa4,0xb0, //显示 0,1,2,3 的段码
                    0x99,0x92,0x82,0xf8,0x80,0x90, 0xff}; //显示"4,5,6,7,8,9,灭"的段码
unsigned char data dis_buf[8];
unsigned char data dis_index;

void main()                              //主函数
{
    P0 = 0xff;                           //P0、P2 口初始化
    P2 = 0x00;
    TMOD = 0x01;                         //定时器 T0 初始化
    TH0 = 0xfC;
    TL0 = 0x17;
    IE = 0x82;                           //开中断，启动 T0

    dis_buf[0] = dis_code[0x1];  //dis_buf 为显示缓冲区的首地址
    dis_buf[1] = dis_code[0x2];
    dis_buf[2] = dis_code[0x3];
    dis_buf[3] = dis_code[0x4];
    dis_buf[4] = dis_code[0x5];
    dis_buf[5] = dis_code[0x6];
    dis_buf[6] = dis_code[0x7];
    dis_buf[7] = dis_code[0x8];
    dis_digit = 0x01;                    //dis_digit 为 P2 口位选通码，用于选通当前数码管
                                         //例如，等于 0x01 时，选通 P2.0 口数码管
    dis_index = 0;                       //dis_index 标识当前显示的数码管和缓冲区的偏移量
    TR0 = 1;
    while(1);
}

void  timer0() interrupt 1               //定时器 T0 中断服务程序，用于动态扫描
{
    TH0 = 0xFA;
    TL0 = 0x17;
    P2 = 0x00;                               //关闭所有数码管的显示
    P0 = dis_buf[dis_index];                 //显示段码输出到 P0 口
    P2 = dis_digit;                          //位选通码输出到 P2 口
    dis_digit = _crol_(dis_digit,1);         //位选通值左移，下次中断时选通下一位数码管
    dis_index++;                             //缓冲区地址增 1
    dis_index &= 0x07;                       // 8 个数码管全部扫描后，重新开始下一次扫描
}
```

例 4-5　BCD 译码的 2 位数码管扫描的数字显示

利用单片机与 BCD 译码芯片 74LS47 以及 2 只 LED 数码管构成一个数字扫描显示系统。2 只数码管循环显示数字 00，11，…，99。

本例的原理电路如图 4-6 所示。

二进制编码的十进制数简称 BCD 码（Binary Coded Decimal），本例使用 74LS47 完成二进制码—BCD 码的译码功能，再驱动数码管显示。本例的重点是掌握 BCD 译码电路 74LS47 的工作原理、使用以及如何控制 2 位数码管来显示不同数字的编程。

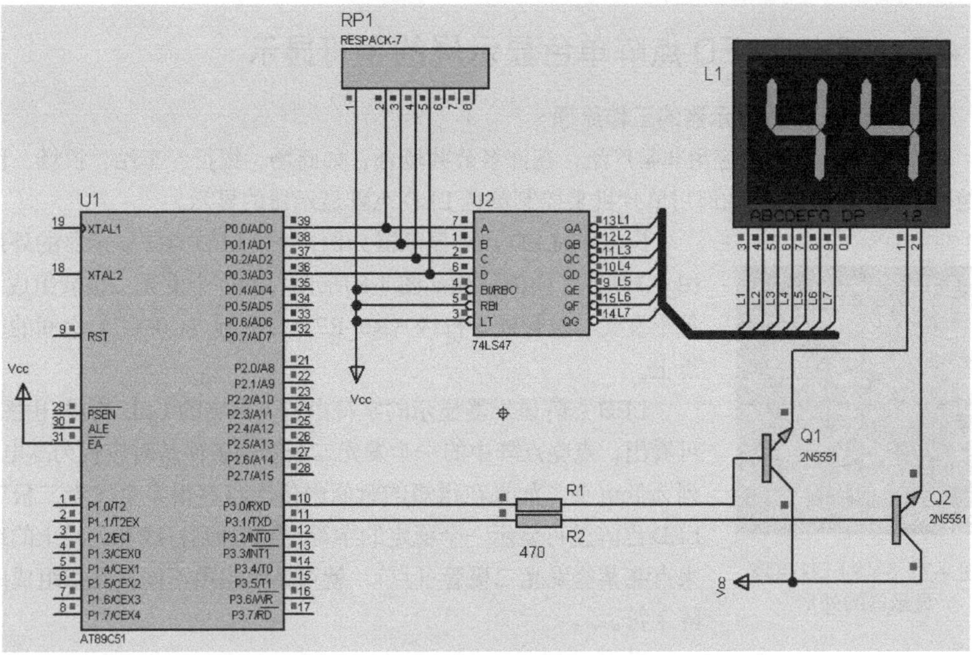

图 4-6　BCD 译码的扫描数字显示的电路原理图与仿真

参考程序如下。

```
#include "reg51.h"
#define uchar unsigned char
#define uint unsigned int
#define out P0
sbit sm1=P3^0;
sbit sm2=P3^1;
void delayms(uint);

void main(void)
{
    uchar i;
    while(1)
    {
        for(i=0;i<10;i++)
        {
            out=i;
            sm1=1;
            sm2=1;
            delayms(500);
        }
    }
}

void delayms(uint j)
{
    uchar i;
    for(;j>0;j--)
    {
        i=250;
        while(--i);
        i=249;
        while(--i);
    }
}
```

例 4-6　16×16 LED 点阵单色显示屏的字符显示

1. 单色LED点阵显示器的工作原理

LED 点阵显示器的应用非常广泛，在许多公共场合，如商场、银行、车站、机场、医院等随处可见。下面介绍如何用单片机来控制单色 LED 点阵显示器的显示。

图 4-7　8×8 LED 点阵显示器的外形

以 8×8 LED 点阵显示器为例，8×8 LED 点阵显示器的外形如图 4-7 所示，内部结构如图 4-8 所示，由 64 个发光二极管组成，且每个发光二极管处于行线（R0~R7）和列线（C0~C7）之间的交叉点上。

LED 点阵显示器显示的字符由若干点亮的 LED 构成。由图 4-8 可看出，点亮点阵中的一个发光二极管的条件是对应行为高电平，列为低电平。如果在很短的时间内依次点亮很多个发光二极管，LED 点阵就可显示一个稳定的字符。控制加到行线和列线上的编码来点亮某些发光二极管（点），就可显示出由不同发光点组成的点阵字符。

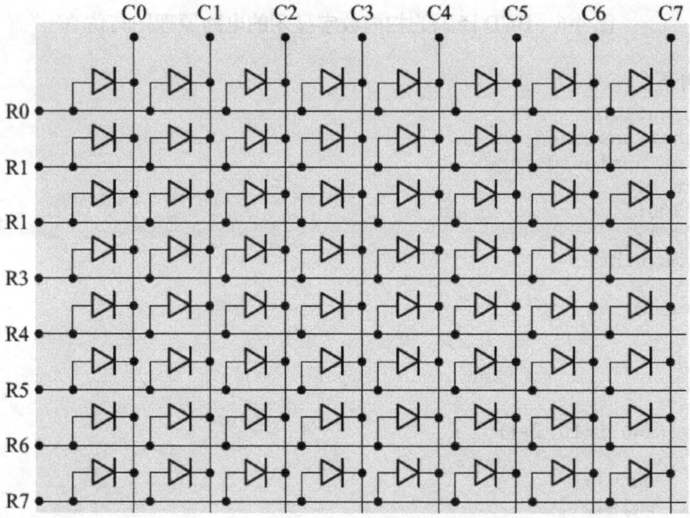

图 4-8　8×8 LED 点阵显示器（共阴极）的结构

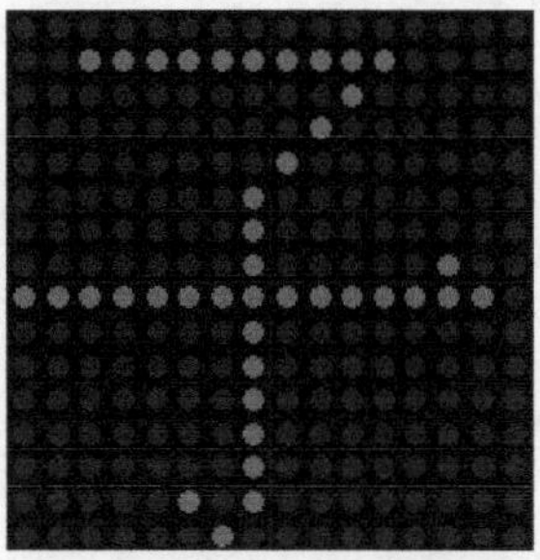

图 4-9　16×16 LED 点阵显示器显示字符“子”

16×16 点阵显示器由 4 个 8×8 点阵组成，行和列均为 16。每只发光二极管位于行线和列线的交叉点上，当对应的某一列置 0 电平，某一行置 1 电平时，该发光二极管点亮。下面以 16×16 LED 点阵显示器显示字符“子”为例，如图 4-9 所示。

控制显示过程如下。

先给 LED 点阵的第 1 行送高电平（行线高电平有效），同时给所有列线送高电平（列线低电平有效），从而第 1 行发光二极管全灭；延时一段时间后，再给第 2 行送高电平，同时给所有列线送 1100 0000 0000 1111，列线为 0 的发光二极管点亮，从而点亮 10 个发光二极管，显示出汉字“子”的第一横；延时一段时间后，再给第 3 行送高电平，同时加到列线的编码为 1111 1111 1101 1111，点亮 1 个发光二极管；……；延时一段时间后，再给第 16 行送高电平，同时给列线送 1111 1101 1111 1111，显示出汉字“子”最下面的一行，点亮 1 个发光二极管。然后重新循环上述操作，利用人眼的视觉暂留效应，一个稳定的字符“子”就显示出来了，如图 4-9 所示。

2. 控制16×16 LED点阵显示器显示字符

单片机控制 16×16 点阵显示器（共阴极）来循环显示字符“电子技术”。原理电路如图 4-10 所示，图中 74HC154 为 4-16 译码器，74HC04 为驱动器。

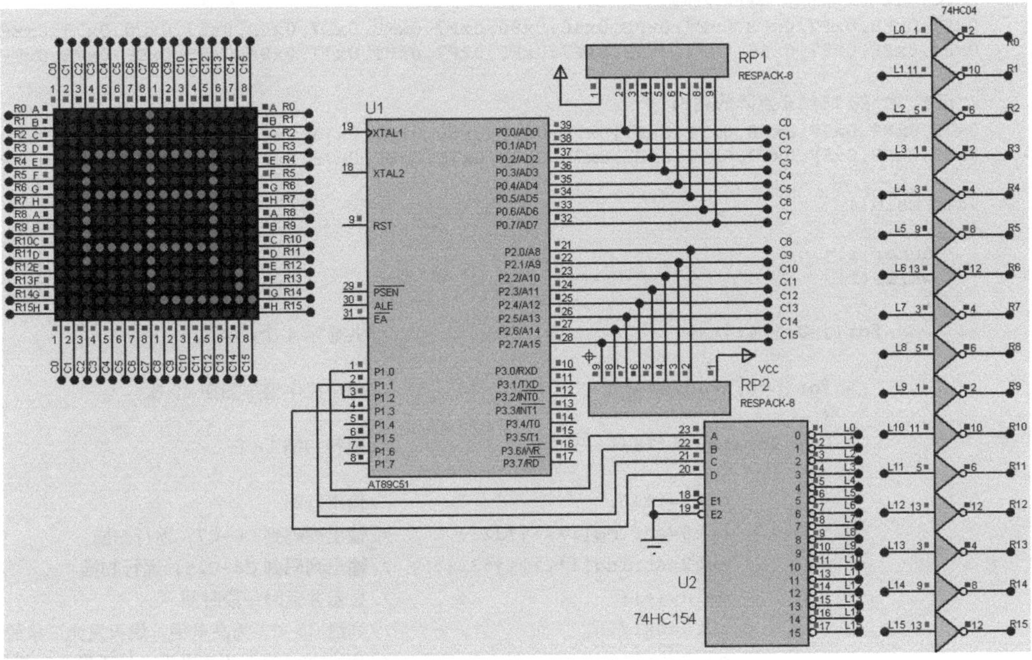

图 4-10　控制 16×16 LED 点阵显示器（共阴极）显示字符

图中 16×16 LED 点阵显示屏的 16 行行线 R0~R15 的电平，由 P1 口的低 4 位经 4-16 译码器 74HC154 的 16 条译码输出线 L0~L15 经驱动后的输出来控制。16 列列线 C0~C15 的电平由 P0 口和 P2 口控制。剩下的问题就是如何确定显示字符的点阵编码，以及控制好每一屏逐行显示的扫描速度（刷新频率）。

参考程序如下。

```
#include<reg51.h>
#define uchar unsigned char
#define uint unsigned int
#define out0 P0
#define out2 P2
#define out1 P1
void delay(uint j)          //延时函数
{
    uchar i=250;
    for(;j>0;j--)
    {
        while(--i);
        i=100;
```

```
    }
}
uchar code string[]=
{
//汉字"电"的 16×16 点阵的列码
0x7F,0xFF,0x7F,0xFF,0x7F,0xFF,0x03,0xE0,0x7B,0xEF,0x7B,0xEF,0x03,0xE0,0x7B,0xEF,
0x7B,0xEF,0x7B,0xEF,0x03,0xE0,0x7B,0xEF,0x7F,0xBF,0x7F,0xBF,0xFF,0x00,0xFF,0xFF

//汉字"子"的 16×16 点阵的列码
0xFF,0xFF,0x03,0xF0,0xFF,0xFB,0xFF,0xFD,0xFF,0xFE,0x7F,0xFF,0x7F,0xFF,0x7F,0xDF,
0x00,0x80,0x7F,0xFF,0x7F,0xFF,0x7F,0xFF,0x7F,0xFF,0x7F,0xFF,0x5F,0xFF,0xBF,0xFF

//汉字"技"的 16×16 点阵的列码
0xF7,0xFB,0xF7,0xFB,0xF7,0xFB,0x40,0x80,0xF7,0xFB,0xD7,0xFB,0x57,0xC0,0x73,0xEF,
0xF4,0xEE,0xF7,0xF5,0xF7,0xF9,0xF7,0xF9,0xF7,0xF5,0x77,0x8F,0x95,0xDF,0xFB,0xFF

//汉字"术"的 16×16 点阵的列码
0x7F,0xFF,0x7F,0xFB,0x7F,0xF7,0x7F,0xFF,0x00,0x80,0x7F,0xFF,0x3F,0xFE,0x5F,0xFD,
0x5F,0xFB,0x5F,0xF7,0x77,0xE7,0x7B,0x8F,0x7C,0xDF,0x7F,0xFF,0x7F,0xFF,0xFF,0xFF

void main()
{
    uchar i,j,n;
    while(1)
    {
        for(j=0;j<4;j++)                            //共显示 4 个汉字
        {
            for(n=0;n<40;n++)                       //每个汉字整屏扫描 40 次
            {
                for(i=0;i<16;i++)                   //逐行扫描 16 行
                {
                    out1=i%16;                      //输出行码
                    out0=string[i*2+j*32];          //输出列码到 C0~C7，逐行扫描
                    out2=string[i*2+1+j*32];        //输出列码到 C8~C15，逐行扫描
                    delay(4);                       //显示并延时一段时间
                    out0=0xff;                      //列线 C0~C7 为高电平，熄灭发光二极管
                    out2=0xff;                      //列线 C8~C15 为高电平，熄灭发光二极管
                }
            }
        }
    }
}
```

扫描显示时，单片机通过 P1 口低 4 位经 4-16 译码器 74HC154 的 16 条译码输出线 L0~L15 加以驱动后的输出来控制，逐行为高电平来扫描。由 P0 口与 P2 口控制列码的输出，从而显示出某行应当点亮的发光二极管。

下面以显示汉字“子”为例，说明其显示过程。由上面的程序可看出，汉字“子”前 3 行发光二级管的列码为“0xff,0xff,0x03,0xf0,0xff,0xfb,……”，第一行的列码为 0xff,0xff，由 P0 口与 P2 口输出，没有点亮的发光二极管。第二行的列码为 0x03,0xf0，通过 P0 口与 P2 口输出后，由图 4-10 的电路可看出，0x03 加到列线 C7~C0 的二进制编码为 0000 0011，这里要注意加到 8 个发光二极管上的对应位置。按照图 4-8 和图 4-10 的连线关系，加到从左到右发光二极管应为 C0~C7 的二进制编码为 1100 0000，即最左边的 2 个发光二极管不亮，其余 6 个发光二极管点亮。同理，P2 口输出的 0xf0 加到列线 C15~C8 的二进制编码为 1111 0000，即加到 C8~C15 的二进制编码为 0000 1111，所以第二行最右边的 4 个发光二极管不亮，如图 4-9

所示。对应通过 P0 口与 P2 口输出加到第 3 行 15 个发光二极管的列码为 0xff,0xfb，对应于从左到右的 C0～C15 的二进制编码为 1111 1111 1101 1111，从而第 3 行左边数第 11 个发光二极管被点亮，其余均熄灭，如图 4-9 所示。其余各行点亮的发光二极管，也是由 16×16 点阵的列码来决定的。

例 4-7　电梯运行控制的楼层显示（8×8 LED 点阵）

设计一个用单片机控制 8×8 LED 点阵屏来模仿电梯运行的楼层显示与控制装置，原理电路如图 4-11 所示。单片机 P1 口的 8 只引脚接有 8 只按键开关 K1～K8，这 8 只按键开关 K1～K8 分别代表 1 楼～8 楼。

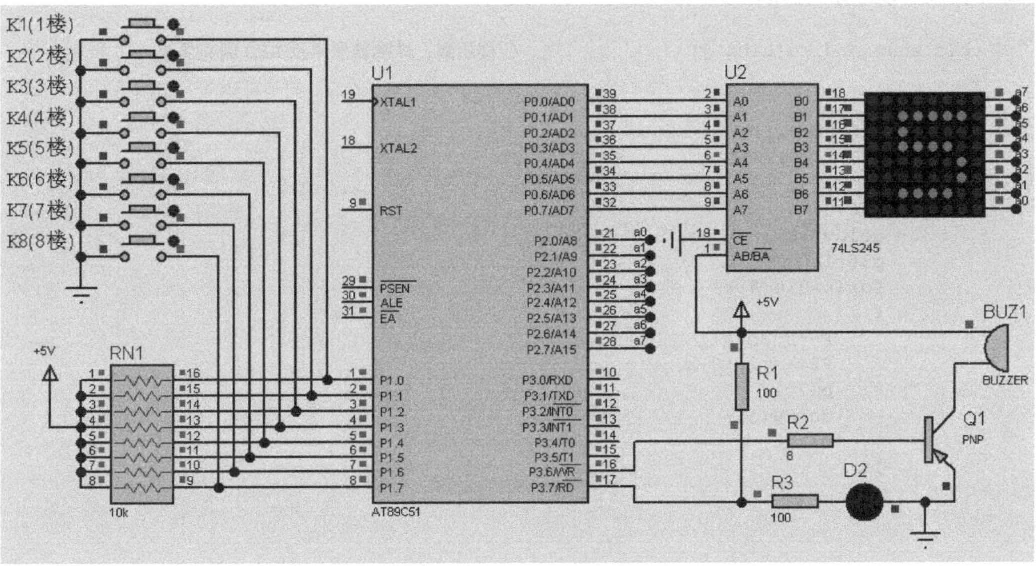

图 4-11　8×8 LED 点阵屏模仿电梯数字滚动显示电路原理图与仿真

电梯楼层显示器初始显示 0。如果按下代表某一楼层的按键，单片机控制的 8×8LED 点阵屏将从当前位置向上或向下平滑滚动显示到指定楼层的位置。

在上述功能的基础上，还设有 LED 指示灯和蜂鸣器，在到达指定楼层后，蜂鸣器发出短暂声音且 LED 闪烁片刻。系统还应同时识别依次按下的多个按键，例如，当前位置在 1 层，用户依次按下 6 和 5 时，数字分别向上滚动到 5，6 时暂停，且 LED 闪烁片刻，同时蜂鸣器发出提示音。如果待去楼层的数字在当前运行的反方向，则数字先在当前方向运行完毕后，再依次按顺序前往反方向的楼层位置。

本例采用 P2 口做 8×8 LED 点阵的行选通控制，P1 口完成对楼层按键的读取及确认。

参考程序如下。

```
#include"reg51.h"
#include"intrins.h"
#define uchar unsigned char
#define uint unsigned int
sbit p36=P3^6;
sbit p37=P3^7;
void delay(uint t);
```

```
//定义全局变量
uint terminal;
uint outset=0;
uint flag=0;
uint flag1=0;
uint flag2=0;
uchar code scan[]={0x01,0x02,0x04,0x08,0x10,0x20,0x40,0x80};      //扫描代码数组

//以下为显示0,1,2,3,4,5,6,7,8的8×8点阵代码
uchar code zm[]={
0x00,0x18,0x24,0x24,0x24,0x24,0x18,0x00,0x00,0x10,0x1c,0x10,0x10,0x10,0x3c,0x00,
0x00,0x38,0x44,0x40,0x20,0x10,0x7c,0x00,0x00,0x38,0x44,0x30,0x40,0x44,0x38,0x00,0x00,
0x20,0x30,0x28,0x24,0x7e,0x20,0x00,0x00,0x7c,0x04,0x3c,0x40,0x40,0x3c,0x00,0x00,0x38,
0x44,0x3c,0x44,0x44,0x38,0x00,0x00,0x7e,0x40,0x40,0x20,0x10,0x10,0x00,0x00,0x38,0x44,
0x38,0x44,0x44,0x38,0x00};

void soundandled(uint j)                    //楼层到，蜂鸣器发声及LED闪亮函数
{
    uint i,k;
    P0=0xff;P2=0xff;
    for(i=0;i<20;i++)
    {
        p36=0;
        delay(10);
        p36=1;
        for(k=0;k<8;k+++)
        {
            P0=scan[k];
            P2=~zm[j*8+k];
            p37=1;
            delay(5);
            p37=0;
        }
    }
}

unsigned int keyscan(void)                   //键盘扫描函数
{
    if(P1!=0xff)
    {
        switch(P1)
        {
            case 0x7f:{return(8);break;}
            case 0xbf:{return(7);break;}
            case 0xdf:{return(6);break;}
            case 0xef:{return(5);break;}
            case 0xf7:{return(4);break;}
            case 0xfb:{return(3);break;}
            case 0xfd:{return(2);break;}
            case 0xfe:{return(1);break;}
            default:return(0);
        }
    }
}

void downmove(uint m,uint n)                 //电梯下行函数
{
    uint k,j,i;
    for(k=m*8;k>n*8;k--)
    {
        for(j=0;j<30;j++)
```

```
        {
            for(i=7;i>=0&&i<8;i--)
            {
                if(P1!=0xff)
                {
                    outset=keyscan();
                    if((outset>n)&&(outset<m))
                    {
                        flag1=outset;
                        outset=n;
                        n=flag1;
                        terminal=n;
                    }while(P1!=0xff);
                } //在最里面循环中加判别，可增加按键灵敏度，如果不加，则只能是运行完所
                  //有循环后才进入下一步
                P0=scan[i];
                P2=~zm[(i+k)%72];
                delay(1);
            }
        }
    }
}

void upmove(unsigned int m,unsigned int n)    //电梯上行函数
{
    uint k,j,i;
    for(k=m*8;k<n*8;k++)
    {
        for(j=0;j<30;j++)
        {
            for(i=0;i<8;i++)
            {
                if(P1!=0xff)
                {
                    outset=keyscan();
                    if((outset>m)&&(outset<n))
                    {
                        flag1=outset;
                        outset=n;
                        n=flag1;
                        terminal=n;
                    }
                    while(P1!=0xff);
                }        //在最里面循环中加入判别，可增加按键灵敏度，如不加判
                         //别，则只能是运行完所有循环才进入下一步
                P0=scan[i];
                P2=~zm[(i+k)%72];
                delay(1);
            }
        }
    }
}

void show(unsigned int i)        //函数：电梯静止，并等待按下楼层选择键
{
    uint k;
    while(P1!=0xff);
    while(P1==0xff)
    {
        for(k=0;k<8;k++)
        {
```

```
            P0=scan[k];
            P2=~zm[i*8+k];
            delay(1);
        }
    }
}

void main()                                    //主函数
{
    p37=0;
    P2=0xff;
    P0=0x00;
    while(1)
    {
        show(flag);                        //显示电梯初始位置，等待按键动作
        terminal=keyscan();                //获取楼层键值
        if(terminal>flag)
        {upmove(flag,terminal); soundandled(terminal);} //如键值大于初始位置，则电梯上行
        if(terminal<flag)
        {downmove(flag,terminal); soundandled(terminal);} //如键值大于初始位置，则电梯下行
        flag=terminal;
        if(outset!=0)
        {
            if(outset>terminal)
            {upmove(terminal,outset); soundandled(outset);}
            if(terminal>outset)
            {downmove(terminal,outset); soundandled(outset);}
            flag=outset;
            outset=0;
        }
    }
}

void delay(uint t)                             //延时函数
{
    uchar a;
    while(t--)
    for(a=0;a<122;a++);
}
```

例 4-8　查询方式的独立式键盘设计

本案例要求设计一个具有8个独立式按键以及由1个共阳极LED数码管构成的查询方式的独立式键盘，原理电路如图4-12所示。单片机P1口接有8个独立按键K0～K7，以及P2口接有1个共阳极LED数码管，按下8个按键中的任意一个，即可把对应键号显示出来。例如当K5键按下时，LED数码管显示5。

独立式键盘的特点是一键一线，各键相互独立，每个按键各接一条I/O口线，按键未按下时，对应的I/O口线为稳定的高电平。按键按下时，对应的I/O口线为低电平。因此，只需读入I/O口线的状态，判别是否为低电平，就很容易识别出哪个键被按下。独立式键盘适用于按键数目较少的场合，如果按键数目较多，要占用较多的I/O口线。

本案例采用分支程序编程方法，对按键的状态进行监测，如有按键按下，则点亮相应的LED指示灯。

参考程序如下。

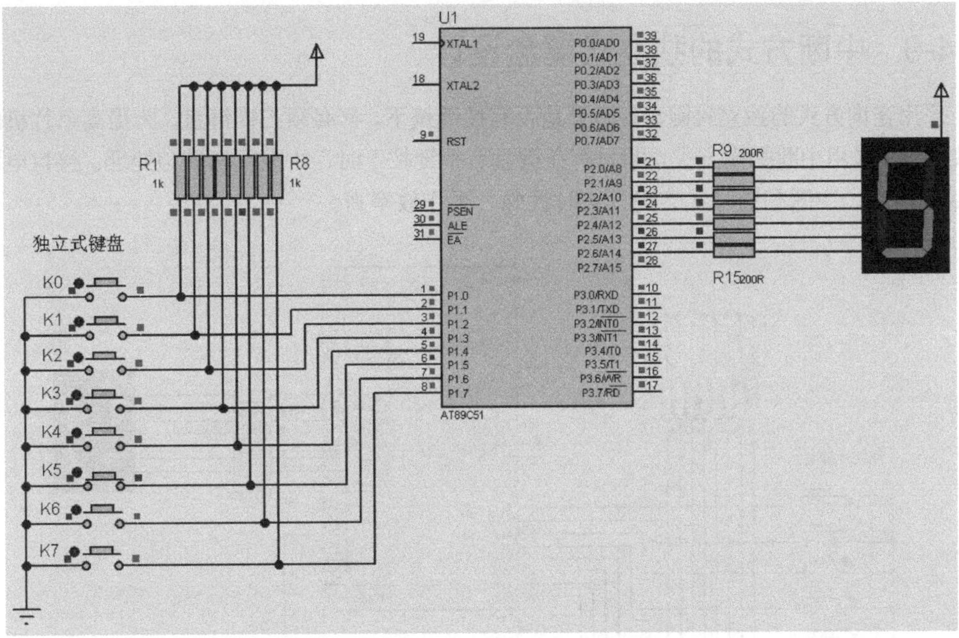

图 4-12　查询方式的 8 按键的独立式键盘接口电路

```
#include <reg51.h>
#define uchar unsigned char
uchar dis[8]={0xc0,0xf9,0xa4,0xb0,0x99,0x92,0x82,0xf8};    //共阳极数码管 0~7 的段码

void main()
{
    uchar keyval;
    do
    {
        P1=0xff;                        //P1 口作输入
        keyval=P1;                      //从 P1 口读入键盘的状态
        keyval=~keyval;                 //读入键盘的状态取反
        switch(keyval)
        {
            case 1: P2=dis[0];          //判断 K0 键是否按下，按下则送显示 0 的段码 0xc0
                 break;
            case 2: P2=dis[1];          //判断 K1 键是否按下，按下则送显示 1 的段码 0xf9
                 break;
            case 4: P2=dis[2];          //判断 K2 键是否按下，按下则送显示 2 的段码 0xa4
                 break;
            case 8: P2=dis[3];          //判断 K3 键是否按下，按下则送显示 3 的段码 0xb0
                 break;
            case 16: P2=dis[4];         //判断 K4 键是否按下，按下则送显示 4 的段码 0x99
                 break;
            case 32: P2=dis[5];         //判断 K5 键是否按下，按下则送显示 5 的段码 0x92
                 break;
            case 64: P2=dis[6];         //判断 K6 键是否按下，按下则送显示 6 的段码 0x82
                 break;
            case 128: P2=dis[7];        //判断 K7 键是否按下，按下则送显示 7 的段码 0xf8
                 break;
            default: break;
        }
    }while(1);
}
```

例 4-9 中断方式的独立式键盘设计

采用查询方式的独立式键盘，不管是否有按键按下，都必须扫描键盘。为提高单片机的工作效率，可采用中断扫描方式，即只有在键盘有按键按下时，才进行扫描与处理。接口电路如图 4-13 所示。中断扫描方式的键盘实时性强，工作效率高。

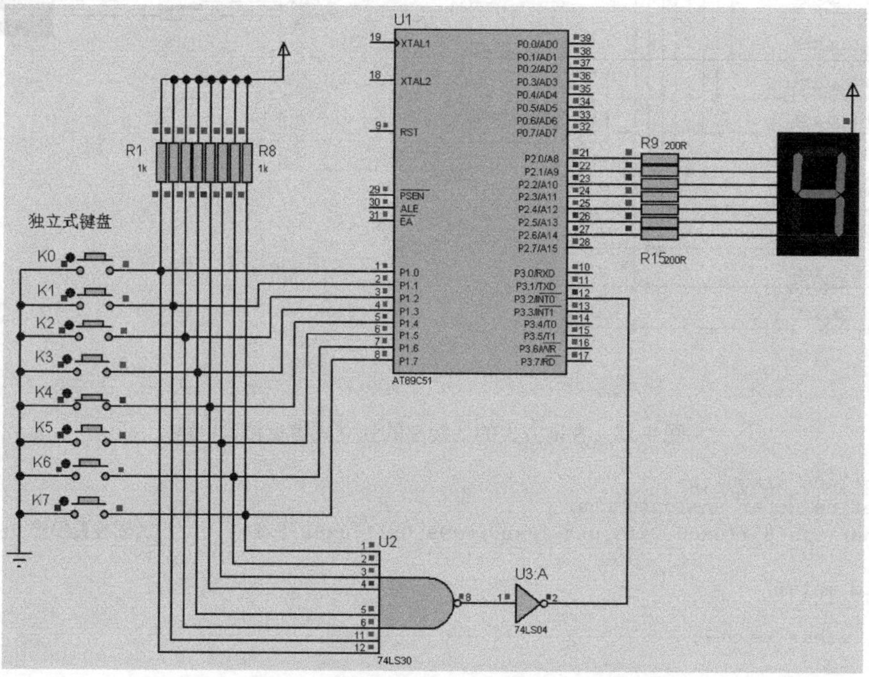

图 4-13 中断方式的 8 按键的独立式键盘接口电路

图 4-13 的键盘中有按键按下时，8 输入与非门 74LS30 的输出经过 74LS04 反相后向单片机的中断请求输入引脚 $\overline{\text{INT0}}$ 发出低电平的中断请求信号，单片机响应中断，进入外部中断 $\overline{\text{INT0}}$ 的中断函数，在中断函数中，判断是哪一按键按下，并根据按下的按键显示其键号。

参考程序如下。

```
#include <reg51.h>
#define uchar unsigned char
uchar dis[8]={0xc0,0xf9,0xa4,0xb0,0x99,0x92,0x82,0xf8};    //共阳极数码管 0~7 的段码

void main()
{
    IT0=1;
    IP=0x01;
    P1=0xff;
    EA=1;
    EX0=1;
    do{}while(1);                    //无按键按下，在此循环，代表执行其他程序
}

void int0() interrupt 0 using 1      //外中断 0 中断函数
{
    uchar keyval;
    keyval=P1;                       //从 P1 口读入键盘的状态
```

```
        keyval=~keyval;                    //读入的键盘状态求反
        switch(keyval)
        {
            case 1: P2=dis[0];             //判断 K0 键是否按下，按下则送显示 0 的段码 0xc0
                 break;
            case 2: P2=dis[1];             //判断 K1 键是否按下，按下则送显示 1 的段码 0xf9
                 break;
            case 4: P2=dis[2];             //判断 K2 键是否按下，按下则送显示 2 的段码 0xa4
                 break;
            case 8: P2=dis[3];             //判断 K3 键是否按下，按下则送显示 3 的段码 0xb0
                 break;
            case 16: P2=dis[4];            //判断 K4 键是否按下，按下则送显示 4 的段码 0x99
                 break;
            case 32: P2=dis[5];            //判断 K5 键是否按下，按下则送显示 5 的段码 0x92
                 break;
            case 64: P2=dis[6];            //判断 K6 键是否按下，按下则送显示 6 的段码 0x82
                 break;
            case 128: P2=dis[7];           //判断 K7 键是否按下，按下则送显示 7 的段码 0xf8
                 break;
            default: break;
        }
        P1=0xff;
    }
```


例 4-10　软件去抖的查询方式的独立式键盘设计

单片机与 4 个独立按键 K1~K4 以及由 8 个 LED 指示灯构成一个独立式键盘系统。4 个按键接在 P1.0~P1.3 引脚，P3 口接 8 个 LED 指示灯，控制 LED 指示灯的亮与灭，原理电路如图 4-14 所示。当按下 K1 键时，P3 口的 8 个 LED 正向（由上至下）流水点亮；按下 K2 键时，P3 口的 8 个 LED 反向（由下而上）流水点亮；K3 键按下时，高、低 4 个 LED 交替点亮；按下 K4 键时，P3 口的 8 个 LED 闪烁点亮。

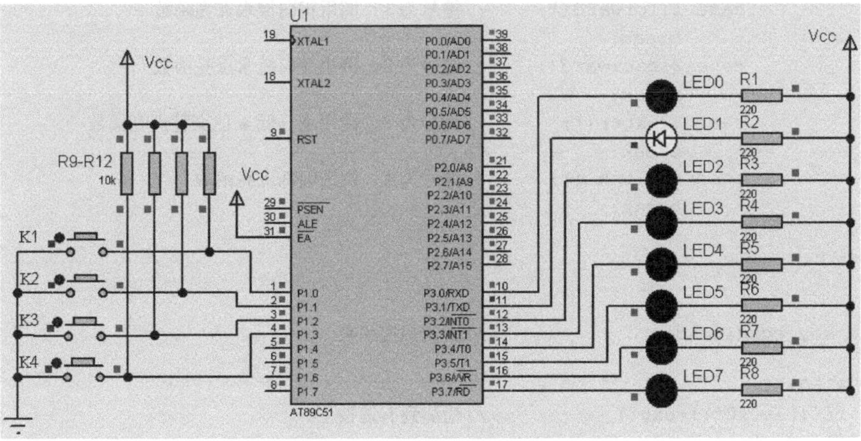

图 4-14　独立式键盘的接口原理电路

本例中的 4 个按键 K1~K4 分别对应 4 种不同的点亮功能，且具有不同的键值 keyval，具体如下。

- 按下 K1 按键时，keyval=1。
- 按下 K2 按键时，keyval=2。

- 按下 K3 按键时，keyval=3。
- 按下 K4 按键时，keyval=4。

本例的独立式键盘的工作原理如下。

（1）首先判断是否有按键按下。将接有 4 个按键的 P1 口低 4 位（P1.0~P1.3）写入 1，使 P1 口低 4 位为输入状态。然后读入低 4 位的电平，只要不为 1，则说明有键按下。读取方法如下。

```
P1=0xff;
if((P1&0x0f)!=0x0f);                  //读入的 P1 口低 4 位各按键的状态，经与运算后的结果
                                      //不是 0x0f，表明低 4 位必有 1 位是 0，说明有键按下
```

（2）按键去抖动。当判别有键按下时，调用软件延时子程序，延时约 10ms 后再判别，若按键确实按下，则执行相应的按键功能，否则重新开始扫描。

（3）获得键号。确认有键按下时，可采用扫描方法来判断哪个键按下，并获取键值。

参考程序如下。

```
#include<reg51.h>                     //包含 AT89S51 单片机寄存器定义的头文件
sbit k1=P1^0;                         //将 K1 位定义为 P1.0 引脚
sbit k2=P1^1;                         //将 K2 位定义为 P1.1 引脚
sbit k3=P1^2;                         //将 K3 位定义为 P1.2 引脚
sbit k4=P1^3;                         //将 K4 位定义为 P1.3 引脚
unsigned char keyval;                 //定义键号变量存储单元

void main(void)                       //主函数
{
    keyval=0;                         //键号初始化为 0
    while(1)
    {
        key_scan();                   //调用键盘扫描函数
        switch(keyval)
        {
            case 1:forward();         //键号为 1，调用正向流水点亮函数
                break;
            case 2:backward();        //键号为 2，调用反向流水点亮函数
                break;
            case 3:alter();           //键号为 3，调用高、低 4 位交替点亮函数
                break;
            case 4:blink ();          //键号为 4，调用闪烁点亮函数
                break;
        }
    }
}

void key_scan(void)                   //键盘扫描函数
{
    P1=0xff;
    if((P1&0x0f)!=0x0f)               //检测到有键按下
    {
        delay10ms();                  //延时 10ms 再检测
        if(k1==0)                     //按键 K1 被按下
        keyval=1;
        if(k2==0)                     //按键 K2 被按下
        keyval=2;
        if(k3==0)                     //按键 K3 被按下
        keyval=3;
        if(k4==0)                     //按键 K4 被按下
```

```
        keyval=4;
    }
}

void forward(void)              //正向流水点亮 LED 函数
{
    P3=0xfe;                    //LED0 亮
    led_delay();
    P3=0xfd;                    //LED1 亮
    led_delay();
    P3=0xfb;                    //LED2 亮
    led_delay();
    P3=0xf7;                    //LED3 亮
    led_delay();
    P3=0xef;                    //LED4 亮
    led_delay();
    P3=0xdf;                    //LED5 亮
    led_delay();
    P3=0xbf;                    //LED6 亮
    led_delay();
    P3=0x7f;                    //LED7 亮
    led_delay();
}

void backward(void)             //反向流水点亮 LED 函数
{
    P3=0x7f;                    //LED7 亮
    led_delay();
    P3=0xbf;                    //LED6 亮
    led_delay();
    P3=0xdf;                    //LED5 亮
    led_delay();
    P3=0xef;                    //LED4 亮
    led_delay();
    P3=0xf7;                    //LED3 亮
    led_delay();
    P3=0xfb;                    //LED2 亮
    led_delay();
    P3=0xfd;                    //LED1 亮
    led_delay();
    P3=0xfe;                    //LED0 亮
    led_delay();
}

void alter(void)                //交替点亮高 4 位与低 4 位 LED 函数
{
    P3=0x0f;
    led_delay();
    P3=0xf0;
    led_delay();
}

void blink (void)               //闪烁点亮 LED 函数
{
    P3=0xff;
    led_delay();
    P3=0x00;
    led_delay();
}
```

4

```
void led_delay(void)                //流水灯显示延时函数
{
    unsigned char i,j;
    for(i=0;i<220;i++)
    for(j=0;j<220;j++)
      ;
}

void delay10ms(void)                //软件去抖延时函数
{
    unsigned char i,j;
    for(i=0;i<100;i++)
    for(j=0;j<100;j++)
      ;
}
```

例 4-11　4×4 矩阵键盘的查询方式扫描设计

矩阵式（也称行列式）键盘由行线和列线组成，用于按键数目较多的场合。按键位于行、列线的交叉点上。如图 4-15 所示，一个 4×4 的行、列结构可以构成一个 16 按键的键盘，只需要一个 8 位的并行 I/O 口即可。如采用 8×8 的行、列结构，构成一个 64 按键的键盘，只需要两个 8 位的并行 I/O 口即可。因此，在按键数目较多的场合，矩阵式键盘要比独立式键盘节省较多的 I/O 口线。

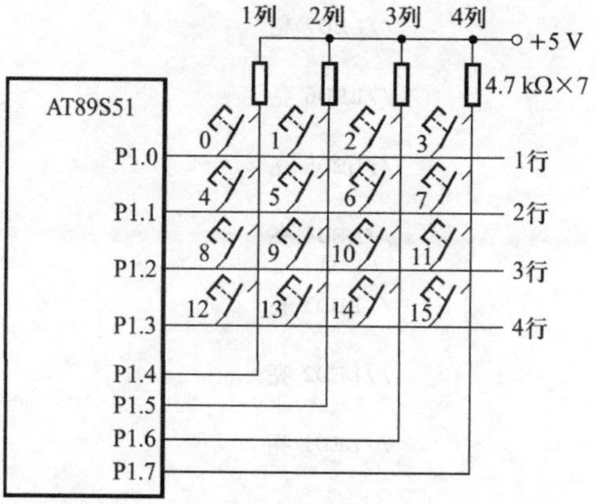

图 4-15　4×4 矩阵式键盘的接口电路

下面介绍 4×4 矩阵式键盘的查询扫描方式的案例设计。

单片机的 P1.7～P1.4 接 4×4 矩阵键盘的行线，P1.3～P1.0 接矩阵键盘的列线，键盘各按键的编号如图 4-16 所示，使用数码管来显示 4×4 矩阵键盘中按下键的键号。数码管的显示由 P2 口控制，当矩阵键盘的某一键按下时，在数码管上显示对应的键号。例如，1 号键按下时，数码管显示 1；E 键按下时，数码管显示 E，等等。

本例参考程序如下。

```
#include <reg51.h>
#define uchar unsigned char
sbit L1=P1^0;                    // 定义键盘的 4 列线
sbit L2=P1^1;
sbit L3=P1^2;
sbit L4=P1^3;
uchar dis[16]={0xc0,0xf9,0xa4,0xb0,0x99,0x92,0x82,0xf8,0x80,0x90,0x88,0x83,
```

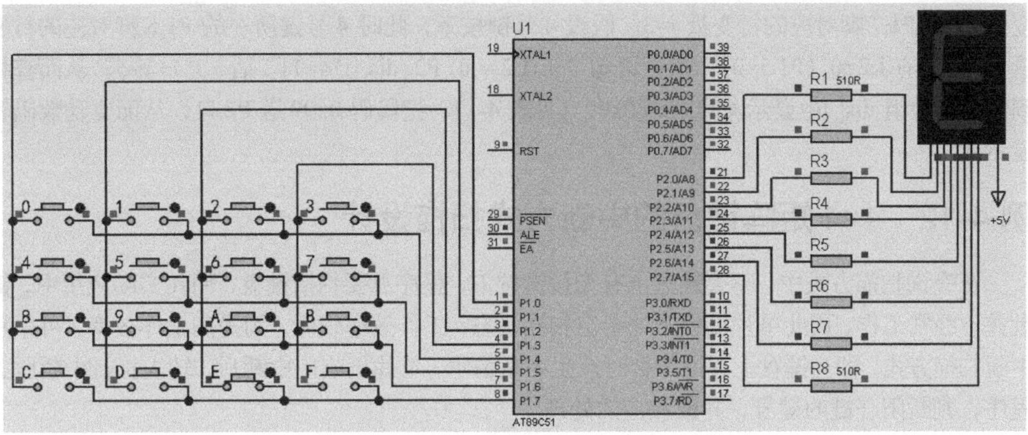

图 4-16　数码管显示 4×4 矩阵键盘键号的原理电路


```
            0xc6,0xa1,0x86, 0x8e};          //共阳极数码管字符 0～F 对应的段码
unsigned int time;

delay(time)                                 //延时函数
{
    unsigned int j;
    for(j=0;j<time;j++)
    { }
}

main()                                      //主函数
{
    uchar temp;
    uchar k,i;
    while(1)
    {
        P1=0xef;                            //行扫描初值，P1.4=0，P1.5~ P1.7=1
        for(i=0;i<=3;i++)                   //按行扫描， i 为行变量，一共 4 行
        {

            if(L1==0) P2=dis[i*4+0];        //判断第 1 列是否有键按下,若有,键号可能为
                                            //0,4,8,C，键号的段码送显示
            if(L2==0) P2=dis[i*4+1];        //判断第 2 列是否有键按下,若有,键号可能为
                                            //1,5,9,d，键号的段码送显示
            if(L3==0) P2=dis[i*4+2];        //判断第 3 列是否有键按下,若有,键号可能为
                                            //2,6,A,E，键号的段码送显示
            if(L4==0) P2=dis[i*4+3];        //判断第 4 列是否有键按下,若有,键号可能为
                                            //3,7,b,F，键号的段码送显示
            delay(500);                     //延时
            temp=P1;                        //读入 P1 口的状态
            temp=temp|0x0f;                 //使 P1.3~P1.0 为输入
            temp=temp<<1;                   //P1.7~P1.4 左移 1 位，准备下一行扫描
            temp=temp|0x0f;                 //移位后，置 P1.3~P1.0 为 1，使其仍为输入
            P1=temp;                        //行扫描值送 P1 口，为下一行扫描做准备
        }
    }
}
```

程序说明：本例的关键是如何获取键号。具体采用了逐行扫描，先驱动行 P1.4=0，然后依次读入各列的状态，P1.4 脚对应的行变量 i=0，P1.5 脚对应的行变量 i=1，P1.6 脚对应的行

变量 i=2，P1.7 脚对应的行变量 i=3。假设 4 号键按下，此时 4 号键所在的 P1.5 脚对应的行变量 i=1，又有 L2=0（P1.5=0），执行语句“if (L2==0) P2=dis [i*4+1]”后，i*4+1=5，从而查找到字型码数组 dis[ ]中显示 4 的段码 0x99（见表 4-1），把段码 0x99 送 P2 口，从而驱动数码管显示 4。

例 4-12　4×4 矩阵键盘的中断方式扫描设计

在查询扫描方式中，不管键盘上有无按键按下，程序总要扫描键盘，而在实际应用中，键盘并不经常工作，因此单片机经常处于空扫描状态，工作效率较低。为提高工作效率，可采用中断扫描方式，即当键盘上有键闭合时产生中断请求，单片机响应中断后，转去执行中断服务程序，判断闭合键的键号，并做相应的处理。

图 4-17 是一种常用的中断扫描式的矩阵键盘接口电路。键盘的列线与 P1 口的 P1.4~P1.7 相连，是扫描输入线，键盘的行线与 P1 口的 P1.0~P1.3 相连，是扫描输出线，图中的与门 74LS21 的 4 个输入端与行线相连，与门的输出接到单片机的外部中断 0，当有按键按下时，产生按键中断请求信号。

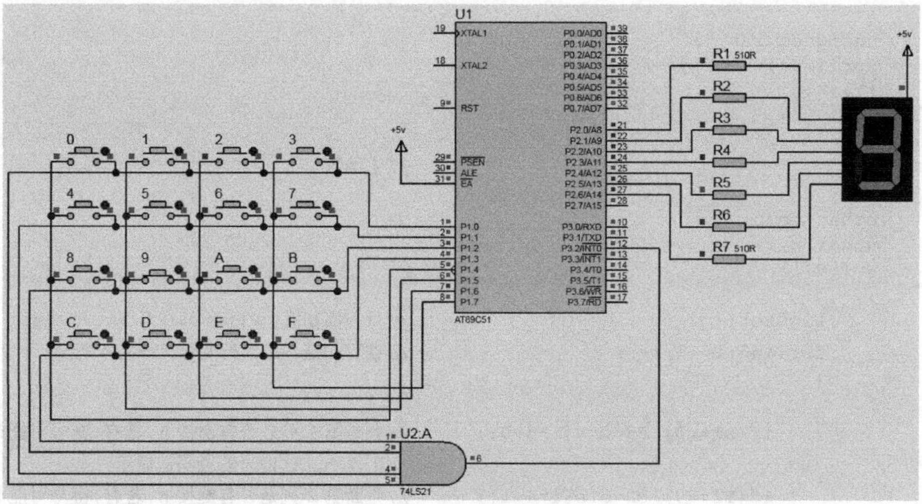

图 4-17　中断方式的 4×4 矩阵键盘的接口电路

工作过程如下。

程序首先把所有列线置为低电平，然后检测各行线的状态，若所有行线均为高电平，说明键盘中无键按下。当有键按下时，相应行线为低电平，与门输出也为低电平，向单片机申请中断，单片机响应中断，在中断服务程序中执行键盘扫描子程序。扫描原理与查询式扫描相同。

参考程序如下。

```
#include <reg51.h>
#define uchar unsigned char
sbit L1=P1^0;
sbit L2=P1^1;
sbit L3=P1^2;
sbit L4=P1^3;
uchar dis[16]={0xc0,0xf9,0xa4,0xb0,0x99,0x92,0x82,0xf8,0x80,0x90,0x88,0x83,0xc6,0xa1,0x86,0x8e};
unsigned int time;
```

```
void delay(time)                        //延时函数
{
    unsigned int j;
    for(j=0;j<time;j++)
    {}
}

void main()                             //主函数
{
    IT0=1;                              //外部中断 0 跳沿触发
    IP=0x01;                            //外部中断 0 为高级中断
    P1=0x0f;                            //P1 口低 4 位为输入
    EA=1;                               //总中断允许
    EX0=1;                              //外部中断 0 中断允许
    do{} while(1);
}

void int0() interrupt 0                 //外部中断 0 中断函数
{
    uchar temp;
    uchar i;
    P1=0xef;
    for(i=0;i<=3;i++)
    {
        if(L1==0) P2=dis[i];
        if(L2==0) P2=dis[4+i];
        if(L3==0) P2=dis[8+i];
        if(L4==0) P2=dis[12+i];
        delay(500);
        temp=P1;
        temp=temp|0x0f;
        temp=temp<<1;
        temp=temp|0x0f;
        P1=temp;
    }
    P1=0x0f;
}
```


例 4-13　4×4 矩阵键盘按键识别与 BCD-7 段译码显示

单片机与 4×4 矩阵键盘接口的原理电路如图 4-18 所示。AT89C51 单片机对 4×4 矩阵键盘进行动态扫描，当某个键按下时，可得到相应按键值的两位 BCD 码，由 P2 口和 P3 口的低 4 位输出，通过 BCD-7 段数码管译码器/驱动器 74LS47 直接驱动两位数码管显示键号。P1 口的低 4 位与键盘的行线相接，高 4 位与键盘的列线相接。

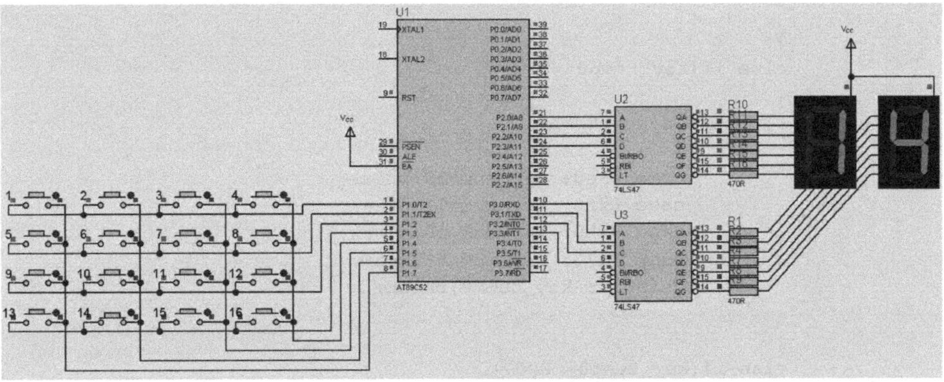

图 4-18　4×4 矩阵键盘的原理电路

参考程序如下。

```
#include<reg51.h>
void delay_5ms()
{
    unsigned char i,j;
    for(i=0;i<=25;i++)
    for(j=0;j<=200;j++);
}

unsigned char key_scan()
{
    unsigned char key_temp0,key_temp1;
    unsigned char key_num=0;
    P1=0x0f;
    key_temp0=P1;
    if(key_temp0!=0x0f)
    {
        delay_5ms();
        key_temp0=P1;
        if(key_temp0!=0x0f)
        {
            P1=0xf0;
            key_temp1=P1;
            if(key_temp0==0x0e)
            {
                switch(key_temp1)
                {
                    case 0xe0: key_num=4;break;
                    case 0xd0: key_num=3;break;
                    case 0xb0: key_num=2;break;
                    case 0x70: key_num=1;break;
                    default: key_num=0;break;
                }
            }
            else if(key_temp0==0x0d)
            {
                switch(key_temp1)
                {
                    case 0xe0: key_num=8;break;
                    case 0xd0: key_num=7;break;
                    case 0xb0: key_num=6;break;
                    case 0x70: key_num=5;break;
                    default: key_num=0;break;
                }
            }
            else if(key_temp0==0x0b)
            {
                switch(key_temp1)
                {
                    case 0xe0: key_num=12;break;
                    case 0xd0: key_num=11;break;
                    case 0xb0: key_num=10;break;
                    case 0x70: key_num=9;break;
                    default: key_num=0;break;
                }
            }
            else if(key_temp0==0x07)
            {
                switch(key_temp1)
```

```
                    {
                        case 0xe0: key_num=16;break;
                        case 0xd0: key_num=15;break;
                        case 0xb0: key_num=14;break;
                        case 0x70: key_num=13;break;
                        default: key_num=0;break;
                    }
                }
            }
        }
        return key_num;
    }

    void main()
    {
        unsigned char key_num;
        do{
          key_num=key_scan();
          P2=key_num/10;
          P3=key_num%10;
          }while(1);
    }
```


例 4-14　字符型 LCD1602 的控制显示（I/O 方式）

1. 字符型LCD1602的工作原理

液晶显示器（Liquid Crystal Display，LCD）具有省电、体积小、抗干扰能力强等优点。单片机应用系统中常使用字符型液晶显示器，厂商已将 LCD 控制器、驱动器、RAM、ROM 和液晶显示器用 PCB 连接到一起，称为液晶显示模块（LCd Module，LCM），用户只需购买现成的液晶显示模块即可。单片机只要向 LCD 显示模块写入相应的命令和数据，就可显示需要的内容。

目前的字符型 LCD 模块常用的有 16 字×1 行、16 字×2 行、20 字×2 行、20 字×4 行等模块，型号常用×××1602、×××1604、×××2002、×××2004 表示，其中×××为商标名称，16 代表液晶显示器，每行可显示 16 个字符，02 表示显示 2 行。LCD 1602 是单片机系统中最常见的字符型液晶显示模块，模块内的字符库 ROM（CGROM）能显示出 192 个字符（5×7 点阵），如图 4-19 所示。

由图 4-19 左半部分可看出显示的数字和字母的代码，恰好是 ASCII 码表中的编码。单片机控制 LCD 1602 显示字符时，只需将待显示字符的 ASCII 码写入内部数据显示 RAM（DDRAM），内部控制电路就可将字符在显示器上显示出来。例如，要显示字符 A，单片机只需将字符 A 的 ASCII 码 41H 写入数据显示 RAM 即可。

模块内有 80 字节的数据显示 DDRAM，除显示 192 个字符（5×7 点阵）的字符库 ROM（CGROM）外，还有 64 字节的自定义字符 RAM（CGRAM），用户可自行定义 8 个 5×7 点阵字符。

LCD 1602 的工作电压为 4.5~5.5V，典型工作电压为 5V，工作电流为 2mA。标准的 14 只引脚（无背光）或 16 只引脚（有背光）的外形及引脚分布如图 4-20 所示。

引脚包括 8 条数据线、3 条控制线和 3 条电源线，如表 4-2 所示。通过单片机向模块写入命令和数据，就可选择显示方式和显示内容。

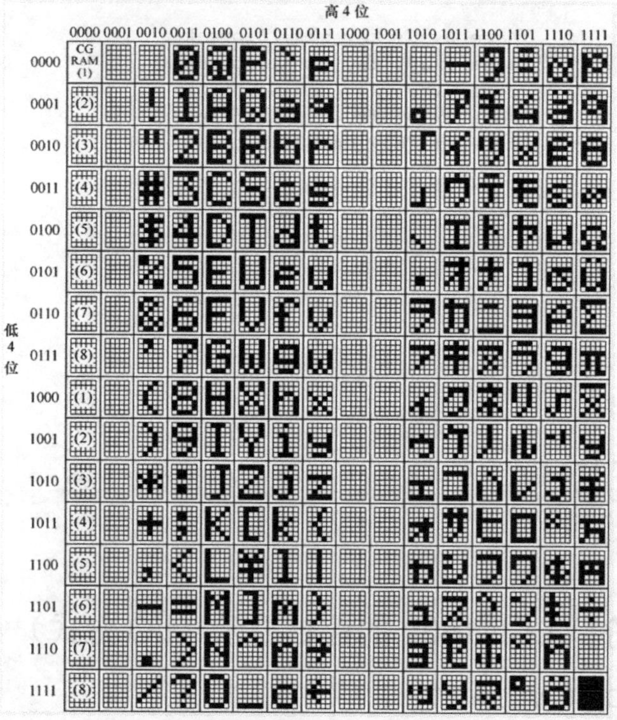

图 4-19　ROM 字符库的内容

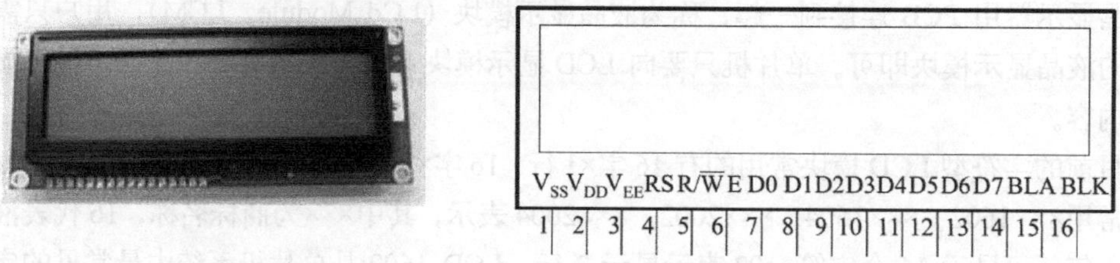

(a)LCD 1602 的外形　　　　(b)LCD 1602 的引脚

图 4-20　LCD 1602 的外形及引脚

表 4-2　LCD 1602 的引脚功能

引脚	引脚名称	引 脚 功 能
1	V_{SS}	电源地
2	V_{DD}	+5V 逻辑电源
3	V_{EE}	液晶显示偏压（调节显示对比度）
4	RS	寄存器选择（1—数据寄存器，0—命令/状态寄存器）
5	$R/\overline{W}$	读/写操作选择（1—读，0—写）
6	E	使能信号
7～14	D0～D7	数据总线，与单片机的数据总线相连，三态
15	BLA	背光板电源，通常为+5V，串联 1 个电位器，调节背光亮度；接地时，无背光但不易发热
16	BLK	背光板电源地

LCD1602 显示某字符或字符串只需在 C51 程序中写入要显示的字符常量或字符串常量，C51 程序在编译后会自动生成其标准的 ASCII 码，然后将该 ASCII 码送入显示 RAM，内部控制电路会自动将该 ASCII 码对应的字符点阵在 LCD1602 上显示出来。

LCD1602 显示字符，首先要对其进行初始化设置，还需要设置有、无光标，光标的移动方向，光标是否闪烁及字符移动的方向等，才能获得所需的显示效果。对 LCD1602 的初始化、读、写、光标设置、显示数据的指针设置等，都是通过单片机向 LCD1602 写入命令字来实现的。命令字如表 4-3 所示。

表 4-3 中的 11 个命令功能说明如下。

- 命令 1：清屏，光标返回地址 00H 位置（显示屏的左上方）。
- 命令 2：光标返回到地址 00H 位置（显示屏的左上方）。

表 4-3　LCD1602 的命令字

编号	命令	RS	R/W	D7	D6	D5	D4	D3	D2	D1	D0
1	清屏	0	0	0	0	0	0	0	0	0	1
2	光标返回	0	0	0	0	0	0	0	0	0	×
3	显示模式设置	0	0	0	0	0	0	0	1	I/D	S
4	显示开/关及光标设置	0	0	0	0	0	0	1	D	C	B
5	光标或字符移位	0	0	0	0	0	1	S/C	R/L	×	×
6	功能设置	0	0	0	0	1	DL	N	F	×	×
7	CGRAM 地址设置	0	0	0	1	字符发生存储器地址					
8	DDRAM 地址设置	0	0	1	显示数据存储器地址						
9	读忙标志或地址	0	1	BF	计数器地址						
10	写数据	1	0	要写的数据							
11	读数据	1	1	读出的数据							

- 命令 3：显示模式设置。

I/D—DDRAM 地址指针加 1 或减 1 选择位。

　　I/D=1，读或写一个字符后地址指针加 1。

　　I/D=0，读或写一个字符后地址指针减 1。

S—是屏幕上所有字符移动方向是否有效的控制位。

　　S=1，当写入一个字符时，整屏显示左移（I/D=1）或右移（I/D=0）。

　　S=0，整屏显示不移动。

- 命令 4：显示开/关及光标设置。

D—屏幕整体显示控制位，D=0 关显示，D=1 开显示。

C—光标有无控制位，C=0 无光标，C=1 有光标。

B—光标闪烁控制位，B=0 不闪烁，B=1 闪烁。

- 命令 5：光标或字符移位。

S/C—光标或字符移位选择控制位。S/C=1，移动显示的字符，S/C=0，移动光标。

R/L—移位方向选择控制位。R/L=0，左移，R/L=1 右移，

- 命令 6：功能设置命令。

DL—传输数据的有效长度选择控制位。DL=1 为 8 位数据线接口；DL=0 为 4 位数据线接口。

N—显示器行数选择控制位。N =0 单行显示，N =1 两行显示。

F—字符显示的点阵控制位。F=0 显示 5×7 点阵字符，F=1 显示 5×10 点阵字符。

- 命令 7：CGRAM 地址设置。
- 命令 8：DDRAM 地址设置。LCD 内部设有一个数据地址指针，用户可以通过它访问内部全部 80 字节的数据显示 RAM。命令 8 的数据格式为：80H+地址码。其中，80H 为命令码。
- 命令 9：读忙标志或地址。

BF—忙标志。BF=1 表示 LCD 忙，此时 LCD 不能接受命令或数据；BF=0 表示 LCD 不忙。

- 命令 10：写数据。
- 命令 11：读数据。

例如，将显示模式设置为“16×2 显示，5×7 点阵，8 位数据接口”，只需要向 1602 写入显示模式设置命令（命令 3）00111000B，即 38H 即可。

再例如，要求液晶显示器开显示，显示光标且光标闪烁，那么根据显示开关及光标设置命令（命令 4），只要令 D=1，C=1 和 B=1，也就是写入命令 00001111B，即 0FH，就可实现所需的显示模式。

LCD1602 内部有 80 字节的显示 RAM，与显示屏上的字符显示位置是一一对应的，LCD1602 的显示 RAM 地址与字符显示位置的对应关系如图 4-21 所示。

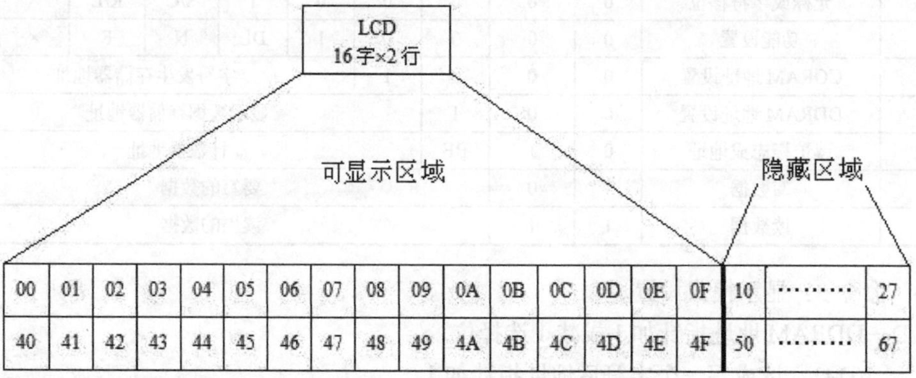

图 4-21 LCD 内部显示 RAM 的地址映射图

当向显示 RAM 的 00H~0FH（第 1 行）、40H~4FH（第 2 行）地址中的任一处写入数据时，LCD 将立即显示出来，该区域也称为可显示区域；而当写入 10H~27H 或 50H~67H 地址处时，字符是不会显示出来的，该区域也称为隐藏区域。如果要显示写入隐藏区域的字符，需要通过光标和字符移位命令（命令 5）将它们移入可显示区域方可正常显示。

需要说明的是，在向显示 RAM 写入字符时，首先要设置显示 RAM 地址（也称定位数据指针），此操作可通过命令 8 来完成。例如，要写入字符到显示 RAM 的 40H 处，则命令 8 的格式为：80H+40H=C0H，其中 80H 为命令代码，40H 是要写入字符处的地址。

LCD1602 上电后复位的状态如下。

- 清除屏幕显示。
- 设置为 8 位数据长度，单行显示，5×7 点阵字符。
- 显示屏、光标、闪烁功能均关闭。

- 输入方式为整屏显示不移动，I/D=1。

LCD1602 的一般初始化设置如下。

- 写命令 38H，即设置显示模式（16×2 显示，5×7 点阵，8 位数据接口）。
- 写命令 08H，显示关闭。
- 写命令 01H，显示清屏，数据指针清零。
- 写命令 06H，写一个字符后地址指针加 1。
- 写命令 0CH，设置开显示，不显示光标。

LCD 是慢显示器件，在写入上述命令以及读取数据时，通常需要检测忙标志位 BF 是否处于“忙”状态。标志位 BF 与单片机 8 位双向数据线的 D7 位连接。BF=0，表示 LCD 不忙，可向 LCD 写入命令或数据；BF=1，表示 LCD 处于忙状态，需要等待。

LCD1602 的读写操作规定见表 4-4。

表 4-4　LCD1602 的读写操作规定

	单片机发给 LCD 1602 的控制信号	LCD 1602 的输出
读状态	RS=0，$R/\overline{W}$ =1，E=1	D0～D7=状态字
写命令	RS=0，$R/\overline{W}$ =0，D0～D7=命令 E=正脉冲	无
读数据	RS=1，$R/\overline{W}$ =1，E=1	D0～D7=数据
写数据	RS=1，$R/\overline{W}$ =0，D0～D7=数据 E=正脉冲	无

LCD1602 与单片机的 I/O 接口方式的接口电路如图 4-22 所示。

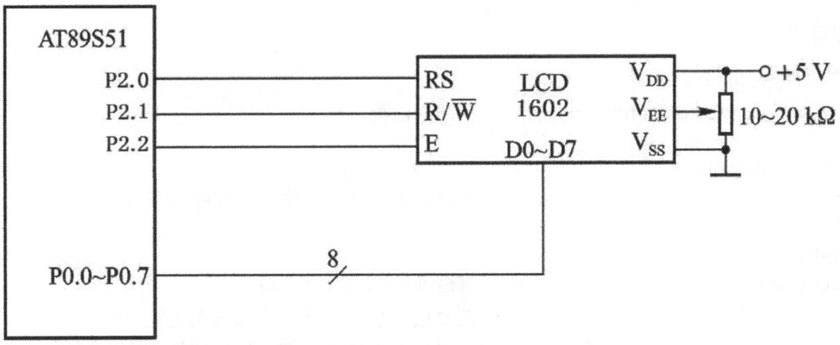

图 4-22　AT89S51 单片机与 LCD1602 接口电路示意图

由图 4-22 的接口电路可以看出，LCD1602 的 RS、$R/\overline{W}$ 和 E 这 3 个引脚分别接 P2.0、P2.1 和 P2.2 引脚，只需对这 3 个引脚置 1 或清零，就可实现对 LCD1602 的读写操作。具体来说，在 LCD1602 上显示一个字符的操作过程为“读状态→写命令→写数据→自动显示”。下面介绍控制 LCD1602 常用程序段的编写。

（1）LCD1602 的初始化

使用 LCD1602 前，需要初始化设置其显示模式，初始化函数如下。

```
void LCD_initial(void)              //液晶显示器初始化函数
{
    write_command(0x38);            //写入命令 0x38：两行显示，5×7 点阵，8 位数据
    _nop_(),_nop_(),_nop_();        //空操作，给硬件反应时间
    write_command(0x0C);            //写入命令 0x0C：开整体显示，光标关，无黑块
```

```
    _nop_(),_nop_(),_nop_();           //空操作，给硬件反应时间
    write_command(0x06);               //写入命令 0x06：光标右移
    _nop_(),_nop_(),_nop_();           //空操作，给硬件反应时间
    write_command(0x01);               //写入命令 0x01：清屏
    delay(1);
}
```

注意，在函数开始处，由于LCD尚未开始工作，所以不需检测忙标志，但是初始化完成后，每次再写命令、读写数据操作，均需检测忙标志。

(2) 读状态

读状态就是检测LCD1602的“忙”标志BF，BF=1，说明LCD处于忙状态，不能对其写命令；BF=0，可以写入命令。检测忙标志的函数具体如下。

```
void check_busy(void)              //检查忙标志函数
{
    uchar dt;
    do
    {
        dt=0xff;                   //dt 为变量单元，初值为 0xff
        E=0;
        RS=0;                      //按表 4-4 读写操作规定 RS=0，E=1 时才可以读忙标志
        RW=1;
        E=1;
        dt=out;                    //out 为 P0 口，P0 口的状态送入 dt 中
    }while(dt&0x80);               //如果忙标志 BF=1，则继续循环检测，等待 BF=0
    E=0;                           //BF=0，LCD 不忙，结束检测
}
```

函数检测P0.7引脚的电平，即检测忙标志BF，BF=1，说明LCD处于忙状态，不能执行写命令；BF=0，可以执行写命令。

(3) 写命令

写命令的函数如下。

```
void write_command(uchar com)      //写命令函数
{
    check_busy();
    E=0;                           //按规定 RS 和 E 同时为 0 时可以写入命令
    RS=0;
    RW=0;
    out=com;                       //将命令 com 写入 P0 口
    E=1;                           //在 E 端产生正跳变，所以前面先置 E=0
    _nop_( );                      //空操作 1 个机器周期，等待硬件反应
    E=0;                           //E 由高电平变为低电平，LCD 开始执行命令
    delay(1);                      //延时，等待硬件响应
}
```

(4) 写数据

写数据就是将要显示字符的ASCII码写入LCD中的数据显示RAM（DDRAM），例如，将数据dat，写入LCD模块。写数据函数如下。

```
void write_data(uchar dat)         //写数据函数
{
    check_busy();                  //检测忙标志 BF=1 时，等待，若 BF=0，则可对 LCD 操作
    E=0;                           //按规定写数据时，E 应为正脉冲，所以先置 E=0
    RS=1;                          //按规定 RS=1 和 RW=0 时可以写入数据
    RW=0;
    out=dat;                       //将数据 dat 从 P0 口输出，即写入 LCD
    E=1;                           //E 产生正跳变
    _nop_();                       //空操作，给硬件反应时间
```

```
    E=0;                     //E 由高电平变为低电平，写数据操作结束
    delay(1);
}
```

（5）自动显示

数据写入 LCD 模块后，控制器自动读出字符库 ROM(CGROM)中的字型点阵数据，并将字型点阵数据送到液晶显示屏上显示，该过程是自动完成的。

2．案例设计

用 AT89C51 单片机驱动字符型液晶显示器 LCD1602，使其显示两行文字：Welcom 与 Harbin Institute，如图 4-23 所示。

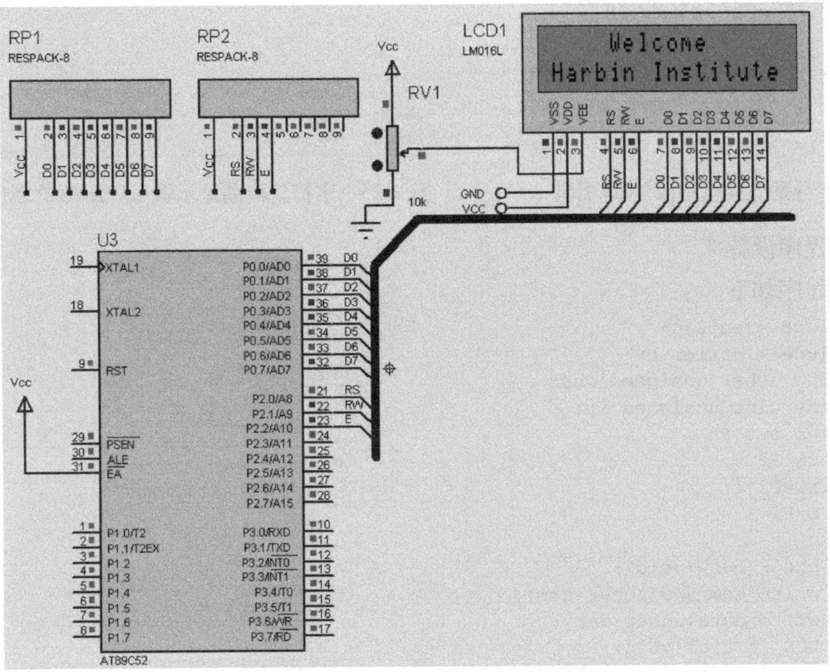

图 4-23　单片机与字符型 LCD 的接口电路与仿真

在 Proteus 中，LCD1602 液晶显示器的仿真模型采用 LM016L。

（1）LM016L 引脚及特性

LM016L 的原理符号及引脚如图 4-24 所示。与 LCD1602 液晶显示器的引脚信号相同。引脚功能说明如下。

- 数据线 D7～D0。
- 控制线（3 根：RS、RW、E）。
- 两根电源线（VDD、VEE）。
- 地线 Vss。

LM016L 的属性设置如图 4-25 所示，具体如下。

- 每行字符数为 16，行数为 2。
- 时钟为 250kHz。
- 第 1 行字符的地址为 80H～8FH。
- 第 2 行字符的地址为 C0H～CFH。

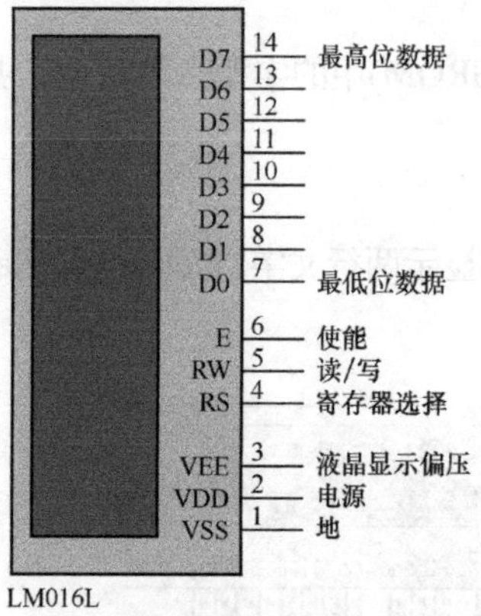

图 4-24 字符型液晶显示器 LCD 引脚

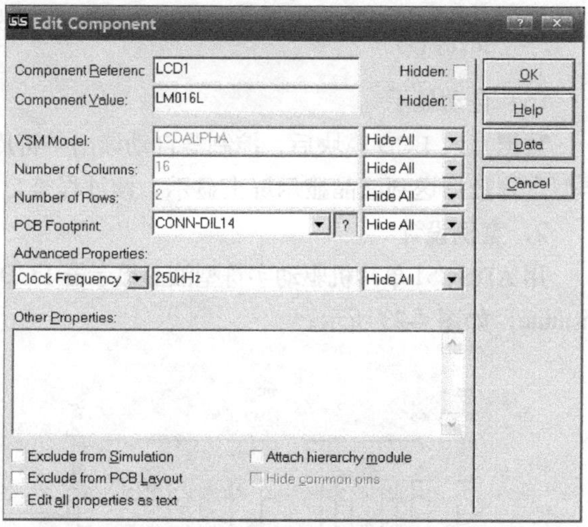

图 4-25 字符型液晶显示器 LM016L 的属性设置

(2) 程序设计

参考程序如下。

```
#include <reg52.h>
#include <intrins.h>
#define uchar unsigned char
#define uint unsigned int
#define out P0
sbit rs=P2^0;
sbit rw=P2^1;
sbit e=P2^2;

void check_busy(void);
void write_command(uchar com);
void write_data(uchar dat);
void LCD_initial(void);
void string(uchar ad ,uchar *s);
void lcd_test(void);
void delay(uint);

void main(void)                          //主程序
{
    LCD_initial();
    while(1)
    {
        string(0x84,"Welcome");
        string(0xC0,"Harbin Institute");
        delay(100);
        write_command(0x01);            //清屏
        delay(100);
    }
}

void delay(uint j)                       //1ms 延时函数
{
    uchar i=250;
    for(;j>0;j--)
    {
        while(--i);
```

```
        i=249;
        while(--i);
        i=250;
    }
}

void check_busy(void)                //查忙标志函数
{
    uchar dt;
    do
    {
        dt=0xff;
        e=0;
        rs=0;
        rw=1;
        e=1;
        dt=out;
        }while(dt&0x80);
        e=0;
}

void write_command(uchar com)        //写控制命令函数
{
    check_busy();
    e=0;
    rs=0;
    rw=0;
    out=com;
    e=1;
    _nop_();
    e=0;
    delay(1);
}

void write_data(uchar dat)           //写数据函数
{
    check_busy();
    e=0;
    rs=1;
    rw=0;
    out=dat;
    e=1;
    _nop_();
    e=0;
    delay(1);
}

void LCD_initial(void)               //液晶屏初始化函数
{
    write_command(0x38);             //8 位总线，双行显示，5×7 的点阵字符
    write_command(0x0C);             //开整体显示，光标关，无黑块
    write_command(0x06);             //光标右移
    write_command(0x01);             //清屏
    delay(1);
}

void string(uchar ad,uchar *s)       //输出字符串
{
    write_command(ad);
    while(*s>0)
```

```
        {
            write_data(*s++);
            delay(100);
        }
    }
```

例 4-15　字符型 LCD1602 的控制显示（总线方式）

本例的要求与例 4-14 相同，例 4-14 采用 I/O 方式，利用单片机 I/O 引脚的位控功能作为控制信号，加到 LCD1602 的相应引脚上。本例采用总线方式来控制 LCD1602，即 P0 口作为总线口，先发地址，经 8D 锁存器以地址锁存信号作为 LCD1602 的控制信号，然后作为数据总线，向 LCD1602 写入命令或数据，或者读 LCD1602 的状态。单片机与 LCD1602 总线方式的接口电路如图 4-26 所示。此种方式实质是单片机把 LCD1602 作为一个外部 I/O（RAM）单元来看待。

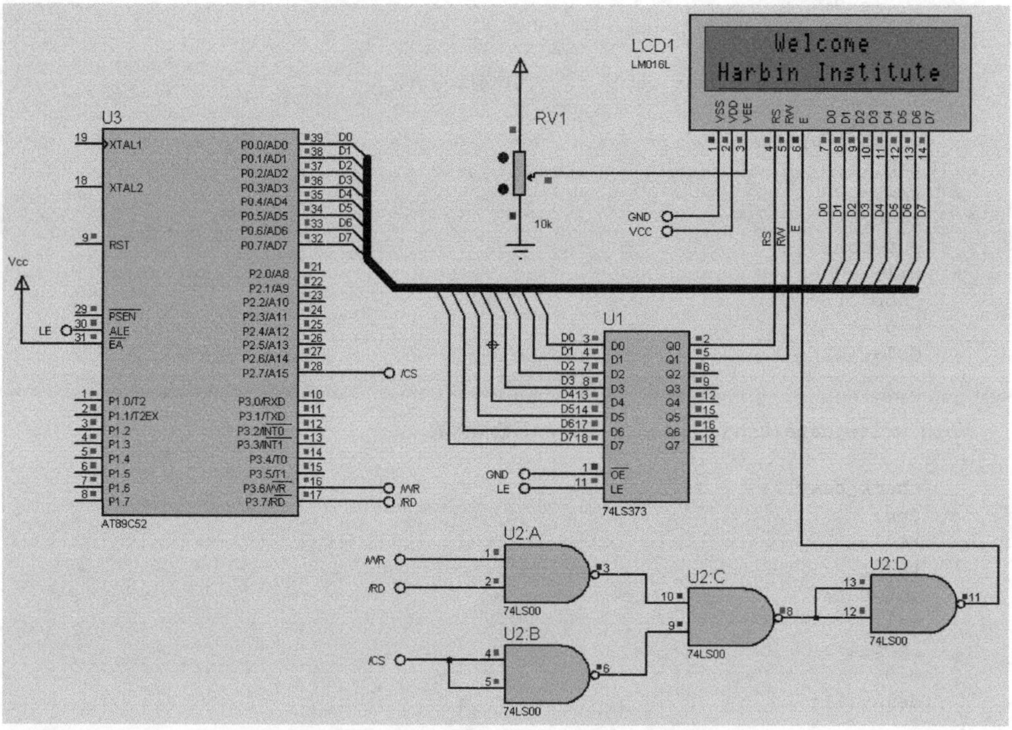

图 4-26　单片机总线方式控制 LCD1602

参考程序如下。

```
#include <reg52.h>
#include <absacc.h>
#include <intrins.h>
#define LCD_WC XBYTE[0X7FFC]
#define LCD_WD XBYTE[0X7FFD]
#define LCD_RC XBYTE[0X7FFE]
#define uchar unsigned char
#define uint unsigned int

void check_busy(void);
void write_command(uchar com);
void write_data(uchar dat);
```

```
void LCD_initial(void);
void string(uchar ad ,uchar *s);
void lcd_test(void);
void delay(uint);

void main(void)                          //主函数
{
    LCD_initial();
    while(1)
    {
        string(0x84,"Welcome");
        string(0xC0,"Harbin Institute");
        delay(100);
        write_command(0x01);             //清屏
        delay(100);
    }
}

void delay(uint j)                       //1ms 延时程序
{
    uchar i=250;
    for(;j>0;j--)
    {
        while(--i);
        i=249;
        while(--i);
        i=250;
    }
}

void check_busy(void)                    //查忙标志函数
{
    uchar dt;
    do
    {
        dt=LCD_RC;
        delay(1);
    }while(dt&0x80);
}

void write_command(uchar com)            //写控制命令函数
{
    check_busy();
    LCD_WC = com;
    delay(1);
}

void write_data(uchar dat)               //写数据函数
{
    check_busy();
    LCD_WD = dat;
    delay(1);
}

void LCD_initial(void)                   //液晶屏初始化函数
{
    write_command(0x30);
    write_command(0x38);
    write_command(0x0C);
    write_command(0x01);                 //清屏函数
    write_command(0x06);
}

void string(uchar ad,uchar *s)           //输出字符串函数
```

```
{
    write_command(ad);
    while(*s>0)
    {
        write_data(*s++);
        delay(100);
    }
}
```

例 4-16　点阵式液晶显示屏 LCD12864 的显示编程

本例介绍常用的点阵式液晶显示屏 LCD12864 的应用编程。

目前比较流行的点阵式液晶显示屏 LCD12864 有两种，一种是以 KS0108 为主控芯片，不带字库，显示的字符或图形由不同的点阵组成，点阵的获得，可借助于取模软件；另一种是以 ST7920 为主控芯片，带有 ASCII 码和中文的点阵字库。

图 4-27 为 LCD12864 点阵式液晶显示屏的外形、Proteus 元件库中的元件模型 AMPIRE 128 ×64（不带字库，可认为主控芯片为 KS0108）与引脚。

(a) LCD12864液晶显示屏　　(b) Proteus元件库中的模型与引脚

图 4-27　LCD12864 的外形以及 Proteus 元件库中的模型与引脚

下面介绍以 KS0108 为主控芯片的 12864 液晶显示屏的引脚及显示控制原理。

1. 引脚

LCD12864 各引脚(以 12864C 为例，不同型号的引脚排列略有差别)功能如表 4-5 所示。

表 4-5　以 KS0108 为主控芯片的 12864 液晶显示屏的引脚

编号	符号	引脚功能	编号	符号	引脚功能
1	CS1	片选 IC1 信号	11	D2	数据线
2	CS2	片选 IC2 信号	12	D3	数据线
3	GND	电源地	13	D4	数据线
4	Vcc	电源正极（+5V）	14	D5	数据线
5	V0	LCD 驱动电压输入(对比度调节)	15	D6	数据线
6	RS	数据/命令选择（H/L）	16	D7	数据线
7	R/W	读/写控制（H/L）	17	RST	复位端（H：正常工作，L：复位）
8	E	使能信号	18	VOUT	LCD 驱动负压输出（-5V）
9	D0	数据线	19	BLA	背光源正极
10	D1	数据线	20	BLK	背光源负极

2. 显示原理

KS0108 控制的 12864 内部有两个控制器，分别控制左半屏和右半屏，显示原理图如图 4-28 所示。

左半屏和右半屏操作时写的地址其实是一样的，要由片选 CS1 和 CS2 来选择哪半个屏，如果两个都选通，则相当于两块 64×64 的液晶显示屏，而且显示的内容是相同的，取模方式是纵向 8 点，下为高位 D7。列的范围是 0~63，已在图中标出。行是不能按位来写的，而是写“页”，一页相当于 8 个点，也就是 8 位，即一个字符，高位在下面。页的范围是 0~7，共 8 页，8×8 个点正好 64 个点。

图 4-29 是用取模软件截的一个“们”字，可以看出它是 16×16 大小，实际上占用了两“页”，16 列，操作时先固定一页，先写上面那页，假设为页 *n*，从列 0 写到 15，然后对页 *n*+1，再从列 0 写到 15，这样一个“们”字的点阵就出来了，下面是其点阵代码。0x40，0x20，0xF8，0x07，0x00，0xF8，0x02，0x04，0x08，0x04，0x04，0x04，0x04，0xFE，0x04，0x00，0x00，0x00，0xFF，0x00，0x00，0xFF，0x00，0x00，0x00，0x00，0x00，0x40，0x80，0x7F，0x00，0x00 可见 16×16 的字符占了 32 字节（上面 *n* 页 16 字节加 *n*+1 页 16 个），那么一幅满幅的图片就是 128×64，占用 128×8=1K 字节，可见还是非常占空间的。

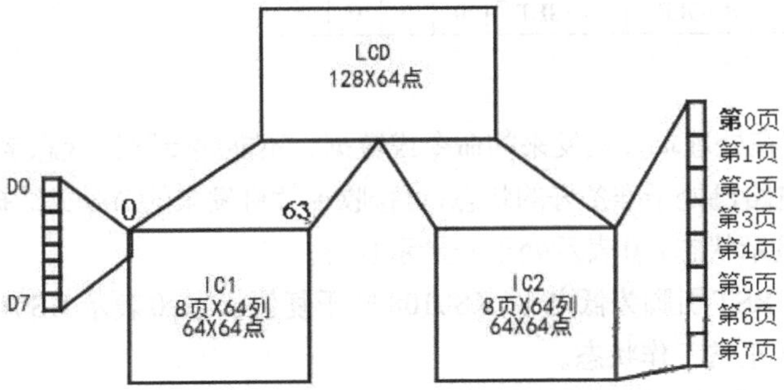

图 4-28 LCD 的 128 ×64 阵显示结构

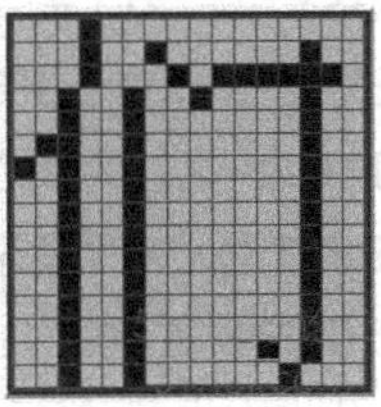

图 4-29 “们”字的点阵

3. 控制命令

LCD12864 液晶显示屏的命令如表 4-6 所示。

表 4-6 命令列表

命令名称	控制状态		命令代码							
	RS	R/W*	D7	D6	D5	D4	D3	D2	D1	D0
显示开关设置	0	0	0	0	1	1	1	1	1	D
显示起始行设置	0	0	1	1	L5	L4	L3	L2	L1	L0
页面地址设置	0	0	1	0	1	1	1	P2	P1	P0
列地址设置	0	0	0	1	C5	C4	C3	C2	C1	C0
读取状态字	0	1	BUSY	0	ON/OFF	RESET	0	0	0	0
写显示数据	1	0	数据							
读显示数据	1	1	数据							

图 4-30 是 LCD12864 命令写入的流程图。

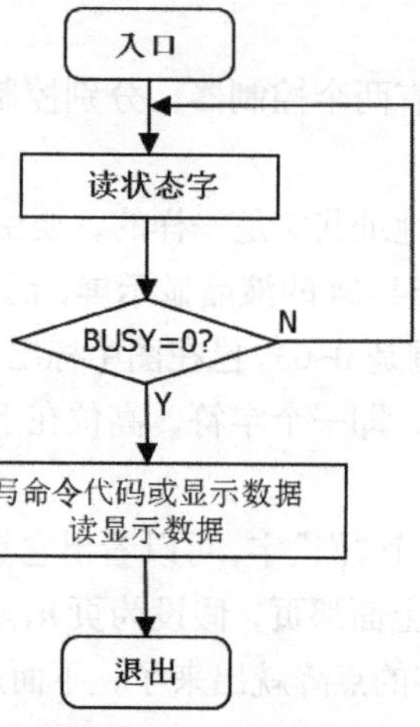

图 4-30　LCD12864 命令写入的流程图

（1）读状态字

在向 LCD12864 写入命令或显示数据前，应先读其状态字。状态字的格式如下。

BUSY	0	ON/OFF	RESET	0	0	0	0

各位的功能如下。

BUSY 位：为 1 表示 KS0108 正在处理单片机发来的命令或数据，不能接受除读状态字以外的任何操作；0 表示 KS0108 接口电路已处于准备好的状态，可接收单片机发来的命令或数据。

ON/OFF 位：为 1 表示处于关显示状态；0 表示处于开显示状态。

RESET 位：为 1 表示 KS0108 的 RST 引脚为低电平，KS0108 处于复位状态；0 表示 KS0108 的 RST 引脚为高电平，KS0108 处于正常工作状态。

单片机在发送给 LCD12864 命令或显示数据时，一定要先检测 BUSY 位，只有当 BUSY 位为 0 时，单片机才能向 LCD12864 发送命令或显示数据。

（2）显示开关命令

命令格式如下。

0	0	1	1	1	1	1	D

D 位为显示开关控制位。

D=1 为显示设置，显示数据锁存器正常工作，显示屏上呈现所需的显示效果。此时状态字中的 ON/OFF=0。

D=0 为关显示设置，显示数据锁存器被置 0，显示屏呈不显示状态，此时状态字中的 ON/OFF=1。

（3）显示起始行设置命令

命令格式如下。

1	1	L5	L4	L3	L2	L1	L0

该命令设置了显示起始行寄存器的内容。KS0108 有 64 行显示的管理能力，该命令中的

L5~L0 为显示起始行，取值范围为 00H～3FH（1～64），它规定了显示屏最上面一行对应的显示存储器的行地址。如果定时间隔地、等间距地修改（加 1 或减 1）显示寄存器的内容，则显示屏呈现显示内容向上或向下平滑滚动的显示效果。

（4）页面地址设置命令

命令格式如下。

1	0	1	1	1	P2	P1	P0

该命令设置了页面地址—X 地址寄存器的内容。KS0108 将显示存储器分成 8 页，命令代码中 P2~P0 就是确定当前要选择的页面地址，取值范围为 0H~7H，代表 1~8 页，该命令规定了读/写操作要在哪一个页面上进行。

（5）列地址设置命令

命令格式如下。

0	1	C5	C4	C3	C2	C1	C0

该命令设置了 Y 地址计数器的内容，C05~C =0H~3FH（1~64）代表某一页面的某一单元的地址，随后的一次读/写数据将在这个单元中进行。Y 地址计数器具有自动加 1 的功能，在每一次读/写数据后，它将自动加 1，所以在连续进行读/写数据时，Y 地址计数器不必每次都设置一次。

页面地址的设置和列地址的设置将唯一确定显示存储器单元。

（6）写显示数据

格式如下。

8 位数据

该操作将 8 位数据写入先前已确定的显示存储器的单元内，操作完成后列地址计数器自动加 1。

（7）读显示数据

格式如下。

8 位数据

该操作读出 KS0108 接口的输出寄存器的内容，然后列地址计数器自动加 1。

4．单片机与KS0108的接口方式

（1）直接访问方式

单片机利用数据总线和控制信号直接采用 I/O 设备访问形式控制 KS0108 控制器液晶显示模块。

I/O 接口方式如图 4-31 所示。

（2）间接访问方式

间接访问方式就是单片机提供的并行 I/O 接口间接控制 KS0108 控制器液晶显示器模块。接口电路如图 4-32 所示。

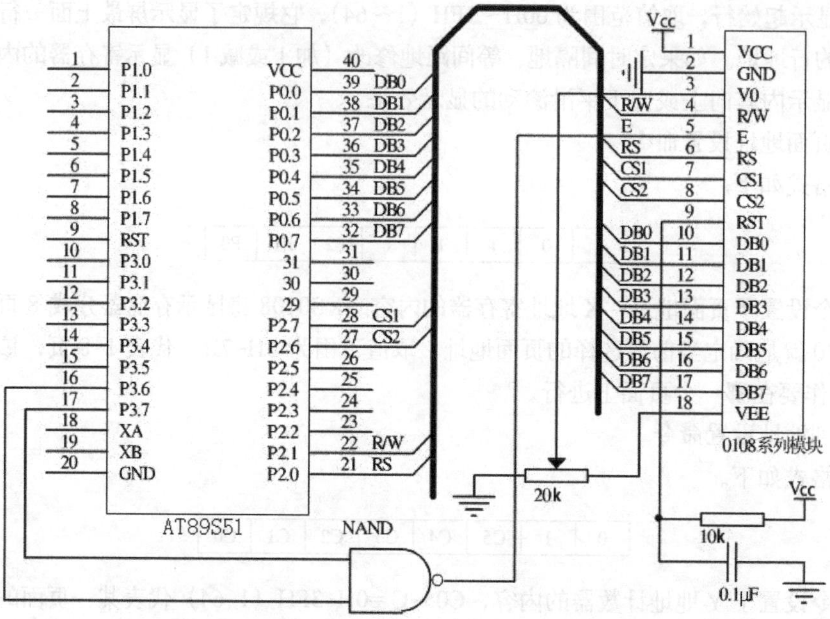

图4-31　单片机与KS0108的直接访问方式的接口

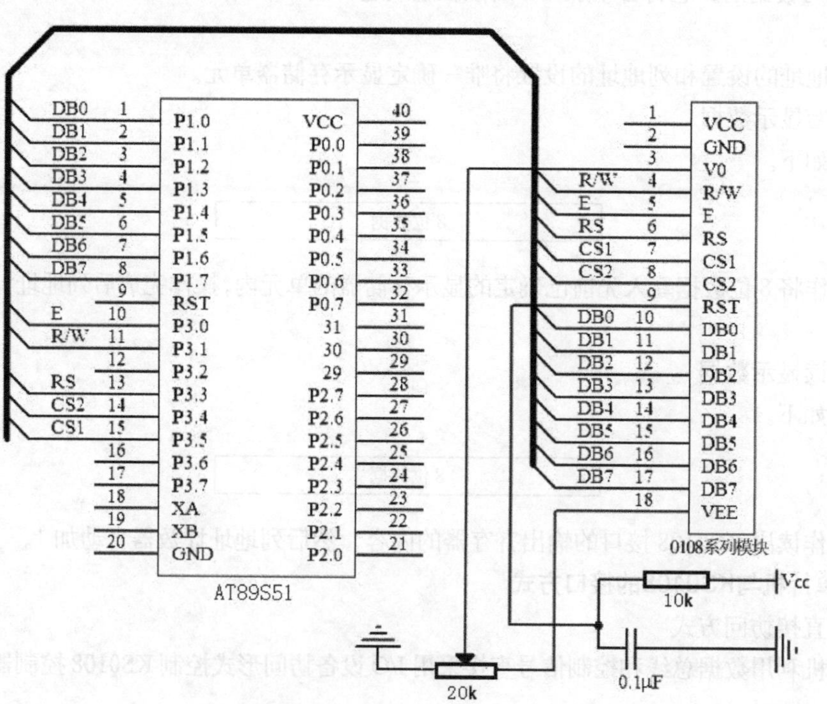

图4-32　单片机与KS0108的间接访问方式的接口

5. 单片机控制LCD12864显示的案例设计

本例要求单片机控制点阵式液晶显示器LCD12864分三行显示“PROTEUS电子设计与创新的最佳平台”，电路如图4-33所示。

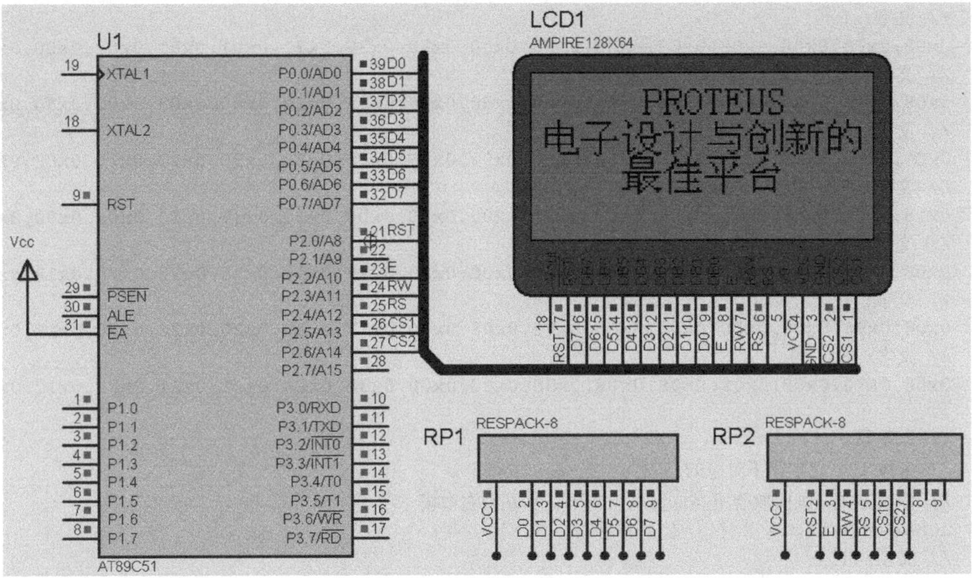

图 4-33　单片机控制点阵式液晶显示器 LCD12864 的字符显示

参考程序如下。

```
#include <reg51.h>
#define uchar signed char
#define uint unsigned int
// 常量定义
#define lcdrow          0xc0//设置起始行
#define lcdpage         0xb8//设置起始页
#define lcdcolumn       0x40//设置起始列
#define c_page_max      0x08//页数最大值
#define c_column_max    0x40//列数最大值
//端口定义
#define bus P0
sbit  rst=P2^0;
sbit  e=P2^2;
sbit  rw=P2^3;
sbit  rs=P2^4;
sbit  cs1=P2^5;
sbit  cs2=P2^6;
//函数声明
void   delayms(uint);                                //延时 n ms
void   delayus10(void);                              //延时 10μs
void   select(uchar);                                //选择屏幕
void   send_cmd(uchar);                              //写命令
void   send_data(uchar);                             //写数据
void   clear_screen(void);                           //清屏
void   initial(void);                                //LCD 初始化
void   display_zf(uchar,uchar,uchar,uchar);          //显示字符
void   display_hz(uchar,uchar,uchar,uchar);          //显示汉字
void   display(void);                                //在 LCD 上显示
//字符表
//宋体 12;  此字体下对应的点阵为:宽×高=8×16
//取模方式:纵向取模下高位,从上到下,从左到右取模
uchar codetable_zf[]={
```

```
// 文字: P
0x08,0xF8,0x08,0x08,0x08,0x08,0xF0,0x00,0x20,0x3F,0x21,0x01,0x01,0x01,0x00,0x00,
// 文字: R
0x08,0xF8,0x88,0x88,0x88,0x88,0x70,0x00,0x20,0x3F,0x20,0x00,0x03,0x0C,0x30,0x20,
// 文字: O
0xE0,0x10,0x08,0x08,0x08,0x10,0xE0,0x00,0x0F,0x10,0x20,0x20,0x20,0x10,0x0F,0x00,
// 文字: T
0x18,0x08,0x08,0xF8,0x08,0x08,0x18,0x00,0x00,0x00,0x20,0x3F,0x20,0x00,0x00,0x00,
// 文字: E
0x08,0xF8,0x88,0x88,0xE8,0x08,0x10,0x00,0x20,0x3F,0x20,0x20,0x23,0x20,0x18,0x00,
// 文字: U
0x08,0xF8,0x08,0x00,0x00,0x08,0xF8,0x08,0x00,0x1F,0x20,0x20,0x20,0x20,0x1F,0x00,
// 文字: S
0x00,0x70,0x88,0x08,0x08,0x08,0x38,0x00,0x00,0x38,0x20,0x21,0x21,0x22,0x1C,0x00
};
// 汉字表
// 宋体12;此字体下对应的点阵为: 宽×高=16×16
// 取模方式: 纵向取模下高位, 从上到下, 从左到右取模
uchar codetable_hz[ ]={
// 文字: 电
0x00,0x00,0xF8,0x48,0x48,0x48,0x48,0xFF,0x48,0x48,0x48,0x48,0xF8,0x00,0x00,0x00,
0x00,0x00,0x0F,0x04,0x04,0x04,0x04,0x3F,0x44,0x44,0x44,0x44,0x4F,0x40,0x70,0x00,
// 文字: 子
0x00,0x00,0x02,0x02,0x02,0x02,0x02,0xE2,0x12,0x0A,0x06,0x02,0x00,0x80,0x00,0x00,
0x01,0x01,0x01,0x01,0x01,0x41,0x81,0x7F,0x01,0x01,0x01,0x01,0x01,0x01,0x01,0x00,
// 文字: 设
0x40,0x41,0xCE,0x04,0x00,0x80,0x40,0xBE,0x82,0x82,0x82,0xBE,0xC0,0x40,0x40,0x00,
0x00,0x00,0x7F,0x20,0x90,0x80,0x40,0x43,0x2C,0x10,0x10,0x2C,0x43,0xC0,0x40,0x00,
// 文字: 计
0x20,0x21,0x2E,0xE4,0x00,0x00,0x20,0x20,0x20,0x20,0xFF,0x20,0x20,0x20,0x20,0x00,
0x00,0x00,0x00,0x7F,0x20,0x10,0x08,0x00,0x00,0x00,0xFF,0x00,0x00,0x00,0x00,0x00,
// 文字: 与
0x00,0x00,0x00,0x00,0x7E,0x48,0x48,0x48,0x48,0x48,0x48,0x48,0x48,0xCC,0x08,0x00,
0x00,0x04,0x04,0x04,0x04,0x04,0x04,0x04,0x04,0x24,0x46,0x44,0x20,0x1F,0x00,0x00,
// 文字: 创
0x40,0x20,0xD0,0x4C,0x43,0x44,0x48,0xD8,0x30,0x10,0x00,0xFC,0x00,0x00,0xFF,0x00,
0x00,0x00,0x3F,0x40,0x40,0x42,0x44,0x43,0x78,0x00,0x00,0x07,0x20,0x40,0x3F,0x00,
// 文字: 新
0x20,0x24,0x2C,0x35,0xE6,0x34,0x2C,0x24,0x00,0xFC,0x24,0x24,0xE2,0x22,0x22,0x00,
0x21,0x11,0x4D,0x81,0x7F,0x05,0x59,0x21,0x18,0x07,0x00,0x00,0xFF,0x00,0x00,0x00,
// 文字: 的
0x00,0xF8,0x8C,0x8B,0x88,0xF8,0x40,0x30,0x8F,0x08,0x08,0x08,0x08,0xF8,0x00,0x00,
0x00,0x7F,0x10,0x10,0x10,0x3F,0x00,0x00,0x00,0x03,0x26,0x40,0x20,0x1F,0x00,0x00,
// 文字: 最
0x40,0x40,0xC0,0x5F,0x55,0x55,0xD5,0x55,0x55,0x55,0x55,0x5F,0x40,0x40,0x40,0x00,
0x20,0x20,0x3F,0x15,0x15,0x15,0xFF,0x48,0x23,0x15,0x09,0x15,0x23,0x61,0x20,0x00,
// 文字: 佳
0x40,0x20,0xF0,0x1C,0x47,0x4A,0x48,0x48,0x48,0xFF,0x48,0x48,0x4C,0x68,0x40,0x00,
0x00,0x00,0xFF,0x00,0x40,0x44,0x44,0x44,0x44,0x7F,0x44,0x44,0x46,0x64,0x40,0x00,
// 文字: 平
0x00,0x01,0x05,0x09,0x71,0x21,0x01,0xFF,0x01,0x41,0x21,0x1D,0x09,0x01,0x00,0x00,
0x01,0x01,0x01,0x01,0x01,0x01,0x01,0xFF,0x01,0x01,0x01,0x01,0x01,0x01,0x01,0x00,
// 文字: 台
0x00,0x00,0x40,0x60,0x50,0x48,0x44,0x63,0x22,0x20,0x20,0x28,0x70,0x20,0x00,0x00,
0x00,0x00,0x00,0x7F,0x21,0x21,0x21,0x21,0x21,0x21,0x21,0x7F,0x00,0x00,0x00,0x00
};

void main()
{
    initial();
```

```
    display();
    clear_screen();
    display();
    while(1);
}

void  delayus10(void)                  //延时 10μs 函数
{
uchar i=5;
while(--i);
}

void  delayms(uint j)                  //延时 10ms 函数
{
    uchar i=250;
    for(;j>0;j--)
    {
        while(--i); i=249;while(--i);i=250;
    }
}

//屏幕选择：cs=0 选择双屏，cs=1 选择左半屏，cs=2 选择右半屏
void   select(uchar cs)
{
    if(cs==0)cs1=1,cs2=1;
    else if(cs==1)cs1=1,cs2=0;
    elsecs1=0,cs2=1;
}

void  send_cmd(uchar cmd)              //写命令函数
{
rs=0;rw=0; bus=cmd;delayus10();e=1;e=0;
}

void  send_data(uchar dat)             //写数据函数
{
rs=1;rw=0; bus=dat;delayus10();e=1;e=0;
}

void  clear_screen(void)               //清屏函数
{
    uchar c_page,c_column;
    select(0);
    for(c_page=0;c_page<c_page_max;c_page++)
    {
        send_cmd(c_page+lcdpage);
        send_cmd(lcdcolumn);
        for(c_column=0;c_column<c_column_max;c_column++)
        {
            send_data(0X00);
        }
    }
}

void   initial(void)                   //LCD 初始化函数
{
    select(0);
    rst=0;delayms(10);rst=1;
    clear_screen();
    send_cmd(lcdrow);
    send_cmd(lcdcolumn);
    send_cmd(lcdpage);
    send_cmd(0x3f);
}
```

```
//写字符，c_page 为当前页，c_column 为当前列，num 为字符数
//offset 为所取字符在显示缓冲区中的偏移单位
void   display_zf(uchar c_page,uchar c_column,uchar num,uchar offset)
{
    uchar c1,c2,c3;
    for(c1=0;c1<num;c1++)
    {
        for(c2=0;c2<2;c2++)
        {for(c3=0;c3<8;c3++)
            {
                send_cmd(lcdpage+c_page+c2);
                send_cmd(lcdcolumn+c_column+c1*8+c3);
                send_data(table_zf[(c1+offset)*16+c2*8+c3]);
            }
        }
    }
}

//写汉字，c_page 为当前页，c_column 为当前列，num 为字符数
//offset 为所取汉字在显示缓冲区中的偏移单位
void   display_hz(uchar c_page,uchar c_column,uchar num,uchar offset)
{
    uchar c1,c2,c3;
    for(c1=0;c1<num;c1++)
    {for(c2=0;c2<2;c2++)
        {
            for(c3=0;c3<16;c3++)
            {
                send_cmd(lcdpage+c_page+c2);
                send_cmd(lcdcolumn+c_column+c1*16+c3);
                send_data(table_hz[(c1+offset)*32+c2*16+c3]);
            }
        }
    }
}

void  display(void)                //在 LCD 上显示函数
{
    select(1);
    display_zf(0,40,3,0);
    display_hz(2,0,4,0);
    display_hz(4,32,2,8);
    select(2);
    display_zf(0,0,4,3);
    display_hz(2,0,4,4);
    display_hz(4,0,2,10);
}
```

例 4-17　采用专用芯片 HD7279A 的键盘/显示器的接口设计

1. 各种专用键盘/显示器接口芯片简介

目前各种专用键盘/显示器接口芯片种类繁多，早期流行的是 Intel 公司的并行接口的专用键盘/显示器芯片 8279，目前流行的键盘/显示器芯片与单片机的接口大多采用串行方式。常见的专用键盘/显示器芯片有：HD7279、ZLG7289A（周立功公司）、CH451（南京沁恒公司）等。这些芯片对所连接的 LED 数码管全都采用动态扫描方式，并可自动扫描键盘，直接得到闭合键的键号，且自动去除按键抖动。

常见的专用键盘/显示器芯片如下。

(1) 专用键盘/显示器接口芯片 CH451。可动态驱动 8 位 LED 数码管显示，具有 BCD 码

译码、闪烁、移位等功能。内置大电流驱动电路，段电流不小于 30mA，位电流不小于 160mA，动态扫描控制，支持段电流上限调整，可省去所有限流电阻。自动扫描 8×8 矩阵键盘，且自动去抖动，并提供键盘中断和按键释放标志位，可供查询按键的状态。该芯片性价比较高，是使用较为广泛的专用键盘/显示器接口芯片之一。

（2）专用键盘/显示器接口芯片 HD7279。HD7279 芯片功能强，具有一定的抗干扰能力，与单片机间采用串行连接，可控制并驱动 8 位 LED 数码管以及实现 8×8 的键盘管理。由于其外围电路简单，价格低廉，目前在设计中应用较为广泛。

2. HD7279A简介

HD7279A 能同时驱动 8 个共阴极 LED 数码管（或 64 个独立的 LED 发光二极管）和 8×8 的编码键盘。对 LED 数码管采用的是动态扫描的循环显示方式，特性如下。

- 与单片机间采用串行接口方式，仅占用 4 条口线，接口简单。
- 具有自动消除键抖动并识别有效键值的功能。
- 内部含有译码器，可直接接收 BCD 码或十六进制码，同时具有两种译码方式，实现 LED 数码管的位寻址和段寻址，也可方便地控制每位 LED 数码管中任意一段是否发光。
- 内部含有驱动器，可以直接驱动不超过 25.4mm 的 LED 数码管。
- 多种控制命令，如消隐、闪烁、左移、右移和段寻址、位寻址等。
- 含有片选信号输入端，容易实现多于 8 位显示器或多于 64 键的键盘控制。

（1）引脚说明与电气特性

HD7279A 为 28 引脚双列直插（DIP）式封装，单一+5V 供电，其引脚如图 4-34 所示，引脚功能如表 4-7 所示。

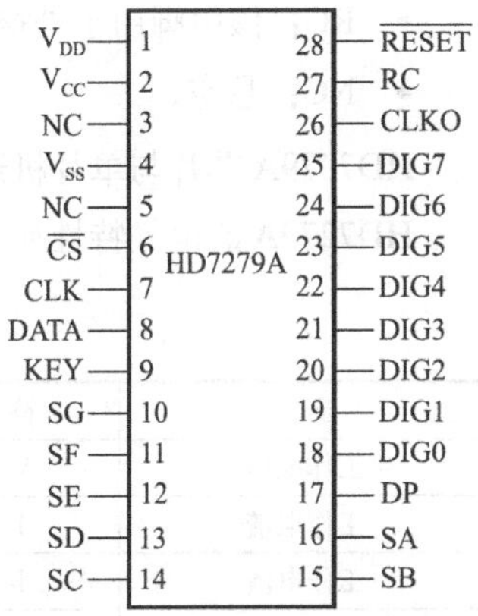

图 4-34　HD7279A 的引脚

表 4-7　HD7279A 的引脚功能

引脚	名称	说明
1，2	V_{DD}	正电源（+5V）
3，5	NC	悬空
4	V_{SS}	地
6	$\overline{CS}$	片选信号
7	CLK	同步时钟输入端
8	DATA	串行数据写入/读出端
9	$\overline{KEY}$	按键信号输出端
10～16	SG～SA	数码管的 g～a 段驱动输出
17	DP	小数点驱动输出端
18～25	DIG0～DIG7	数码管的位驱动输出
26	CLKO	振荡信号输出端
27	RC	RC 振荡器连接端
28	$\overline{RESET}$	复位端

HD7279A 芯片各引脚功能如下。

- $\overline{CS}$：当单片机访问 HD7279A 芯片（写入命令、显示数据、位地址、段地址或读出键值等）时，应将$\overline{CS}$置为低电平。
- DATA：串行数据输入/输出端，当单片机向 HD7279A 芯片发送数据时，DATA 为输入端；当单片机从 HD7279A 芯片读键值时，DATA 为输出端。
- CLK：数据串行传送的同步时钟输入端，时钟的上升沿将数据写入 HD7279A 中或从 HD7279A 中读出数据。
- $\overline{KEY}$：按键信号输出端，无键按下时为高电平，有键按下时$\overline{KEY}$变为低电平，并且一直保持到该按键释放为止。
- $\overline{RESET}$：复位端，通常该端接+5V。若对可靠性要求较高，则可外接复位电路，或直接由单片机控制。
- RC：该引脚用于外接振荡元件，其典型值为 R=1.5kΩ，C=15pF。
- NC：悬空。

HD7279A 芯片与单片机连接仅需 4 条口线：$\overline{CS}$、DATA、CLK 和 KEY。

HD7279A 的电气特性如表 4-8 所示。

表 4-8　HD7279A 的电气特性

参数	符号	测试条件	最小值	典型值	最大值
工作电压	V_{DD}	—	4.5V	5.0V	5.5V
工作电流	I_{CC}	不接 LED	—	3mA	5mA
工作电流	I_{CC}	LED 全亮	—	60mA	100mA
按键响应时间	T_{KEY}	含去抖动时间	10ms	18ms	40ms
KEY 引脚输入电流	I_{KL}	—	—	—	10mA
KEY 引脚输出电流	I_{KO}	—	—	—	7mA

（2）控制命令介绍

HD7279A 芯片的控制命令由 6 条不带数据的单字节纯命令、7 条带数据的命令和 1 条读键盘命令组成。

① 纯命令（6 条）

所有纯命令都是单字节命令，如表 4-9 所示。

表 4-9　HD7279A 的纯命令

命令	命令代码	操作说明
右移	A0H	所有 LED 显示右移 1 位，最左位为空（无显示），不改变消隐和闪烁属性
左移	A1H	所有 LED 显示左移 1 位，最右位为空（无显示），不改变消隐和闪烁属性
循环右移	A2H	所有 LED 显示右移 1 位，原来最右 1 位移至最左 1 位，不改变消隐和闪烁属性
循环左移	A3H	所有 LED 显示左移 1 位，原来最左 1 位移至最右 1 位，不改变消隐和闪烁属性
复位（消除）	A4H	清除显示、消隐、闪烁等属性
测试	BFH	点亮全部 LED，并处于闪烁状态，用于显示器的自检

② 带数据命令（7 条）

7 条命令均由双字节组成，第 1 字节为命令标志码（有的还有位地址），第 2 字节为显示内容。

a．方式 0 译码显示命令如下。

第 1 字节								第 2 字节							
D7	D6	D5	D4	D3	D2	D1	D0	D7	D6	D5	D4	D3	D2	D1	D0
1	0	0	0	0	a2	a1	a0	dp	×	×	×	d3	d2	d1	d0

命令中的 a2、a1、a0 表示 8 只数码管的位地址，表示显示数据应送给哪一位数码管，a2、a1、a0=000 表示最低位数码管，a2、a1、a0=111 表示最高位数码管。d3、d2、d1、d0 为显示数据，HD7279A 收到这些数据后，将按表 4-10 所示的规则译码和显示。dp 为小数点显示控制位，dp=1 时，小数点显示，dp=0 时，小数点不显示。命令中的×××为无用位。

表 4-10　方式 0 的译码显示

d3～d0（十六进制）	显示的字符	d3～d0（十六进制）	显示的字符
0H	0	8H	8
1H	1	9H	9
2H	2	AH	-
3H	3	BH	E
4H	4	CH	H
5H	5	DH	L
6H	6	EH	P
7H	7	FH	无显示

例如，命令第 1 字节为 80H，第 2 字节为 08H，则 L1 位（最低位）数码管显示 8，小数点 dp 熄灭；命令第 1 字节为 87H，第 2 字节为 8EH，则 L8 位（最高位）LED 显示内容为 P，小数点 dp 点亮。

b．方式 1 译码显示命令如下。

第 1 字节								第 2 字节							
D7	D6	D5	D4	D3	D2	D1	D0	D7	D6	D5	D4	D3	D2	D1	D0
1	1	0	0	1	a2	a1	a0	dp	×	×	×	d3	d2	d1	d0

该命令与方式 0 译码显示的含义基本相同，不同的是译码方式为 1，数码管显示的内容与十六进制相对应，如表 4-11 所示。

表 4-11　方式 1 的译码显示

d3～d0（十六进制）	显示的字符	d3～d0（十六进制）	显示的字符
0H	0	8H	8
1H	1	9H	9
2H	2	AH	A
3H	3	BH	B
4H	4	CH	C
5H	5	DH	D
6H	6	EH	E
7H	7	FH	F

例如，命令第1字节为C8H，第2字节为09H，则L1位数码管显示9，小数点dp熄灭；命令第1字节为C9H，第2字节为8FH，则L2位数码管显示F，小数点dp点亮。

c．不译码显示命令如下。

第1字节								第2字节							
D7	D6	D5	D4	D3	D2	D1	D0	D7	D6	D5	D4	D3	D2	D1	D0
1	0	0	1	0	a2	a1	a0	dp	A	B	C	D	E	F	G

命令中的a2、a1、a0为显示位的位地址，第2字节为LED显示内容，其中dp和A～G分别代表数码管的小数点和对应的段，当取值为1时，该段点亮；取值为0时，该段熄灭。

该命令可在指定位上显示字符。例如，若命令第1字节为95H，第2字节为3EH，则在L6位LED上显示字符U，小数点dp熄灭。

d．闪烁控制命令如下。

第1字节								第2字节							
D7	D6	D5	D4	D3	D2	D1	D0	D7	D6	D5	D4	D3	D2	D1	D0
1	0	0	0	1	0	0	0	d8	d7	d6	d5	d4	d3	d2	d1

该命令规定了每个数码管的闪烁属性。d8～d1对应L8～L1位数码管，其值为1时，数码管不闪烁；其值为0时，数码管闪烁。该命令的默认值是所有数码管均不闪烁。

例如，命令第1字节为88H，第2字节为97H，则L7、L6、L4位数码管闪烁。

e．消隐控制命令如下。

第1字节								第2字节							
D7	D6	D5	D4	D3	D2	D1	D0	D7	D6	D5	D4	D3	D2	D1	D0
1	0	0	1	1	0	0	0	d8	d7	d6	d5	d4	d3	d2	d1

该命令规定了每个数码管的消隐属性。d8～d1分别对应L8～L1位数码管，其值为1时，数码管显示；值为0时消隐。应注意至少要有1个LED数码管保持显示，如果全部消隐，则该命令无效。

例如，命令第1字节为98H，第2字节为81H，则L7～L2位的6位数码管消隐。

f．段点亮命令如下。

第1字节								第2字节							
D7	D6	D5	D4	D3	D2	D1	D0	D7	D6	D5	D4	D3	D2	D1	D0
1	1	1	0	0	0	0	0	×	×	d5	d4	d3	d2	d1	d0

该命令是点亮某位数码管中的某一段。命令中××为无影响位，d5～d0取值范围为00H～3FH，对应的点亮段如表4-12所示。例如，命令第1字节为E0H，第2字节为00H，则点亮L1位数码管的g段；如果第2字节为19H，则点亮L4位数码管的f段；再如第2字节为35H，则点亮L7位LED的b段。

表 4-12　点亮段对应表

数码管	L1								L2							
d5～d0 取值	00	01	02	03	04	05	06	07	08	09	0A	0B	0C	0D	0E	0F
点亮段	g	f	e	d	c	b	a	dp	g	f	e	d	c	b	a	dp
数码管	L3								L4							
d5～d0 取值	10	11	12	13	14	15	16	17	18	19	1A	1B	1C	1D	1E	1F
点亮段	g	f	e	d	c	b	a	dp	g	f	e	d	c	b	a	dp
数码管	L5								L6							
d5～d0 取值	20	21	22	23	24	25	26	27	28	29	2A	2B	2C	2D	2E	2F
点亮段	g	f	e	d	c	b	a	dp	g	f	e	d	c	b	a	dp
数码管	L7								L8							
d5～d0 取值	30	31	32	33	34	35	36	37	38	39	3A	3B	3C	3D	3E	3F
点亮段	g	f	e	d	c	b	a	dp	g	f	e	d	c	b	a	dp

g．段关闭命令如下。

第 1 字节								第 2 字节							
D7	D6	D5	D4	D3	D2	D1	D0	D7	D6	D5	D4	D3	D2	D1	D0
1	1	0	0	0	0	0	0	×	×	d5	d4	d3	d2	d1	d0

该命令的作用是关闭某个数码管中的某一段。××为无影响位，d5～d0 的取值范围为 00H～3FH，对应的关闭段同表 4-12，仅仅是将点亮段变为关闭段。

例如，命令第 1 字节为 C0H，第 2 字节为 00H，则关闭 L1 位 LED 的 g 段；第 2 字节为 10H，则关闭 L3 位 LED 的 g 段。

③ 读取键盘命令

本命令是从 HD7279A 读出当前按下的键值，格式如下。

第 1 字节								第 2 字节							
D7	D6	D5	D4	D3	D2	D1	D0	D7	D6	D5	D4	D3	D2	D1	D0
0	0	0	1	0	1	0	1	d7	d6	d5	d4	d3	d2	d1	d0

命令的第 1 字节为 15H，表示单片机写到 HD7279A 的是读键值命令，第 2 字节 d7～d0 为从 HD7279A 中读出的按键值，其范围为 00H～3FH。当按键按下时，HD7279A 的 KEY 脚从高电平变为低电平，并保持到按键释放为止。在此期间，若 HD7279A 收到来自单片机的读键盘命令 15H，则 HD7279A 向单片机发出当前的按键代码。

应注意，HD7279A 只能给出其中 1 个按下键的代码，不适合 2 个或 2 个以上键同时按下的场合。如果确实需要双键组合使用，可在单片机某位 I/O 引脚接 1 个键，与 HD7279A 所连键盘共同组成双键功能。

（3）命令时序

HD7279A 采用串行方式与单片机通信，串行数据从 DATA 引脚送入或输出，并与 CLK 端同步。当片选信号 $\overline{CS}$ 变为低电平后，DATA 引脚上的数据在 CLK 脉冲上升沿作用下写入或读出 HD7279A 的数据缓冲器。

① 纯命令的时序。单片机发出 8 个 CLK 脉冲，向 HD7279A 发出 8 位命令，DATA 引脚最

4

后为高阻态，如图 4-35 所示。

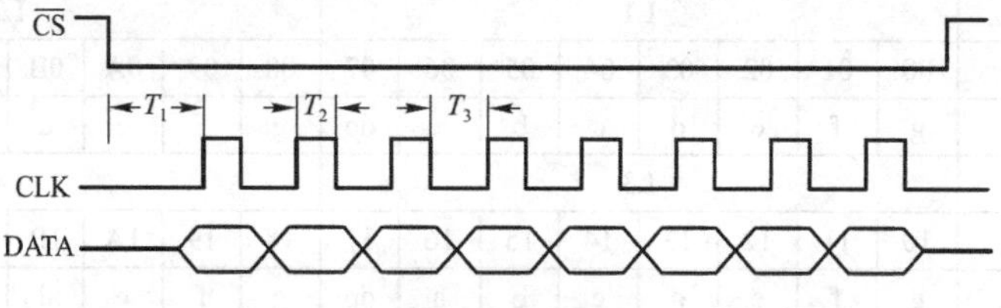

图 4-35　纯命令时序

② 带数据的命令时序。单片机发出 16 个 CLK 脉冲，前 8 个向 HD7279A 发送 8 位命令；后 8 个向 HD7279A 传送 8 位显示数据，DATA 引脚最后为高阻态，如图 4-36 所示。

③ 读键盘命令时序。单片机发出 16 个 CLK 脉冲，前 8 个向 HD7279A 发送 8 位命令；发送完之后 DATA 引脚为高阻态；后 8 个 CLK 由 HD7279A 向单片机返回 8 位按键值，DATA 引脚为输出状态。最后 1 个 CLK 脉冲的下降沿将 DATA 引脚恢复为高阻态，如图 4-37 所示。

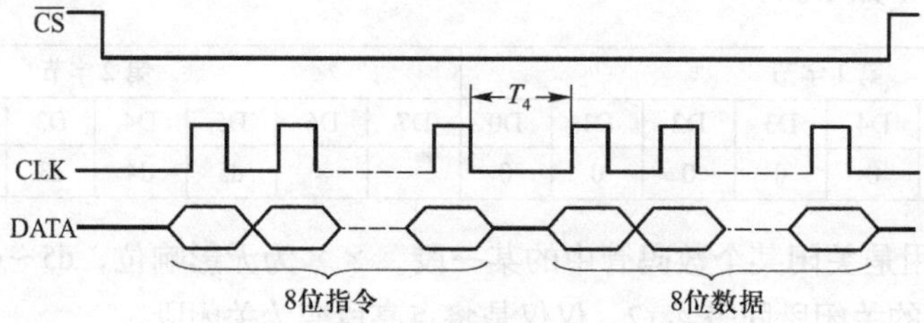

图 4-36　带数据命令时序

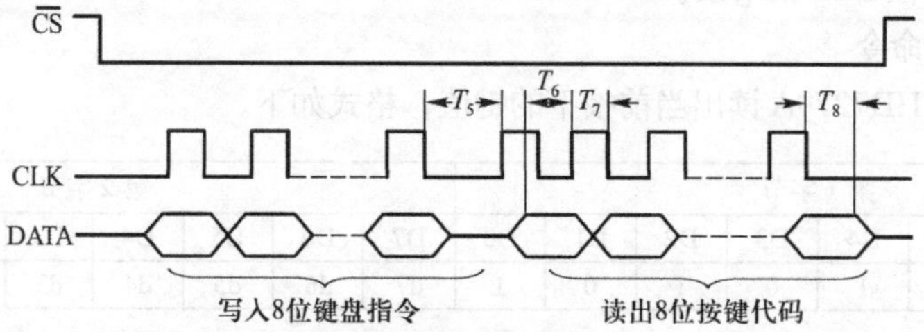

图 4-37　读键盘命令时序

保证正确的时序是 HD7279A 正常工作的前提条件。当选定 HD7279A 的振荡元件 RC 和单片机的晶振之后，应调节延时时间，使时序中的 $T_1 \sim T_8$ 满足表 4-13 所示的要求。

由表 4-13 中的数值可知 HD7279A 的速度，应仔细调整 HD7279A 的时序，使其运行时间接近最短。

表 4-13　$T_1 \sim T_8$ 数据值（单位：μs）

符　号	最小值	典型值	最大值	符　号	最小值	典型值	最大值
T_1	25	50	250	T_5	15	25	250
T_2	5	8	250	T_6	5	8	—
T_3	5	8	250	T_7	5	8	250
T_4	15	25	250	T_8	—	—	5

3. AT89S51单片机与HD7279A接口设计

图 4-38 所示为 AT89S51 单片机通过 HD7279A 控制 8 个数码管以及 64 键矩阵键盘的接口电路。晶振频率为 12MHz。上电后，HD7279A 经过 15～18ms 的时间才进入工作状态。

单片机通过 P1.3 脚检测 $\overline{\text{KEY}}$ 引脚的电平，来判断键盘矩阵中是否有按键按下。HD7279A 采用动态循环扫描方式，如果采用普通的数码管亮度不够，则可采用高亮度或超高亮度型号的数码管。

在图 4-38 所示的电路中，HD7279 的 3，5，26 引脚悬空。

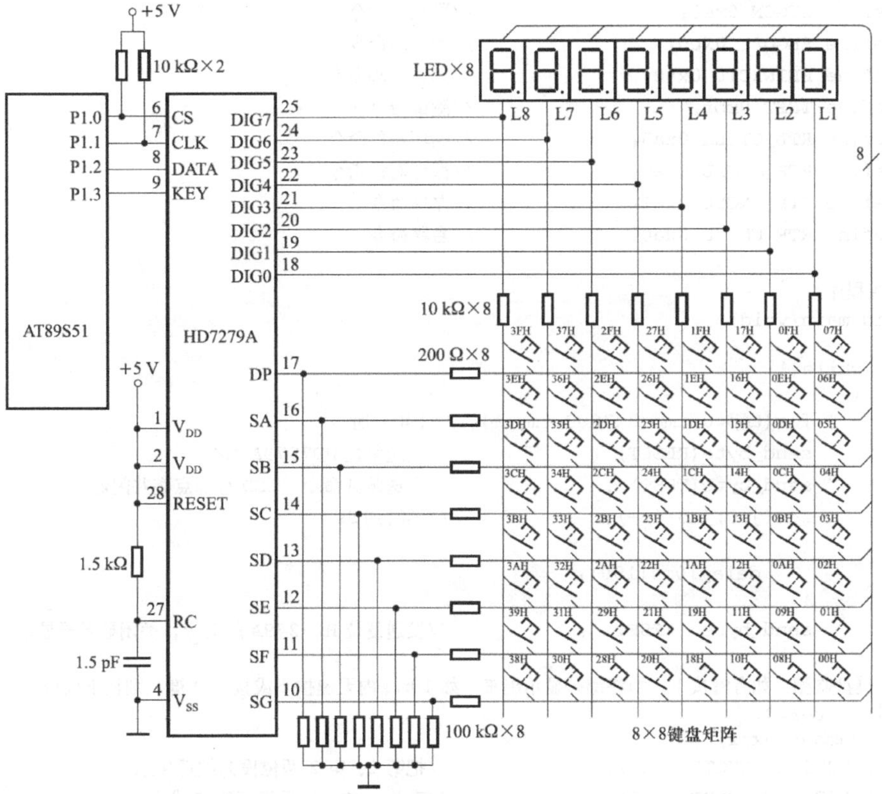

图 4-38 AT89S51 单片机与 HD7279A 的接口电路

控制数码管显示及监测键盘的主要参考程序如下。

```
#include <reg51.h>
//定义各种函数
void write7279(unsigned char, unsigned char);     //写 7279
unsigned char read7279(unsigned char) ;           //读 7279
void send_byte(unsigned char) ;                   //发送 1 字节
unsigned receive_byte(void) ;                     //接收 1 字节
void longdelay(void);                             //长延时函数
void shortdelay(void) ;                           //短延时函数
void delay10ms(unsigned char) ;                   //延时 unsigned char 个 10ms 函数

//变量及 I/O 口定义
unsigned char key_number,i,j;
unsigned int tmp; unsigned long wait_cnter;
```

```
sbit CS=P1^0;                          // HD7279A 的 CS 端连 P1.0
sbit CLK=P1^1;                         // HD7279A 的 CLK 端连 P1.1
sbit DATA=P1^2;                        // HD7279A 的 DATA 端连 P1.2
sbit KEY=P1^3;                         // HD7279A 的 KEY 端连 P1.3
//HD7279A 命令定义
#define RESET 0xa4;                    //复位命令
#define READKEY 0x15;                  //读键盘命令
#define DECODE0 0x80;                  //方式 0 译码命令
#define DECODE1 0xc8;                  //方式 1 译码命令
#define UNDECODE 0x90;                 //不译码命令
#define SEGON 0xe0;                    //段点亮命令
#define SEGOFF 0xc0;                   //段关闭命令
#define BLINKCTL 0x88;                 //闪烁控制命令
#define TEST 0xbf;                     //测试命令
#define RTL_CYCLE 0xa3;                //循环左移命令
#define RTR_CYCLE 0xa2;                //循环右移指令
#define RTL_UNCYL 0xa1;                //左移命令
#define RTR_UNCYL 0xa0;                //右移命令

//主程序
void main(void)
{
    while(1)
    {
        for(tmp=0;tmp<0x3000;tmp++); //上电延时
        send_byte(RESET) ;            //发送复位 HD7279A 命令
        send_byte(TEST) ;             //发送测试命令，LED 全部点亮并闪烁
        for(j=0;j<5;j++);             //延时约 5s
        {
            delay10ms(100);
        }
        send_byte (RESET) ;           //发送复位 HD7279A 的命令，关闭显示器显示

// 键盘监测：如有键按下，则将键码显示出来，如 10ms 内无键按下或按下 0 键，则往下执行
wait_cnter=0;
key_number=0xff;
write7279(BLINKCTL,0xfc);             //把第 1、第 2 两位设为闪烁显示
write7279(UNDECODE,0x08);             //在第 1 位上显示下画线"_"
write7279(UNDECODE+1,0x08);           //在第 2 位上显示下画线"_"
do
{   if(!key)                          //如果键盘中有键按下
    {
        key_number=read7279(READKEY);                //读出键码
        write7279(DECODE1+1,key_number/16);          //在第 2 位上显示按键码高 8 位
        write7279(DECODE1,key_number&0x0f);          //在第 1 位上显示按键码低 8 位
        while(! key);                                //等待按键松开
        wait_cnter=0
    }
    wait_cnter++;
}
while(key_number! =0&&wait_cnter<0x30000);          //如果按键为 0 和超时，则往下执行
write7279(BLINKCTL,0xff)                            //清除显示器的闪烁设置

//循环显示
write7279(UNDECODE+7,0x3b)                          //在第 8 位以不译码方式，显示字符 5
```

```
delay10ms(100);                        //延时
for(j=0;j<31;j++);                     //循环右移 31 次
{
    send_byte (RTR_CYCLE);             //发送循环右移命令
    delay10ms(10);                     //延时
}
for(j=0;j<15;j++);                     //循环左移 31 次
    {
        send_byte (RTL_CYCLE);         //发送循环左移命令
        delay10ms(10);                 //延时
    }
delay10ms(200);                        //延时
send_byte(RESET);                      //发送复位 HD7279A 的命令，关闭显示器显示

//不循环左移显示
for(j=0;j<16;j++);                     //向左不循环移动
{
    send_byte(RTL_UNCYL);              //发不循环左移命令
    write7279(DECODE0,j);              //译码方式 0 命令，在第 1 位显示
    delay10ms(10);                     //延时
}
delay10ms(200);                        //延时
send_byte (RESET);                     //发送复位 HD7279A 命令，关闭显示器显示

//不循环右移显示
for(j=0;j<16;j++);                     //向右不循环移动
{
    send_byte(RTR_UNCYL);              //不循环右移命令
    write7279(DECODE1+7,j);            //译码方式 1 命令，显示在第 8 位
    delay10ms(50);                     //延时
}
    delay10ms(200);                    //延时
    send_byte (RESET);                 //发送复位 HD7279A 命令，关闭显示器显示

//显示器的 64 个段轮流点亮并同时关闭前一段
for(j=0;j<64;j++);
{
    write7279(SEGON,j);                //将 8 个显示器的 64 个段逐段点亮
    write7279(SEGONOFF,j-1);           //点亮 1 个段的同时，将前一个显示段关闭
    delay10ms(50);                     //延时
}

//写 HD7279A 函数
void write7279 (unsigned char cmd, unsigned char data)
{
    send_byte(cmd);
    send_byte(data);
}

//读 HD7279A 函数
unsigned char read7279 (unsigned char cmd)
{
    send_byte (cmd);
    return (receive_byte () );
}
```

```
//发送1字节函数
void send_byte (unsigned char out_byte)
{
    unsigned char i;
    CS=0;
    longdelay( );
    for(i=0;i<8;i++);
    {
        if(out_byte&0x_80)
        (DATA=1; )
        else
        (DATA=0; )
        CLK=1;
        shortdelay()
        CLK=0;
        shortdelay()
          out_byte=out_byte*2
    }
    DATA=0;
}

//接收1字节函数
void char receive_byte (void)
{
    unsigned char i,in_byte;
    DATA=1;                          //设置为输入
    longdelay();                     //长延时
    for(i=0;i<8;i++);
    {
        CLK=1;
        shortdelay();
        in_byte=in_byte*2
        if(DATA)
        {
            in_byte=in_byte|0x01;
        }
        CLK=0;
        shortdelay();
     }
    DATA=0;
    return(in_byte);
}
```

程序中的长延时、短延时以及10ms延时三个函数，没有给出，读者可参考前面的案例。

第 5 章

中断系统的应用设计

例 5-1 单一外中断应用案例 1

响应外部中断是 AT89S51 单片机的重要功能，本例为单一外中断应用的设计案例。原理电路如图 5-1 所示。在单片机的 P1 口上接有 8 只 LED。在外部中断 0 输入引脚 $\overline{\text{INT0}}$（P3.2）接有一只按钮开关 K1。程序运行时，P1 口上的 8 只 LED 全亮。要求将外部中断 0 设置为跳沿触发。每按一次按键 K1，使引脚 $\overline{\text{INT0}}$ 接地，产生一个跳沿触发的外中断请求，在中断服务程序中，让低 4 位的 LED 与高 4 位的 LED 交替闪烁 5 次，然后从中断返回，控制 8 只 LED 再次全亮。

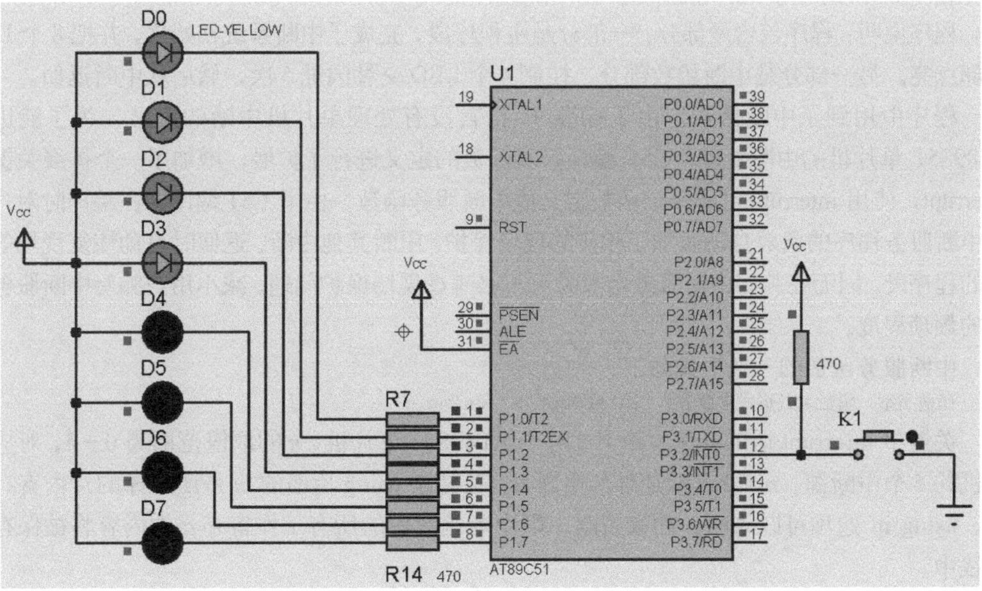

图 5-1　外部中断控制 8 只 LED 交替闪烁 3 次的电路

参考程序如下。

```
#include <reg51.h>
#define uchar unsigned char

void Delay(unsigned int i)          //延时函数
{
    unsigned int j;
    for(;i > 0;i--)
```

```
    for(j=0;j<333;j++)
    {;}                              //空函数
}

void  main( )                        //主函数
{
    EA=1;                            //总中断允许
    EX0=1;                           //允许外部中断0中断
    IT0=1;                           //选择外部中断0为跳沿触发
    while(1)                         //循环
    {    P1=0;}                      // P1口的8只LED全亮
}

void int0( )interrupt 0  using 0     //外中断0的中断函数
{
    uchar m;
    EX0=0;                           //禁止外部中断0中断
    for(m=0;m<5;m++)                 //交替闪烁5次
    {
        P1=0x0f;                     //低4位LED灭，高4位LED亮
        Delay(400) ;                 //延时
        P1=0xf0;                     //高4位LED灭，低4位LED亮
        Delay(400);                  //延时
        EX0=1;                       //中断返回前，打开外部中断0中断
    }
}
```

程序说明：程序包含两部分，一部分是主程序段，完成了中断系统初始化，并把8个LED全部点亮。另一部分是中断函数部分，控制4个LED交替闪烁5次，然后从中断返回。

程序中用到了中断函数。由于标准C语言没有处理单片机中断的定义，为了能进行AT89S51单片机的中断处理，C51编译器对函数的定义进行了扩展，增加了一个扩展关键字interrupt，使用interrupt可将一个函数定义成中断服务函数。由于C51编译器在编译时对声明为中断服务程序的函数自动添加了相应的现场保护、阻断其他中断、返回时自动恢复现场等处理的程序段，因而在编写中断服务函数时可不必考虑现场保护问题，减小用户编写中断服务程序的烦琐程度。

中断服务函数的一般形式如下。

```
函数类型  函数名(形式参数表)  interrupt n  using m
```

关键字interrupt后的n是中断号，对于AT89S51单片机，n的取值范围为0～4，对应单片机的5个中断源。$n=0$表示是外部中断0。关键字using后面的m是所选择的片内寄存器区，using m选项可以省略。如果省略，则中断函数中的所有工作寄存器的内容将被保存到堆栈中。

例5-2　单一外中断应用案例2

本例要求利用单片机外部中断功能改变数码管的显示状态。当无外部中断0中断请求时，主程序运行状态为数码管的a～g段依次点亮循环显示。原理电路如图5-2所示，单击一下按钮开关K，立即产生外部中断0的中断请求，转而执行相应的中断服务程序，数码管显示状态改为闪烁3次显示字符8，然后返回主程序断点处继续执行程序，继续把a～g段依次点亮循环显示。

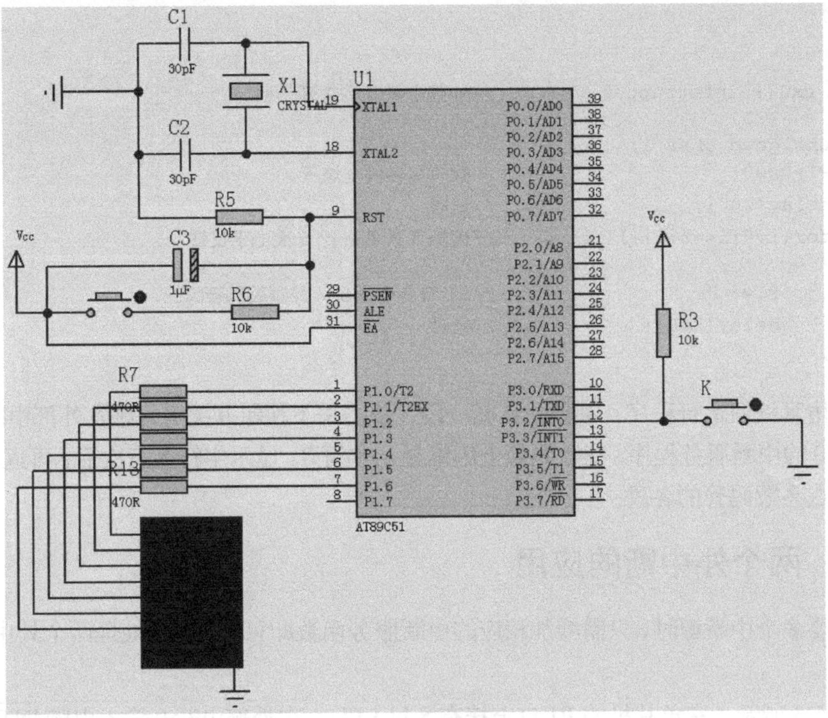

图 5-2 外部中断应用案例 2

参考程序如下。

```
#include<reg51.h>
unsigned char code table[ ]={0x01,0x02,0x04,0x08, 0x10,0x20,0x40, 0x80}; //控制点亮各段

void delay(unsigned char delay_time) //延时函数
{
    unsigned char i,j;
    for(i=0;i<=delay_time;i++)
    {
        for(j=0;j<=200;j++);
    }
}

void init_tx()                          //中断系统初始化函数
{
    EA=1;                               //总中断开关打开
    EX0=1;                              //允许外中断 0 中断
    IP=0x00;                            //设置优先级
}

void main( )                            //主函数
{
    unsigned char i;
    init_tx();
    while(1)
    {
        for(i=0;i<8;i++)
        {
            P1=table[i];                //各段段码依次送 P1 口的数码管显示
            delay(200);                 //延时
        }
```

```
    }
}

void tx0() interrupt 0              //外部中断 0 的中断函数
{
    unsigned char i;
    P1=0x00;                        //数码管各段全熄灭
    delay(200);                     //延时
    for(i=0;i<=5;i++)               //闪烁 3 次共进行 6 次电平反转
    {
        P1=~P1;                     //P1 口各位求反，控制数码管闪烁
        delay(200);                 //延时
    }
}
```

单击仿真按钮运行程序，每秒只点亮一段，单击一下按钮开关 K，触发外部中断 0，进入外部中断 0 的中断服务程序，在数码管上闪烁显示字符 8。显示字符 8 三次后，再返回主程序，重新轮流点亮数码管的各段。

例 5-3　两个外中断的应用

当需要多个中断源时，只需增加相应的中断服务函数即可。本例是处理两个外中断请求的例子。

如图 5-3 所示，在单片机的 P1 口上接有 8 只 LED。在外部中断 0 输入引脚 $\overline{\text{INT0}}$（P3.2）接有一只按钮开关 K1，同时在外部中断 1 输入引脚 $\overline{\text{INT1}}$（P3.3）接有一只按钮开关 K2。要求 K1 和 K2 都未按下时，P1 口的 8 只 LED 呈流水灯显示，仅 K1（P3.2）按下再松开时，上下各 4 只 LED 交替闪烁 10 次，然后再回到流水灯显示。如果按下再松开 K2（P3.3）时，P1 口的 8 只 LED 全部闪烁 10 次，然后再返回到流水灯显示。设置两个外中断的优先级相同。

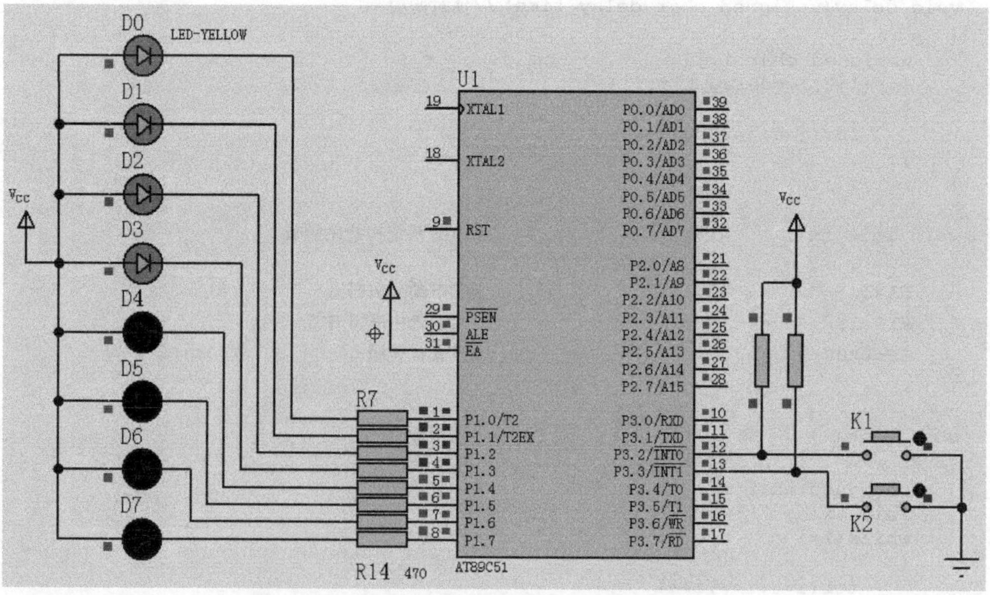

图 5-3　两个外中断控制 8 只 LED 显示的电路

参考程序如下。

```
#include <reg51.h>
#define uchar unsigned char

void Delay(unsigned int i)                //延时函数
{
    uchar j;
    for(;i>0;i--)
    for(j=0;j<125;j++)
    {;}                                   //空函数
}
void  main( )                             //主函数
{
    uchar display[9]={0xff,0xfe,0xfd,0xfb,0xf7,0xef,0xdf,0xbf,0x7f};   //流水灯显示数据数组
    unsigned int a;
    for(;;)
    {
        EA=1;                             //总中断允许
        EX0=1;                            //允许外部中断 0 中断
        EX1=1;                            //允许外部中断 1 中断
        IT0=1;                            //选择外部中断 0 为跳沿触发方式
        IT1=1;                            //选择外部中断 1 为跳沿触发方式
        IP=0;                             //两个外部中断均为低优先级
        for(a=0;a<9;a++)
        {
            Delay(500);                   //延时
            P1=display[a];                //将已经定义的流水灯显示数据送到 P1 口
        }
    }
}

void int0_isr(void)  interrupt 0  using 1     //外中断 0 的中断函数
{
    uchar  n;
    for(n=0;n<10;n++)                     //高、低 4 位显示 10 次
    {
        P1=0x0f;                          //低 4 位 LED 灭，高 4 位 LED 亮
        Delay(500);                       //延时
        P1=0xf0;                          //高 4 位 LED 灭，低 4 位 LED 亮
        Delay(500);                       //延时
    }
}

void int1_isr (void) interrupt 2  using 2     //外中断 1 的中断函数
{
    uchar  m;
    for(m=0;m<10;m++)                     //闪烁显示 10 次
    {
        P1=0xff;                          //全灭
        Delay(500);                       //延时
        P1=0;                             //LED 全亮
        Delay(500);                       //延时
    }
}
```

例 5-4　中断嵌套的应用

中断嵌套只能发生在一种情况下，即单片机正在执行一个低优先级中断服务程序，此时又

有一个高优先级中断产生，就会产生高优先级中断打断低优先级中断服务程序，去执行高优先级中断服务程序。高优先级中断服务程序完成后，再继续执行低优先级中断服务程序。

电路见图 5-3，设计一个中断嵌套程序。要求 K1 和 K2 都未按下时，P1 口的 8 只 LED 呈流水灯显示，当按一下 K1 时，产生一个低优先级的外中断 0 请求（跳沿触发），进入外中断 0 中断服务程序，上下 4 只 LED 交替闪烁。此时按一下 K2，产生一个高优先级的外中断 1 请求（跳沿触发），进入外中断 1 中断服务程序，使 8 只 LED 全部闪烁。当显示 5 次后，再从外中断 1 返回继续执行外中断 0 中断服务程序，即上、下 4 只 LED 交替闪烁。设置外中断 0 为低优先级，外中断 1 为高优先级。

参考程序如下。

```c
#include <reg51.h>
#define uchar unsigned char

void Delay(unsigned int i)                //延时函数 Delay( )
{
    unsigned int j;
    for(;i>0;i--)
    for(j=0;j<125;j++)
    {;}                                   //空函数
}

void  main( )                             //主函数
{
    uchar display [9]={0xfe,0xfd,0xfb,0xf7,0xef,0xdf,0xbf,0x7f}; //流水灯显示数据组
    uchar a;
    for(;;)
    {
        EA=1;                             //总中断允许
        EX0=1;                            //允许外部中断 0 中断
        EX1=1;                            //允许外部中断 1 中断
        IT0=1;                            //选择外部中断 0 为跳沿触发方式
        IT1=1;                            //选择外部中断 1 为跳沿触发方式
        PX0=0;                            //外部中断 0 为低优先级
        PX1=1;                            //外部中断 1 为高优先级
        for(a=0;a<9;a++)
        {
            Delay(500);                   //延时
            P1=display[a];                //流水灯显示数据送到 P1 口驱动 LED 显示
        }
    }
}

void int0_isr(void)  interrupt 0  using 0     //外中断 0 的中断服务函数
{
    for(;;)
    {
        P1=0x0f;                          //低 4 位 LED 灭，高 4 位 LED 亮
        Delay(400);                       //延时
        P1=0xf0;                          //高 4 位 LED 灭，低 4 位 LED 亮
        Delay(400);                       //延时
    }
}

void int1_isr (void) interrupt 2  using 1     //外中断 1 的中断服务函数
{
```

```
    uchar m;
    for(m=0;m<5;m++)                //8 位 LED 全亮全灭 5 次
    {
        P1=0;                       //8 位 LED 全亮
        Delay(500);                 //延时
        P1=0xff;                    //8 位 LED 全灭
        Delay(500);                 //延时
    }
}
```

本例如果设置外中断 1 为低优先级，外中断 0 为高优先级，仍然先按下再松开 K1，后按下再松开 K2 或者设置两个外中断源的中断优先级为同级，均不会发生中断嵌套。

第 6 章

定时器/计数器应用设计案例

例 6-1　计数器对外部脉冲计数

本例的原理电路如图 6-1 所示，利用单片机片内定时器/计数器 T0 的计数模式，对 T0 引脚（P3.4 脚）上的按键开关按下的次数，即外部计数脉冲输入次数进行计数。

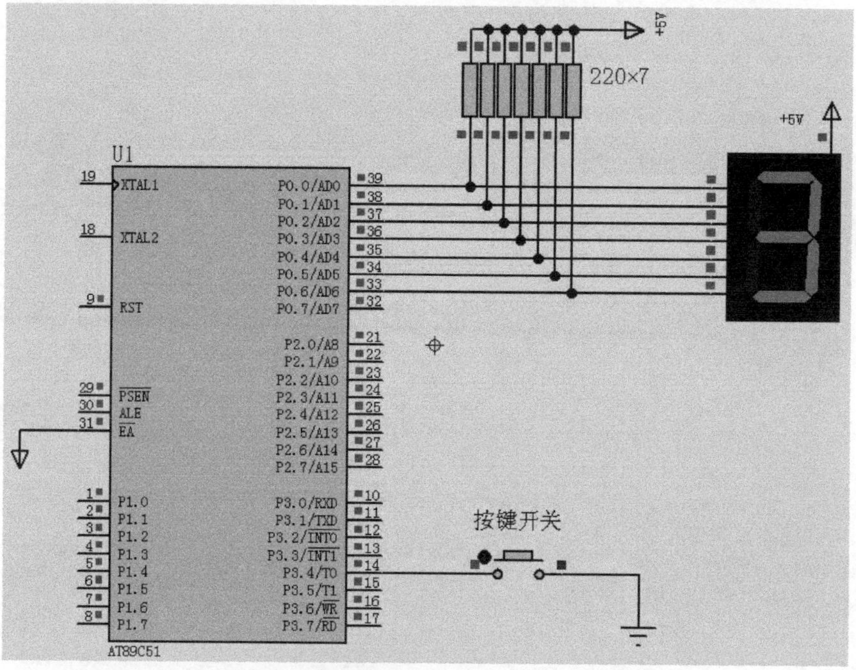

图 6-1　利用定时器/计数器对按键开关的按下次数计数

按一下按键开关就会产生一个计数脉冲，将脉冲个数（10 个以内）在 P0 口驱动的 LED 数码管上显示出来。例如按第 1 下，LED 数码管显示 1；按第 2 下，显示 2……按第 10 下时显示 0。

本例涉及定时器/计数器的计数模式和 4 种工作方式的设置，即如何编程实现对定时器/计数器的初始化、计数与显示。还需要注意的是，因为本例把 P0 口作为 I/O 端口使用，所以要接上拉电阻。如果换作 P1 口驱动 LED 数码管，就不接上拉电阻。

参考程序如下。

```
#include "reg51.h"
```

```
#include "intrins.h"
#define uchar unsigned char
#define uint unsigned int
#define out P0
uchar code seg[]={0xc0,0xf9,0xa4,0xb0,0x99,0x92,0x82,0xf8,0x80,0x90,0x01};
                                    //共阳极数码管的字形表
void main(void)                     //主函数
{
    TMOD=0X05;                      //设置寄存器 TMOD，为方式 1 计数
    TH0=0;                          //计数器初值设置为 0
    TL0=0;
    TR0=1;                          //启动计数器
    while(1)
    {
        out=seg[TL0%10];            //以 10 为模，取余数，并送 P0 口显示
    }
}
```

例 6-2　外部计数输入信号控制 LED 灯闪烁

如图 6-2 所示，单片机计数输入引脚 T1（P3.5）上外接按钮开关，作为计数信号输入。按 4 次按钮开关后，P1 口的 8 只 LED 闪烁不停。

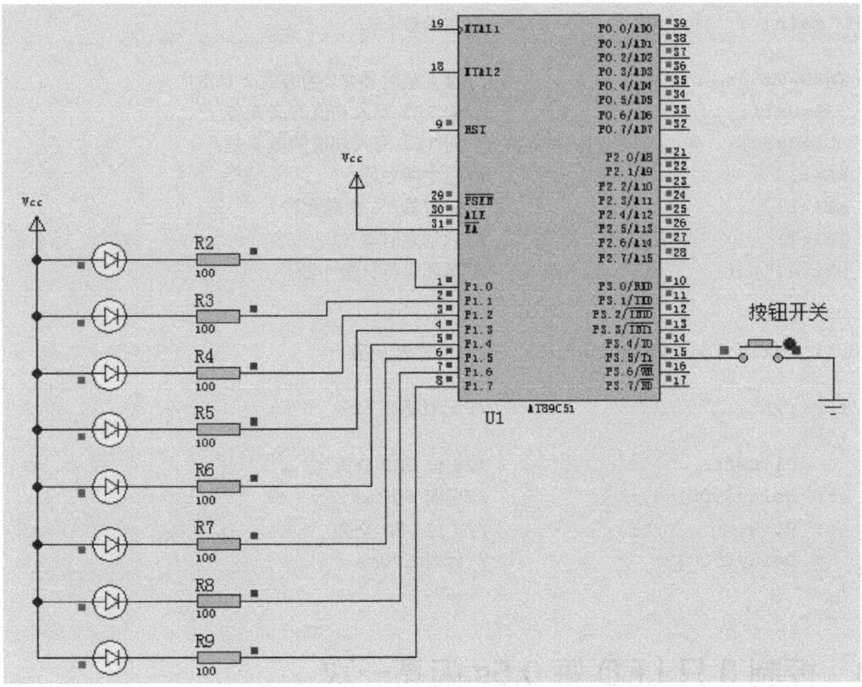

图 6-2　由外部计数输入信号控制 LED 的闪烁

本例定时器/计数器 T1 采用计数模式，方式 1 中断，因此首先要设置各相关的特殊功能寄存器。

（1）设置 TMOD 寄存器

定时器 T1 工作在方式 1，应使 TMOD 寄存器的 M1、M0=01；设置 $C/\overline{T}$=1，为计数器模式；对 T0 的运行控制仅由 TR0 来控制，应使 GATE0=0。定时器 T0 不使用，各相关位均设为 0。

所以，TMOD寄存器应初始化为0x50。

（2）设置T1的计数初值

由于每按1次按钮开关，计数器计数1次，按4次后，P1口8只LED闪烁不停。因此计数器的初值为65 536-4=65 532，将其转换成十六进制后为0xfffc，所以计数器的初值应装入：TH0=0xff，TL0=0xfc。

（3）IE寄存器的设置

由于采用T1中断，所以需将IE寄存器中的EA、ET1位置1。

（4）启动和停止定时器T1

使定时器控制寄存器TCON中的TR1=1，启动定时器T1计数；TR1=0，停止T1计数。

参考程序如下。

```
#include <reg51.h>
void Delay(unsigned int i)          //延时函数
{
    unsigned int j;
    for(;i>0;i--)                   //变量i由实际参数传入一个值，因此i不能赋初值
    for(j=0;j<125;j++)
    {;}                             //空函数
}

void  main( )                       //主函数
{
    TMOD=0x50;                      //设置定时器T1为方式1计数
    TH1=0xff;                       //向TH1写入初值的高8位
    TL1=0xfc;                       //向TL1写入初值的低8位
    EA=1;                           //总中断允许
    ET1=1;                          //定时器T1中断允许
    TR1=1;                          //启动定时器T1
    while(1) ;                      //循环等待计数中断
}

void T1_int(void)  interrupt 3      //T1中断函数
{
    for(;;)                         //无限循环
    {
        P1=0xff;                    //8位LED全灭
        Delay(500) ;                //延时500ms
        P1=0;                       //8位LED全亮
        Delay(500);                 //延时500ms
    }
}
```

例6-3　控制8只LED每0.5s闪亮一次

单片机的P1口上接有8只LED，原理电路如图6-3所示。下面采用定时器T0的方式1的定时中断，控制P1口外接的8只LED每0.5s闪亮一次。

（1）设置TMOD寄存器

定时器T0工作在方式1，应使TMOD寄存器的M1、M0=01；设置$C/\overline{T}$=0，为定时器工作模式；对T0的运行控制仅由TR0来控制，应使相应的GATE0位=0。定时器T1不使用，各相关位均设为0。所以，TMOD寄存器应初始化为0x01。

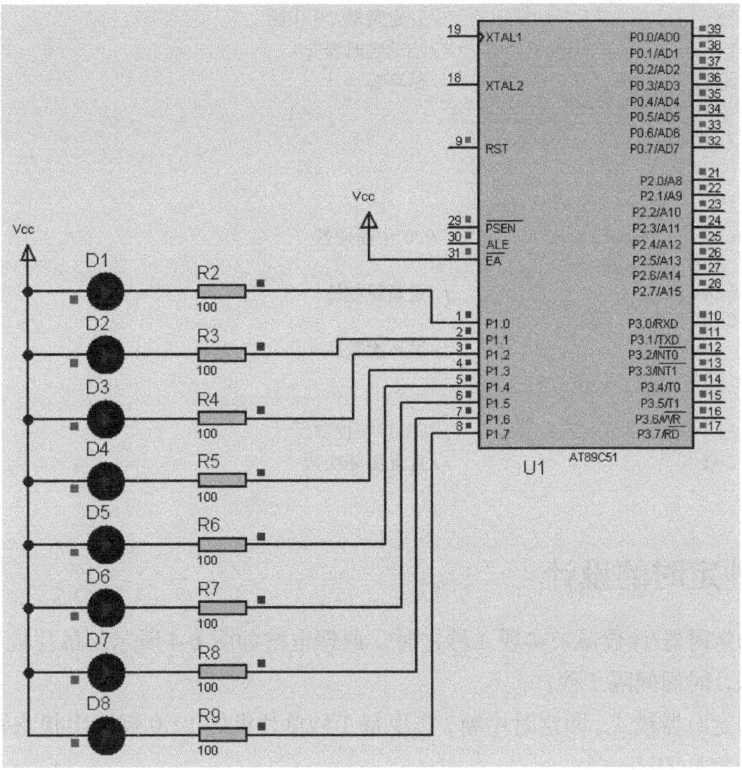

图 6-3 单片机控制 8 只 LED 每 0.5s 闪亮一次

（2）计算定时器 T0 的计数初值

设定时时间为 5ms（即 5 000μs），设定时器 T0 的计数初值为 x，假设晶振的频率为 11.059 2MHz，则定时时间为：

定时时间=$(2^{16}-x)\times12$/晶振频率

则 $5\,000=(2^{16}-x)\times12/11.059\,2$

得 $X=70\,928$

转换成十六进制后为 0xee00，其中 0xee 装入 TH0，0x00 装入 TL0。

（3）设置 IE 寄存器

本例由于采用定时器 T0 中断，因此需将 IE 寄存器中的 EA、ET0 位置 1。

（4）启动和停止定时器 T0

将定时器控制寄存器 TCON 中的 TR0=1，启动定时器 T0；TR0=0，停止定时器 T0 定时。

参考程序如下。

```
#include<reg51.h>
char i=100;

void main ()                        //主函数
{
    TMOD=0x01;                      //定时器 T0 为方式 1
    TH0=0xee;                       //设置定时器初值
    TL0=0x00;
    P1=0x00;                        //P1 口 8 个 LED 点亮
    EA=1;                           //总中断打开
```

```
        ET0=1;                          //开定时器 T0 中断
        TR0=1;                          //启动定时器 T0
        while(1);                       //循环等待
        {
            ;
        }
    }

    void timer0( ) interrupt 1          //T0 中断函数
    {
        TH0=0xee;                       //重新赋初值
        TL0=0x00;
        i--;                            //循环次数减 1
        if(i<=0)
        {
            P1=~P1;                     //P1 口按位取反
            i=100;                      //重置循环次数
        }
    }
```

例 6-4　秒定时的设计

利用片内定时器/计数器来实现 1 秒定时。原理电路如图 6-4 所示。单片机 P1.0 脚控制发光二极管闪烁，时间间隔 1 秒。

本例使用定时器模式，即定时中断，实现每 1 秒单片机的 P1.0 脚输出状态发生一次翻转，即发光二极管每秒闪亮一次。

内部计数器用于定时器时，是对机器周期计数，可根据单片机的时钟频率算出机器周期，再计算出定时时间，从而得出定时时间常数。

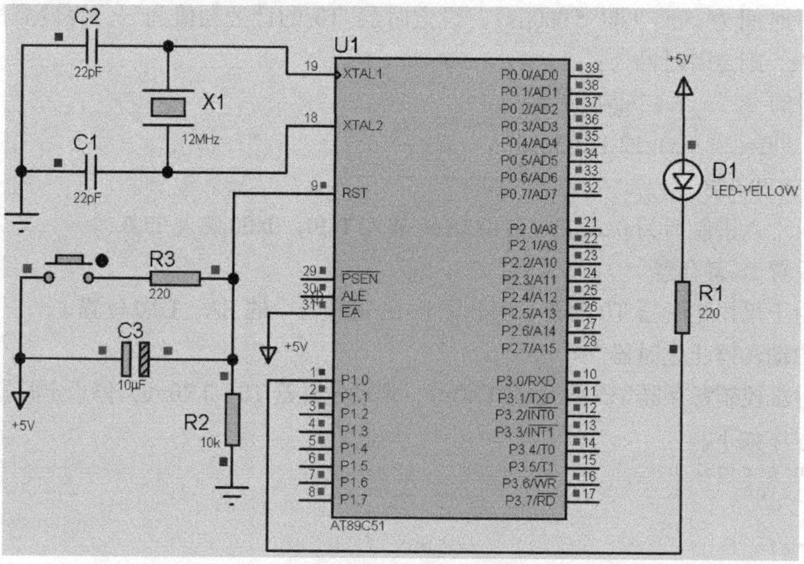

图 6-4　利用定时器控制发光二极管 1 秒闪亮 1 次

参考程序如下。

```
#include "reg51.h"
#define uchar unsigned char
#define uint unsigned int
```

```
#define TICK10000                  //10 000×100μs=1s
#define T100us 256-100             //100μs 时间常数（晶振为 12MHz）
sbit  led=P1^0;
uint  C100us;

void main(void)                    //主函数
{
    led=0;
    TMOD=0X02;
    TH0=T100us;
    TL0=T100us;
    IE=0X92;                       //开总中断和定时器 0 中断
    TR0=1;
    C100us=TICK;
    while(1);
}

void timer0()  interrupt 1         //定时器 T0 中断函数
{
    C100us--;
    if(C100us==0)led=~led,C100us=TICK;  //1s 时间到，取反 LED
}
```

例 6-5　控制 P1.0 脚产生频率为 500Hz 的方波

假设系统时钟为 12MHz，实现从单片机 P1.0 引脚上输出一个频率为 500Hz，即周期为 2ms 的方波，如图 6-5 所示。

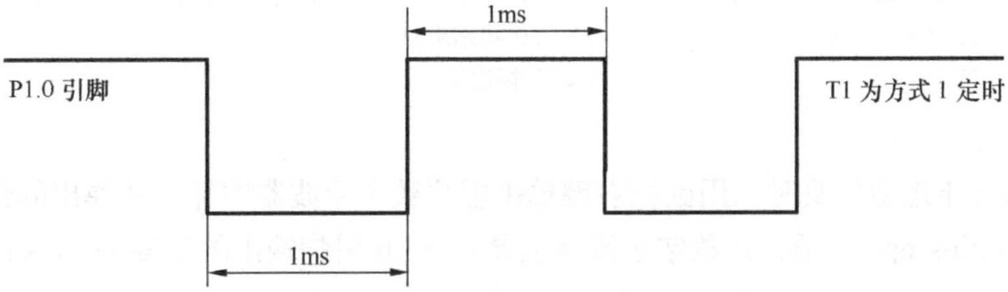

图 6-5　定时器控制 P1.0 输出一个周期为 2ms 的方波

要在 P1.0 上产生周期为 2ms 的方波，定时器应产生 1ms 的定时中断，定时时间到则在中断服务程序中对 P1.0 求反。使用定时器 T0 的方式 1 定时中断，GATE 不起作用。

本例的原理电路如图 6-6 所示。其中在 P1.0 引脚接有虚拟示波器，用来观察产生的周期为 2ms 的方波。

下面计算 T0 的初值：设 T0 的初值为 x，有

$$(2^{16}-x)\times 1\times 10^{-6}=1\times 10^{-3}$$

即　　$65\,536-x=1\,000$

得 x=64 536，对应的十六进制数的计数初值为 0xfc18。将高 8 位数 0xfc 装入 TH0，低 8 位数 0x18 装入 TL0。

参考程序如下。

```
#include <reg51.h>          //头文件 reg51.h
sbit P1_0=P1^0;             //定义特殊功能寄存器 P1 的位变量 P1_0

void main(void)             //主程序
{
```

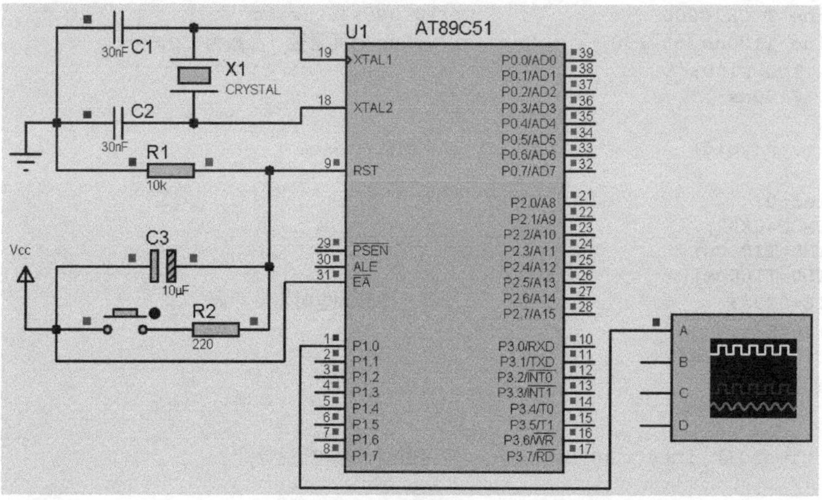

图6-6　定时器控制P1.0输出周期2ms的方波的原理电路图

```
    TMOD=0x01;                          //设置T0为方式1
    TR0=1;                              //接通T0
    while(1)                            //无限循环
    {
        TH0=0xfc;                       //装入T0高8位初值
        TL0=0x18;                       //装入T0低8位初值
        do{}while(!TF0);                //判TF0是否为1，为1则T0溢出，往下执行，否则原地循环
        P1_0=!P1_0;                     //P1.0状态求反
        TF0=0;                          //TF0标志清0
    }
}
```

在Proteus下虚拟仿真时，用鼠标右键单击虚拟数字示波器图标，在弹出的快捷菜单中单击Digital oscilloscope选项，在数字示波器上显示P1.0引脚输出的周期为2ms的方波，如图6-7所示。

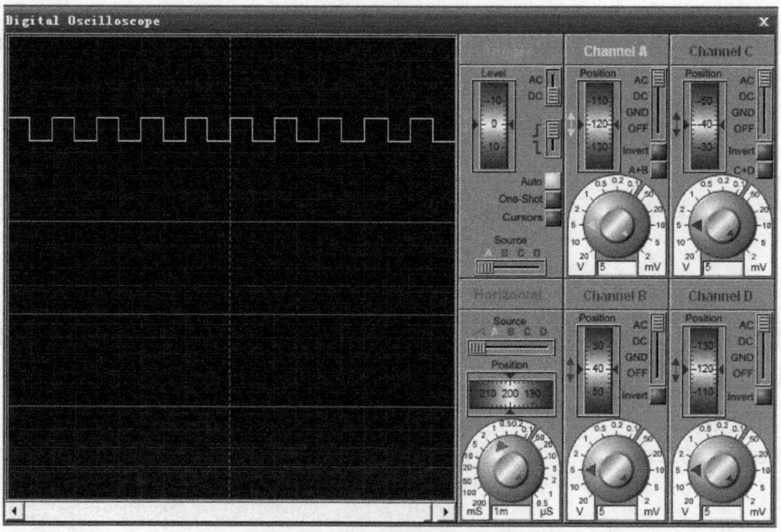

图6-7　虚拟数字示波器显示的2ms的方波波形

例 6-6　利用 T1 控制发出 1kHz 的音频信号

本例的电路如图 6-8 所示。

利用定时器 T1 的中断控制 P1.7 引脚输出频率为 1kHz 的方波音频信号，并驱动蜂鸣器发声。系统时钟为 12MHz。方波音频信号的周期为 1ms，因此 T1 的定时中断时间为 0.5 ms，进入中断服务程序后，对 P1.7 求反。先计算 T1 初值，系统时钟为 12MHz，则方波的周期为 1μs。1kHz 的音频信号周期为 1ms，要定时计数的脉冲数为 x，则装入 T1 的高 8 位计数初值和低 8 位计数初值分别如下。

$$TH1=(65\,536-x)/256;\quad TL1=(65\,536-x)\%256$$

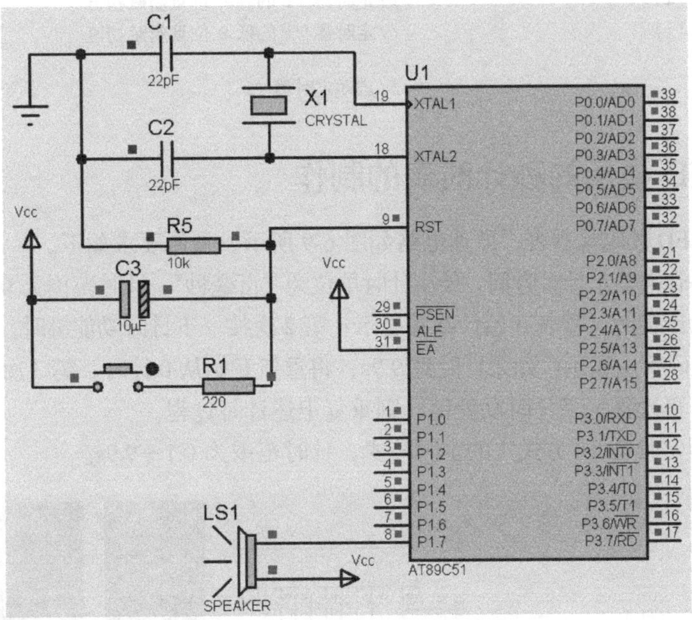

图 6-8　控制蜂鸣器发出 1kHz 的音频信号

参考程序如下。

```
#include<reg51.h>                   //包含头文件
sbit sound=P1^7;                    //将 sound 位定义为 P1.7 引脚，控制蜂鸣器
#define f1(a) (65536-x)/256         //定义装入定时器高 8 位的初值
#define f2(a) (65536-x)%256         //定义装入定时器低 8 位的初值
unsigned int i = 500;
unsigned int j = 0;

void main(void)
{
    EA=1;                           //开总中断
    ET1=1;                          //允许定时器 T1 中断
    TMOD=0x10;                      //TMOD=0001 000B，使用 T1 的方式 1 定时
    TH1=f1(i);                      //给定时器 T1 高 8 位赋初值
    TL1=f2(i);                      //给定时器 T1 低 8 位赋初值
    TR1=1;                          //启动定时器 T1
    while(1)
    {                               //循环等待
```

```
        i=460;                      //赋值 T1 定时中断的初值，中断函数中用到了 i 的值
        while(j<2000);              //等待中断中 j 加到 2 000 时执行下一句
        j=0;                        //给 j 赋值
        i=360;                      //赋值 T1 定时中断的初值，中断函数中用到了 i 的值
        while(j <2000);             //等待中断中 j 加到 2 000 时执行下一句
        j=0;                        //给 j 赋值，然后循环
    }
}
void T1(void) interrupt 3 using 0   //定时器 T1 中断函数
{
    TR1= 0;                         //关闭定时器 T1
    sound=~sound;                   //P1.7 输出求反
    TH1=f1(i);                      //定时器 T1 的高 8 位重新赋初值
    TL1=f2(i);                      //定时器 T1 的低 8 位重新赋初值
    j++;
    TR1=1;                          //启动定时器 T1
}
```

例 6-7 LED 显示的秒计时表的制作

制作一个 LED 数码管秒表，原理电路如图 6-9 所示。具体要求如下。

用 2 位数码管来显示计时时间，最小计时单位为“百毫秒”，计时范围为 0.1～9.9s。当第 1 次按一下计时功能键时，秒表开始计时并显示；第 2 次按一下计时功能键时，停止计时，将计时的时间值在数码管上显示；如果计时到 9.9s，将重新开始从 0 计时；第 3 次按一下计时功能键，秒表清零。再次按一下计时功能键，则重复上述计时过程。

本秒表采用定时器 T0 方式 1 的定时模式，计时范围为 0.1～9.9s。

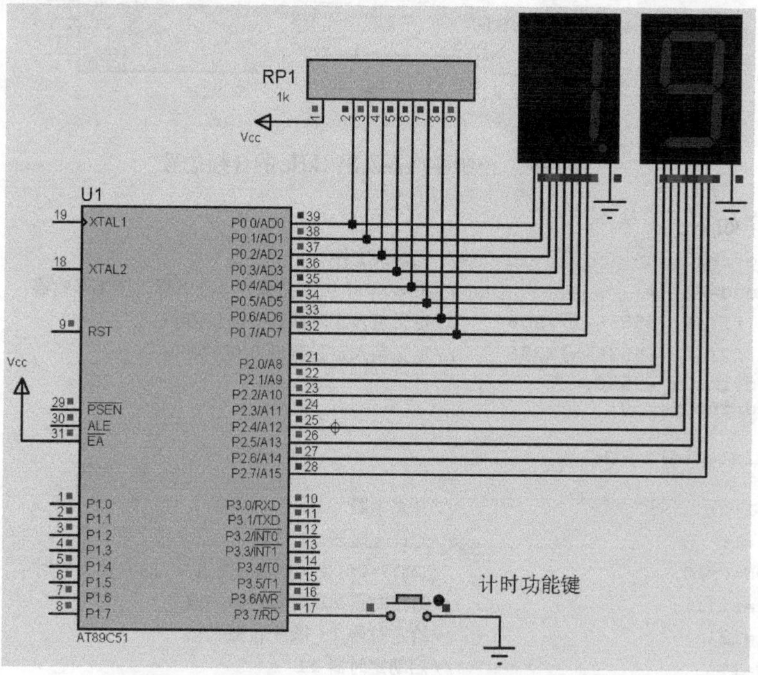

图 6-9 LED 数码管显示的计时表的原理电路

本例参考程序如下。

```
#include<reg51.h>                    //包含寄存器定义的头文件
unsigned char code discode1[]={0xbf,0x86,0xdb,0xcf,0xe6,0xed,0xfd,0x87,0xff,0xef};
                                     //共阴极数码管显示带小数点的 0~9 段码表
unsigned char code discode2[]={0x3f,0x06,0x5b,0x4f,0x66,0x6d,0x7d,0x07,0x7f,0x6f};
                                     //共阴极数码管显示不带小数点的 0~9 段码表
unsigned char timer=0;               //记录中断次数
unsigned char second;                //储存秒
unsigned char key=0;                 //记录按键次数

main()                               //主函数
{
    TMOD=0x01;                       //设置定时器 T0 方式 1 定时
    ET0=1;                           //允许定时器 T0 中断
    EA=1;                            //总中断允许
    second=0;                        //设秒单元的初始值
    P0=discode1[second/10];          //显示秒位 0
    P2=discode2[second%10];          //显示 0.1s 位 0
    while(1)                         //循环
    {
        if((P3&0x80)==0x00)          //当按键被按下时，P3.7 脚为 0
        {
            key++;                   //按键次数加 1
            switch(key)              //根据按键次数分 3 种情况
            {
                case 1:              //第 1 次按下为启动秒表计时
                TH0=0xee;            //向 TH0 写入计数初值的高 8 位
                TL0=0x00;            //向 TL0 写入计数初值的低 8 位，定时 5ms
                TR0=1;               //启动定时器 T0
                break;
                case 2:              //按 2 次后，暂停秒表
                TR0=0;               //关闭定时器 T0
                break;
                case 3:              //按 3 次后秒表清零
                key=0;               //按键次数单元清零
                second=0;            //秒表清零
                P0=discode1[second/10];      //显示秒位为 0
                P2=discode2[second%10];      //显示 0.1 秒位为 0
                break;
            }
            while((P3&0x80)==0x00);          //如果按键时间过长在此循环
        }
    }
}

void int_T0() interrupt 1 using 0            //定时器 T0 中断函数
{
    TR0=0;                           //停止计时，执行以下操作（会带来计时误差）
    TH0=0xee;                        //向 TH0 写入初值的高 8 位
    TL0=0x00;                        //向 TL0 写入初值的低 8 位，定时 5ms
```

6

```
    timer++;                          //记录中断次数
    if (timer==20)                    //中断 20 次，共计时 20×5ms=100ms=0.1s
    {
        timer=0;                      //中断次数清零
        second++;                     //加 0.1s
        P0=discode1[second/10];       //根据计时时间，即时显示 s 位
        P2=discode2[second%10];       //根据计时时间，即时显示 0.1s 位
    }
    if(second==99)                    //当计时到 9.9s 时
    {
        TR0=0;                        //停止计时
        second=0;                     //秒数清零
        key=2;                        //按键数置 2，当再次按下按键时，key++,即 key=3，秒表清零
    }
    else                              //计时不到 9.9s 时
    {
        TR0=1;                        //启动定时器继续计时
    }
}
```

例 6-8　使用专用数码管显示控制芯片的秒计时表制作

制作一个 2 位 LED 数码管显示的秒计时表，最小计时单位为“秒”，显示范围为 00～99s，每秒自动加 1，另设置一个“开始”键和一个“复位”键。如“开始”键按下，时钟开始走时，数码管显示 2 位的秒时间；如“复位”键按下，数码管清零显示 00。

秒计时表的电路原理以及仿真如图 6-10 所示。图 6-10 中为按下“开始”按键后的情况，在按键按下前，数码管无显示。运行期间如果按下“复位”按键，则计时停止，数码管显示 00。

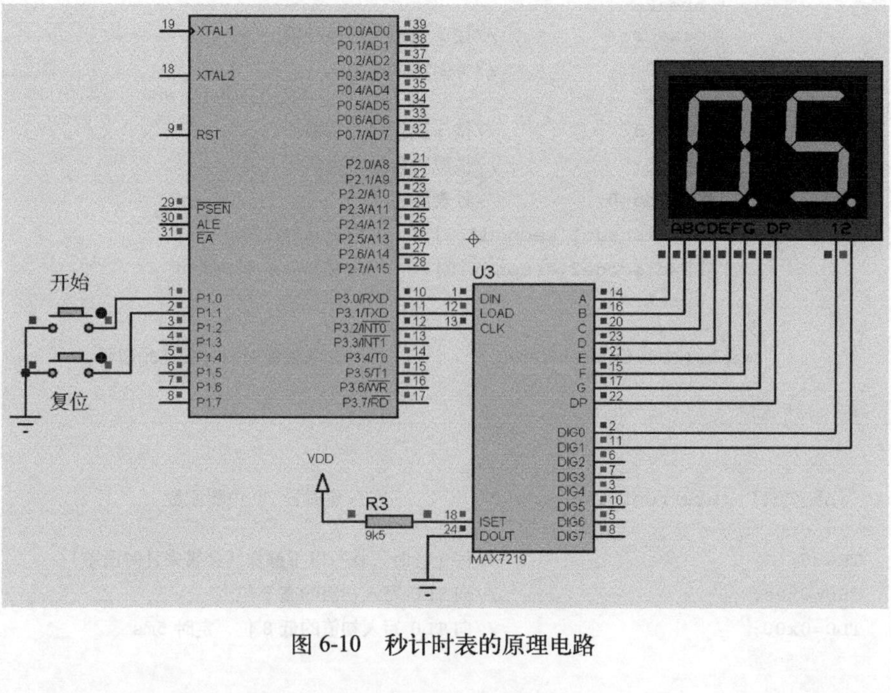

图 6-10　秒计时表的原理电路

本例采用专用的数码管显示控制芯片 MAX7219，其引脚如图 6-11 所示。

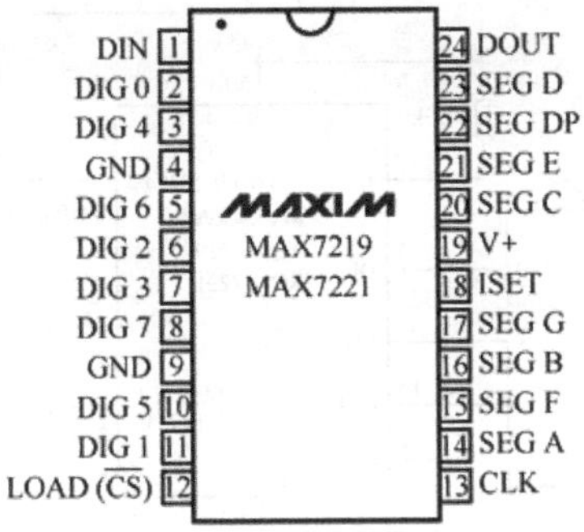

图 6-11 MAX7219 的引脚

MAX7219 是美国 MAXIM 公司的串行输入/输出共阴极显示驱动器，该芯片最多可驱动 8 只 LED 数码管或 64 个 LED 和条形图显示器。各引脚功能说明见表 6-1。

表 6-1 MAX7219 引脚说明

引脚号	名 称	功能说明
1	DIN	串行数据输入端，在 CLK 的上升沿数据被锁存入片内 16 位移位寄存器中
2,3,5,6,7, 8,10,11	DIG0-DIG7	8 位 LED 位选线
4,9	GND	地（2 个 GND 必须连在一起）
12	LOAD	装载输入数据。在 LOAD 的上升沿，最后 16 位串行数据被锁存
13	CLK	时钟输入。最高时钟频率为 10MHz，在 CLK 的上升沿，数据被锁存到内部移位寄存器，在 CLK 的下降沿，数据从 DOUT 脚输出
14～17 20～23	SEGA-SEGDP	7 段驱动和小数点驱动
18	ISET	该引脚通过一个电阻与 V+相连，设置段电流
19	V+	+5V 电源电压
24	DOUT	串行数据输出端，输入 DIN 的数据在 16.5 个周期后在 DOUT 输出，该引脚用于级联扩展

MAX7219 典型应用电路如图 6-12 所示，8DIGITS 为位码端，8SEGMENTS 为段码端。对于 MAX7219，串行数据以 16 位包的形式从 DIN 引脚串行输入，在 CLK 的每一个上升沿一位一位地送入芯片内部 16 位移位寄存器，而不管 LOAD 脚的状态如何，LOAD 脚必须在第 16 个 CLK 上升沿出现的同时或之后，并在下一个 CLK 上升沿之前变为高电平，否则移入的数据将丢失。

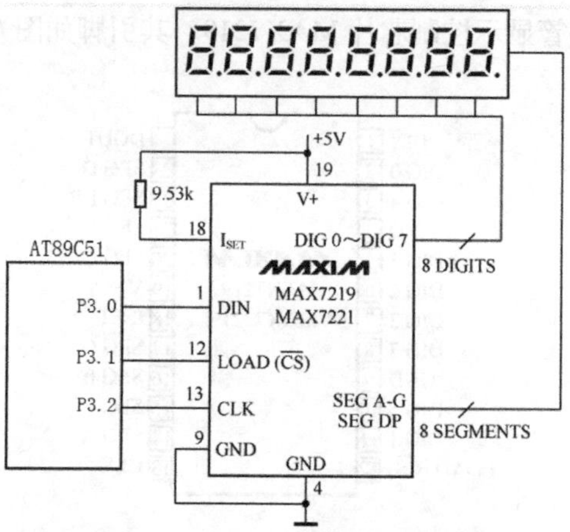

图 6-12　MAX7219 的典型应用电路

16 位数据包的格式如下。

D15	D14	D13	D12	D11	D10	D9	D8	D7	D6	D5	D4	D3	D2	D1	D0
×	×	×	×	地址				数据							

MAX7219 通过 D11～D8 的 4 位地址位译码，可寻址内部 14 个寄存器，分别是 8 个 LED 显示位寄存器、5 个控制寄存器和 1 个空操作寄存器。LED 显示寄存器由内部 8×8 静态 RAM 构成，操作者可直接对位寄存器进行单独寻址，以刷新和保存数据，只要 V+超过 2V（一般为+5V）即可。控制寄存器包括：译码方式，亮度控制、扫描范围（选择扫描位数）、停机方式和显示测试寄存器。各寄存器的地址如表 6-2 所示。

表 6-2　各寄存器的地址

寄存器	地址（D15～D08）	十六进制（HEX）
空操作	××××0000	0x0
DIGIT0 数码管 0	××××0001	0x1
DIGIT0 数码管 1	××××0010	0x2
DIGIT0 数码管 2	××××0011	0x3
DIGIT0 数码管 3	××××0100	0x4
DIGIT0 数码管 4	××××0101	0x5
DIGIT0 数码管 5	××××0110	0x6
DIGIT0 数码管 6	××××0111	0x7
DIGIT0 数码管 7	××××1000	0x8
译码方式	××××1001	0x9
亮度控制	××××1010	0xa
扫描范围	××××1011	0xb
停机方式	××××1100	0xc
显示测试	××××1101	0xd

MAX7219 的驱动程序首先必须对 5 个控制寄存器进行初始化，初始化设置各项的选择见表 6-3。由于 MAX7219 内部 16 位寄存器的位号与从 DIN 发送来的串行数据的位号刚好相反，

所以数据在发送之前必须进行倒序。

表 6-3 初始化设置各项的选择以及对应数值

设置项目	选　择	颠倒后的数值（16 位）
亮度控制	17/32	0x5f1f
扫描范围	0～7 位	0xdfff
译码方式	非译码方式	0x9f00
显示测试	正常操作	0xff00
关机方式	正常操作	0x3f80

本例通过按键控制计时表的走时/停止，采用定时器 T0 作为计时器，每 10ms 产生一次中断，每 100 次中断时间为 1s。在此期间，如“开始”按键按下，程序将 TR0 置为 1，T0 运行，时钟开始走时；如“复位”按键按下，程序将 TR0 置为 0，同时将时间变量清零，从而中断停止，并实现复位。

本例参考程序如下。

```
#include<reg51.h>
#include<stdio.h>

sbit  DIN=P3^0;
sbit  LOAD=P3^1;
sbit  CLK=P3^2;

sbit  key0=P1^0;
sbit  key1=P1^1;

unsigned char minute=0;
unsigned char counter=0;

unsigned char num_add[]={0x01,0x02,0x03,0x04,0x05,0x06,0x07,0x08};
unsigned char num_dat[]={0x80,0x81,0x82,0x83,0x84,0x85,0x86,0x87,0x88,0x89};

void max7219_send(unsigned char add,unsigned char dat)
{
    unsigned char ADS,i,j;

    LOAD=0;
    i=0;
    while(i<16)
    {
        if(i<8)
        {
            ADS=add;
        }
        else
        {
            ADS=dat;
        }
        for(j=8;j>=1;j--)
        {
            DIN=ADS&0x80;
            ADS=ADS<<1;
            CLK=1;
            CLK=0;
        }
        i=i+8;
    }
    LOAD=1;
}
```

6

```
void max7219_init()
{
    max7219_send(0x0c,0x01);
    max7219_send(0x0b,0x07);
    max7219_send(0x0a,0xf5);
    max7219_send(0x09,0xff);
}

void display(unsigned char x)          //显示函数
{
    unsigned char i,j;
    i=x/10;
    j=x%10;
    max7219_send(num_add[1],num_dat[j]);
    max7219_send(num_add[0],num_dat[i]);
}

void timer_init()
{
    EA=1;
    ET0=1;
    TMOD=0x01;
    TH0=0xd8;                          //设定10ms中断一次
    TL0=0xef;
}

void main()
{
    while(!((key0==0)&&(key1==1)))
    {
        TR0=0;
        minute=0;
        display(minute);               //没有按下开始键时等待
    }
    if((key0==0)&&(key1==1))
    {
        max7219_init();
        timer_init();
        TR0=1;
        while(!((key0==1)&&(key1==0)));
        if((key0==1)&&(key1==0))
        {
            TR0=0;
            minute=0;
            display(minute);
        }
    }
}

void timer_10ms() interrupt 1
{
    if(counter<100)
    {
        counter++;
    }
    else
    {
        if(minute<99)
        {
            minute++;
            counter=0;
        }
    else
    {
```

```
            minute=0;
            counter=0;
        }
    }
    TH0=0xd8;                   //设定 10ms 中断一次
    TL0=0xef;
    display(minute);
```

例 6-9 脉冲分频器的设计

设计一个 100 脉冲分频器。使用定时器 T1 方式 2 对 T1 脚（P3.5）输入的脉冲计数，每计满 100 个脉冲时在 P1.1 脚输出一个正脉冲。T1 脚输入的计数脉冲由虚拟数字时钟发生器产生，同时在 T1 脚接有一个虚拟计数器/计时器来监测数字时钟发生器输出的脉冲数。

脉冲分频器的原理电路如图 6-13 所示。

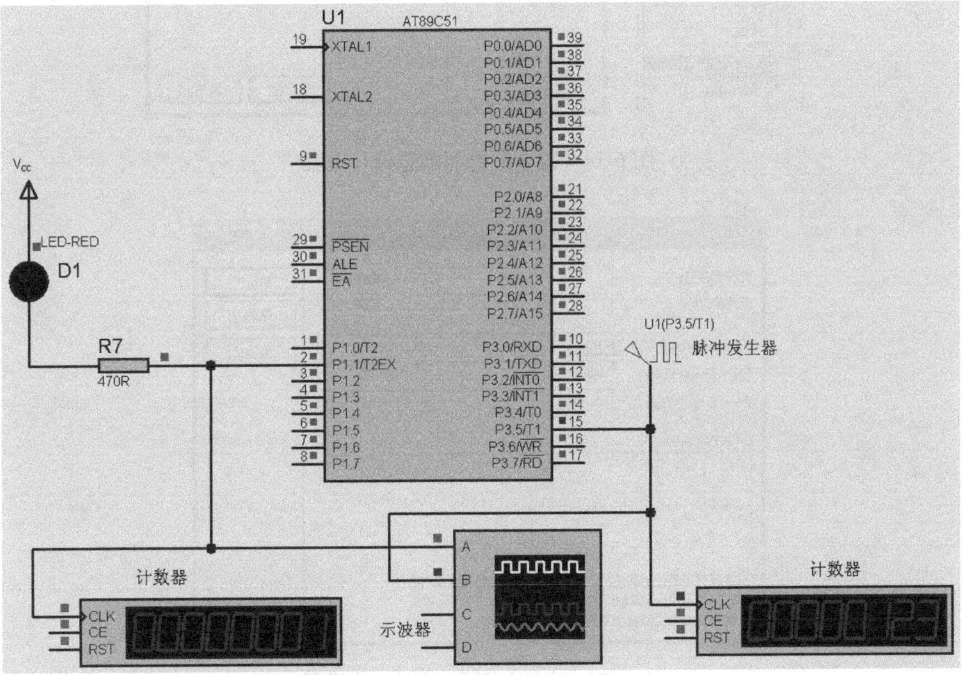

图 6-13 脉冲分频器的原理电路

T1 方式 2 定时器的初值设置为 9CH（十进制数 156）。T1 对 P3.5 脚的脉冲计数，每计满 100 个数，T1 溢出，申请中断，进入中断服务程序，把 P1.1 脚的电平求反，从而产生对数字时钟源 100 分频后的方波。同时使用另一个虚拟的计数器/计时器对 P1.1 脚输出的方波计数，从数字时钟发生器与拟计数器/计时器的计数结果即可看出，数字时钟源每发出 100 个脉冲，与 P1.1 脚连接的虚拟计数器的计数结果就增 1，说明完成了脉冲分频的要求。

本例涉及数字时钟源 DCLOCK 以及虚拟计数器/计时器的添加与设置。

（1）数字时钟源 DCLOCK 的属性设置。单击信号源选择按钮，在对象选择器中选择 DCLOCK，频率设置为 10Hz，如图 6-14 所示。

（2）虚拟计数器/计时器的属性设置。在虚拟仪器对象选择器中选择 COUNTER TIMER，设置其为计数工作方式，如图 6-15 所示。

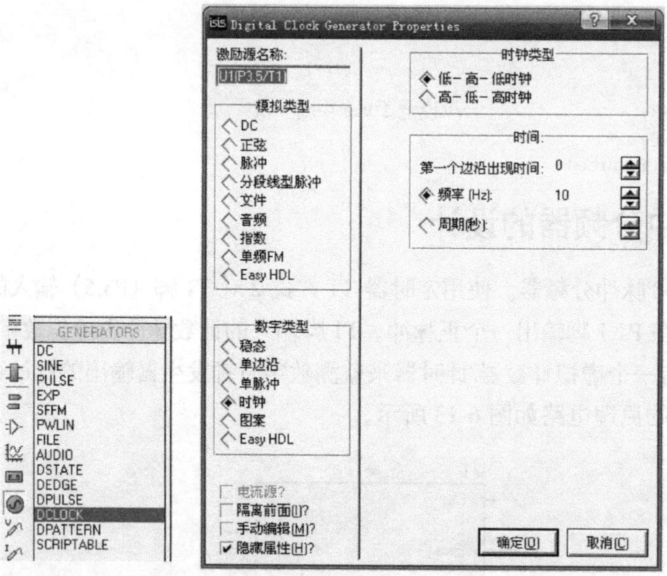

图 6-14 数字时钟源的选择与设置

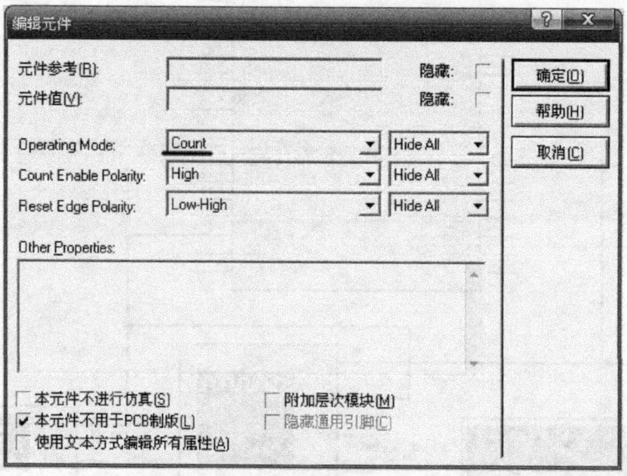

图 6-15 虚拟计数器/计时器的设置

参考程序如下。

```
#include<reg51.h>
sbit led=P1^1;                  //定义位变量
void tx_init( )                 //初始化函数
{
    TMOD=0x60;                  //对定时器 T1 进行初始化，为方式 2 计数器
    TH1=0x9c;                   //定时器 T1 初值为 9CH，即十进制数 156
    TL1=0x9c;
    ET1=1;                      //允许定时器 T1 中断，每计满 100 个数中断 1 次
    EA=1;                       //中断总开关允许
    TR1=1;                      //启动 T1
    led=1;
}

void main()                     //主程序
```

```
{
    tx_init();                          //初始化函数
    while(1);
}

void  tx0_func() interrupt 3           //定时器 T1 中断函数
{
    led=~led;                           //P1.1 脚电平求反，控制 P1.1 脚的发光二极管闪烁
    led=~led;
}
```

单击仿真按钮 ▶，主程序仿真运行结果如图 6-13 所示。

例 6-10 利用定时器设计的门铃

用定时器控制蜂鸣器模拟发出叮咚的门铃声，用较短的定时形成较高频率的声音“叮”，用较长的定时形成较低频率的声音“咚”，仿真电路加入虚拟示波器，按下按键时除听到门铃声外，还会从示波器的屏幕上观察到两种声响的不同脉宽。

本例设计需要一个蜂鸣器和一个门铃按钮开关。

本例的原理电路如图 6-16 所示。图中 P2.0 连接门铃按钮开关，P2.3 连接蜂鸣器，采用定时器中断来控制蜂鸣器响声。P2.6、P2.7 连接示波器用于观察蜂鸣器响应的脉宽。

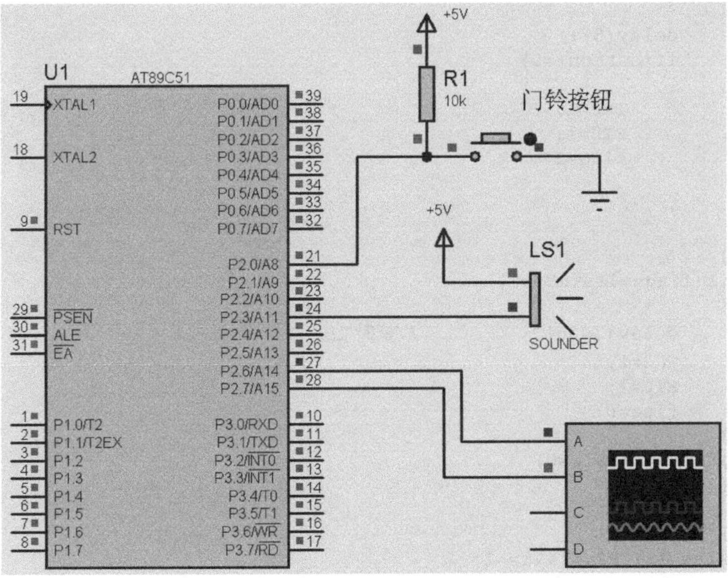

图 6-16 基于定时器的门铃原理电路

当按下门铃按钮开关时，开启中断，定时器溢出进入中断后，在软件中以标志位 *i* 来判断门铃的声音，开始响铃。先是“叮”，标志位 *i* 加 1，延时后接着是“咚”，标志位 *i* 加 1，然后是关中断。测铃响脉宽也是以标志位 *i* 来识别“叮咚”。当 *i* 为 0 时，给示波器 A 通道高电平；*i* 为 2 时，给示波器 B 通道高电平。

程序运行后，按下按钮开关就可以听到两声“叮咚”。单击示波器图标，在菜单中选择 Digital Oscilloscop 选项，在 A、B 通道可以分别观察到“叮”和“咚”的脉宽。

参考程序如下。

```
#include<reg52.h>
#define uint unsigned int
#define uchar unsigned char
sbit sounder=P2^3;
sbit button=P2^0;
sbit yin1=P2^6;
sbit yin2=P2^7;
uint code fre[]={1,1};              //音调
uint code len[]={1,2};
uint a,b,i;
bit flag;
void init(void);                    //声明初始化函数

void delay(uint z)                  //延时 1ms 函数
{
    uint x,y;
    for(x=z;x>0;x--)
    for(y=110;y>0;y--);
}

void main()                         //主程序
{
    init();                         //定时器 0 中断初始化
    while(1)
    {
        if(button==0)
        {
            delay(5);
            if(button==0)
            {
                TR0=1;
                ET0=1;
                flag=1;

            }

        }
        if(flag==1&&TR0==1)
        {
            delay(1000);            //延时 1s
            TR0=1;
            ET0=1;
            flag=0;
        }
        if(TR0==1&&i==0)
        {
            yin1=0;
        }
        else if(TR0==1&&i==1)
        {
            yin1=1;
            yin2=0;
        }
        else
        {
            yin1=1;
            yin2=1;
        }
    }
}

void init()                         //定时器 T0 初始化函数
{
    TMOD = 0x01;
```

```
    EA=1;
    TH0 = (65536-fre[i])/256;
    TL0 = (65536-fre[i])%256;
}

void timer0() interrupt 1                //定时器 T0 中断函数
{
    TH0 = (65536-fre[i])/256;
    TL0 = (65536-fre[i])%256;
    a++;
    if(a==len[i])
    {
        a=0;
        sounder=~sounder;
        b++;
        if(b==500)
        {
            b=0;
            i++;                         //变化音调数
            if(i==2)
            {
                i=0;
                sounder=1;
                TR0=0;                   //关定时器 T0
                ET0=0;                   //关 T0 中断
            }
        }
    }
}
```

例 6-11 60 秒倒计时时钟设计

利用定时器/计数器实现 60 秒倒计时时钟，两只数码管从 59 开始静态显示倒计时的秒值，当显示为 00 时，再从 59 开始显示倒计时。原理电路如图 6-17 所示。电路中的两片 74LS47 为 BCD-7 段数码管译码器/驱动器，用于将单片机输出的 BCD 码转化为数码管的显示数字，从而可简化显示程序的编写。

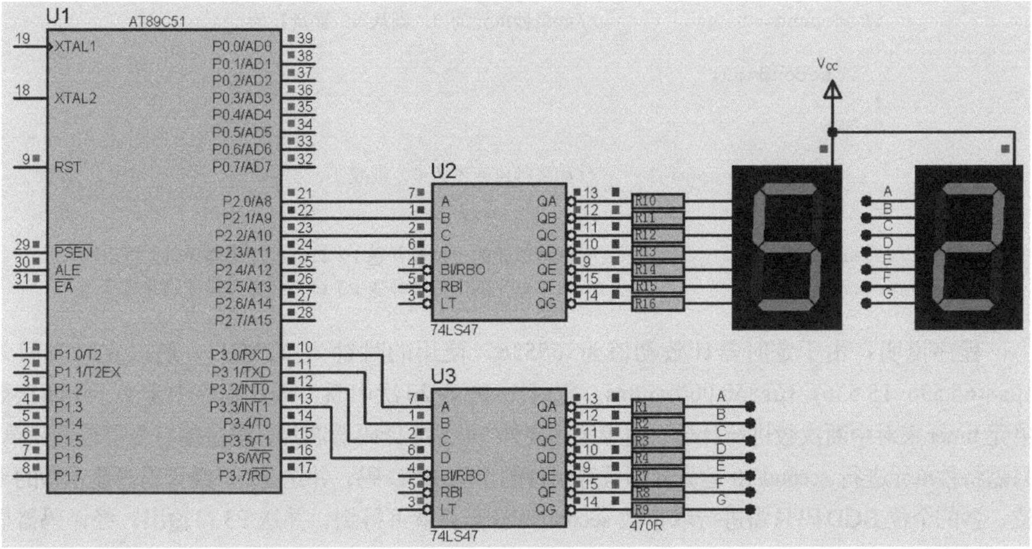

图 6-17 60 秒倒计时时钟

本例采用定时器/计数器 T1 的方式 1 定时，定时时间为 50ms，十进制数计数初值为 15536=65536-50000，对应的十六进制数为 0x3cb0，计数满 50 000 后，即 1μs × 50 000 = 50ms，20 次中断后，时间为 1s。从而秒单元增 1。

参考程序如下。

```
#include<reg52.h>
unsigned char second,timer;

void  t1_init( )                    //定时器 T1 初始化函数
{
    TMOD=0x10;                      //设置定时器 T1 方式 1 定时
    IE=0x88;                        //总中断允许，允许定时器 T1 中断
    TH1=0x3c;                       //给定时器 T1 装入计数初值
    TL1=0xb0;
    TR1=1;                          //启动定时器 T1
}

void  main()                        //主函数
{
    t1_init();                      //调用初始化函数
    second=59;                      //秒单元 second 初始值为 59
    timer=0;                        //中断次数计数单元 timer 初始值为 0
    while(1);
}

void t1_func() interrupt 3          //定时器 T1 中断函数
{
    TH1=0x3c;                       //重新装入计数初值
    TL1=0xb0;
    if(timer<20)
    {
        timer=timer+1;              //中断次数计数单元如果小于 20，则 timer 加 1
    }
    else if(timer==20)
    {
        timer=0;                    //如果中断次数计数单元 timer 等于 20，则 1 秒时间到
        if(second==0)               //如果秒单元为 0，则从 59 重新开始
        {
            second=59;
        }
        else
        {
            second=second-1;        //如果秒单元不为 0，则减 1
        }
    }
    P2=second/10;                   //取秒单元的十位数并送 P2 口，经译码器译码并显示
    P3=second%10;                   //取秒单元的个位数并送 P3 口，经译码器译码并显示
}
```

程序说明：由于定时器计数初值为 65536，使用的时钟为 12MHz，所以定时时间为 1μs×(65 536−15 536)=1μs×50 000=50ms。定时 1s 需要 20 次中断，因此程序中定义了中断次数单元 timer 来对中断次数进行计数。由于采用硬件 74LS74 译码器芯片，程序编写变得较为简单，只需将秒单元进行 second/10 运算，即可得到秒的十位 BCD 码，并送 P2 口经译码器显示秒的十位。秒的个位 BCD 码只需进行取余数 second%10 运算就可得到，并送 P3 口输出，经译码器显示秒的个位。

例 6-12　LCD 电子钟的设计

使用定时器/计数器实现一个电子钟的设计，采用 LCD 显示。液晶显示器采用 LCD 1602，原理电路如图 6-18 所示。

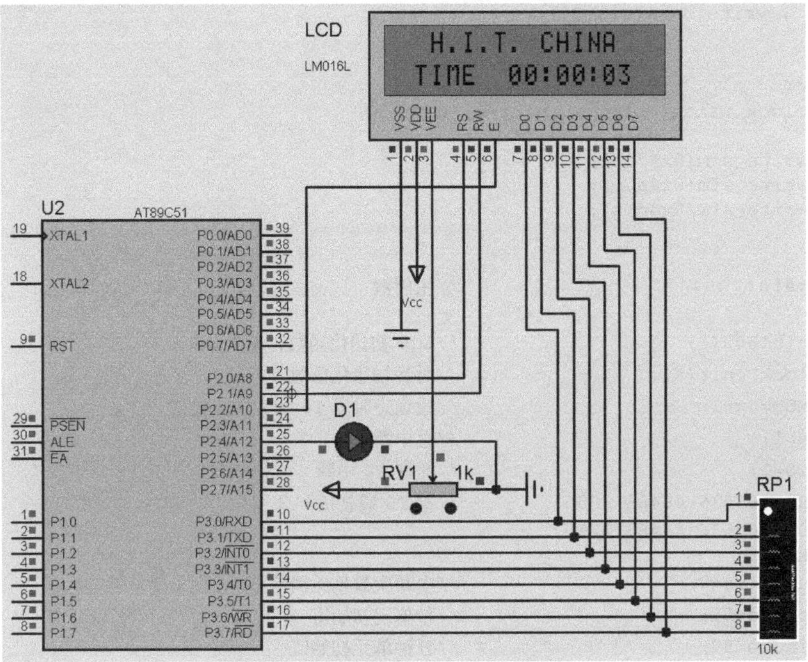

图 6-18　LCD 电子钟的原理电路

时钟的最小计时单位是秒，首先是获得 1s 的定时，可将定时器 T0 的定时时间定为 50ms，采用中断方式累计溢出次数，计满 20 次，则秒计数变量 second 加 1；若秒计满 60，则分计数变量 minute 加 1，同时将秒计数变量 second 清零；若分钟计满 60，则小时计数变量 hour 加 1；若小时计数变量满 24，则将小时计数变量 hour 清零。

先将定时器以及各计数变量设定完毕，然后调用时间显示的子程序。秒计时功能由定时器 T0 的中断服务子程序来实现。

参考程序如下。

```
#include<reg51.h>
#include<LCD1602.h>                        //头文件 LCD1602.h 见附录 1
#define uchar unsigned char
#define uint unsigned int
uchar int_time;                            //定义中断次数计数变量
uchar second;                              //定义秒计数变量
uchar minute;                              //定义分钟计数变量
uchar hour;                                //定义小时计数变量
uchar code date[]="  H.I.T. CHINA ";      //LCD 第 1 行显示的字符内容
uchar code time[]=" TIME 23:59:55  ";     //LCD 第 2 行显示的字符内容
uchar second=55,minute=59,hour=23;        //秒、分、小时单元的初值

void clock_init()                          //时钟初始化函数
{
    uchar i,j;
```

```
    for(i=0;i<16;i++)
    {
        write_data(date[i]);
    }
    write_com(0x80+0x40);
    for(j=0;j<16;j++)
    {
        write_data(time[j]);
    }
}

void clock_write( uint s, uint m, uint h)
{
     write_sfm(0x47,h);
     write_sfm(0x4a,m);
     write_sfm(0x4d,s);
}

void main()                              //主函数
{
    init1602();                          //LCD 初始化函数，见附录 1
    clock_init();                        //时钟初始化函数
    TMOD=0x01;                           //设置定时器 T0 为方式 1 定时
    EA=1;                                //总中断开
    ET0=1;                               //允许 T0 中断
    TH0=(65536-46483)/256;               //给 T0 装初值
    TL0=(65536-46483)%256;
    TR0=1;
    int_time=0;                          //中断次数单元清零
    second=55;                           //秒单元初始值
    minute=59;                           //分钟单元初始值
    hour=23;                             //小时单元初始值
    while(1)
    {
        clock_write(second ,minute, hour);
    }
}

void  T0_interserve(void)  interrupt 1  using 1  //定时器 T0 中断函数
{
    int_time++;                          //中断次数加 1
    if(int_time==20)                     //判断中断次数是否为 20
    {
        int_time=0;                      //中断次数变量单元清零
        second++;                        //秒计数变量单元加 1
    }
    if(second==60)                       //判断秒单元是否计满 60s
    {
        second=0;                        //秒计数变量单元清零
        minute ++;                       //分钟计数变量加 1
    }
    if(minute==60)                       //判断分钟单元是否计满 60s
    {
        minute=0;                        //分钟计数变量清零
        hour ++;                         //小时计数变量加 1
    }
    if(hour==24)                         //判断小时单元是否计满 24
    {
        hour=0;                          //计满 24，小时计数变量单元清零
```

```
        }
        TH0=(65536-46083)/256;              //定时器 T0 重新赋初值
        TL0=(65536-46083)%256;
    }
```

执行上述程序，就会在 LCD 显示器上显示实时时间。

例 6-13　LCD 显示的定时闹钟制作

制作一个简易的 LCD 显示的定时闹钟，当时钟时间与设置的闹铃时间一致时，继电器开关接通，也可发出声响（可控）。若 LCD 选择有背光显示的模块，在夜晚或黑暗的场合中也可以使用。

定时闹钟的原理电路如图 6-19 所示，其基本功能如下。

（1）显示时钟时间，格式为“时时：分分”，并可重新设置。

（2）显示闹铃时间，格式为“时时：分分”，且显示闪烁以便与时钟时间区分。闹铃时间可重新设置。

（3）程序执行后工作指示灯 LED 闪烁，表示时钟工作为时钟显示模式，LCD 显示的初始时间为 23:58。按下 K2，闪烁显示的 00:00 为闹铃的时间，单击 K3 又返回时钟显示模式。时钟从 23:58 开始计时，定时时间 00:00 到时，继电器开关接通，控制电器的开启，且可发出声响（可控）。

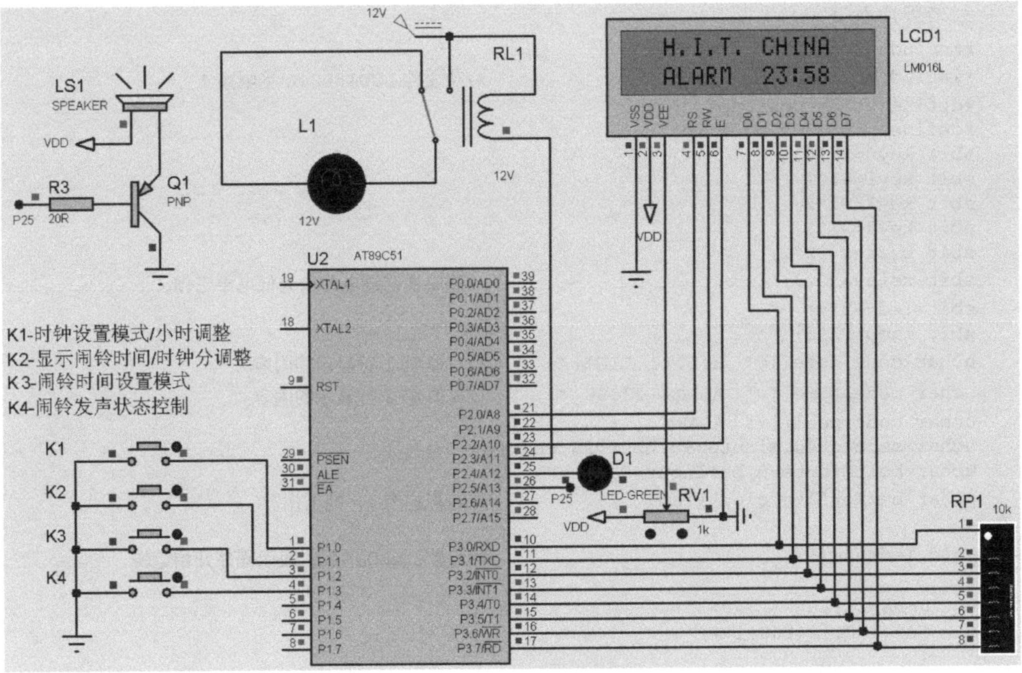

图 6-19　定时闹钟的原理电路

时钟与闹铃时间的设置可通过 4 个功能按键 K1～K4 实现，具体说明如下。

（1）时钟时间的设置。首先单击 K1 进入时钟设置模式。此时每单击一下 K1，小时增 1，单击一下 K2，分钟增 1，再单击 K3 则设置完成，返回时钟显示模式。此时小时和分钟均已发生变化。单击 K4，如果发出一声响，则定时到时，开关动作，蜂鸣器关闭；单击 K4，如果发出三声响，则开关动作，蜂鸣器发声。

（2）闹铃的时间设置。首先单击 K3 进入闹铃的设置模式。此时每单击一下 K1，小时增 1，单击一下 K2，分钟增 1，最后单击 K3，设置完成，返回闹铃显示模式。此时闹铃的小时和分钟均已发生变化。

（3）K4 的功能。K4 为闹铃是否发声的状态控制，设为 ON 状态，闹铃时间到时，连续 3 次发出"哗"的声音，设置为 OFF 状态时，发出"哗"的一声。开机默认声响关闭。

（4）K2 的单独功能。显示闹铃时间。

本案例设计的难点在于 4 个按键中的每个键都具有两个功能，以最终实现菜单化的输入功能。通过逐层嵌套的循环扫描，实现嵌套式的键盘输入。

另外，本例用到了电磁继电器（RELAY），电磁继电器一般由电磁铁、衔铁、弹簧片、触点等组成的，其工作电路由低压控制电路和高压工作电路两部分构成。只要在线圈两端加上一定的电压，线圈中就会流过一定的电流，从而产生电磁效应，衔铁就会在电磁力吸引的作用下克服返回弹簧的拉力吸向铁芯，从而带动衔铁的动触点与静触点（常开触点）吸合。当线圈断电后，电磁的吸力也随之消失，衔铁就会在弹簧的反作用力下返回原来的位置，使动触点与原来的静触点（常闭触点）吸合。这样的吸合、释放，达到了在电路中导通、切断的目的。在本例中，通过单片机输出的高电平、低电平控制电磁继电器的通断，从而实现工控系统中重要的"以弱控强"。

参考程序如下。

```
#include<reg51.h>
#include<LCD1602.h>                    //头文件 LCD1602.h 见附录 1
#define uchar unsigned char
#define uint unsigned int
sbit key0=P1^0;
sbit key1=P1^1;
sbit key2=P1^2;
sbit key3=P1^3;
sbit buzzer=P2^5;
sbit relay=P2^3;                       //蜂鸣器与继电器均为低电平工作
sbit led=P2^4;
sbit lamp=P2^5;
uchar code date[]=" H.I.T. CHINA ";    //LCD 第 1 行显示的内容
uchar code time[]=" ALARM 23:58 ";     //LCD 第 2 行显示的内容
uchar code bell[]=" ALARM   :   ";
uchar second=40,minute=58,hour=23,counter=0;
uchar bellminute=0,bellhour=0;
uchar buzzerflag,clockflag;            //若标志为 1，则工作

void ledshow()                         //函数：LED 闪烁，表示程序开始运转
{
    uchar i;
    for(i=0;i<=100;i++)
    {
        led=~led;
        delay(5);
    }
}

uchar keyscan()                        //键盘扫描函数
{
    uchar keyvalue,temp;
    keyvalue=0;
```

```
    P1=0xff;
    temp=P1;
    if(~(P1&temp))
    {
        switch(temp)
        {
            case 0xfe:
            keyvalue=1;
            break;
            case 0xfd:
            keyvalue=2;
            break;
            case 0xfb:
            keyvalue=3;
            break;
            case 0xf7:
            keyvalue=4;
            break;
            default:
            keyvalue=0;
            break;
        }
    }
    return keyvalue;
}

void clock_init()                          //LCD 时钟初始化函数
{
    uchar i,j;
    for(i=0;i<16;i++)
    {
        write_data(date[i]);
    }
    write_com(0x80+0x40);
    for(j=0;j<16;j++)
    {
        write_data(time[j]);
    }
}

void timer0_init()                         //中断初始化函数
{
    EA=1;
    ET0=1;
    TMOD=0x01;
    TH0=0xd8;                              //每 10ms 中断一次
    TL0=0xf0;
    TR0=1;
}

void clock_write()                         //时钟实时写入函数
{
    write_sfm(0x49,hour);
    write_sfm(0x4c,minute);
}

void key_menu()                            //键盘扫描函数
{
    unsigned char keyvalue_menu=0,keyvalue_change=0,i,j;
    keyvalue_menu=keyscan();
    if(keyvalue_menu)
    {
        if(keyvalue_menu==1)               //按 K1 键，走时停止，开始更改时钟值
        {
```

```
        while(~key0);                          //去按键抖动
        TR0=0;
        do
        {
            keyvalue_change=keyscan();
            if(keyvalue_change==1)             //按K1键，更改小时
            {
                while(~key0);
                if(hour<23)
                {
                    hour++;
                }
                else
                {
                    hour=0;
                }
            }
            else if(keyvalue_change==2)        //按K2键，更改分钟
            {
                while(~key1);
                if(minute<59)
                {
                    minute++;
                }
            else
            {
                    minute=0;
            }
        }
        else if(keyvalue_change==4)        //按K4键，更改响铃方式
        {
            while(~key3);
            buzzerflag=~buzzerflag;
            if(buzzerflag)                 //闹铃运转，3声
            {
                    buzzer=0;
                    delay(100);
                    buzzer=1;
                    delay(100);
                    buzzer=0;
                    delay(100);
                    buzzer=1;
                    delay(100);
                    buzzer=0;
                    delay(100);
                    buzzer=1;
                    delay(100);
            }
                else                                   //闹铃关闭，1声
                {
                    buzzer=0;
                    delay(100);
                    buzzer=1;
                    delay(100);
                }
            }
            write_sfm(0x49,hour);
            write_sfm(0x4c,minute);
            }while(keyvalue_change!=3);        //按K3键，重新开始走时
            while(~key2==0);
            TR0=1;                             //调整时间后重新开始走时
    }
    else if(keyvalue_menu==2)                  //按K2键，走时继续，显示闹钟值
```

```
{
    while(~key1);                                 //去按键抖动
    do{
            for(i=0;i<16;i++)
            {
                write_data(date[i]);
            }
            write_com(0x80+0x40);
            for(j=0;j<16;j++)
            {
                write_data(bell[j]);
            }
            write_sfm(0x49,bellhour);
            write_sfm(0x4c,bellminute);
            keyvalue_change=keyscan();
        }while(keyvalue_change!=3);      //未完成设置前始终显示当前闹钟
        while(~key2);
        }
        else if(keyvalue_menu==3)        //按 K3 键，走时继续，设置闹钟值
        {
             while(~key2);
        do
        {
        if(keyvalue_change==1)           //按 K1 键，更改小时
            {
                while(~key0);
                if(bellhour<23)
                {
                    bellhour++;
                }
                else
                {
                    bellhour=0;
                }
            }
        else if(keyvalue_change==2)      //按 2 键，更改分钟
        {
                while(~key1);
                if(bellminute<59)
                {
                    bellminute++;
                }
                else
                {
                    bellminute=0;
                }
        }
        else if(keyvalue_change==4)      //按 4 键，更改响铃方式
        {
            while(~key3);
            buzzerflag=~buzzerflag;
        if(buzzerflag)               //闹铃运行，3 声
        {
                buzzer=0;
                delay(100);
                buzzer=1;
                delay(100);
                buzzer=0;
                delay(100);
                buzzer=1;
                delay(100);
                buzzer=0;
                delay(100);
                buzzer=1;
```

```
                        delay(100);
                    }
                    else                                    //闹铃关闭，1声
                    {
                        buzzer=0;
                        delay(100);
                        buzzer=1;
                        delay(100);
                    }
                }
                for(i=0;i<16;i++)                          //实时显示修改结果
                {
                    write_data(date[i]);
                }
                    write_com(0x80+0x40);
                    for(j=0;j<16;j++)
                    {
                    write_data(bell[j]);
                }
                write_sfm(0x49,bellhour);
                write_sfm(0x4c,bellminute);
                keyvalue_change=keyscan();
            }while(keyvalue_change!=3);                    //按K3键，重新开始显示走时
            while(~key2);                                  //防抖
            }
            else
            if(keyvalue_menu==4)                           //按K4键，关闭/开启闹钟
            {
                while(~key2);
                clockflag=!clockflag;
                if(clockflag)                              //闹钟运转，3声
            {
                buzzer=0;
                delay(100);
                buzzer=1;
                delay(100);
                buzzer=0;
                delay(100);
                buzzer=1;
                delay(100);
                buzzer=0;
                delay(100);
                buzzer=1;
                delay(100);
            }
            else                                       //闹钟关闭，1声
            {
                buzzer=0;
                delay(100);
                buzzer=1;
                delay(100);
            }
            }
        }
}

void alarm_clock()
{
    if((minute==bellminute)&&(hour==bellhour)&&(clockflag))
                                              //闹钟打开且达到预设时间时启动闹钟
    {
        if(buzzerflag)                        //如果闹铃打开
        {
```

```
                relay=0;
                buzzer=0;
            }
        else
        {
                relay=0;
                buzzer=1;
        }
        }
        else
        {
            relay=1;
            buzzer=1;
        }
    }

    void main()                         //主函数
    {
        ledshow();                      //程序启动，LED 闪烁
        init1602();                     //LCD 初始化
        clock_init();                   //时钟初始化
        timer0_init();                  //中断初始化
        while(1)
        {
            clock_write();
            key_menu();
            alarm_clock();
        }
    }

    void timer0( ) interrupt 1          //T0 中断函数
    {
        if(counter<100)                 //判断时间变换问题
        {
            counter++;
        }
        else
        {
            counter=0;
            led=~led;
        if(second<59)
        {
            second++;
        }
        else
        {
            second=0;
            if(minute<59)
            {
                minute++;
            }
            else
            {
                minute=0;
                if(hour<23)
                {
                    hour++;
                }
            else
                {
                    hour=0;
                }
            }
        }
```

```
    }
    TH0=0xd8;                               //重新加载计数初值
    TL0=0xf0;
    TR0=1;
}
```

例 6-14　频率计的设计

利用单片机片内的定时器/计数器可以测量信号频率。对频率的测量有测频法和测周法两种。测频法是利用被测信号的电平变化引发的外部中断，测算 1s 内中断出现的次数，从而测定被测信号频率。测周法是通过测算某两次电平变化引发的中断之间的时间，即测得周期，再求倒数，从而测定频率。总之，测频法是直接根据定义来测定频率，测周法是通过测定周期间接测定频率。理论上，测频法适用于较高频率的测量，测周法适用于较低频率的测量。本例采用了测频法。

本例的以单片机为核心的频率计，测量加在 P3.4 脚上的数字时钟信号的频率，并在外部扩展的 6 位 LED 数码管上显示测量的频率。原理电路与仿真如图 6-20 所示。

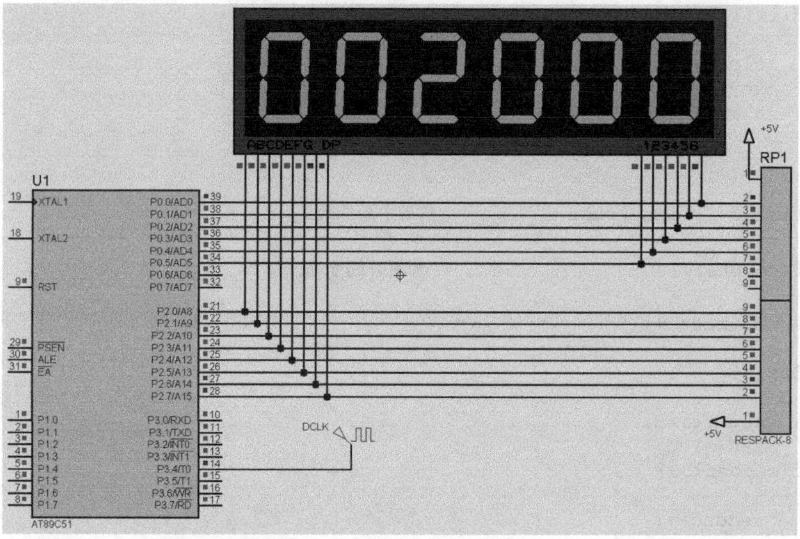

图 6-20　频率计原理电路与仿真

本频率计测量的信号由数字时钟源 DCLOCK 产生，在电路中添加数字时钟源的具体操作与设置见 1.7.1 节的介绍。手动改变被测时钟信号源的频率，观察是否与 LED 数码管上显示的测量结果相同。

参考程序如下。

```
#include<reg51.h>
sfr16 DPTR=0x82;                          //定义寄存器 DPTR
unsigned char cnt_t0,cnt_t1,qian,bai,shi,ge,bb,wan,shiwan;
unsigned long freq;                       //定义频率
unsigned char code table[]={0x3f,0x06,0x5b,0x4f, 0x66,0x6d,0x7d,0x07, 0x7f,0x6f,0x77,0x7c,
0x39,0x5e,0x79,0x71};                     //共阴数码管段码表
void  delay_1ms(unsigned int z)           //函数：延时约 1ms
{
    unsigned char i,j;
    for(i=0;i<z;i++)
```

```
    for(j=0;j<110;j++);
}

void  init()                        //函数：定时器/计数器及中断系统初始化
{
    freq=0;                         //频率变量赋初值
    cnt_t1=0;                       //T1 中断次数清零
    cnt_t0=0;                       //计得的脉冲数清零
    IE=0x8a;                        //开总中断，允许 T0、T1 中断
    TMOD=0x15;                      //T0 为方式 1 计数，T1 为方式 1 定时
    TH1=0x3c;                       //T1 定时 50ms
    TL1=0xb0;
    TR1=1;                          //启动定时器 T1
    TH0=0;                          //T0 清零
    TL0=0;
    TR0=1;                          //启动定时器 T0
}

void  display(unsigned long freq_num)     //函数：驱动数码管显示
{
    shiwan=freq_num%1000000/100000;
    wan=freq_num%100000/10000;
    qian=freq_num%10000/1000;       //显示千位
    bai=freq_num%1000/100;          //显示百位
    shi=freq_num%100/10;            //显示十位
    ge=freq_num%10;                 //显示个位
    P0=0xdf;                        //P0 口是位选
    P2=table[shiwan];               //显示十万位
    delay_1ms(5);
    P0=0xef;
    P2=table[wan];                  //显示万位
    delay_1ms(3);
    P0=0xf7;
    P2=table[qian];                 //显示千位
    delay_1ms(3);
    P0=0xfb;
    P2=table[bai];                  //显示百位
    delay_1ms(3);
    P0=0xfd;
    P2=table[shi];                  //显示十位
    delay_1ms(3);
    P0=0xfe;
    P2=table[ge];                   //显示个位
    delay_1ms(3);
}

void  main()                        //主函数
{
    P0=0xff;                        //初始化 P0 口
    init();                         //计数器初始化
    while(1)
    {
        if(cnt_t1==19)              //T1 中断 20 次，定时 1s
        {
            cnt_t1=0;               //定时完成后清零
            TR1=0;                  //关闭 T1 定时器，定时 1s 完成
            delay_1ms(141);         //延时校正误差，通过实验获得
```

```
            TR0=0;                      //关闭 T0
            DPL=TL0;                    //利用 DPTR 读入其值
            DPH=TH0;
            freq=cnt_t0*65535;
            freq=freq+DPTR;             //计数值放入变量
        }
        display(freq);                  //调用显示函数
    }

}

void  t1_func()  interrupt 3            //定时器 T1 的中断函数
{
    TH1=0x3c;                           //重新装入定时 50ms 的初值
    TL1=0xb0;
    cnt_t1++;                           //T1 的中断次数增 1
}

void  t0_func()  interrupt 1            //定时器 T0 的中断函数
{
    cnt_t0++;                           //定时器 T0 的频率计数单元值增 1
}
```

例 6-15　PWM 发生器的制作

制作一个 PWM（脉冲宽度调制）发生器，原理电路如图 6-21 所示。脉冲宽度调制（Pulse Width Modulation，PWM），简称脉宽调制，是利用微处理器的数字输出来控制模拟电路的一种非常有效的技术，广泛应用在从测量、通信到功率控制与变换的许多领域中。

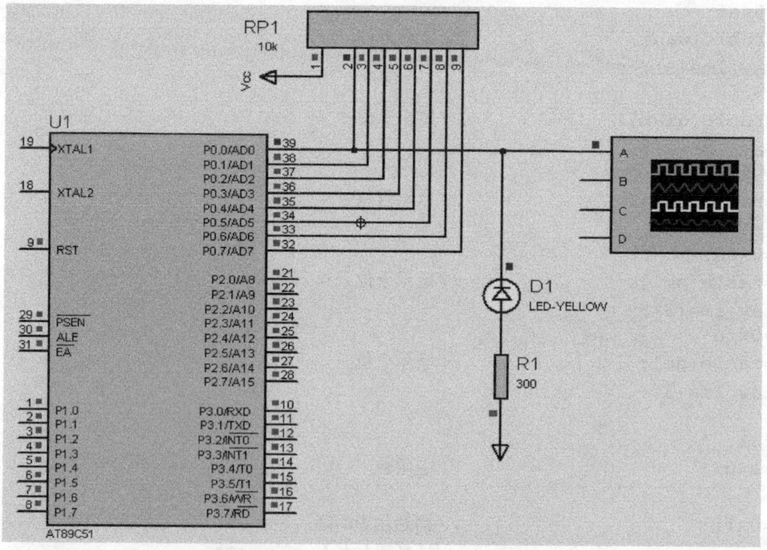

图 6-21　PWM 发生器的原理电路

所谓 PWM 输出，就是周期固定，通过调整 P0.0 脚输出脉冲的占空比（占空比就是一个脉冲周期内高电平所占整个周期的比例），即脉冲高电平的宽度不断增大，共有 10 个级别的脉冲宽度波形。这可通过驱动 LED，观察其亮暗时间（高低电平）的变化，或者通过虚拟示波器观察 P0.0 脚输出脉冲宽度不断变化的 10 个级别，如图 6-22 所示。

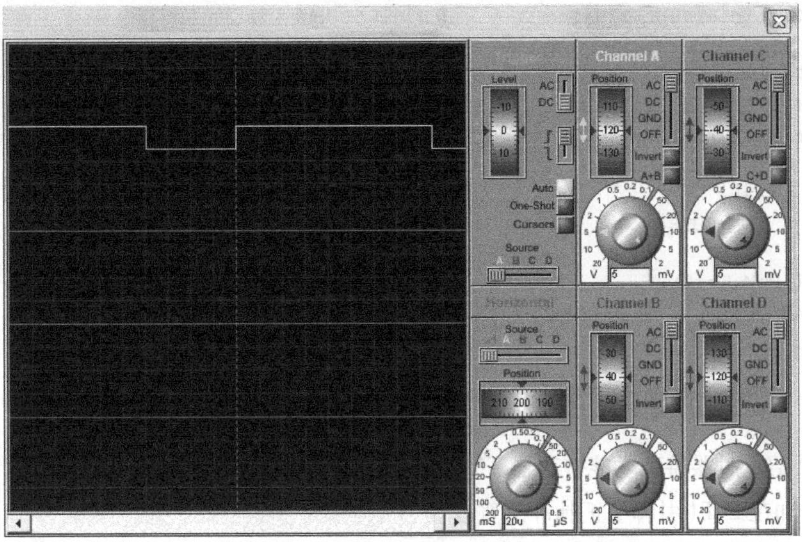

图 6-22　从虚拟示波器上观察到的脉冲宽度变化的波形

参考程序如下。

```
#include<reg52.h>
#include <intrins.h>
#define uchar unsigned char          //数据类型宏定义
#define uint unsigned int

uchar PWM_T = 0;                     //PWM_T 为占空比控制变量
bit PWM_OUT=P0^0;                    //定义 PWM 波形输出脚

void main(void)
{
    bit flag = 1;                    //控制 LED 灯渐亮渐熄方式
    uintn;
    TMOD=0x02;                       //设置定时器 T0，8 位方式 2 定时模式
    TH0=241;                         //TH0 写入初值 241，15 μs 溢出一次（11.0592MHz）
    TL0=241;                         //TL0 写入初值
    TR0=1;                           //启动定时器 T0
    ET0=1;                           //允许定时器 T0 中断
    EA=1;                            //总中断允许
    PWM_OUT=1;                       //初始化 P0.0

    while(1)
    {
        for(n=0;n<30000;n++);        //延时，将响应定时器 T0 中断
        if(flag==1)                  //如果标志位 flag=1
        PWM_T++;                     //则占空比控制变量增 1
        else                         //如果标志位 flag=0
        PWM_T--;                     //则占空比控制变量减 1
        if(PWM_T>=10)                //设置 PWM 宽度最大级别为 10
        flag=0;                      //如果占空比控制变量大于等于 10，则标志位 flag=0
        if(PWM_T==0)                 //如果占空比控制变量为 0，则标志位 flag=1
        flag =1;
    }
}
```

6

```
timer0() interrupt 1 using 2       //定时器 T0 中断函数
{
    static uchar t ;               //t 用来保存当前时间在 1s 的比例位置
    t++;                           //每 15 μs 增 1
    if(t==10)                      //1.5ms 的时钟周期
    {
        t=0;                       //使 t=0，开始新的 PWM 周期
        PWM_OUT=0;                 //输出为低电平
    }
    if(PWM_T==t)                   //按照当前占空比切换输出为高电平
    PWM_OUT=1;                     //输出为高电平
}
```

例 6-16　测量脉冲宽度（定时器门控位 GATEx 的应用）

本例介绍定时器特殊功能寄存器 TMOD 中门控位 GATE 的应用。以 T1 为例，利用门控位 GATE 测量加在 $\overline{\text{INT1}}$ 引脚上正脉冲的宽度。

门控位 GATE1 可使 T1 的启动计数受 $\overline{\text{INT1}}$ 的控制，当 GATE1=1，TR1=1 时，只有 $\overline{\text{INT1}}$ 引脚输入高电平时，T1 才被允许计数。利用 GATE1 的这一功能，可测量 $\overline{\text{INT1}}$ 引脚（P3.3）上正脉冲的宽度，其方法如图 6-23 所示。

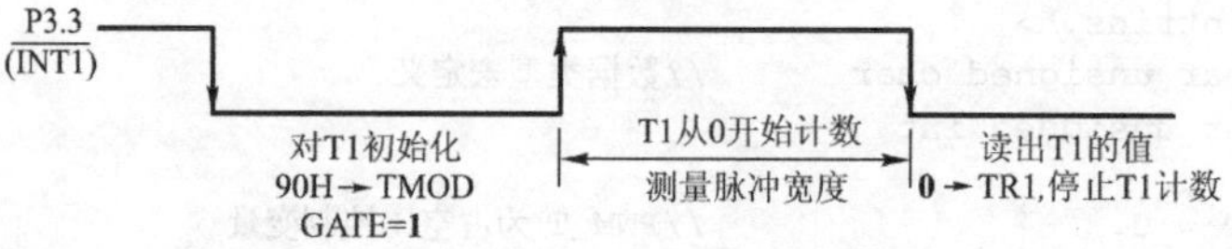

图 6-23　利用 GATE 位测量正脉冲宽度的原理

测量脉冲宽度的原理电路如图 6-24 所示。利用定时器/计数器门控制位 GATE1 来测量

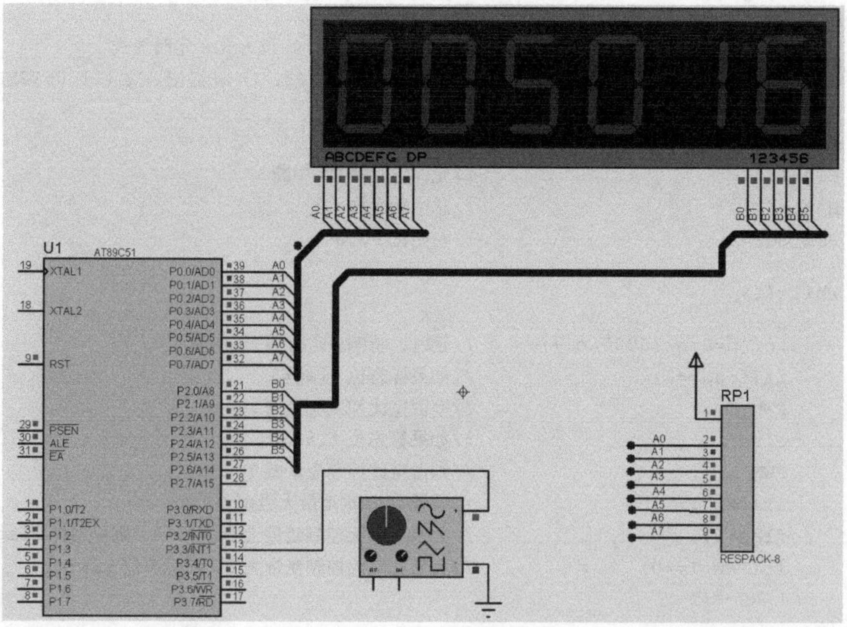

图 6-24　利用 GATE 位测量 $\overline{\text{INT1}}$ 引脚上正脉冲的宽度的原理电路

$\overline{INT1}$ 引脚（P3.3 脚）上正脉冲的宽度，通过旋转信号源的旋钮来调节输出到 P3.3 脚正脉冲的宽度，正脉冲宽度在 6 位 LED 数码管上以机器周期数显示出来。

参考程序如下。

```
#include<reg51.h>
#define uint unsigned int
#define uchar unsigned char
sbit P3_3=P3^3;                        //位变量定义
uchar count_high;                      //定义计数变量，用来读取 TH0
uchar count_low;                       //定义计数变量，用来读取 TL0
uchar shiwan,wan,qian,bai,shi,ge;      //定义显示的十万、万、千、百、十、个位
uchar flag;
uchar code table[]={0x3f,0x06,0x5b,0x4f,0x66,0x6d,0x7d,0x07,0x7f,0x6f};
                                       //共阴极数码管段码表
uint num;
void delay(uint z)                     //延时函数
{
    uint x,y;
    for(x=z;x>0;x--)
    for(y=110;y>0;y--);
}

void display(uint a,uint b,uint c,uint d,uint e,uint f) //数码管显示函数
{
    P2=0xfe;
    P0=table[f];
    delay(2);
    P2=0xfd;
    P0=table[e];
    delay(2);
    P2=0xfb;
    P0=table[d];
    delay(2);
    P2=0xf7;
    P0=table[c];
    delay(2);
    P2=0xef;
    P0=table[b];
    delay(2);
    P2=0xdf;
    P0=table[a];
    delay(2);
}

void read_count()                      //读取计数寄存器的内容
{
    do
    {
        count_high=TH1;                //读定时器高字节
        count_low=TL1;                 //读定时器低字节
    }while(count_high!=TH1);
     num=count_high*256+count_low;     //显示两字节的机器周期数
}

void main( )                           //主函数
{
    while(1)
    {
        flag=0;
        TMOD=0x90;                     //设置定时器 T1 为方式 1 定时
        TH1=0;                         //向定时器 T1 写入计数初值
```

```
        TL1=0;
        while(P3_3==1);                         //等待INT1变低
        TR1=1;                                  //如果INT1为低，启动T1（未真正开始计数）
        while(P3_3==0);                         //等待INT1变高，变高后T1真正开始计数
        while(P3_3==1);                         //等待INT1变低，变低后T1停止计数
        TR1=0;
        read_count();                           //读计数寄存器内容的函数
        shiwan=num/100000;                      //显示的十万位数值
        wan=num%100000/10000;                   //显示的万位数值
        qian=num%10000/1000;                    //显示的千位数值
        bai=num%1000/100;                       //显示的百位数值
        shi=num%100/10;                         //显示的十位数值
        ge=num%10;                              //显示的个位数值
        while(flag!=100)                        //控制刷新频率
        {
            flag++;
            display(ge,shi,bai,qian,wan,shiwan); //显示机器周期数
        }
    }
}
```

运行程序，把加在$\overline{\text{INT1}}$引脚上的正脉冲宽度显示在 LED 数码管显示器上。晶振频率为12MHz，如果默认信号源输出频率为1kHz的方波，则数码管应显示为500。

注意：在虚拟仿真时，偶尔显示501是因为信号源的问题，若将信号源换成频率固定的激励源，则不会出现此问题。

例 6-17　十字路口交通灯控制器

设计一个十字路口交通灯控制器，原理电路如图 6-25 所示。用单片机的定时器产生秒信号，控制十字路口的红、绿、黄灯交替点亮和熄灭，并且用 4 只 LED 数码管显示十字路口两个方向的剩余时间。东西向通行时间为 80s，南北向通行时间为 60s，缓冲时间为 3s。

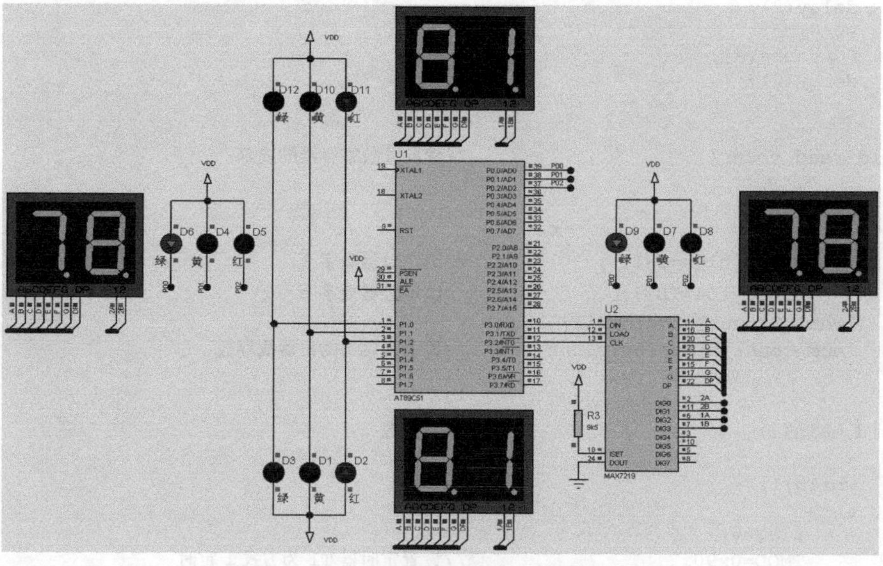

图 6-25　LED 显示的十字路口交通灯控制器

本例利用定时器 T0 产生每 10ms 一次的中断，每 100 次中断为 1s。对两个方向分别显示红、绿、黄灯以及相应的剩余时间即可。值得注意的是，A 方向红灯时间 = B 方向绿灯时间+黄灯缓冲时间。

本例的 MAX7219 芯片的特性及使用说明见本章例 6-8。

参考程序如下。

```
#include<reg51.h>
sbit DIN=P3^0;                  //与 MAX7219 接口的定义
sbit LOAD=P3^1;
sbit CLK=P3^2;
sbit south_yellow=P1^1;         //红绿灯接口定义
sbit south_red=P1^2;
sbit south_green=P1^0;
sbit east_yellow=P0^1;
sbit east_red=P0^2;
sbit east_green=P0^0;
unsigned char minute=0;         //秒表计数值
unsigned char counter=0;        //counter 每计 100, minite 加 1
unsigned char num_add[]={0x01,0x02,0x03,0x04,0x05,0x06,0x07,0x08};
                                //max7219 读写地址、内容
unsigned char num_dat[]={0x80,0x81,0x82,0x83,0x84,0x85,0x86,0x87,0x88,0x89};

void max7219_send(unsigned char add,unsigned char dat)    //向 max7219 写指令函数
{
    unsigned char  ADS,i,j;
    LOAD=0;
    i=0;
    while(i<16)
    {
        if(i<8)
        {
            ADS=add;
        }
        else
        {
            ADS=dat;
        }
        for(j=8;j>=1;j--)
        {
            DIN=ADS&0x80;
            ADS=ADS<<1;
            CLK=1;
            CLK=0;
        }
            i=i+8;
        }
        LOAD=1;
        }

void max7219_init()                 //max7219 初始化函数
{
    max7219_send(0x0c,0x01);
    max7219_send(0x0b,0x07);
    max7219_send(0x0a,0xf5);
    max7219_send(0x09,0xff);
}

void east_display(unsigned char x) //东西方向显示
{
    unsigned char i,j;
    i=x/10;
```

```
    j=x%10;
    max7219_send(num_add[1],num_dat[j]);
    max7219_send(num_add[0],num_dat[i]);
}

void south_display(unsigned char x)              //南北方向显示
{
    unsigned char i,j;
    i=x/10;
    j=x%10;
    max7219_send(num_add[3],num_dat[j]);
    max7219_send(num_add[2],num_dat[i]);
}

void timer_init()                                //定时器 T0 中断函数
{
    EA=1;
    ET0=1;
    TMOD=0x01;
    TH0=0xd8;                                    //设定 10ms 中断一次
    TL0=0xef;
    TR0=1;
    counter=0;
}
void main()                                      //主函数
{
    max7219_init();
    timer_init();
    while(1);
}

void traffic() interrupt 1
{
    if(counter<100)                              //说明计数不足 1 秒，继续计数
    {
        counter++;
    }
    else
    {
        counter=0;
        minute++;
    if((minute<80)&&(minute>=0))                 //东西通行未完成
    {
        east_green=0;
        east_yellow=1;
        east_red=1;
        south_green=1;
        south_yellow=1;
        south_red=0;
        east_display(80-minute);
        south_display(83-minute);
        }
    else if((minute>=80)&&(minute<83))  //东西通行黄灯
    {
        east_green=1;
        east_yellow=0;
        east_red=1;
        south_green=1;
        south_yellow=1;
        south_red=0;
        east_display(83-minute);
        south_display(83-minute);
    }
```

```
else if((minute>=83)&&(minute<143))         //南北通行未完成
{
    east_green=1;
    east_yellow=1;
    east_red=0;
    south_green=0;
    south_yellow=1;
    south_red=1;
    east_display(146-minute);
    south_display(143-minute);
}
else if((minute>=143)&&(minute<146))        //南北通行黄灯
{
    east_green=1;
    east_yellow=1;
    east_red=0;
    south_green=1;
    south_yellow=0;
    south_red=1;
    east_display(146-minute);
    south_display(146-minute);
}
else                                        //循环走完，重新装载交通灯初值
{
    minute=0;
}
}
TH0=0xd8;                                   //重新装载中断初值
TL0=0xef;
TR0=1;
```


例 6-18　时间可调的十字路口交通灯控制器

设计一个以单片机为核心的十字路口交通灯控制器，原理电路如图 6-26 所示。要求用 4 只

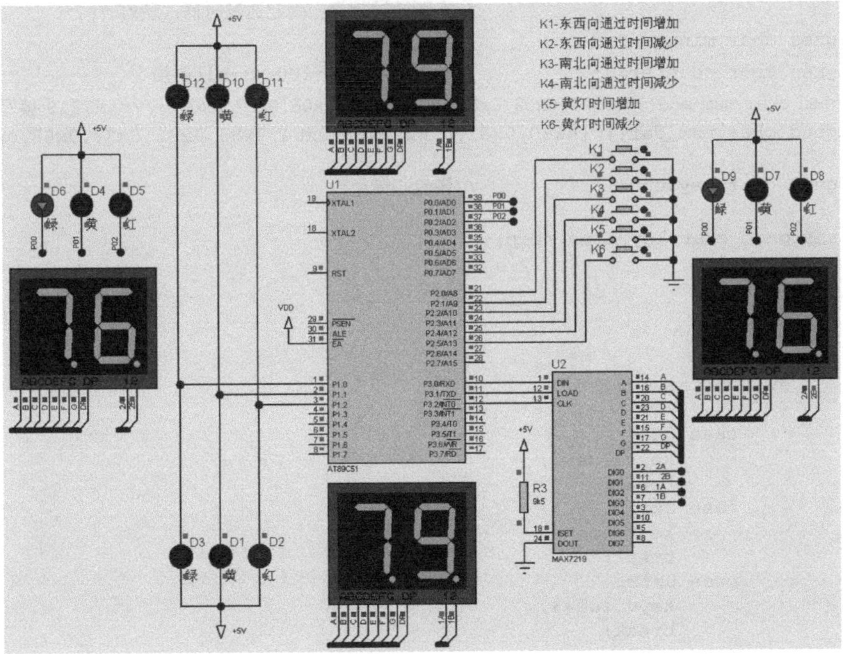

图 6-26　时间可调的十字路口交通灯控制器

LED 数码管显示十字路口两个方向的剩余时间，并能用按键设置两个方向的通行时间（绿、红灯点亮的时间）和暂缓通行时间（黄灯点亮的时间），系统的工作应符合一般交通灯控制的要求。

本例与例 6-17 的区别仅在于增加了方向时间可调节的 6 个独立按键 K1~K6 来调节时间，由 P2 口监测按键按下与松开。6 个按键的功能分别为：东西方向通过时间增加、东西方向通过时间减少、南北方向通过时间增加、南北方向通过时间减少、黄灯时间增加、黄灯时间减少。

在程序编写中，控制时间的变量 minute 置为全局变量，并通过键盘扫描函数实时修改。

参考程序如下。

```
#include<reg51.h>
sbit DIN=P3^0;                          //与max7219接口的定义
sbit LOAD=P3^1;                         //与max7219接口的定义
sbit CLK=P3^2;                          //与max7219接口的定义
sbit south_yellow=P1^1;                 //红绿灯接口定义
sbit south_red=P1^2;
sbit south_green=P1^0;
sbit east_yellow=P0^1;
sbit east_red=P0^2;
sbit east_green=P0^0;
sbit key0=P2^0;                         //东西方向通过时间增加
sbit key1=P2^1;                         //东西方向通过时间减少
sbit key2=P2^2;                         //南北方向通过时间增加
sbit key3=P2^3;                         //南北方向通过时间减少
sbit key4=P2^4;                         //黄灯时间增加
sbit key5=P2^5;                         //黄灯时间减少
unsigned char east_minute=80,south_minute=60,yellow_minute=3;
                                        //东西通过时间、南北通过时间、黄灯时间
unsigned char minute=0;                 //秒表计数值
unsigned char counter=0;                //counter每计100，minite加1
unsigned char num_add[]={0x01,0x02,0x03,0x04,0x05,0x06,0x07,0x08};//max7219读写地址、内容
unsigned char num_dat[]={0x80,0x81,0x82,0x83,0x84,0x85,0x86,0x87,0x88,0x89};

unsigned char keyscan()                 //键盘扫描函数
{
    unsigned char keyvalue,temp;
    keyvalue=0;
    P2=0xff;
    temp=P2;
    if(~(P2&temp))
    {
        switch(temp)
        {
            case 0xfe:
                keyvalue=1;
                break;
            case 0xfd:
                keyvalue=2;
                break;
            case 0xfb:
                keyvalue=3;
                break;
            case 0xf7:
                keyvalue=4;
                break;
```

```
            case 0xef:
                 keyvalue=5;
                 break;
            case 0xdf:
                 keyvalue=6;
                 break;
            default:
                 keyvalue=0;
                 break;
        }
    }
    return keyvalue;
}

void time_choose()
{
    unsigned char keyvalue;
    keyvalue=keyscan();
    if(keyvalue)
    {
        switch(keyvalue)
        {
            case 1:
                 while(~key0);
                 east_minute++;
                 break;
            case 2:
                 while(~key1);
                 east_minute--;
                 break;
            case 3:
                 while(~key2);
                 south_minute++;
                 break;
            case 4:
                 while(~key3);
                 south_minute--;
                 break;
            case 5:
                 while(~key4);
                 yellow_minute++;
                 break;
            case 6:
                 while(~key5);
                 yellow_minute--;
                 break;
            default:
                 break;
        }
    }
}

void max7219_send(unsigned char add,unsigned char dat)     //向MAX7219写命令函数
{
    unsigned char  ADS,i,j;
    LOAD=0;
    i=0;
    while(i<16)
    {
        if(i<8)
        {
            ADS=add;
        }
        else
        {
            ADS=dat;
```

```
        }
        for(j=8;j>=1;j--)
        {
            DIN=ADS&0x80;
            ADS=ADS<<1;
            CLK=1;
            CLK=0;
        }
        i=i+8;
    }
    LOAD=1;
}

void max7219_init()                         //MAX7219 初始化函数
{
    max7219_send(0x0c,0x01);
    max7219_send(0x0b,0x07);
    max7219_send(0x0a,0xf5);
    max7219_send(0x09,0xff);
}

void  east_display(unsigned char x)
{
    unsigned char i,j;
    i=x/10;
    j=x%10;
    max7219_send(num_add[1],num_dat[j]);
    max7219_send(num_add[0],num_dat[i]);
}

void  south_display(unsigned char x)
{
    unsigned char i,j;
    i=x/10;
    j=x%10;
    max7219_send(num_add[3],num_dat[j]);
    max7219_send(num_add[2],num_dat[i]);
}

void  timer_init()
{
    EA=1;
    ET0=1;
    TMOD=0x01;
    TH0=0xd8;                               //装入计数初值，设定 10ms 中断一次
    TL0=0xef;
    TR0=1;
    counter=0;
}

void  main()                                //主函数
{
    max7219_init();
    timer_init();
    while(1)
    {
        time_choose();
    }
}

void  traffic() interrupt 1
{
    if(counter<100)                         //计数不足 1 秒，继续计数
    {
        counter++;
```

```
        }
        else
        {
            counter=0;
            minute++;
        if((minute<east_minute)&&(minute>=0))    //东西通行未完成
        {
            east_green=0;
            east_yellow=1;
            east_red=1;
            south_green=1;
            south_yellow=1;
            south_red=0;
            east_display(east_minute-minute);
            south_display(east_minute+yellow_minute-minute);
        }
        else if((minute>=east_minute)&&(minute<east_minute+yellow_minute))
                                                 //东西通行黄灯
        {
            east_green=1;
            east_yellow=0;
            east_red=1;
            south_green=1;
            south_yellow=1;
            south_red=0;
            east_display(east_minute+yellow_minute-minute);
            south_display(east_minute+yellow_minute-minute);
        }
        else
        if((minute>=east_minute+yellow_minute)&&(minute<east_minute+yellow_
            minute+south_minute))                //南北通行未完成
        {
            east_green=1;
            east_yellow=1;
            east_red=0;
            south_green=0;
            south_yellow=1;
            south_red=1;
            east_display(east_minute+yellow_minute+south_minute+yellow_minute-minute);
            south_display(east_minute+yellow_minute+south_minute-minute);
        }
        else
    if((minute>=east_minute+yellow_minute+south_minute)&&(minute<east_minute+yellow_minute+
    south_minute+yellow_minute))                 //南北通行黄灯
        {
            east_green=1;
            east_yellow=1;
            east_red=0;
            south_green=1;
            south_yellow=0;
            south_red=1;
            east_display(east_minute+yellow_minute+south_minute+yellow_minute-minute);
            south_display(east_minute+yellow_minute+south_minute+yellow_minute-minute);
        }
        else                                     //循环走完，重新装载交通灯初值
        {
            minute=0;
        }
    }
    TH0=0xd8;                                    //重新装载 T0 计数初值
    TL0=0xef;
    TR0=1;
}
```

6

例6-19 LCD显示的音乐倒计数计数器的制作

利用AT89C51单片机控制字符型LCD显示器制作一个简易的倒数计数器，可用来煮方便面、煮开水或小睡片刻等。先进行一小段时间倒计数，当倒计数为0时，发出一段音乐声响，通知倒计数时间到，去做该做的事。

定时闹钟采用字符型LCD（16×2）显示器，显示格式为“TIME 分分:秒秒”。

程序运行后，LCD上显示倒计数的时间为30:00，此时按一下K5即可开始倒计时。如果要改变为其他的倒计时时间，可直接按一下其中一个按键设定固定的倒计时时间。

K2设置倒计数的时间为5分钟，显示05:00。

K3设置倒计数的时间为10分钟，显示10:00。

K4设置倒计数的时间为20分钟，显示20:00。

注意：只能按一下其中一个按键，设定一次，然后再按一下K5，开始倒计时。也可在LCD上显示倒计数的时间为30:00的基础上调整增1分钟或减1分钟的倒计时时间，即在程序运行后，先按一下K1，再按一下K2（增1分钟）或按一下K3（减1分钟），直到设定的倒计时时间，然后按一下K5，即开始倒计时。可调整的倒计数的时间范围为1～60分钟。

倒计时工作时，指示灯LED闪动，表示倒计时运行。

本例的难点是实现播放音乐。可利用定时计数器，载入不同的计数初值，产生频率不同的方波，输入给蜂鸣器（SOUNDER），使其发出频率不同的声音。单片机晶振为11.0592MHz，计算各音阶频率，可得1，2，3，4，5，6，7共7个音，应赋给定时器的初值为64 580，64 684，64 777，64 820，64 898，64 968，65 030。在此基础上，可将乐曲的简谱转化为单片机可以“识别”的“数组谱”，进一步加入对音长、休止符等的控制量后，可实现播放音乐。

根据上述要求，本例引入了如下专用于播放蜂鸣器乐曲的自定义头文件 SoundPlay.h。
/*说明**/曲谱存储格式 unsigned char code MusicName{音高，音长，音高，音长…0,0};

其中末尾：0,0表示结束（Important）

音高由3位数字组成。

（1）个位表示1~7这7个音符。

（2）十位表示音符所在的音区：1为低音，2为中音，3为高音。

（3）百位表示这个音符是否要升半音：0表示不升，1表示升半音。

音长最多由3位数字组成。

（1）个位表示音符的时值，其对应关系如下。

① |数值(n)： |0 |1 |2 |3 | 4 | 5 | 6

② |几分音符： |1 |2 |4 |8 |16 |32 |64　　音符=2^n

（2）十位表示音符的演奏效果（0~2）：0表示普通，1表示连音，2表示顿音。

（3）百位是符点位：0表示无符点，1表示有符点。

调用演奏子程序的格式如下。

Play(乐曲名,调号,升降八度,演奏速度)；

|乐曲名　　　　　　：要播放的乐曲指针，结尾以(0,0)结束。
|调号(0～11)　　　　：是指乐曲升多少个半音演奏。
|升降八度(1～3)　　：1 表示降八度；2 表示不升不降；3 表示升八度。
|演奏速度(1～12000)：值越大速度越快。

LCD 显示的音乐倒计数计数器原理电路如图 6-27 所示。

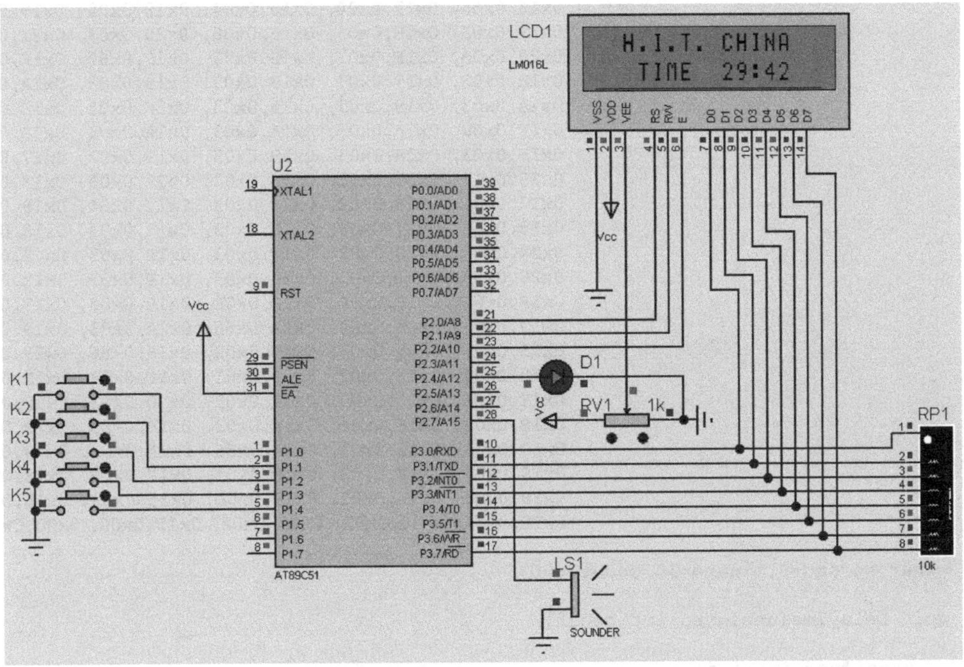

图 6-27　LCD 显示的音乐倒计数计数器电路原理图与仿真

参考程序如下。

```
#include<reg51.h>
#include <intrins.h>
#include<lcd1602.h>
#include<SoundPlay.h>

#define uchar unsigned char
#define uint unsigned int

sbit key0=P1^0;       //可调整倒计数的时间 1～60 分钟
sbit key1=P1^1;       //设置倒计数的时间为 5 分钟，显示 0500
sbit key2=P1^2;       //设置倒计数的时间为 10 分钟，显示 1000
sbit key3=P1^3;       //设置倒计数的时间为 20 分钟，显示 2000
sbit key4=P1^4;       //开始运行、确认键

sbit speaker=P2^7;
sbit led=P2^4;

uchar code date[]=" H.I.T. CHINA ";
uchar code time[]="  TIME 00:00  ";
unsigned char code Music_Girl[]={ 0x17,0x02, 0x17,0x03, 0x18,0x03, 0x19,0x02, 0x15,0x03,
                                  0x16,0x03, 0x17,0x03, 0x17,0x03, 0x17,0x03, 0x18,0x03,
                                  0x19,0x02, 0x16,0x03, 0x17,0x03, 0x18,0x02, 0x18,0x03,
                                  0x17,0x03, 0x15,0x02, 0x18,0x03, 0x17,0x03, 0x18,0x02,
                                  0x10,0x03, 0x15,0x03, 0x16,0x02, 0x15,0x03, 0x16,0x03,
```

6

```
                            0x17,0x02, 0x17,0x03, 0x18,0x03, 0x19,0x02, 0x1A,0x03,
                            0x1B,0x03, 0x1F,0x03, 0x1F,0x03, 0x17,0x03, 0x18,0x03,
                            0x19,0x02, 0x16,0x03, 0x17,0x03, 0x18,0x03, 0x17,0x03,
                            0x18,0x03, 0x1F,0x03, 0x1F,0x02, 0x16,0x03, 0x17,0x03,
                            0x18,0x03, 0x17,0x03, 0x18,0x03, 0x20,0x03, 0x20,0x02,
                            0x1F,0x03, 0x1B,0x03, 0x1F,0x66, 0x20,0x03, 0x21,0x03,
                            0x20,0x03, 0x1F,0x03, 0x1B,0x03, 0x1F,0x66, 0x1F,0x03,
                            0x1B,0x03, 0x19,0x03, 0x19,0x03, 0x15,0x03, 0x1A,0x66,
                            0x1A,0x03, 0x19,0x03, 0x15,0x03, 0x15,0x03, 0x17,0x03,
                            0x16,0x66, 0x17,0x04, 0x18,0x04, 0x18,0x03, 0x19,0x03,
                            0x1F,0x03, 0x1B,0x03, 0x1F,0x66, 0x20,0x03, 0x21,0x03,
                            0x20,0x03, 0x1F,0x03, 0x1B,0x03, 0x1F,0x66, 0x1F,0x03,
                            0x1B,0x03, 0x19,0x03, 0x19,0x03, 0x15,0x03, 0x1A,0x66,
                            0x1A,0x03, 0x19,0x03, 0x19,0x03, 0x1F,0x03, 0x1B,0x03,
                            0x1F,0x00, 0x1A,0x03, 0x1A,0x03, 0x1A,0x03, 0x1B,0x03,
                            0x1B,0x03, 0x1A,0x03, 0x19,0x03, 0x19,0x02, 0x17,0x03,
                            0x15,0x17, 0x15,0x03, 0x16,0x03, 0x17,0x03, 0x18,0x03,
                            0x17,0x04, 0x18,0x0E, 0x18,0x03, 0x17,0x04, 0x18,0x0E,
                            0x18,0x66, 0x17,0x03, 0x18,0x03, 0x17,0x03, 0x18,0x03,
                            0x20,0x03, 0x20,0x02, 0x1F,0x03, 0x1B,0x03, 0x1F,0x66,
                            0x20,0x03, 0x21,0x03, 0x20,0x03, 0x1F,0x03, 0x1B,0x03,
                            0x1F,0x66, 0x1F,0x04, 0x1B,0x0E, 0x1B,0x03, 0x19,0x03,
                            0x19,0x03, 0x15,0x03, 0x1A,0x66, 0x1A,0x03, 0x19,0x03,
                            0x15,0x03, 0x15,0x03, 0x17,0x03, 0x16,0x66, 0x17,0x04,
                            0x18,0x04, 0x18,0x03, 0x19,0x03, 0x1F,0x03, 0x1B,0x03,
                            0x1F,0x66, 0x20,0x03, 0x21,0x03, 0x20,0x03, 0x1F,0x03,
                            0x1B,0x03, 0x1F,0x66, 0x1F,0x03, 0x1B,0x03, 0x19,0x03,
                            0x19,0x03, 0x15,0x03, 0x1A,0x66, 0x1A,0x03, 0x19,0x03,
                            0x19,0x03, 0x1F,0x03, 0x1B,0x03, 0x1F,0x00, 0x18,0x02,
                            0x18,0x03, 0x1A,0x03, 0x19,0x0D, 0x15,0x03, 0x15,0x02,
                            0x18,0x66, 0x16,0x02, 0x17,0x02, 0x15,0x00, 0x00,0x00};

uchar second=0,minute=30,counter=0;

void Delay1ms(unsigned int count)
{
    unsigned int i,j;
    for(i=0;i<count;i++)
    for(j=0;j<120;j++);
}

void ledshow()                          //LED 闪烁，标示程序开始运转
{
    uchar i;

    for(i=0;i<=100;i++)
    {
        led=~led;
        delay(5);
    }
}

uchar keyscan()                         //键盘扫描
{
    uchar keyvalue,temp;
    keyvalue=0;
    P1=0xff;
    temp=P1;
    if(~(P1&temp))
    {
        switch(temp)
        {
          case 0xfe:
          keyvalue=1;
          break;
          case 0xfd:
```

```
                keyvalue=2;
                break;
                case 0xfb:
                keyvalue=3;
                break;
                case 0xf7:
                keyvalue=4;
                break;
                case 0xef:
                keyvalue=5;
                break;
                default:
                keyvalue=0;
                break;
            }
        }
        return keyvalue;
}

void clock_init()                    //LCD 时钟写入初始化
{
    uchar i,j;

    for(i=0;i<16;i++)
    {
        write_data(date[i]);
    }
    write_com(0x80+0x40);
    for(j=0;j<16;j++)
    {
        write_data(time[j]);
    }
}

void clock_write()                   //时钟实时写入
{
    write_sfm(0x49,minute);
    write_sfm(0x4c,second);
}

void timer0_init()                   //中断初始化
{
    EA=1;
    ET1=1;
    TMOD=0x10;
    TH1=0xd8;                        //每 10m 中断一次
    TL1=0xf0;
}

void alarm_clock()
{
    if((minute==0)&&(second==0))
    {
        TR0=0;
        InitialSound();
        Play(Music_Girl,0,3,360);
        Delay1ms(500);
    }
}

void key_menu()
{
    unsigned char keymenu=0,keychange=0;
    keymenu=keyscan();               //按键功能函数
```

```
if(keymenu)                     //如果有按键按下
{
    if(keymenu==1)              //如果有按键 0 按下
    {
        TR1=0;                  //计时停止
        while(~key0);           //防抖
        minute=30;              //默认为 30min
        second=0;
        do{
              keychange=keyscan();
              if(keychange==2)
              {
                  while(~key1);
                  minute++;
              }
              else if(keychange==3)
              {
                  while(~key2);
                  minute--;
              }
              clock_write();
          }while(keychange!=5);
        while(~key4);             //按键 4 按下时为确认
          TR1=1;                  //重新开始计时
    }
    else if(keymenu==2)
    {
        TR1=0;
        while(~key1);             //防抖
        minute=5;                 //默认为 5min
        second=0;
        do{
              keychange=keyscan();
              clock_write();
        }while(keychange!=5);
        while(~key4);             //按键 4 按下时为确认
        TR1=1;                    //重新开始计时
    }
    else if(keymenu==3)
    {
        TR1=0;
        while(~key1);             //防抖
        minute=10;                //默认为 10min
        second=0;
        do{
              keychange=keyscan();
              clock_write();
        }while(keychange!=5);
        while(~key4);             //按键 4 按下时为确认
        TR1=1;                    //重新开始计时
        }
        else if(keymenu==4)
        {
            TR1=0;
            while(~key1);         //防抖
            minute=20;            //默认为 20min
            second=0;
            do{
                  keychange=keyscan();
                  clock_write();
              }while(keychange!=5);
```

```
                    while(~key4);              //按键 4 按下时为确认
                TR1=1;                         //重新开始计时
                    }
            else if(keymenu==5)
            {
                while(~key4);
                TR1=1;                         //开始走时
                clock_write();
            }
        }
    }

void main()
{
        ledshow();                             //程序启动，LED 闪烁
        init1602();                            //LCD 初始化
        clock_init();                          //时钟初始化
        timer0_init();                         //中断初始化
        while(1)
        {
            clock_write();
            key_menu();
            alarm_clock();
        }
    }

    void timer0() interrupt  3
    {
        led=~led;
        if(counter<99)
        {
            counter++;
        }
        else
        {
            counter=0;
            if(second>0)
            {
                second--;
            }
        else
        {
                second=59;
                if(minute>0)
        {
                minute--;
        }
        else
        {
            minute=59;
        }
        }
    }
        TH1=0xd8;                              //从新装载初值
        TL1=0xf0;
        TR1=1;
    }
```

例 6-20 音乐音符发生器的制作

本例要求设计一个音乐音符发生器。利用按键的 1，2，3，4，5，6，7，8 的 8 个键，能够发出 8 个不同的音乐音符声音，即发出“哆”“唻”“咪”“发”“嗽”“拉”“西”“哆”（高音）

的音符声音，并且要求按下按键发声，松开后延迟一段时间停止，如果再按别的键，则发出另一音符的声音。

当系统扫描到键盘上有键被按下时，快速检测出是哪一个键被按下，然后单片机的定时器被启动，发出一定频率的脉冲，该频率的脉冲输入蜂鸣器后，就会发出相应的音调。如果在前一个按下的键发声的同时有另一个键被按下，则启用中断系统，前面键的发音停止，转到后按的键的发音程序，发出后按的键的音调。关于发声原理，请参见例6-19。

简易音乐音符发生器的原理电路与仿真如图6-28所示。依次按下各按键可听见发出的不同音阶的声音。

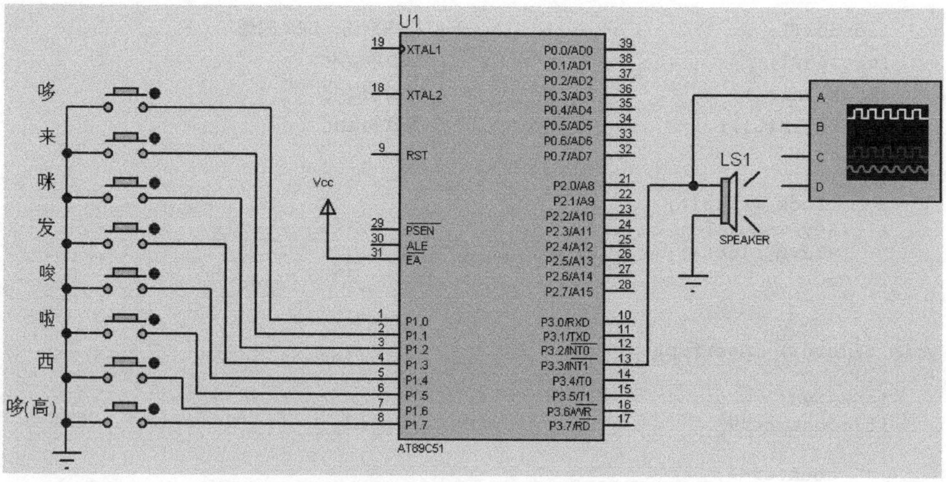

图6-28　简易音乐音符发生器的原理电路与仿真

参考程序如下。

```
//本设计中单片机晶振为12MHz，通过计算各音阶频率，可得1，2，3，4，5，6，7，i共8个音
//应赋给定时器的初值为64 409，64 604，64 705，64 751，64 837，64 914，64 982，65 032（其中i
//为作者估算的，不准确），输出相应的方波即可
#include<reg51.h>
sbit P3_3=P3^3;
unsigned char idata i,tl0_temp=0,th0_temp=0,counter=0;

void T0_func() interrupt 1
{
    counter++;
    TH0=th0_temp;
    TL0=tl0_temp;
    P3_3=~P3_3;
}

main()
{
    P1=0XFF;
    TMOD=0X01;
    ET0 =1;
    EA=1;
    TH0=0;
    TL0=0;
    TCON=0x10;
    while(1)
    {
        i=P1;
```

```
if((i==0xFF)||(counter>=100))   //无键按下，或者发音结束，则停止计数
{
    TR0=0;
    counter=0;
}
if(i==0xFE)     //对不同发音加载不同初值。如果已在发音，则打断当前发音，重新加载
{
    TR0=0;
    counter=0;
    th0_temp=0xFB;
    tl0_temp=0xE9;
    TR0=1;
}
if(i==0xFD)
{
    TR0=0;
    counter=0;
    th0_temp=0xFC;
    tl0_temp=0x5C;
    TR0=1;
}
if(i==0xFB)
{
    TR0=0;
    counter=0;
    th0_temp=0xFC;
    tl0_temp=0xC1;
    TR0=1;
}
if(i==0xF7)
{
    TR0=0;
    counter=0;
    th0_temp=0xFC;
    tl0_temp=0xEF;
    TR0=1;
}
if(i==0xEF)
{
    TR0=0;
    counter=0;
    th0_temp=0xFD;
    tl0_temp=0x45;
    TR0=1;
}
if(i==0xDF)
{
    TR0=0;
    counter=0;
    th0_temp=0xFD;
    tl0_temp=0x92;
    TR0=1;
}
if(i==0xBF)
{
    TR0=0;
    counter=0;
    th0_temp=0xFD;
    tl0_temp=0xD6;
    TR0=1;
}
if(i==0x7F)
{
    TR0=0;
    counter=0;
    th0_temp=0xFE;
```

```
            tl0_temp=0x08;
            TR0=1;
        }
    }
}
```

例 6-21　数字音乐盒的制作

制作一个数字音乐盒，盒内存有 3 首乐曲，每首不少于 30s。采用 LCD 显示乐曲信息，开机时有英文欢迎提示字符，播放时显示歌曲序号及名称。可按下功能键 K1、K2、K3 之一，选择 3 首乐曲中的 1 首；然后按下播放键 K4，开始播放选择的乐曲；K5 键为暂停。

利用 I/O 口产生一定频率的方波，驱动蜂鸣器，发出不同的音调，从而演奏乐曲。音乐的播放原理请参考例 6-19。

数字音乐盒的电路原理与仿真如图 6-29 所示。单片机晶振频率为 11.0592MHz。启动仿真时，LCD 显示当前乐曲等信息，按下播放键 K4，可听见播放音乐的声音。按下播放键 K5，暂停播放乐曲。

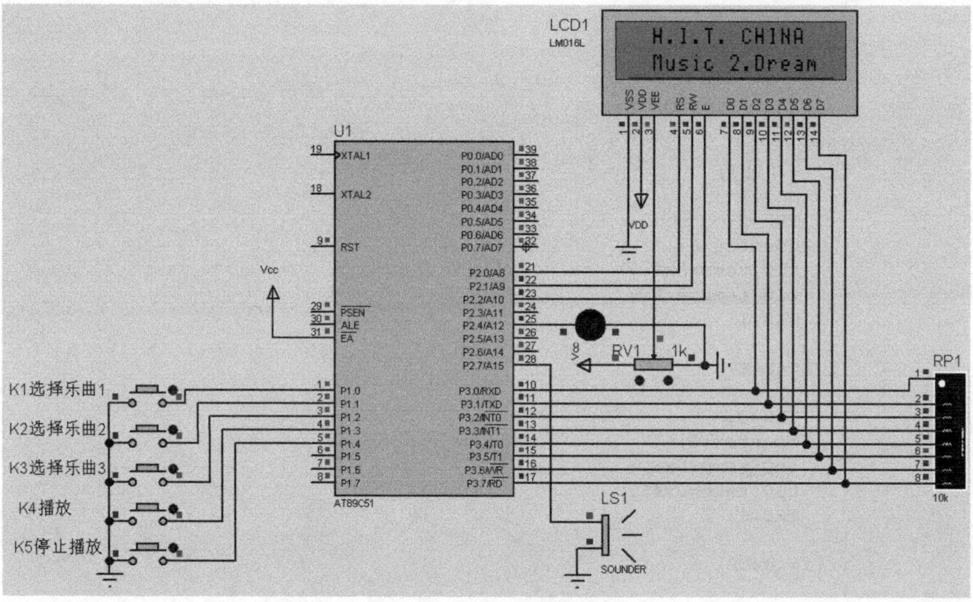

图 6-29　数字音乐盒的电路原理与仿真

参考程序如下。

```
#ifndef LCD_CHAR_1602_2005_4_9
#define LCD_CHAR_1602_2005_4_9
#define uchar unsigned char
#define uint unsigned int

sbit lcdrs = P2^0;
sbit lcdrw = P2^1;
sbit lcden = P2^2;

void delay(uint z)                  //延时函数，此处使用晶振为 11.0592MHz
{
    uint x,y;

    for(x=z;x>0;x--)
```

```
    {
        for(y=110;y>0;y--)
        {
            ;
        }
    }
}

void write_com(uchar com)                  //将指令数据写入 LCD
{
    lcdrw=0;
    lcdrs=0;
    P3=com;
    delay(5);
    lcden=1;
    delay(5);
    lcden=0;
}

void write_data(uchar date)                //将字符显示数据写入 LCD
{
    lcdrw=0;
    lcdrs=1;
    P3=date;
    delay(5);
    lcden=1;
    delay(5);
    lcden=0;
}

void init1602()                            //1602 液晶初始化设定
{
    lcdrw=0;
    lcden=0;
    write_com(0x3C);
    write_com(0x0c);
    write_com(0x06);
    write_com(0x01);
    write_com(0x80);
}

/*void write_string(uchar *pp,uint n) //采用指针的方法输入字符，n 为字符数目
{
    int i;
    for(i=0;i<n;i++)
    write_data(pp[i]);
}*/
void write_sfm(uchar add,uchar date)  //向指定地址写入数据
{
    uchar shi,ge;
    shi=date/10;
    ge=date%10;
    write_com(0x80+add);
    write_data(0x30+shi);
    write_data(0x30+ge);
}
#endif
```

第 7 章

串行口编程设计案例

例 7-1　串行口方式 0 扩展并行输出端口

串行口方式 0 输出的典型应用是外接串行输入/并行输出的同步移位寄存器 74LS164，用于扩展并行输出端口，原理电路如图 7-1 所示。

图 7-1 所示为串行口工作在方式 0，通过 74LS164 的输出来控制 8 个 LED 发光二极管点亮熄灭的接口电路。

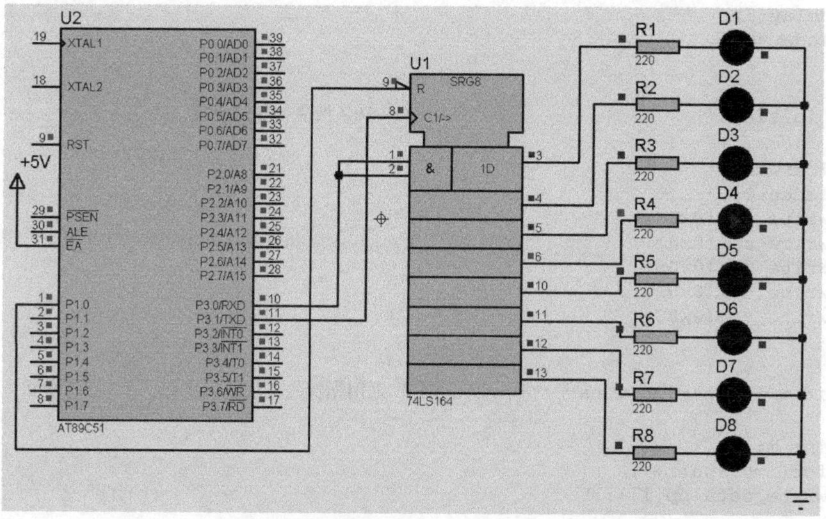

图 7-1　方式 0 串行输出扩展 8 个 LED 发光二极管原理电路

当串行口设置为方式 0 输出时，串行数据由 RXD 端（P3.0）送出，移位脉冲由 TXD 端（P3.1）送出。在移位脉冲的作用下，串行口发送缓冲器的数据逐位地从 RXD 端串行地移入 74LS164 中。

根据图 7-1 所示的电路，编写程序控制 8 个发光二极管流水点亮。图中 74LS164 的 8 脚（CLK 端）为同步脉冲输入端，9 脚为接收数据控制端，电平由单片机的 P1.0 控制，当 9 脚为 0 时，允许串行数据由 RXD 端（P3.0）向 74LS164 的串行数据输入端（1 脚和 2 脚）输入，此时 74LS164 的 8 位并行输出端关闭；当 9 脚为 1 时，（1 脚和 2 脚）输入端关闭，但是允许 74LS164 中的 8 位数据并行输出。当串行口将 8 位串行数据发送完毕后，申请中断，在中断服务程序中，单片机向串行口输出下一字节的 8 位数据。

中断方式的参考程序如下。

```
#include <reg51.h>
#include <stdio.h>
sbit P1_0=0x90;
unsigned char nSendByte;
void delay(unsigned int i)              //延时函数
{
    unsigned char j;
    for(;i>0;i--)                       //变量 i 由实际参数传入一个值，因此 i 不能赋初值
    for(j=0;j<125;j++)
    ;
}

main( )                                 //主程序
{
    SCON=0x00;                          //设置串行口为方式 0
    EA=1;                               //总中断允许
    ES=1;                               //允许串行口中断
    nSendByte=1;                        //点亮数据初始为 0000  0001 送入 nSendByte
    SBUF=nSendByte;                     //向 SBUF 写入点亮数据，并启动串行发送
    P1_0=0;                             //控制 9 脚为 0，允许串口向 74LS164 串行发送数据
    while(1)
    {;}
}

void  Serial_Port( ) interrupt 4 using 0    //串行口中断服务程序
{
    if(TI)                              //如果 TI=1，1 字节串行发送完毕
    {
        P1_0=1;                         //P1_0=1，允许 74LS164 并行输出数据
        SBUF=nSendByte;                 //向 SBUF 写入数据，启动串行发送
        delay(500);                     //延时，点亮二极管持续一段时间
        P1_0=0;                         //P1_0=0，允许向 74LS164 串行写入
        nSendByte=nSendByte<<1;         //点亮数据左移 1 位，流水点亮
        if(nSendByte==0)nSendByte=1;    //判断点亮数据是否左移 8 次？是，重新送点
                                        //亮数据
        SBUF=nSendByte;                 //向 74LS164 串行发送点亮数据
    }
    TI=0;
    RI=0;
}
```

程序说明：

(1) 程序中定义了全局变量 nSendByte，以便能在中断服务程序中访问该变量。nSendByte 用于存放从串行口发出的流水点亮数据，在程序中使用左移 1 位操作符“<<”对 nSendByte 变量进行移位，使得从串口发出的数据为 0x01、0x02、0x04、0x08、0x10、0x20、0x40、0x80，从而流水点亮各个发光二极管。

(2) 语句“while (1) {;}”实现反复循环。

(3) 程序中 if 语句的作用是当 nSendByte 中的内容左移 8 次，由 0x80 变为 0x00 后，需将变量 nSendByte 重新赋值为 0x01。

(4) 主程序中的 SBUF=nSendByte 语句必不可少，如果没有该语句，主程序并不从串行口发送数据，也就不会产生随后的发送完成中断。

7

例 7-2　串行口方式 0 扩展并行输入端口

图 7-2 所示为串行口外接一片 8 位并行输入、串行输出的同步移位寄存器 74LS165，扩展一个 8 位并行输入口的电路，可将接在 74LS165 的 8 个按键开关 S0~S7 的状态通过串行口方式 0 读入 74LS165 内。74LS165 的 SH/$\overline{LD}$ 端（1 脚）为控制端，由单片机的 P1.1 脚控制。若 SH/$\overline{LD}$=0，则从 74LS165 的 D0～D7 引脚读入并行数据，且串行输出端关闭；当 SH/$\overline{LD}$=1 时，并行输入端 D0~D7 关断，可以向单片机串行口串行传送数据。当 P1.0 连接的开关 K 合上时，可并行读入按键开关 S0～S7 的状态数字量 D0～D7。由图 7-2 可知，单片机采用中断方式来读取按键开关 S0～S7 状态，并从 P2 口驱动输出发光二极管，指示按键开关 S0～S7 的状态。只要按键开关 S0～S7 中的任何一个按下，就点亮对应的发光二极管。

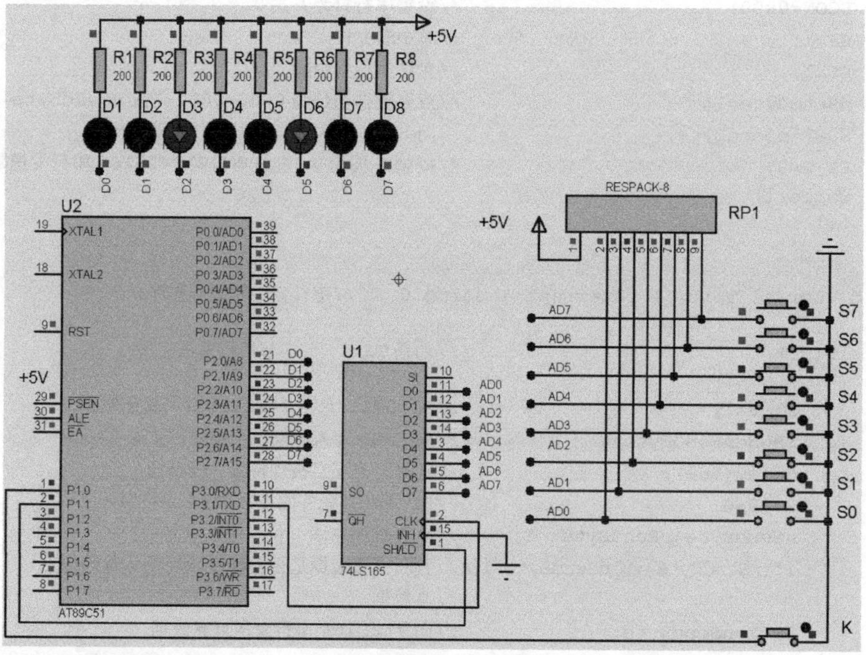

图 7-2　串口方式 0 外接并行输入、串行输出的同步移位寄存器

参考程序如下。

```
#include <reg51.h>
#include "intrins.h"
#include<stdio.h>
sbit  P1_0=0x90;
sbit  P1_1=0x91;
unsigned char nRxByte;
void delay(unsigned int i)                  //延时函数
{
    unsigned char j;
  for(;i>0;i--)                             //变量 i 由实际参数传入一个值，因此 i 不能赋初值
  for(j=0;j<125;j++);
}

main()                                      //主函数
{
    SCON=0x10;                              //串行口初始化为方式 0
```

```
    ES=1;                             //允许串行口中断
    EA=1;                             //全局开中断
    for(;;);
}

void Serial_Port() interrupt 4 using 0    //串行口中断服务子程序
{
    if(P1_0==0)                       //P1_0=0 表示开关 K 按下，可读开关 S0~S7 的状态
    {
        P1_1=0;                       //P1_1=0，并行读入开关 S0~S7 的状态
        delay(1);
        P1_1=1;                       //P1_1=1，将开关 S0~S7 的状态串行读入串口中
        RI=0;                         //接收中断标志 RI 清零
        nRxByte=SBUF;                 //接收的开关状态数据从 SBUF 读入 nRxByte 单元
        P2=nRxByte;                   //开关状态数据送到 P2 口，驱动对应的发光二极管发光
    }
}
```

程序说明：

当 P1.0 为 0，即开关 K 按下，通过 P1.1 脚把 SH/$\overline{\text{LD}}$ 置 0，表示 74LS165 处于并行读入按键开关 S0~S7 的状态。然后让 P1.1=1，即 SH/$\overline{\text{LD}}$ 置 1，单片机控制 74LS165 把刚才读入的按键开关 S0~S7 状态通过 QH 端（RXD 脚）串行发送到单片机的串行接收缓冲器 SBUF 中。在中断服务程序中把 SBUF 中的数据读到 nRxByte 单元，并送到 P2 口，点亮与按下开关对应的发光二极管。

例 7-3　方式 1 单工串行通信

如图 7-3 所示，单片机甲、乙双机进行串行通信，双机的 RXD 和 TXD 相互交叉相连，甲机 P1 口接 8 个开关 K1～K8，乙机 P1 口接 8 个发光二极管 D1～D8。甲机设置为只能发送不能接收的单工方式。要求甲机读入 P1 口的 8 个开关 K1～K8 状态后，通过串行口发送到乙机，乙机将接收到的甲机 8 个开关状态数据送入 P1 口，由 P1 口 8 个发光二极管 D1～D8 显示。双方晶振频率均为 11.059 2MHz。

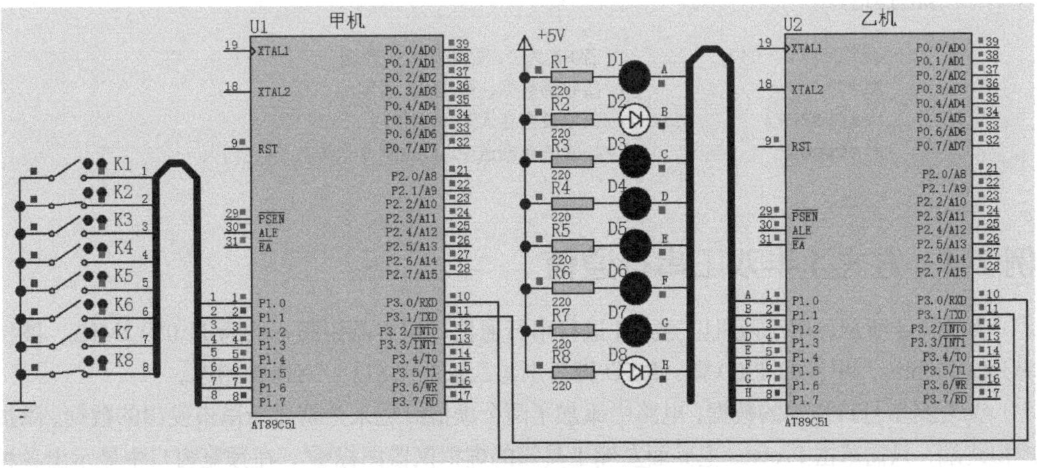

图 7-3　双机方式 1 单工通信的原理电路

参考程序如下。

```
//甲机串行发送
#include <reg51.h>
#define uchar unsigned char
#define uint unsigned int

void main()
{
    uchar temp=0;
    TMOD=0x20;                  //设置定时器 T1 为方式 2
    TH1=0xfd;                   //波特率设为 9 600
    TL1=0xfd;
    SCON=0x40;                  //串口初始化为方式 1 发送，不接收
    PCON=0x00;                  //SMOD=0
    TR1=1;                      //启动 T1
    P1=0xff;                    //设置 P1 口为输入
    while(1)
    {
        temp=P1;                //读入甲机 P1 口开关 K1～K8 的状态数据
        SBUF=temp;              //状态数据送串行口发送
        while(TI==0);           //如果 TI=0，未发送完，则循环等待
        TI=0;                   //已发送完，把 TI 清零
    }
}

//乙机串行接收
#include <reg51.h>
#define uchar unsigned char
#define uint unsigned int

void main( )
{
    uchar temp=0;
    TMOD=0x20;                  //设置定时器 T1 为方式 2
    TH1=0xfd;                   //波特率设为 9 600
    TL1=0xfd;
    SCON=0x50;                  //设置串口为方式 1 接收，REN=1
    PCON=0x00;                  //SMOD=0
    TR1=1;                      //启动 T1
    while(1)
    {
        while(RI==0);           //若 RI 为 0，即未接收到数据
        RI=0;                   //接收到数据，则把 RI 清零
        temp=SBUF;              //读取数据存入 temp 中
        P1=temp;                //接收的数据送 P1 口控制 8 个 LED 的亮与灭
    }
}
```

例 7-4　方式 1 半双工串行通信

如图 7-4 所示，甲乙两机以方式 1 进行串行通信，双方晶振频率均为 11.059 2MHz，波特率为 2 400bit/s。甲机的 TXD 脚、RXD 脚分别与乙机的 RXD、TXD 脚相连。

为观察串行口传输的数据，电路中添加了两个虚拟终端来分别显示串口发出的数据。添加虚拟终端，只需单击 Proteus 主界面左侧工具箱的虚拟仪器图标，在预览窗口中显示出各种虚拟仪器选项，单击 Virtual Terminal 选项，并放置在原理图编辑窗口，然后把虚拟终端的 RXD 端与单片机的 TXD 端相连即可。

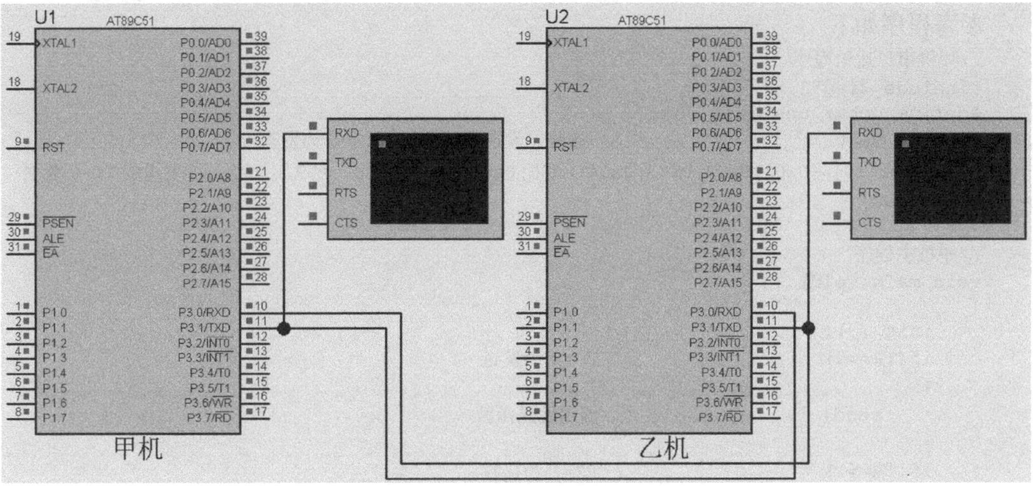

图 7-4　单片机方式 1 半双工通信的原理电路

当串行通信开始时，甲机首先发送数据 AAH，乙机收到后应答 BBH，表示同意接收。甲机收到 BBH 后，即可发送数据。如果乙机发现数据出错，就向甲机发送 FFH，甲机收到 FFH 后，重新发送数据给乙机。

串行通信时，如要观察单片机仿真运行时串行口发送出的数据，只需用鼠标右键单击虚拟终端，在弹出的快捷菜单中单击最下方的 Virtual Terminal 选项，弹出的对话框中显示了单片机串口 TXD 端发出的多个数据字节，如图 7-5 所示。

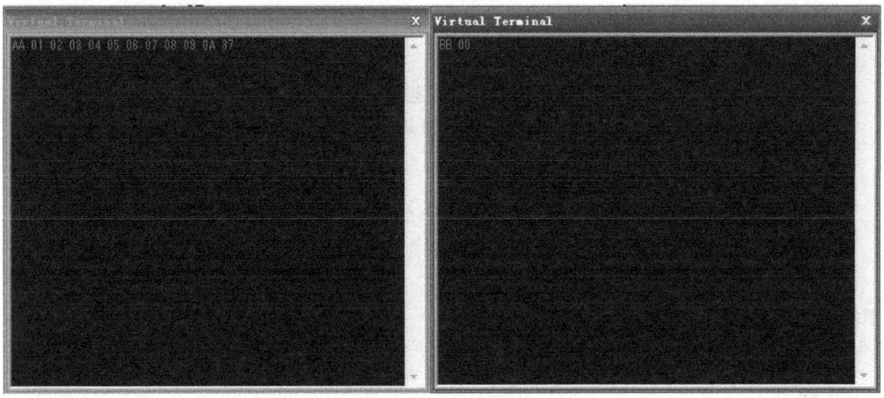

图 7-5　通过串口观察两个单片机串行口发出的数据

设发送的字节块长度为 10 字节，数据缓冲区为 buf，数据发送完毕要立即发送校验和，验证数据发送准确性。乙机接收到的数据存储到数据缓冲区 buf，收到一个数据块后，再接收甲机发来的校验和，并将其与乙机求得的校验和比较：若相等，则说明接收正确，乙机回答 00H；若不等，则说明接收不正确，乙机回答 FFH；请求甲机重新发送。

选择定时器 T1 为方式 2 定时，波特率不倍增，即 SMOD=0，此时写入 T1 的初值应为 F4H。

以下为双机通信程序，该程序可以在甲乙两机中运行，不同的是在程序运行之前，要人为地设置 TR。若选择 TR=0，则表示该机为发送方；若 TR=1，则表示该机是接收方。程序根据 TR 设置，利用发送函数 send( )和接收函数 receive( )分别实现发送和接收功能。

参考程序如下。

```
//甲机串口通信程序
#include <reg51.h>
#define uchar unsigned char
#define TR 0                        // 接收、发送的区别值，TR=0 为发送
uchar buf[10]={0x01,0x02,0x03,0x04,0x05,0x06,0x07,0x08,0x09,0x0a}; //发送的 10 个数据
uchar sum;

//甲机主程序
void main(void)
{
    init ( );
    if(TR==0)                       //TR=0 为发送
    {
        send( );                    //调用发送函数
    }
    if(TR==1)                       //TR=1 为接收
    {
        receive( );                 //调用接收函数
    }
}
void delay(unsigned int i)          //延时函数
{
    unsigned char j;
    for(;i>0;i--)
    for(j=0;j<125;j++)
    ;
}

//甲机串口初始化函数
void init(void)
{
    TMOD=0x20;                      //T1 方式 2 定时
    TH1=0xf4;                       //波特率设为 2 400
    TL1=0xf4;
    PCON=0x00;                      //SMOD=0
    SCON=0x50;                      //串行口方式 1，REN=1 允许接收
    TR1=1;                          //启动 T1
}

//甲机发送函数
void send(void )
{
    uchar i
    do{
        delay(1000);
        SBUF=0xaa;                  //发送联络信号
        while(TI==0);               //等待数据发送完毕
        TI=0;
        while(RI==0);               //等待乙机应答
        RI=0;
      }while(SBUF!=0xbb);           //乙机未准备好，继续联络
    do{
        sum=0;                      //校验和变量清零
        for(i=0; i<10; i++)
        {
            delay(1000);
            SBUF = buf[i];
```

```
                sum+= buf[i];           //求校验和
                while(TI==0);
                TI=0;
            }
            delay(1000);
            SBUF=sum;                   //发送校验和
            while(TI==0); TI=0;
            while(RI==0); RI=0;
    }while(SBUF!=0x00);                 //出错，重新发送
    while(1);
}

//甲机接收函数
void receive(void )
{
    uchar i;
    RI=0;
    while(RI==0); RI=0;
    while(SBUF!=0xaa);                  //判断甲机是否发出请求
    SBUF=0xBB;                          //发送应答信号 BBH
    while (TI==0);                      //等待发送结束
    TI=0;
    sum=0;                              //清校验和
    for(i=0; i<10; i++)
    {
        while(RI==0);  RI=0;            //接收校验和
        buf[i]= SBUF;                   //接收一个数据
        sum+=buf[i];                    //求校验和
    }
    while(RI==0);
    RI=0;                               //接收甲机的校验和
    if(SBUF==sum)                       //比较校验和
    {
        SBUF=0x00;                      //如校验和相等，则发 00H
    }
    else
    {
        SBUF=0xFF;                      //出错发 FFH，重新接收
        while(TI==0);  TI=0;
    }
}

//乙机串行通信程序
#include <reg51.h>
#define uchar unsigned char
#define TR 1                            // TR 为接收、发送的区别值，TR=1 为接收
uchar idata buf[10] ={0x01, 0x02, 0x03, 0x04, 0x05, 0x06, 0x07, 0x08, 0x09, 0x0a};
uchar sum;                              // 校验和
void delay(unsigned int i)
{
    unsigned char j;
    for(;i>0;i--)
    for(j=0;j<125;j++)
    ;
}

//乙机串口初始化函数
void init(void)
{
    TMOD=0x20;                          //T1 方式 2 定时
```

```
    TH1=0xf4;                          //波特率设为2 400
    TL1=0xf4;
    PCON=0x00;                         //SMOD=0

    SCON=0x50;                         //串行口方式1，REN=1允许接收
    TR1=1;                             //启动T1
}

//乙机主程序
void main(void)
{
    init ( );
    if(TR==0)                          //TR=0为发送
    {send( );}                         //调用发送函数
    else
    {receive( );}                      //调用接收函数
}

//乙机发送函数
void send(void )
{
    uchar i;
    do{
    SBUF=0xAA;                    //发送联络信号
    while(TI==0);                 //等待数据发送完毕
    TI=0;
    while(RI==0);                 //等待乙机应答
    RI=0;
    } while(SBUF!=0xbb);               //乙机未准备好，继续联络（按位取异或）
    do{
          sum=0;                       //校验和变量清零
          for(i=0; i<10; i++)
          {
              BUF = buf[i];
              sum += buf[i];           //求校验和
              while(TI==0);
              TI=0;
          }
          SBUF=sum;
          while(TI==0); TI=0;
          while(RI==0); RI=0;
      }while (SBUF!=0);                //出错，重新发送
}

//乙机接收函数
void receive(void )
{
    uchar i;
    RI=0;
    while(RI==0); RI=0;
    while(SBUF!=0xaa)
    {
        SBUF=0xff;
        while(TI!=1);
        TI=0;
        delay(1000);
    }                                  //判断甲机是否发出请求
    SBUF=0xBB;                         //发送应答信号0xBB
    while (TI==0);                     //等待发送结束
    TI=0;
    sum=0;
```

```
        for(i=0; i<10; i++)
        {
            while(RI==0);RI=0;              //接收校验和
            buf[i]= SBUF;                   //接收一个数据
            sum+=buf[i];                    //求校验和
        }
        while(RI==0);
        RI=0;                               //接收甲机的校验和
        if(SBUF==sum)                       //比较校验和
        {
            SBUF=0x00;                      //如校验和相等，则发 00H
        }
        else
        {
            SBUF=0xFF;                      //出错发 FFH，重新接收
            while(TI==0);  TI=0;
        }
    }
```

例 7-5　方式 1 全双工串行通信

设计串行口方式 1 全双工串行通信，原理电路如图 7-6 所示。甲乙双机分别配有 1 个 12 键的键盘和 2 个 LED 数码管。2 个 LED 数码管分别代表双机发送与接收数据。

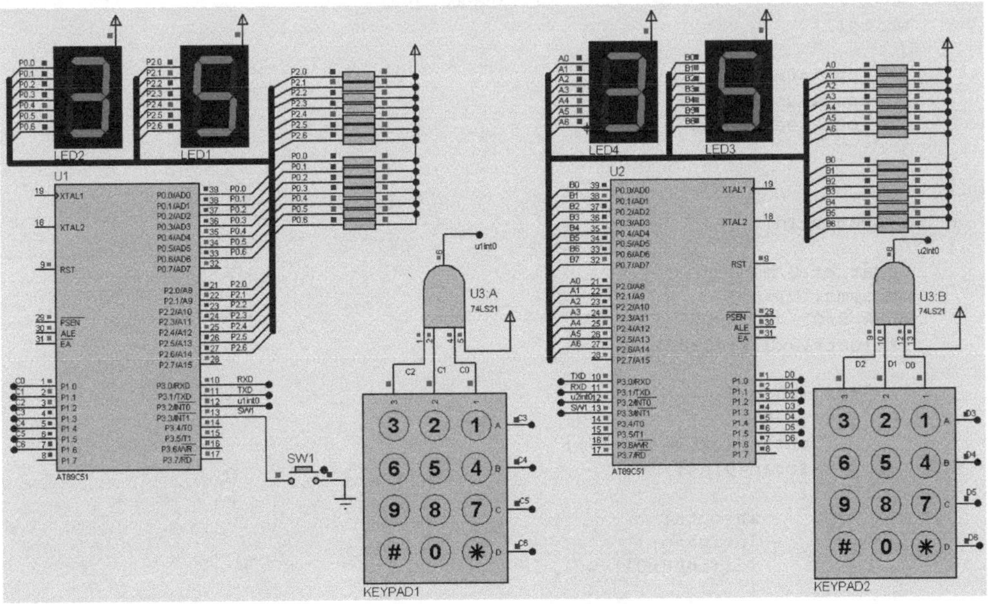

图 7-6　串行口方式 1 全双工串行通信原理电路

开机时，甲乙两机的 2 个数码管上都显示 00。在甲机键盘 KEYPAD1 输入甲机欲发送的数据 3，甲机的左侧 LED 数码管显示 3，表明甲机欲发送的数据为 3。在乙机键盘 KEYPAD2 输入乙机要发送的数据 5，乙机的右侧 LED 数码管显示 5，表明乙机欲发送的数据为 5。单击开关 SW1，产生一个外部中断，双机进行全双工通信，乙机左侧的数码管显示 3，表明甲机向乙机串行发送数据 3 成功。甲机右侧的数码管显示 5，表明乙机向甲机串行发送数据 5 成功。利用单击 SW1 产生的外部中断，使两片单片机同时发送，双方各自收到对方的数字信息，即

实现了“全双工”串行通信。由上所述，双机的程序是相同的。

参考程序如下。

```
#include "reg51.h"
#define uchar unsigned char
#define uint unsigned int
#define outk P1
#define out1 P0
#define out2 P2
uchar code seg[]={0xc0,0xf9,0xa4,0xb0,0x99,0x92,0x82,0xf8,0x80,0x90,0xff};
uchar key,send,rec;
uchar scan(void);
void delayms(uint);

void main(void)
{
    TMOD=0x20;                        //设置定时器1工作在方式2
    TH1=0xF2;
    TL1=0xF2;
    TR1=1;
    SCON=0x50;                        //串口工作在方式1，REN=1允许接收数据
    PCON=0x00;                        //波特率不加倍
    EA=1;                             //总中断允许
    ES=1;                             //允许串行口中断
    EX1=1;                            //允许外中断1中断
    EX0=1;                            //允许外中断0中断
    while(1)
    {
        outk=0x07;
        out1=seg[send];
        out2=seg[rec];
    }
}

uchar scan(void)
{
    uchar k=10,m,n,in;
    delayms(10);
    outk=0x07;
    if((outk&0x07)!=0x07)
    {
        for(m=0;m<3;m++)
        {
            outk=~(0x01<<(m+3));
            for(n=0;n<3;n++)
            {
                in=outk;
                in=in>>n;
                if((in&0x01)==0)
                {
                if((in&0x01)==0){k=n+m*3;break;}
                }
            }
        if(k!=10)break;
        }
    }
return(k);
}

void delayms(uint j)                  //延时函数
{
    uchar i;
    for(;j>0;j--)
```

```
        {
            i=250;
            while(--i);
            i=249;
            while(--i);
        }
}

void ext0()interrupt 0         //外中断 0 的中断函数
{
    EX0=0;
    key=scan();
    if(key!=10)send=key+1;
    EX0=1;
}

void ext1()interrupt 2         //外中断 1 的中断函数
{
    ES=0;;
    SBUF=send;
    while(!TI);
    TI=0;ES=1;
}

void com()interrupt 4          //串行口中断函数
{
    RI=0;
    rec=SBUF;
}
```

例 7-6　甲机通过串行口控制乙机的 LED 闪烁

如图 7-7 所示，U1 为甲机，U2 为乙机，两者通过串口直接相连，采用串行通信方式 1，甲机通过串口向乙机发送字符。

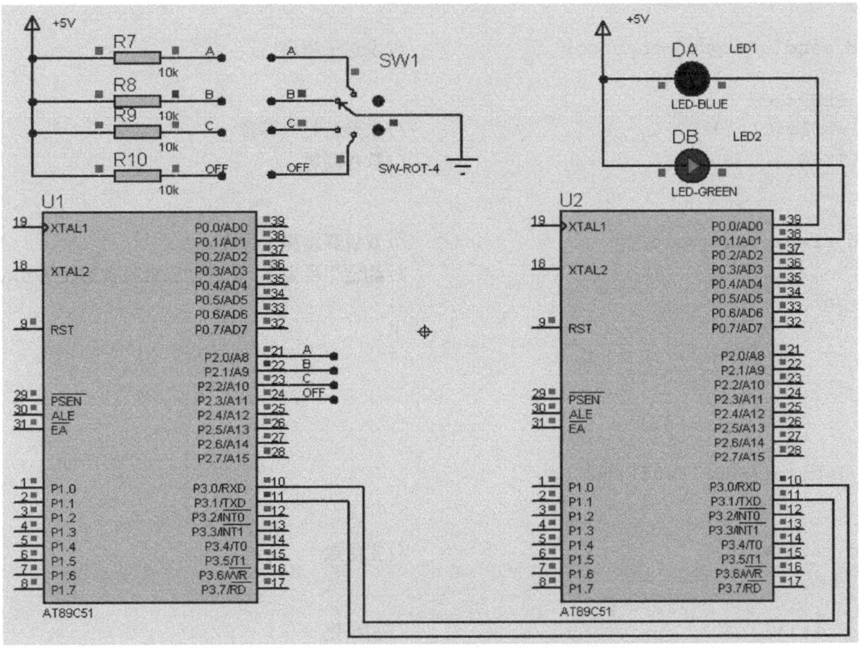

图 7-7　甲机通过串口控制乙机的 LED 闪烁

甲机外接4挡开关，甲机通过单击SW1的上下箭头来转换挡位，选择发送不同的字符，控制乙机的LED1、LED2的不同闪烁点亮组合。

（1）SW1与A端接通，甲机发送字符A，控制乙机的LED1闪烁。

（2）SW1与B端接通，甲机发送字符B，控制乙机的LED2闪烁。

（3）SW1与C端接通，甲机发送字符C，控制乙机的LED1和LED2同时闪烁。

（4）SW1与OFF端接通，甲机停止发送任何字符，则乙机的LED1和LED2全熄灭。

仿真时转换SW1开关，调节挡位，观察LED指示灯的闪烁情况。图7-7中为SW1开关打向B，控制乙机的LED2闪烁。

参考程序如下。

```
//甲机程序，根据 SW1 开关的选择，发送不同的字符
#include <reg51.h>
sbit P_A=P2^0;
sbit P_B=P2^1;
sbit P_C=P2^2;
sbit OFF=P2^4;
int flag;
unsigned char c[3]={'a','b','c'};          //可能的发送数据
unsigned char pf;                          //校验和

void init(void)                            //初始化
{
    IE=0x00;                               //关中断
    TMOD=0x20;                             //定时器工作在方式 2
    TH1=0xfd;                              //波特率设为 9 600
    TL1=0xfd;
    PCON=0x00;
    TR1=1;                                 //启动定时器
    SCON=0x50;                             //串行口工作在方式 1
}

void send(unsigned char cc)                //发送子程序
{
    SBUF=cc;
    while(TI==0);                          //未准备好，等待
    TI=0;                                  //软件清零
}

void trans_test(void)                      //双机联络测试程序
{                                          //约定甲机发送 0xff，乙机收到后发送 0x0f
    do
    {
        SBUF=0xff;
        while(TI==0);
        TI=0;
        while(RI==0);
        RI=0;
    }while((SBUF^0x0f)!=0);
}

void main(void)                            //主函数
{

    init();                                //初始化
    trans_test();                          //联络
    while(1)
```

```
    {
        if(P_A==0)                      //开关为 A 挡，发送字符 a
        {
            flag=0;
            send(c[flag]);
        }
        else if(P_B==0)                 //开关为 B 挡，发送字符 b
        {
            flag=1;
            send(c[flag]);
        }
        else if(P_C==0)                 //开关为 C 挡，发送字符 c
        {
            flag=2;
            send(c[flag]);
        }
        else if(OFF==0)                 //开关为 OFF 挡，不发送信号
        {
            ;
        }
    }
}

//乙机程序，根据接到的数据改变亮灯状态
#include <reg51.h>
sbit LED1=P0^0;
sbit LED2=P0^1;
int flag=0;                             //闪烁标志位

void timer0(void) interrupt 1 using 0   //长时间未接收到信号，灭灯
{
    TH0=0x00;
    TL0=0x00;
    P0=0xff;
}

void delay(int n)
{
    int i;
    for(i=0;i<n;i++);
}

void init(void)                         //初始化
{
    IE=0x00;                            //关中断
    IP=0x02;
    TMOD=0x21;                          //定时器工作在方式 2
    TH1=0xfd;                           //波特率设为 9 600
    TL1=0xfd;
    PCON=0x00;
    TR1=1;
    SCON=0x50;                          //串行口工作在方式 1
    P2=0xff;                            //灯全熄灭
    IE=0x82;
}

void receive_test()                     //联络程序
{                                       //乙机收到 0xff 后发送 0x0f
    do
    {
        while(RI==0);
        RI=0;
```

```
    }while((SBUF^0xff)!=0);

    SBUF=0x0f;
    while(TI==0);
    TI=0;
}

void receive(void)
{
    unsigned char dd;
    TH0=0x00;
    TL0=0x00;
    TR0=1;                          //启动定时器
    while(RI==0);
    RI=0;
    dd=SBUF;
    if(dd=='a')                     //LED1 闪烁
    {
        flag=1;
    }
    else if(dd=='b')                //LED2 闪烁
    {
        flag=2;
    }
    else if(dd=='c')                //两灯一起闪烁
    {
        flag=3;
    }
    else                            //不是 A、B、C 之一，出错，灭灯
    {
        flag=0;
    }
}

void main(void)
{
    init();
    receive_test();                 //联络

    while(1)
    {
        receive();                  //接收甲机信号
        TR0=0;                      //关定时器，防止错误溢出
        switch(flag)
        {
            case 1:                 //LED2 灭，LED1 闪烁
                LED2=1;
                LED1=!LED1;
                delay(5000);
                delay(5000);
                delay(5000);
                break;
            case 2:                 // LED1 灭，LED2 闪烁
                LED1=1;
                LED2=!LED2;
                delay(5000);
                delay(5000);
                delay(5000);
                break;
            case 3:                 //两灯一起闪烁
                LED1=!LED1;
                delay(5000);
                delay(5000);
```

```
                delay(5000);
                LED2=!LED2;
                delay(5000);
                delay(5000);
                delay(5000);
                break;
            default:                    //灭灯
                P2=0xff;
                break;
        }
    }
}
```

程序说明：甲机（U1），甲机程序先实现联络，之后查询 P2 口状态，据此发送相应字符，或终止发送。乙机（U2），乙机与甲机联络之后，接收字符，做出判断，控制 P0.0 和 P0.1 引脚的 LED 闪烁或熄灭。

RI 为 0 时有两种情况：未准备好和无输入。采用定时器的中断方式来判断是否一直无输入。由于波特率较低，并考虑数据处理时间，只需每次收到字符后将相应输出取反，而无需延时程序，即可实现 LED 闪烁。

例 7-7　波特率可选的双机串行通信

本例的串行通信接口原理电路如图 7-8 所示。两个单片机利用串行口方式 1 进行串行单工通信，串行通信的波特率可通过 4 个按键开关来选择设定，可选的波特率为 1 200、2 400、4 800 和 9 600。

两单片机之间串行通信波特率的设定最终归结到对定时计数器 T1 计数初值 TH1、TL1 的设定。通过 4 个开关的选择可得到设定的波特率，从而载入相应的 T1 计数初值 TH1、TL1。主机将 0xaa 传输到从机上，并显示在 LED 发光二极管上。

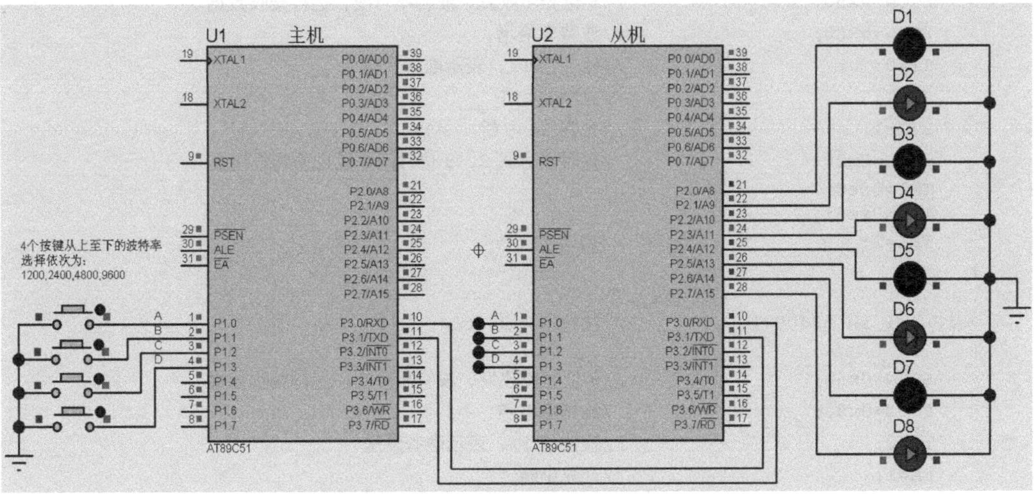

图 7-8　波特率可选的双机串行通信原理电路

参考程序如下。

```
//甲机程序
#include<reg51.h>
sbit key0=P1^0;
sbit key1=P1^1;
```

```
sbit key2=P1^2;
sbit key3=P1^3;

unsigned char keyscan()                    //键盘扫描函数
{
    unsigned char keyscan_num,temp;
    P1=0xff;
    temp=P1;
    if(~(temp&0xff))
    {
        if(key0==0)
        {
            keyscan_num=0;
        }
        else if(key1==0)
        {
            keyscan_num=1;
        }
        else if(key2==0)
        {
            keyscan_num=2;
        }
        else if(key3==0)
        {
            keyscan_num=3;
        }
        else
        {
            keyscan_num=1;
        }
        return keyscan_num;
        }
    }
void spi_init1200()                 //波特率设为1 200
{
    SCON=0x50;                      //8位异步收发，波特率可变，运行接收数据
    PCON=0x80;                      //波特率倍增，
    TI=0;                           //软件清TI，表示准备发送
    EA=1;                           //总中断允许
    ET1=1;                          //允许T1中断
    TMOD=0x20;                      //定时器方式2，8位时间常数自动装载模式
    TH1=0xe8;
    TL1=0xe8;
    TR1=1;                          //启动T1
}

void spi_init2400()                 //波特率为2 400
{
    SCON=0x50;                      //8位异步收发，波特率可变，运行接收数据
    PCON=0x80;                      //波特率倍增
    TI=0;                           //软件清TI，表示准备发送
    EA=1;                           //开总中断
    ET1=1;                          //允许T1中断
    TMOD=0x20;                      //定时器方式2，8位自动装载模式
    TH1=0xf4;
    TL1=0xf4;
    TR1=1;                          //开启T1
}

void spi_init4800()                 //波特率设为4 800
```

```
{
    SCON=0x50;                  //8 位异步收发，波特率可变，运行接收数据
    PCON=0x80;                  //波特率倍增
    TI=0;                       //软件清零 TI，表示准备发送
    EA=1;                       //总中断允许
    ET1=1;                      //允许 T1 中断
    TMOD=0x20;                  //定时器方式 2，8 位自动装载模式
    TH1=0xfa;
    TL1=0xfa;
    TR1=1;                      //开启 T1
}

void spi_init9600()             //波特率设为 9 600
{
    SCON=0x50;                  //8 位异步收发，波特率可变，运行接收数据
    PCON=0x80;                  //波特率倍增
    TI=0;                       //软件清零 TI，表示准备发送
    EA=1;                       //总中断允许
    ET1=1;                      //允许 T1 中断
    TMOD=0x20;                  //定时器方式 2，8 位自动装载模式
    TH1=0xfd;
    TL1=0xfd;
    TR1=1;                      //开启 T1
}

void spi_send(unsigned char ch)
{
    SBUF=ch;
    while(TI==0);               //等待发送完毕
    TI=0;
}

void main()
{
    unsigned char key_press;
    while(1)
    {
        key_press=keyscan();
        switch(key_press)
        {
            case 0:
                spi_init1200();
                break;
            case 1:
                spi_init2400();
                break;
            case 2:
                spi_init4800();
                break;
            case 3:
                spi_init9600();
                break;
            default:
                break;
        }
        spi_send(0xaa);
    }
}

//乙机程序
#include<reg51.h>
```

```
sbit key0=P1^0;
sbit key1=P1^1;
sbit key2=P1^2;
sbit key3=P1^3;

unsigned char keyscan()                    //键盘扫描函数
{
    unsigned char keyscan_num,temp;
    P1=0xff;
    temp=P1;
    if(~(temp&0xff))
    {
        if(key0==0)
        {
            keyscan_num=0;
        }
        else if(key1==0)
        {
            keyscan_num=1;
        }
        else if(key2==0)
        {
            keyscan_num=2;
        }
        else if(key3==0)
        {
            keyscan_num=3;
    }
    else
    {
            keyscan_num=1;
    }
    return keyscan_num;
    }
}

void spi_init1200()                   //波特率设为1 200
{
    SCON=0x50;                        //8位异步收发，波特率可变，运行接收数据
    PCON=0x80;                        //波特率加倍
    TI=0;                             //软件清零，表示未发送完成
    EA=1;                             //总中断允许
    ET1=1;                            //允许 T1 中断
    TMOD=0x20;                        //8位自动装载模式
    TH1=0xe8;
    TL1=0xe8;
    TR1=1;                            //开启T1
}

void spi_init2400()                   //波特率设为2 400
{
    SCON=0x50;                        //8位异步收发，波特率可变，运行接收数据
    PCON=0x80;                        //波特率加倍
    TI=0;                             //软件清零，表示未发送完成
    EA=1;                             //总中断允许
    ET1=1;                            //允许 T1 中断
    TMOD=0x20;                        //8位自动装载模式
    TH1=0xf4;
    TL1=0xf4;
    TR1=1;                            //开启T1
}
```

```
void spi_init4800()                 //波特率设为 4 800
{
    SCON=0x50;                      //8 位异步收发，波特率可变，运行接收数据
    PCON=0x80;                      //波特率加倍
    TI=0;                           //软件清零，表示未发送完成
    EA=1;                           //总中断允许
    ET1=1;                          //允许 T1 中断
    TMOD=0x20;                      //8 位自动装载模式
    TH1=0xfa;
    TL1=0xfa;
    TR1=1;                          //开启 T1
}

void spi_init9600()                 //波特率设为 9 600
{
    SCON=0x50;                      //8 位异步收发，波特率可变，运行接收数据
    PCON=0x80;                      //波特率加倍
    TI=0;                           //软件清零，表示未发送完成
    EA=1;                           //总中断允许
    ET1=1;                          //允许 T1 中断
    TMOD=0x20;                      //8 位自动装载模式
    TH1=0xfd;                       /装载计数初值
    TL1=0xfd;
    TR1=1;                          //开启 T1
}

void main()
{
    unsigned char key_press;
    while(1)
    {
        key_press=keyscan();
        switch(key_press)
        {
            case 0:
                spi_init1200();
                break;
            case 1:
                spi_init2400();
                break;
            case 2:
                spi_init4800();
                break;
            case 3:
                spi_init9600();
                break;
            default:
                break;
        }
        while(RI==0);
    }
}

void receive() interrupt 4
{
    RI=0;
    P2=SBUF;
}
```

7

例 7-8 双机全双工串行通信

两单片机（称为甲机和乙机）之间采用方式 1 全双工串行通信。原理电路如图 7-9 所示。

（1）甲机 K1 按键可通过串口控制乙机的 LED1 点亮、LED2 灭，K2 按键控制乙机 LED1 灭、LED2 点亮，K3 按键控制乙机的 LED1 和 LED2 全亮。

（2）乙机 K4 按键可控制串口向甲机发送 K4 按下的次数，按下的次数显示在甲机 P0 口的数码管上。

甲机的 P3.2（外中断 0 输入）检测 K1 按键的状态；对 K2 和 K3 按键状态的检测，通过 OC 门反相器 74LS05 进行“线与”后加到 P3.3 脚（外中断 1 回输入），从而实现对甲机 3 个按键中断源的中断请求检测。

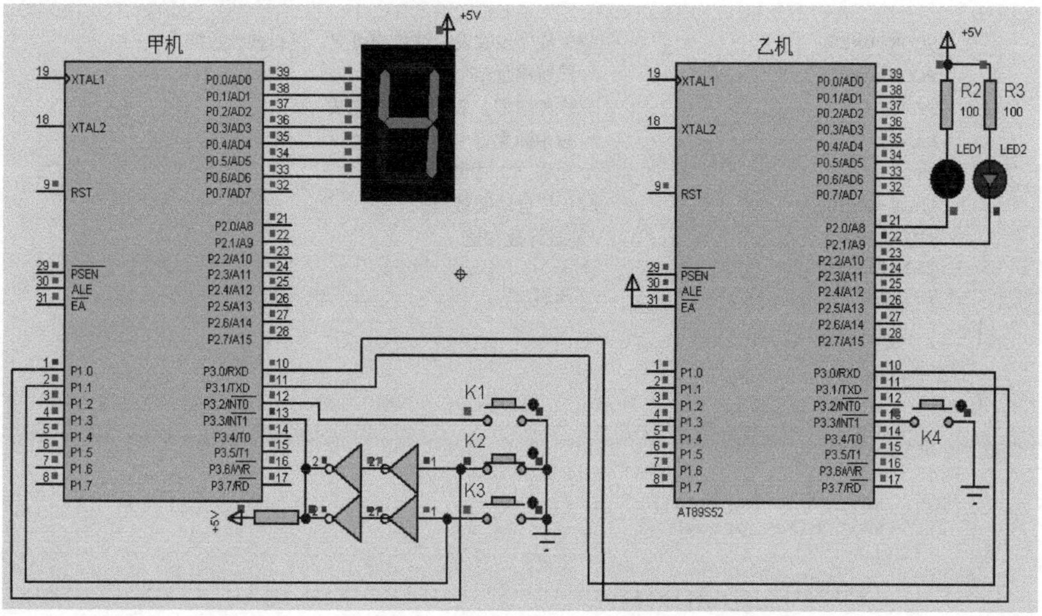

图 7-9 双机的全双工串行通信

仿真结果见图 7-9。图中显示的是甲机的 K2 按下，乙机的 LED2 灯亮；乙机的 K4 按下 4 次，在甲机的数码管上显示 4。

参考程序如下。

```
//甲机程序
#include<reg52.h>
unsigned char code HEX_CODETABLE[]=
{
    0xC0,0xF9,0xA4,0xB0,0x99,0x92,0x82,0xF8,0x80,0x90,0xFF//共阳极 7 段 LED 数码管段码
};

void serial_out(unsigned char c)      //串行发送函数
{
    SBUF=c;                           //写入要发送的字符变量 c
    while(TI==0);
    TI=0;
}
```

```
void main()
{
    SCON=0x50;                      //系统初始化，串口方式 1，8 位异步，允许接收
    TMOD=0x20;                      //T1 工作在模式 2，8 位自动装载，用作波特率发生器
    PCON=0x00;                      //波特率不倍增
    TH1=0xFD;                       //设定波特率为 9 600
    TL1=0xFD;
    TI=RI=0;                        //串行发送接收中断标示位置 0
    TR1=1;                          //启动 T1
    IT0=IT1=1;                      //外部中断触发方式设定为负跳沿
    IE=0x95;                        //设定中断源允许寄存器
    SBUF=0xFF;                      //先写入 0xFF 使得乙机刚开始时 LED1、LED2 均不亮
    while(1)
    P0=HEX_CODETABLE[SBUF];         //通过 P2 口显示收到的字符
}

void k1() interrupt 0               //外部中断 0 的中断服务子程序
{
    serial_out(0xFE);               //点亮 LED1
}

void k2k3() interrupt 2             //外部中断 1 的中断服务子程序
{
    if(P1==0xFE)                    //判断 K2 是否按下
    serial_out(0xFD);               //K2 按下，点亮 LED2
    if(P1==0xFD)                    //判断 K3 是否按下
    serial_out(0xFC);               //K3 按下，点亮 LED1、LED2
}

void serial_in() interrupt 4        //串行输入函数中断服务子程序
{
    ES=0;                           //关串行中断源允许位
    if(RI)                          //判断是否是串行输入中断
    RI=0;                           //如果是串行输入中断，软件置零串行中断标示位
    ES=1;                           //开串行中断源允许位
}

//乙机程序
#include<reg52.h>
unsigned char i=0;

void serial_out(unsigned char c) //串行发送函数
{
    SBUF=c;                          //写入要发送的字符变量 c
    while(TI==0);
    TI=0;
}

void main()
{

    SCON=0x50;                       //系统初始化串口方式 1，8 位异步，允许接受
    TMOD=0x20;                       //T1 工作在模式 2，8 为自动装载，用作波特率发生器
    PCON=0x00;                       //波特率不倍增
    TH1=0xFD;                        //设定波特率为 9 600
    TL1=0xFD;
    TI=RI=0;                         //串行发送接收中断标示位置 0
```

7

```
    TR1=1;                          //启动 T1
    IT1=1;                          //外部中断触发方式设定为负跳沿
    IE=0x94;                        //设定中断源允许寄存器
    SBUF=10;                        //先写入 10 使得甲机刚开始时 7 段数码管先不点亮
    while(1)                        //单片机轮询
    P2=SBUF;                        //通过 P2 口按照收到的字符来驱动点亮 LED 灯
}

void k2() interrupt 2               //外部中断 1 的中断服务子程序
{
    if(i<9)                         //按一下键，i 增 1
    ++i;
    else                            //超过 10，置零
    i=0;
    serial_out(i);                  //向甲机发送按键的数值
}

void serial_in() interrupt 4        //串行输入函数中断服务子程序
{
    ES=0;                           //关串行中断源允许位
    if(RI)                          //判断是否是串行输入中断
    RI=0;                           //如果是串行输入中断，软件置零串行中断标示位
    ES=1;                           //开串行中断源允许位
}
```

例 7-9　方式 3（或方式 2）的应用设计

方式 2 与方式 1 相比的不同之处：方式 2 接收/发送 11 位信息，第 0 位为起始位，第 1～8 位为数据位，第 9 位程控位由用户设置的 TB8 位决定，第 10 位是停止位 1。

而方式 2 和方式 3 相比，除了波特率的差别外，其他都相同，因此下面介绍的方式 3 应用编程，也适用于方式 2。

如图 7-10 所示，甲、乙两个单片机进行方式 3（或方式 2）串行通信。甲机把控制 8 个流水灯点亮的数据发送给乙机并点亮其 P1 口的 8 个 LED。方式 3 比方式 1 多了 1 个可编程位 TB8，

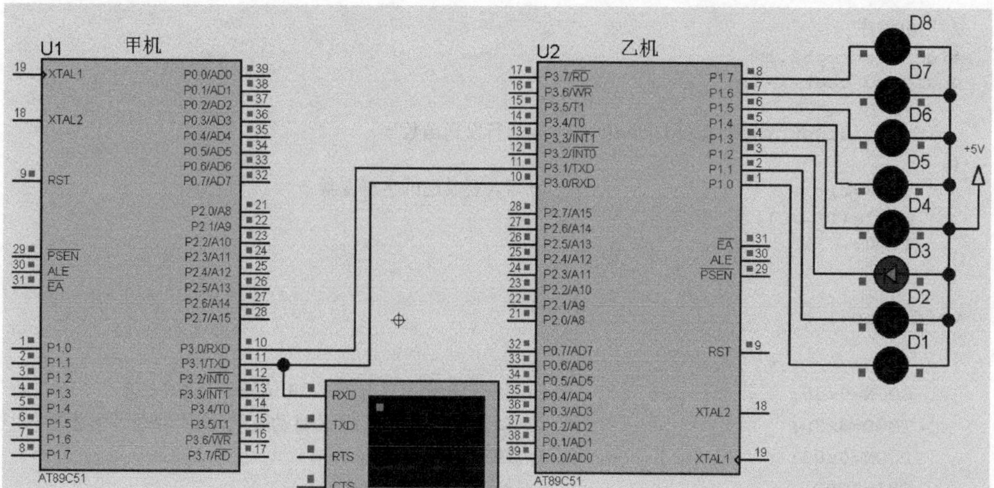

图 7-10　甲、乙两个单片机进行方式 3（或方式 2）串行通信

该位一般作奇偶校验位。乙机接收到的 8 位二进制数据有可能出错，需进行奇偶校验，其方法是比较乙机的 RB8 和 PSW 的奇偶校验位 P 如果相同，则接收数据；否则拒绝接收。

本例使用了一个虚拟终端来观察甲机串口发出的数据。运行程序，在界面处单击鼠标右键，在弹出的菜单中选择 virtual Terminal 虚拟终端，显示串口发出的数据流，如图 7-11 所示。

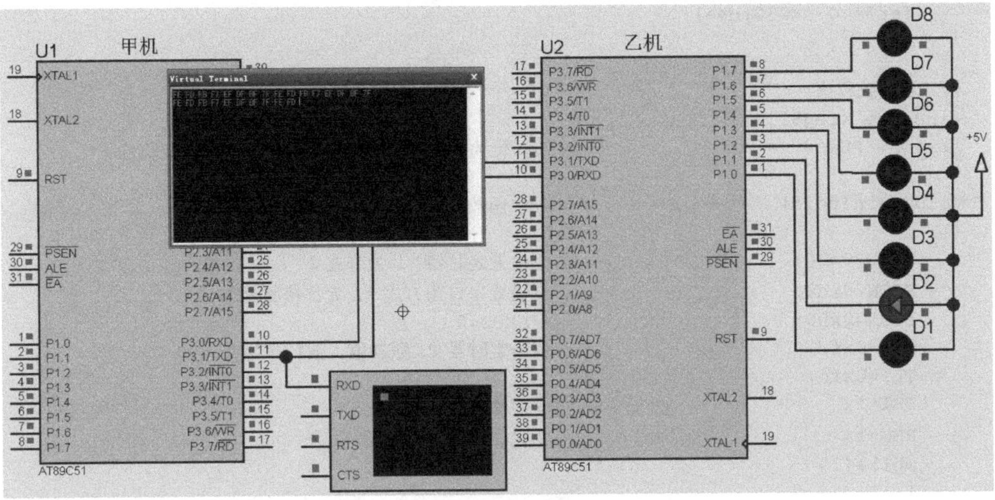

图 7-11　甲机串口发给乙机的数据流

参考程序如下。

```
//甲机发送程序
#include <reg51.h>
sbit p=PSW^0;                     //p 位定义为 PSW 寄存器的第 0 位，即奇偶校验位
unsigned char Tab[8]= {0xfe, 0xfd, 0xfb, 0xf7, 0xef, 0xdf, 0xbf, 0x7f};
                                  //控制流水灯显示数据数组，为全局变量

void main(void)                   //主函数
{
    unsigned char i;
    TMOD=0x20;                    //设置定时器 T1 为方式 2
    SCON=0xc0;                    //设置串行口为方式 3
    PCON=0x00;                    //SMOD=0
    TH1=0xfd;                     //给定时器 T1 赋初值，波特率设置为 9 600
    TL1=0xfd;
    TR1=1;                        //启动定时器 T1
    while(1)
    {
        for(i=0;i<8;i++)
        {
            Send(Tab[i]);
            delay( );             //大约 200ms 发送一次数据
        }
    }
}

void Send(unsigned char dat)      //发送 1 字节数据的函数
{
    TB8=P;                        //将奇偶校验位作为第 9 位数据发送，采用偶校验
    SBUF=dat;
    while(TI==0);                 //检测发送标志位 TI，TI= 0，1 字节未发送完
    ;                             //空操作
```

```
    TI=0;                               //1 字节发送完，TI 清零
  }

  void delay (void)                     //延时约 200ms 的函数
  {
    unsigned char m,n;
    for(m=0;m<250;m++)
    for(n=0;n<250;n++);
  }

  //乙机接收程序
  #include <reg51.h>
  sbit p= PSW^0;                        //p 位为 PSW 寄存器的第 0 位，即奇偶校验位

  void main(void)                       //主函数
  {
    TMOD=0x20;                          //设置定时器 T1 为方式 2
    SCON=0xd0;                          //设置串口为方式 3，允许接收 REN=1
    PCON=0x00;                          //SMOD=0
    TH1=0xfd;                           //给定时器 T1 赋初值，波特率为 9 600
    TL1=0xfd;
    TR1=1;                              //启动定时器 T1
    REN=1;                              //允许接收
    while(1)
    {
       P1= Receive( );                  //将接收到的数据送 P1 口显示
    }
  }

  unsigned char Receive(void)           //接收 1 字节数据的函数
  {
    unsigned char dat;
    while(RI==0);                       //检测接收中断标志 RI，RI=0，未接收完，循环等待
    ;
    RI=0;                               //已接收完一帧数据，将 RI 清零
    ACC=SBUF;                           //将接收缓冲器的数据存于 ACC
    if(RB8==P)                          //只有奇偶校验成功才能往下执行，接收数据
    {
       dat=ACC;                         //将接收缓冲器的数据存于 dat
       return dat;                      //将接收的数据返回
    }
  }
```

例 7-10　多机串行通信

本例的多机串行通信系统，由 1 个主单片机分别与 2 个从单片机进行串行通信，原理电路如图 7-12 所示。用户分别按下开关 K1 或 K2 来选择主机与对应的 1#或 2#从机进行串行通信，当某从机的黄色 LED 点亮时，表示主机与该从机连接成功；该从机的 8 个绿色 LED 闪亮时，表示主机与从机在进行串行数据通信。如果断开 K1 或 K2，则主机与相应从机的串行通信中断。

由串口多机通信原理，主机首先要识别 1#从机和 2#从机，要先发地址帧，后发数据帧，数据帧只能被与地址相符合的从机接受，运用串口方式 3 和 SM2 位来识别地址帧与数据帧，从而判别地址和判断是否接收数据，SM2 先置为 1，以接收地址帧，若地址与本从机相符合，则 SM2 清零，准备接收数据帧。主机发送的地址帧第 9 位为 1，数据帧第 9 位为 0，这样就可有选择地接收。

3 个单片机的串行通信方式都设置为方式 3。

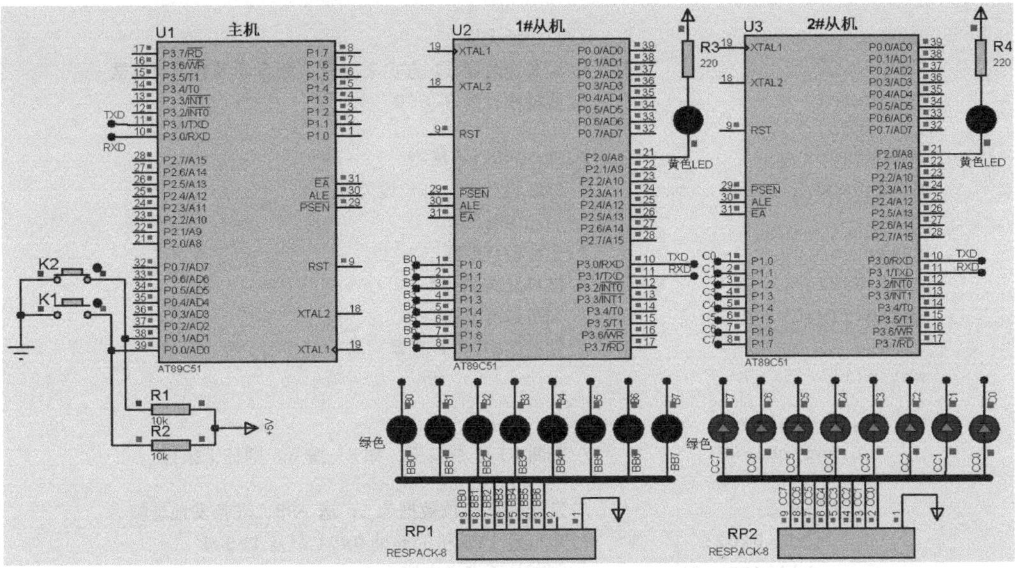

图 7-12 主机与 2 个从机的多机通信的原理电路与仿真

因为本例的多机串行通信，各从机程序都是相同的，只是地址不同，所以本例对于 3 个或 3 个以上的从机系统都是适用的，只是增加选择开关 K 而已。

本例的多机通信的约定如下。

（1）2 台从机的地址为 01H、02H。

（2）主机发出的 0xff 为控制命令，使所有从机都处于 SM2=1 的状态。

（3）其余的控制命令：00H 为接收命令，01H 为发送命令。这两条命令是以数据帧的形式发送的。

（4）从机的状态字如下。

	D7	D6	D5	D4	D3	D2	D1	D0
状态字	ERR	0	0	0	0	0	TRDY	RRDY

其中：

ERR（D7 位）=1，表示收到非法命令。

TRDY（D1 位）=1，表示发送准备完毕。

RRDY（D0 位）=1，表示接收准备完毕。

串行通信时，主机采用查询方式，从机采用中断方式。主机串行口设为方式 3，允许接收，并置 TB8 为 1。由于只有 1 个主机，所以主机的 SCON 控制寄存器中的 SM2 不要置 1，故控制字为 11011000，即 0xd8。

参考程序如下。

```
//主机程序
#include <reg51.h>
#include <math.h>
sbit switch1=P0^0;                //定义 K1 与 P0.0 连接
sbit switch2=P0^1;                //定义 K2 与 P0.1 连接
```

```
void main()                              //主函数
{
    EA=1;                                //总中断允许
    TMOD=0x20;                           //设置定时器 T1 方式 2 定时，即自动装载定时常数
    TL1=0xfd;                            //波特率设为 9 600
    TH1=0xfd;
    PCON=0x00;                           //SMOD=0，不倍增
    SCON=0xd0;                           //SM2 设为 0，TB8 设为 0
    TR1=1;                               //启动定时器 T1
    ES=1;                                //允许串口中断
    SBUF=0xff;                           //串口发送 0xff
    while(TI==0);                        //判断是否发送完毕
    TI=0;                                //发送完毕，TI 清零
    while(1)
    {
        delay_ms(100);
        if(switch1==0)                   //判断 K1 是否按下，如 K1 按下，则往下执行
        {
            TB8=1;                       //发送的第 9 位数据为 1，送 TB8，准备发地址帧
            SBUF=0x01;                   //串口发 1#从机的地址 0x01 以及 TB8=1
            while(TI==0);                //判断是否发送完毕
            TI=0;                        //发送完毕，TI 清零
            TB8=0;                       //发送的第 9 位数据为 0，送 TB8，准备发数据帧
            SBUF=0x00;                   //串口发送 0x00 以及 TB8=0
            while(TI==0);                //判断是否发送完毕
            TI=0;                        //发送完毕，TI 清零
        }
        if(switch2==0)                   //判断 K2 是否按下，如 K2 按下，则往下执行
        {
            TB8=1;                       //发送的第 9 位数据为 1，发地址帧
            SBUF=0x02;                   //串口发 2#从机的地址 0x02
            while(TI==0);                /判断是否发送完毕
            TI=0;                        //发送完毕，TI 清零
            TB8=0;                       //准备发数据帧
            SBUF=0x00;                   //发数据帧 0x00 及 TB8=0
            while(TI==0);                //判断是否发送完毕
            TI=0;                        //发送完毕，TI 清零
        }
    }
}

void delay_ms(unsigned int i)            //延时函数
{
    unsigned char j;
    for(;i>0;i--)
    for(j=0;j<125;j++)
    ;
}

                                         //1#从机串行通信程序
#include <reg51.h>
#include <math.h>
sbit led=P2^0;                           //定义 P2.0 连接的黄色 LED
bit rrdy=0;                              //接收准备标志位 rrdy=0，表示未做好接收准备
bit trdy=0;                              //发送准备标志位 trdy=0，表示未做好发送准备
```

```
bit err=0;                          //err=1，表示接收到的命令为非法命令

void main()                         //1#从机主函数
{
    EA=1;                           //总中断打开
    TMOD=0x20;                      //定时器 T1 方式 2，自动装入初值，用于串口设置波特率
    TL1=0xfd;
    TH1=0xfd;                       //波特率设为 9 600
    PCON=0x00;                      //SMOD=0
    SCON=0xd0;                      //SM2 设为 0，TB8 设为 0
    TR1=1;                          //启动定时器 T1
    P1=0xff;                        //向 P1 写入全 1，8 个绿色 LED 全灭
    ES=1;                           //允许串口中断
    while(RI==0);                   //接收控制指令 0xff
    if(SBUF==0xff) err=0;           //如果接收到的数据为 0xff，err=0，表示正确
    else err=1;                     //err=1，表示接收出错
    RI=0;                           //接收中断标志清零
    SM2=1;                          //多机通信控制位，SM2 置 1
    while(1);
}

void int1() interrupt 4             //定时器 T1 中断函数
{
    if(RI)                          //如果 RI=1
    {
        if(RB8)                     //如果 RB8=1，表示接收的为地址帧
        {
            RB8=0;
            if(SBUF==0x01)          //如果接收的数据为地址帧 0x01，是本从机的地址
            {
                SM2=0;              //则 SM2 清零，准备接收数据帧
                led=0;              //点亮本从机黄色发光二极管
            }
        }
        else                        //如果接收的不是本从机的地址
        {
            rrdy=1;                 //准备好接收标志置 1
            P1=SBUF;                //串口接收的数据送 P1
            SM2=1;                  //SM2 仍为 1
            led=1;                  //熄灭本从机黄色发光二极管
        }
        RI=0;
    }
    delay_ms(50);
    P1=0xff;                        //熄灭本从机 8 个绿色发光二极管
}

void delay_ms(unsigned int i)       //延时函数
{
    unsigned char j;
    for(;i>0;i--)
    for(j=0;j<125;j++)
    ;
}

                                    //2#从机串行通信程序

#include <reg51.h>
#include <math.h>
```

```
sbit led=P2^0;
bit rrdy=0;
bit trdy=0;
bit err=0;

void delay_ms(unsigned int i)
{
    unsigned char j;
    for(;i>0;i--)
    for(j=0;j<125;j++)
    ;
}

void main()                         //从机2主程序
{
    EA=1;                           //总中断打开
    TMOD=0x20;                      //定时器1工作方式2自动装载，用于串口设置波特率
    TL1=0xfd;
    TH1=0xfd;                       //波特率设为9 600
    PCON=0x00;                      //不倍增，0x80为倍增
    SCON=0xf0;                      //SM2设为1，TB8设为0
    TR1=1;                          //定时器1 打开
    P1=0xff;
    ES=1;                           //允许串口中断
    while(RI==0);                   //接收控制指令 0xff
    if(SBUF==0xff) err=0;
    else err=1;
    RI=0;
    SM2=1;
    while(1);
}

void int1() interrupt 4             //串行口中断函数
{
    if(RI)
    {
        if(RB8)
        {
            RB8=0;
            if(SBUF==0x02)
            {
                SM2=0;
                led=0;
            }
        }
        else
        {
            rrdy=1;
            P1=SBUF;
            SM2=1;
            led=1;
        }
        RI=0;
    }
    delay_ms(50);
    P1=0xff;
}
```

例7-11　单片机与PC串行通信的设计

在工业现场的测控系统中，常使用单片机采集监测点的数据，然后通过串口与PC串行通

信，把采集的数据传送到 PC 上进行数据处理。PC 配置有 RS-232 标准串口，为 9 针 D 型插座，输入/输出为 RS-232 电平。D 型 9 针插头引脚定义如图 7-13 所示。

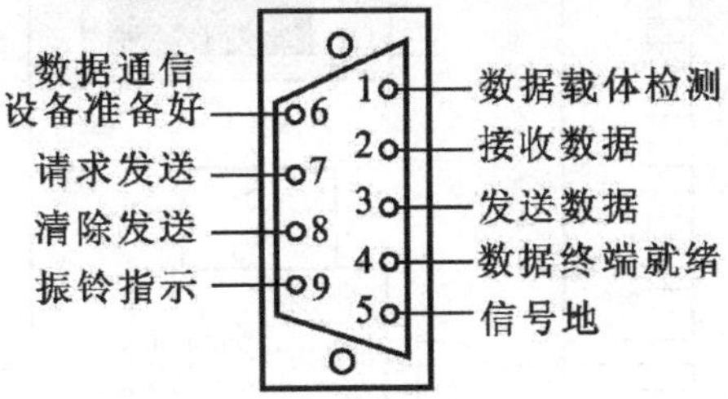

图 7-13　D 型 9 针插头引脚定义

表 7-1 为 RS-232C 的 D 型 9 针插头的引脚定义。由于两者电平不匹配，因此必须把单片机输出的 TTL 电平转换为 RS-232 电平。单片机与 PC 的接口如图 7-14 所示。

图中的电平转换芯片为 MAX232，接口连接只用了 PC 的 RS-232 插座中的 2 脚、3 脚与 5 脚。

表 7-1　PC 的 RS-232C 接口信号

引脚号	功能	符号	方向
1	数据载体检测	DCD	输入
2	接收数据	TXD	输出
3	发送数据	RXD	输入
4	数据终端就绪	DTR	输出
5	信号地	GND	
6	数据通信设备准备好	DSR	输入
7	请求发送	RTS	输出
8	清除发送	CTS	输入
9	振铃指示	RI	输入

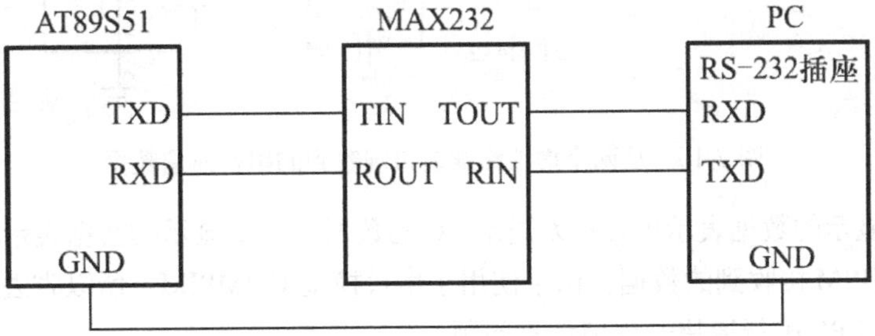

图 7-14　单片机与 PC 的 RS-232 串行通信接口

单片机向计算机发送数据的 Proteus 硬件原理电路如图 7-15 所示。要求单片机通过串行口的 TXD 脚向计算机串行发送 8 个数据字节。本例中使用了两个串行口虚拟终端，用于观察串行口线上出现的串行传输数据。

运行程序，在界面处单击鼠标右键，在弹出的菜单中选择 virtual Terminal，弹出两个虚拟终端窗口 VT1 与 VT2，并显示串口发出的数据流，如图 7-16 所示。

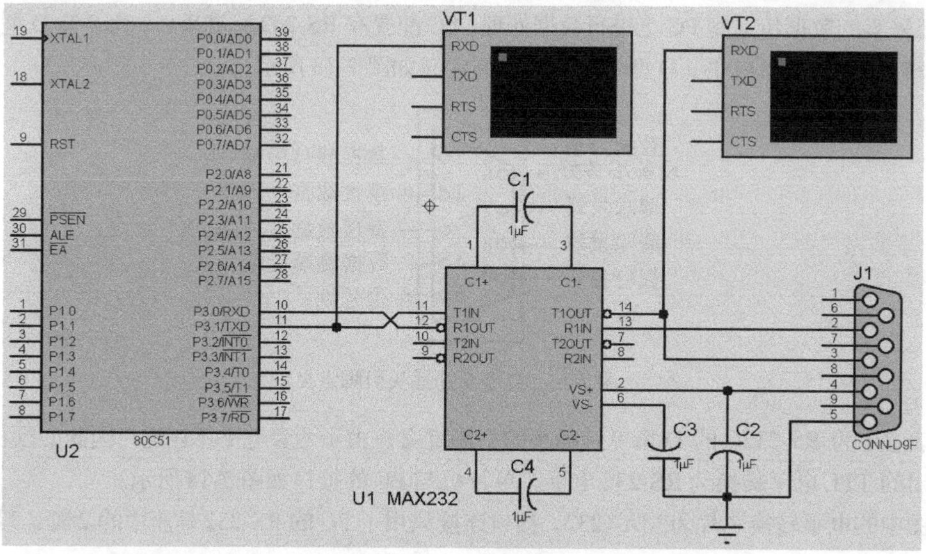

图 7-15　单片机向计算机发送数据的 proteus 仿真电路

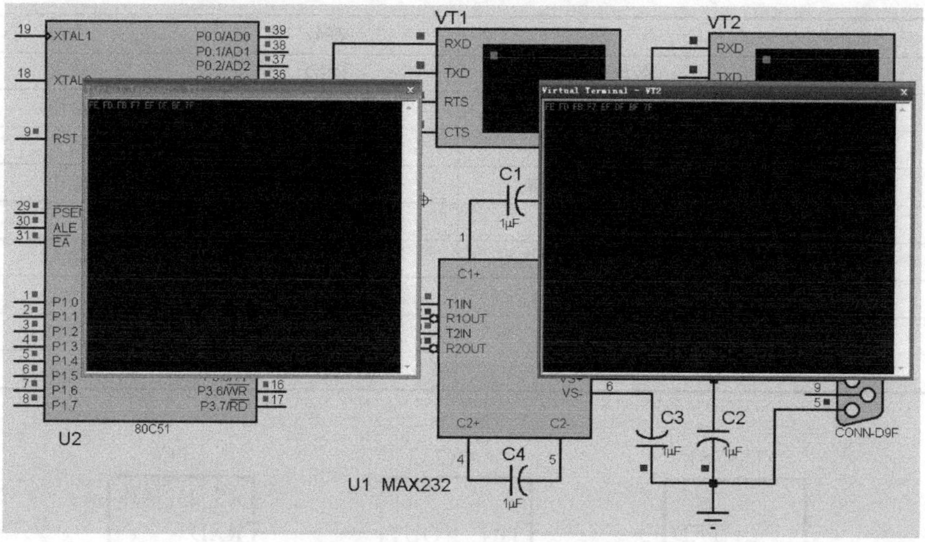

图 7-16　从两个虚拟终端窗口观察到的串行通信数据

VT1 窗口显示的数据表示单片机发送给 PC 的数据，VT2 显示的数据表示由 PC 经 RS232 串口模型 COMPIM 接收到的数据，由于使用了串口模型 COMPIM，所以省去了 PC 的模型，解决了单片机与 PC 串行通信的虚拟仿真问题。

参考程序如下。

```
#include <reg51.h>
code Tab[ ]={ 0xfe, 0xfd, 0xfb, 0xf7, 0xef, 0xdf, 0xbf, 0x7f };  //流水灯控制码数组
void send(unsigned char dat )
{
    SBUF=dat;                        //待发送数据写入发送缓冲寄存器
    while(TI==0);                    //串口未发送完，等待
    ;                                //空操作
```

```
        TI=0;                          //1 字节发送完毕，软件将 TI 标志清零
    }

    void delay(void )                  //延时约 200ms 函数
    {
        unsigned char m,n;
        for(m=0;m<250;m++)
        for(n=0;n<250;n++)
        ;
    }

    void main(void)                    //主函数
    {
        unsigned char i;
        TMOD=0x20;                     //设置 T1 为定时器方式 2
        SCON=0x40;                     //串行口方式 1，TB8=1
        PCON=0x00;
        TH1=0xfd;                      //波特率设为 9 600
        TL1=0xfd;
        TR1=1;                         //启动 T1
        while(1)                       //循环
        {
            for(i=0;i<8;i++)           //发送 8 次流水灯控制码
            {
                send(Tab[i]);          //发送数据
                delay( );              //每隔 200ms 发送一次数据
            }
            while(1);
        }
    }
```

例 7-12　PC 向单片机发送数据

单片机接收 PC 发送的串行数据，并把接收到的数据送 P1 口的 8 位 LED 显示。原理电路如图 7-17 所示。本例采用单片机的串行口来模拟 PC 的串行口。

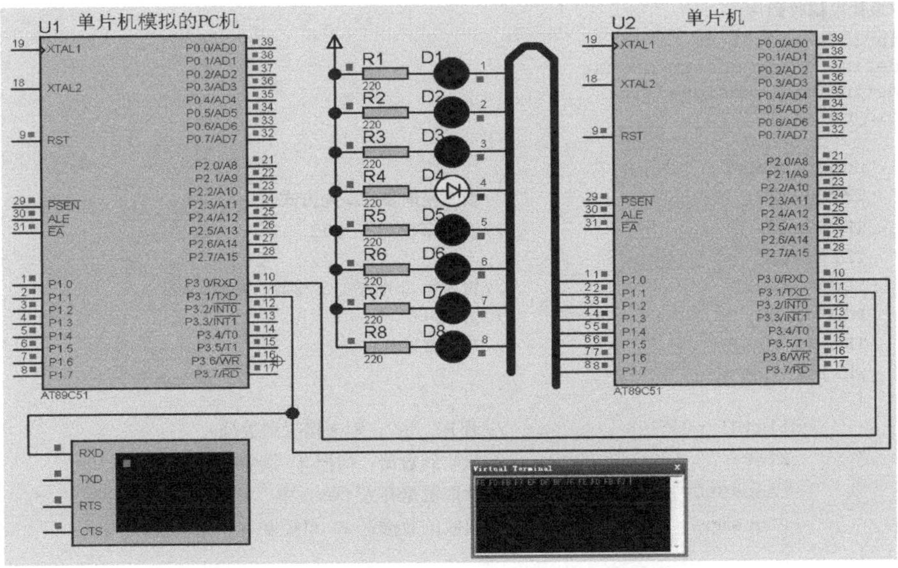

图 7-17　单片机接收 PC 发送的串行数据的原理电路

参考程序如下。

```
//用单片机串口来模拟 PC 串口发送数据的程序
#include <reg51.h>
#define uchar unsigned char
#define uint unsigned int
uchar tab[]={0xfe, 0xfd, 0xfb, 0xf7, 0xef, 0xdf, 0xbf, 0x7f};

void delay(unsigned int i)          //延时函数
{
    unsigned char j;
    for(;i>0;i--)
    for(j=0;j<125;j++)
    ;
}

void main()                         //主函数
{
    uchar i;
    TMOD=0x20;                      //设置定时器 T1 为方式 2
    TH1=0xfd;                       //波特率设为 9 600
    TL1=0xfd;
    SCON=0x40;                      //方式 1 只发送，不接收
    PCON=0x00;                      //串行口初始化为方式 0
    TR1=1;                          //启动 T1
    while(1)
    {
        for(i=0;i<8;i++)
        {
            SBUF=tab[i];            //数据送串行口发送
            while(TI==0);           //如果 TI=0，未发送完，循环等待
            TI=0;                   //已发送完，再把 TI 清零
            delay(1000);
        }
    }
}

//单片机接收程序
#include <reg51.h>
#define uchar unsigned char
#define uint unsigned int
void main( )
{
    uchar temp=0;
    TMOD=0x20;                      //设置定时器 T1 为方式 2
    TH1=0xfd;                       //波特率设为 9 600
    TL1=0xfd;
    SCON=0x50;                      //设置串口为方式 1 接收，REN=1
    PCON=0x00;                      //SMOD=0
    TR1=1;                          //启动 T1
    while(1)
    {
        while(RI==0);               //若 RI 为 0，则未接收到数据
          RI=0;                     //接收到数据，则把 RI 清零
          temp=SBUF;                //读取数据存入 temp 中
          P1=temp;                  //接收的数据送 P1 口控制 8 个 LED 的亮与灭
    }
}
```

例 7-13　RS-485 串行通信设计

本例设计 RS485 标准接口串行通信发送与接收字符。原理电路如图 7-18 所示。

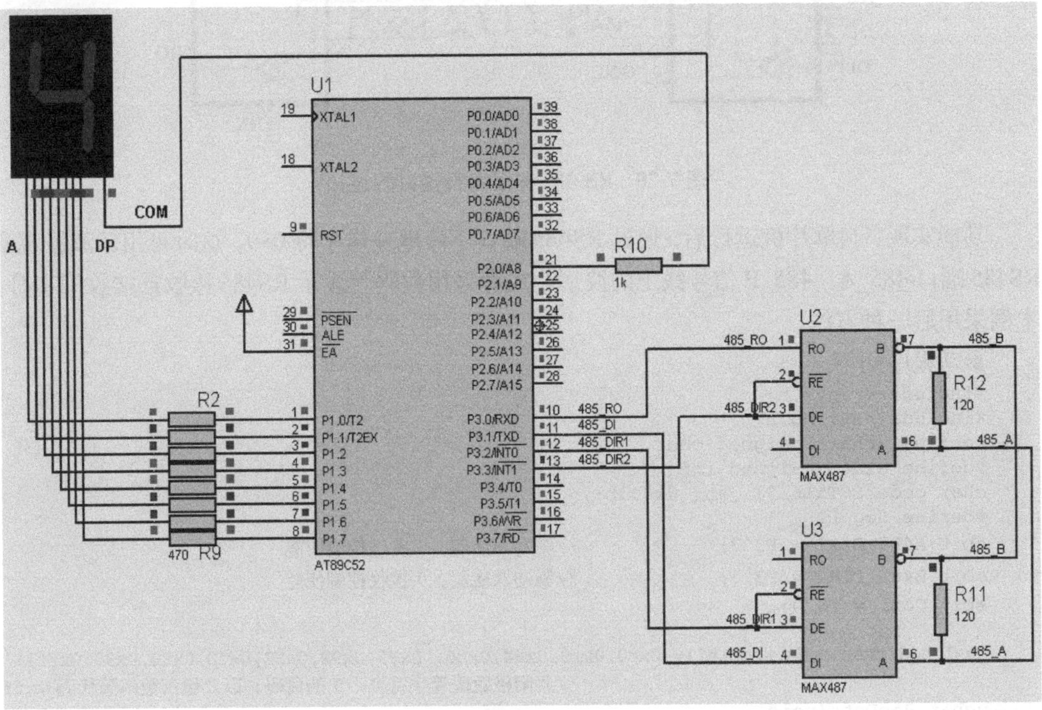

图 7-18　RS485 串行通信自发自收字符的原理电路

图 7-18 中的 MAX487 是用于 RS-485 标准串行接口的低功耗收发器，每个 MAX487 都具有一个驱动器和一个接收器。

图 7-19 为 MAX487 的内部结构及引脚图。MAX487 作为 RS-485 标准串行接口低功耗收发器，具体的接收与发送电路连接如图 7-20 所示。图 7-18 中的 2 片 MAX487 的连接与图 7-20 相同，只不过图 7-18 发送与接收采用的是同一单片机。

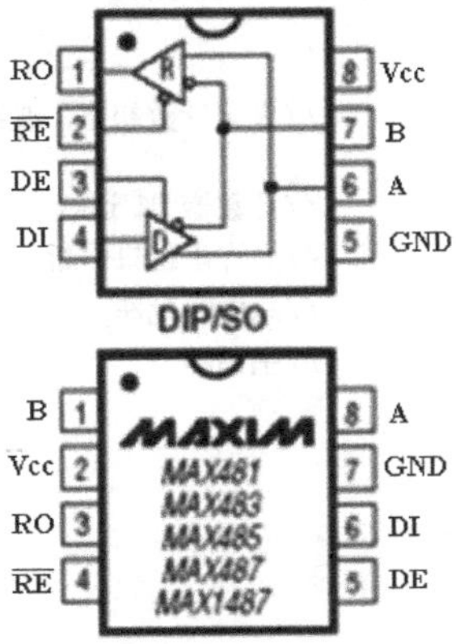

图 7-19　MAX487 的内部结构及引脚图

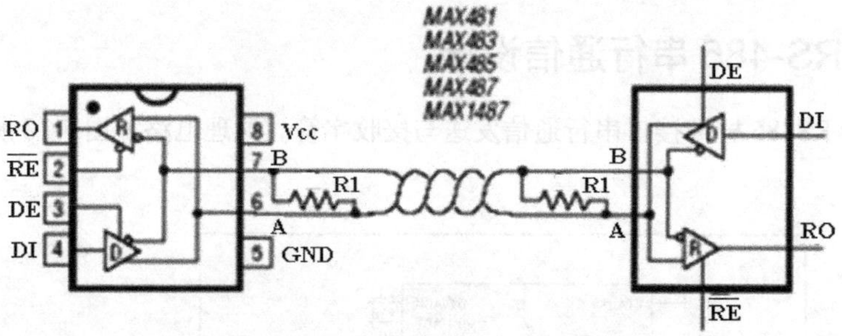

图 7-20　RS-485 标准串行接口的连接

功能实现：当单片机运行后，通过 RS485 端口不停地发送字符 0~9，这时可用示波器观察 RS485 端口 485_A、485_B 信号线上的波形，或者采用数码管显示 RS485 接收器接收的字符。本例采用后一种方法。

参考程序如下。

```
#include <reg52.h>
#include <string.h>
#define uchar unsigned char
#define uint unsigned int
char code SST516[3] _at_ 0x003b;
#define Seg P1
sbit A485_DIR1 = P3^2;                //驱动器使能，1 发送控制使能
sbit B485_DIR2 = P3^3;                //驱动器使能，0 接收控制使能
sbit Com1 = P2^0;

unsigned char code segbit[]={0xc0,0xf9,0xa4,0xb0, 0x99,0x92,0x82,0xf8,0x80,0x90,0xff};
                                      //共阳极数码管字符 0~ 9 的段码，以及熄灭数码管代码 0xff
uchar RecData(void);
void SendByte(uchar Sdata);           //该函数发送一帧数据中的一字节，由 send_data()函数调用
void delayms(uint);                   //延时 1ms 函数声明
void main()                           //主程序
{
    uchar i;
    A485_DIR1 = 1;                    //驱动器使能，1 发送
    B485_DIR2 = 0;                    //驱动器使能，0 接收
    Com1 = 1;
    SCON=0x50;                        //系统初始化
    TMOD=0x20;
    PCON=0x00;
    TH1 =0xfd;                        //设置计数初值，波特率设为 9 600
    TL1 =0xfd;
    TR1 =1;                           //计数器 T1 运行
    ES=1;                             //允许串行口中断
    EA=1;                             //总中断允许
    while(1)                          //主循环
    {
        for(i=0;i<10;i++)
        {
            SendByte(segbit[i]);
            delayms(1000);
        }
        Seg = segbit[1];
    }
}
```

```
void INT_UART_Rev() interrupt 4          //串口接收中断函数
{
    if(RI)
    {
        RI=0;
        Seg = SBUF;
    }
}

void SendByte(uchar Sdata)               //发送一个数据字节函数，若该字节为 0xdb
                                         //则发送 0xdbdd，若该字节为 0xc0，则发送 0xdbdc
{
    M_DIR = 1;                           //置发送允许，接收禁止
    SBUF = Sdata;
    while(!TI);
    TI = 0;
}

void delayms(uint j)                     //延时 1ms 函数
{
    uchar i;
    for(;j>0;j--)
    {
        i=250;
        while(--i);
        i=249;
        while(--i);
    }
}
```

7

第 8 章

I/O 扩展与存储器扩展

单片机的系统扩展包括 I/O 接口扩展和存储器（包括数据存储器和程序存储器）的扩展。按照接口的连接方式，单片机系统的扩展分为并行扩展和串行扩展。

例 8-1　单片机扩展并行 I/O 接口 82C55 的开关指示器

单片机扩展一片可编程并行接口芯片 82C55，实现数字量的输入/输出，原理电路如图 8-1 所示。设置 82C55 的 PA 口作为输出，控制 8 个 LED 指示灯 LED0~LED7 的亮灭，设置 PB 口用作输入，接 8 个开关按钮 KEY0~KEY7。8 个开关按钮分别对应 8 个 LED 指示灯，按下按钮 KEY0，指示灯 LED0 亮；按下按钮 KEY1，指示灯 LED1 亮……按下按钮 KEY7，指示灯 LED7 亮。

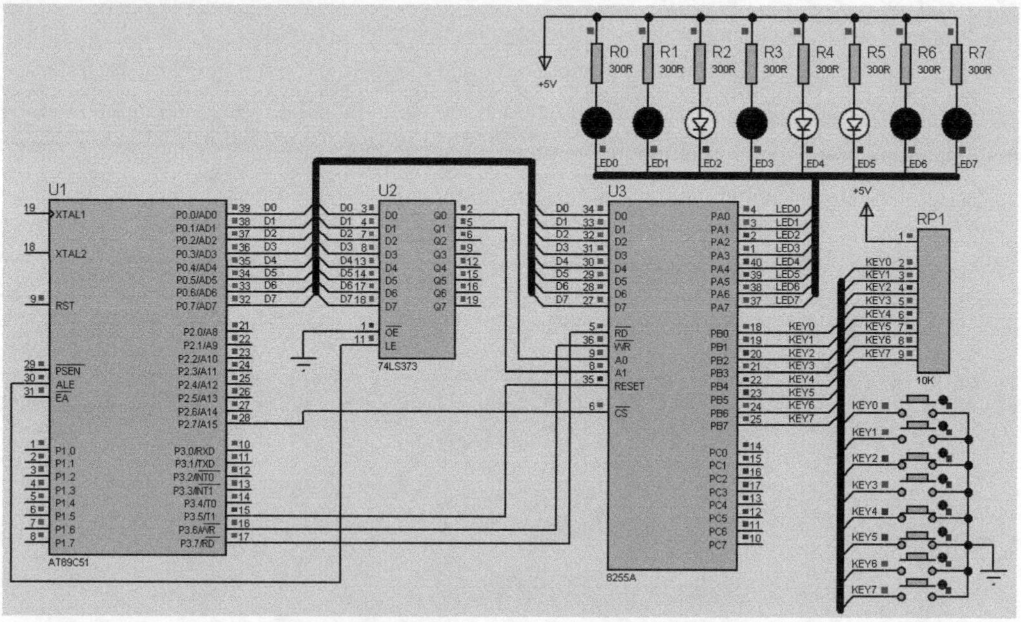

图 8-1　单片机扩展 82C55 并行 I/O 芯片的原理电路

参考程序如下。

```
#include "reg51.h"
#include "absacc.h"                    //定义地址需要的头文件
#define uchar unsigned char
#define uint unsigned int
sbit rst_8255=P3^5;
#define con_8255  XBYTE[0x7ff3]        //8255 控制口地址为 0x7ff3
```

```
#define pa_8255  XBYTE[0x7ffc]              //8255 PA 口地址 0x7ffc
#define pb_8255  XBYTE[0x7ffd]              //8255 PB 口地址 0x7ffd
void  reset_8255(void);                     //函数声明
void  delayms(uint);                        //函数声明

void main(void)                             //主函数
{
    uchar temp;
    rst_8255=1;                             //复位 8255
    delayms(1);
    rst_8255=0;
    con_8255=0x82;                          //设置 PB 口输入，PA 口输出
    while(1)
    {
        temp=pb_8255;                       //读 PB 口的按键开关值
        pa_8255=temp;                       //按键开关值写入 PA 口，点亮相应的 LED
    }
}

void delayms(uint j)                        //延时函数
{
    uchar i;
    for(;j>0;j--)
    {
        i=250;
        while(--i);
        i=249;
        while(--i);
    }
}
```

说明：82C55 片内的控制口、PA 口、PB 口端口地址，要根据 82C55 的 $\overline{CS}$、A1、A0 与单片机的地址线 A15~A0 的连接来决定。其中 $\overline{CS}$ 与单片机的地址线 A15 相连，A1、A0 分别与单片机的地址线 A1、A0 相连，未用到的地址线均为 1，控制端口地址在地址线 A15 为 0，未用到的 A14~A12 均为 1，A11~A2 均为 1，A1、A0 为编码 11 时所确定的，所以控制端口地址为 0x7fff，同理可得 PA 口、PB 口的端口地址分别为 0x7ffc、0x7ffd。

例 8-2　单片机扩展 82C55 控制交通灯

单片机扩展 82C55 用作输出口，控制 12 个发光二极管亮灭，模拟对十字路口交通灯的管理。

本例原理电路如图 8-2 所示。82C55 的 PA0～PA7、PB0～PB3 接发光二极管 LED1～LED3、LED4～LED6、LED7～LED9、LED10～LED12，代表 4 个路口的绿、黄、红灯。

执行程序，初始状态为 4 个路口的红灯全亮之后，东西路口的绿灯亮，南北路口的红灯亮，东西路口方向通车，延迟一段时间后，东西路口的绿灯熄灭，黄灯开始闪烁，闪烁几次后，东西路口红灯亮，同时南北路口的绿灯亮，南北路口方向开始通车，延迟一段时间后，南北路口的绿灯熄灭，黄灯开始闪烁，闪烁若干次后，再切换到东西路口方向，之后重复以上过程。

本例涉及单片机扩展 82C55 并行接口芯片的接口电路设计与软件设置，以及控制 82C55 各端口寄存器发送点亮或熄灭发光二极管的位控数据。

参考程序如下。

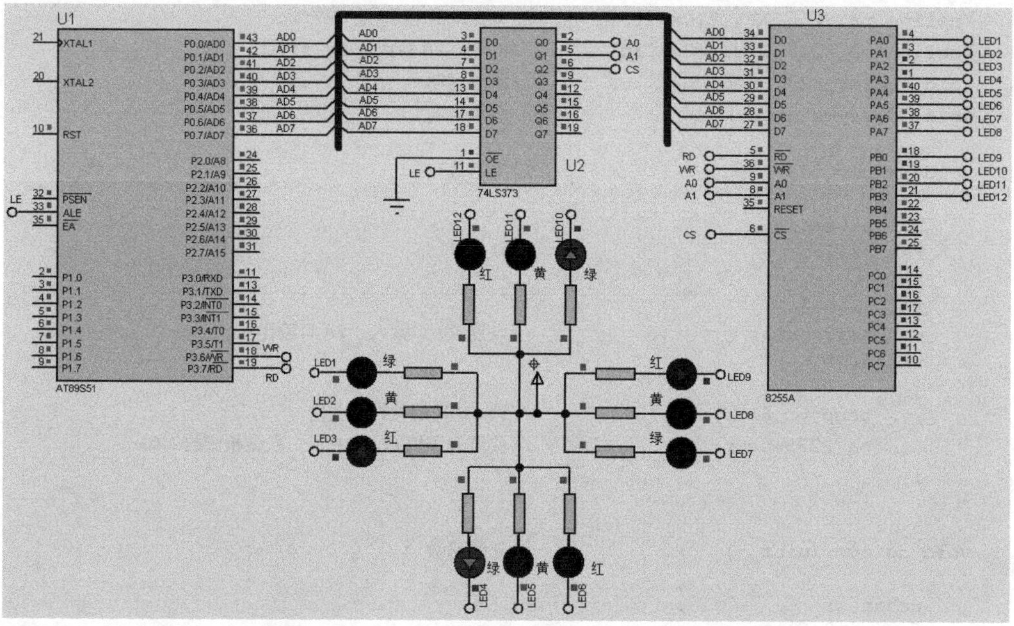

图 8-2　单片机扩展 82C55 的交通灯控制器原理电路

```
#include<reg51.h>
#include<absacc.h>
#define uchar unsigned char
#define uint unsigned int
#define LED1 0x01
#define LED2 0x02
#define LED3 0x04
#define LED4 0x08
#define LED5 0x10
#define LED6 0x20
#define LED7 0x40
#define LED8 0x80
#define LED9 0x01
#define LED10  0x02
#define LED11  0x04
#define LED12  0x08
#define PA XBYTE[0xfff8]                    //PA 端口地址定义
#define PB XBYTE[0xfff9]                    //PB 端口地址定义
#define PC XBYTE[0xfffa]                    //PC 端口地址定义
#define COM XBYTE[0xfffb]                   //控制端口地址定义
void DelayMS(uint ms)                       //延时函数
{
    uchar i;
    while(ms--) for(i=0;i<120;i++);
}
void main()                                 //主程序
{
    unsigned char i;
    COM=0x80;                               //设置 8255 的 PA、PB 口均为方式 0 输出
                                            //红灯 LED3、LED6、LED9、LED12 全亮
    for(i=0;i<5;i++)
    {
        PA=0xFF&(~LED3)&(~LED6);
        PB=0xFF&(~LED12)&(~LED9);
```

```
        DelayMS(500);
    }
    while(1)
    {
        //东西方向绿灯亮，南北红灯亮（上北下南，左西右东）
        for(i=0;i<10;i++)
        {
        //控制 LED1、LED6、LED7、LED12
            PA=0xFF&(~LED1)&(~LED6)&(~LED7);
            PB=0xFF&(~LED12);
            DelayMS(500);
        }
        //东西方向绿灯灭；黄灯开始闪烁，南北红灯亮
        for(i=0;i<5;i++)
        {
        //东西黄灯、南北红灯：LED2、LED8、LED6、LED12
            PA=0xFF&(~LED2)&(~LED6)&(~LED8);
            PB=0xFF&(~LED12);
            DelayMS(300);
        //南北红灯；LED6、LED12;
            PA=0xFF&(~LED6);
            PB=0xFF&(~LED12);
            DelayMS(300);
        }
        //东西方向红灯亮；南北绿灯亮；上北下南；左西右东
        // LED3、LED4、LED9、LED10
        for(i=0;i<10;i++)
        {
            PA=0xFF&(~LED3)&(~LED4);
            PB=0xFF&(~LED9)&(~LED10);
            DelayMS(500);
        }
        //东西方向红灯亮；南北黄灯开始闪烁；  上北下南；左西右东
        for(i=0;i<5;i++)
        {
        //东西红灯、南北黄灯；LED3、LED5、LED9、LED11
            PA=0xFF&(~LED3)&(~LED5);
            PB=0xFF&(~LED9)&(~LED11);
            DelayMS(300);
        //东西红灯；LED3、LED9
            PA=0xFF&(~LED3);
            PB=0xFF&(~LED9);
            DelayMS(300);
        }
    }
}
```

例 8-3 单片机控制 82C55 产生 500Hz 方波

AT89C51 单片机外部扩展扩 1 片可编程并行 I/O 接口芯片 82C55，并控制 82C55 的 PC5 引脚输出 500Hz 的方波，原理电路如图 8-3 所示。

PC5 引脚输出 500Hz 的方波，其高低电平的持续时间分别为 1ms，通过定时器 T0 的方式 2 定时 0.2ms（12MHz 时钟），计数 5 次来实现 1ms 的定时，因此定时器 T0 方式 2 的时间常数为 x=56，即 38H。计满 1ms 后，将 PC5 引脚的状态读入并取反，再写回到 PC5 引脚，即可产生 500Hz 方波。

单片机向 82C55 的控制端口写入不同的控制字就可控制 82C55 芯片不同的工作方式。

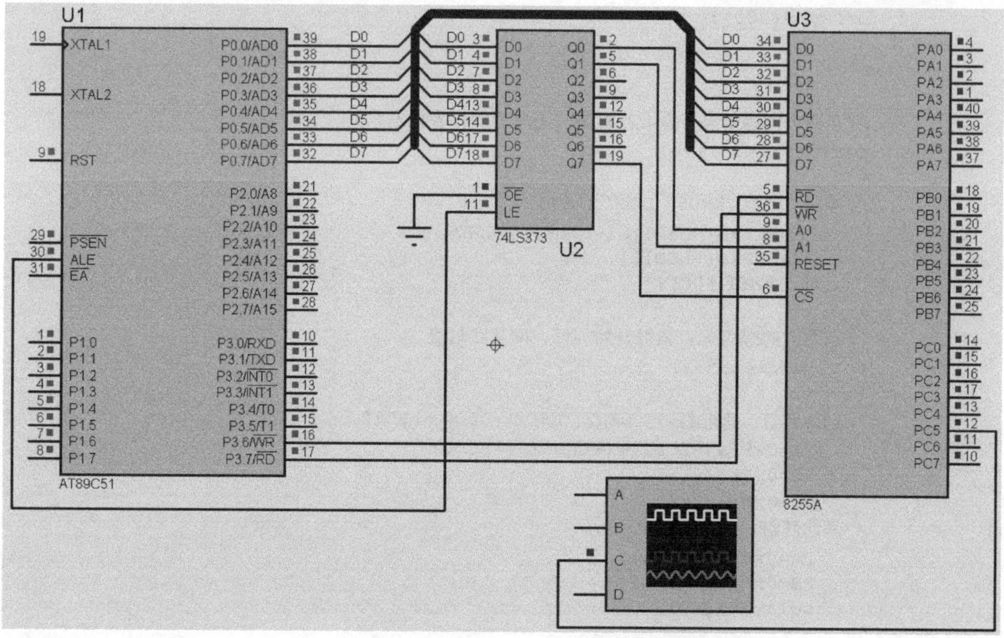

图 8-3　单片机控制 82C55 产生 500Hz 的方波

单片机的外扩 I/O 端口与外部 RAM 是统一编址的，82C55 控制寄存器端口地址为 ff7fH(未用到的地址线全为 1)，PC 口地址为 ff7eH，操作相应端口地址就可实现所需的功能。

本例的仿真运行，可通过加在 PC5 脚的虚拟示波器，观察由 PC5 产生的 500Hz 方波。如要观察虚拟示波器显示的波形，只需用鼠标右键单击图 8-3 中的虚拟示波器图标，再单击快捷菜单的 Digital Oscilloscope 选项，出现虚拟示波器的屏幕，可观察到 500Hz 的方波（周期为 2ms），如图 8-4 所示。

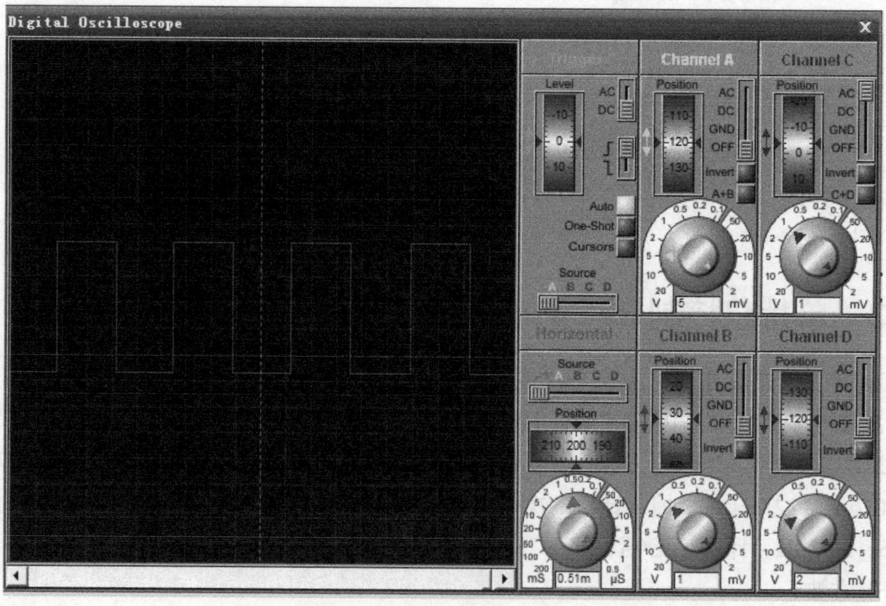

图 8-4　虚拟示波器上显示的 500Hz 方波

参考程序如下。

```
#include<reg51.h>
unsigned char xdata *con=0xff7f;        //定义 8255 控制端口地址指针
unsigned char xdata *pc=0xff7e;         //定义 8255PC 口地址指针
unsigned char i=5;                      //设置定时器定时次数为 5
sbit A5=0xE5;                           //定义 ACC 的 A^5 位，方便取反操作

void main()
{
    ACC=0xff;                           //向累加器 ACC 写入 0xff
    *con=0x80;                          //向 82C55 的控制寄存器写入控制字
    TMOD=0x02;                          //设置定时器 T0 的方式寄存器，T0 方式 2 定时
    TL0=0x38;                           //向定时器 T0 写入定时时间常数
    TH0=0x38;
    ET0=1;                              //允许定时器 T0 中断
    EA=1;                               //总中断允许
    TR0=1;                              //启动 T0
    while(1)
    {;}
}

void timer0() interrupt 1 using 0       //定时器 T0 中断函数
{
    if(i>0)
    {i--;}
    else
    {
        ACC=*pc;                        //读入 82C55 的 PC 口
        A5=~A5;                         //ACC 的 A^5 位
        *pc=ACC;                        //将 82C55 的 PC5 取反后，送 PC 口输出方波
        i=5;
    }
}
```

例 8-4 扩展 74LSTTL 电路的开关检测器

利用 74LSTTL 芯片，可扩展简单的并行 I/O 接口。本例的原理电路如图 8-5 所示，74LS245 是双向缓冲驱动器，这里仅使用它的单向输入缓冲作为扩展的输入口，将 1 脚接地，即可实现由 B 端向 A 端的单向缓冲输入。74LS245 的 8 个输入端分别接 8 个开关 K0～K7。扩展的 74LS373 是 8D 锁存器，作为扩展的输出口，输出端接 8 个发光二极管 D0～D7。当某输入口线的开关按下时，该输入口线为低电平，经 74LS245 读入单片机 P0 口后，将口线的状态输出给 74LS373，相应位为 0 的位，使对应按下开关的二极管点亮发光，从而指示出被按下开关的位置。图 8-5 中有 2 个开关 K1 和 K5 被按下，对应的 2 个发光二极管 D1 和 D5 被点亮。

程序中访问扩展的 I/O 口直接通过对片外数据器的读/写方式来进行。扩展的输入端口与输出端口具有相同的地址，均为 0x7fff，为读入开关状态时，单片机 P2.7 脚与 RD*脚为低，经或门加到 47LS245 的片选端 CE*上，从而打开输入缓冲，读入开关的状态。输出开关状态时，单片机 P2.7 脚与 WR*脚为低，经或门加到 74LS373 的片选端 LE 脚上，从而将开关状态数据输出至 74LS373 并锁存，驱动点亮相应的发光二极管。

参考程序如下。

8

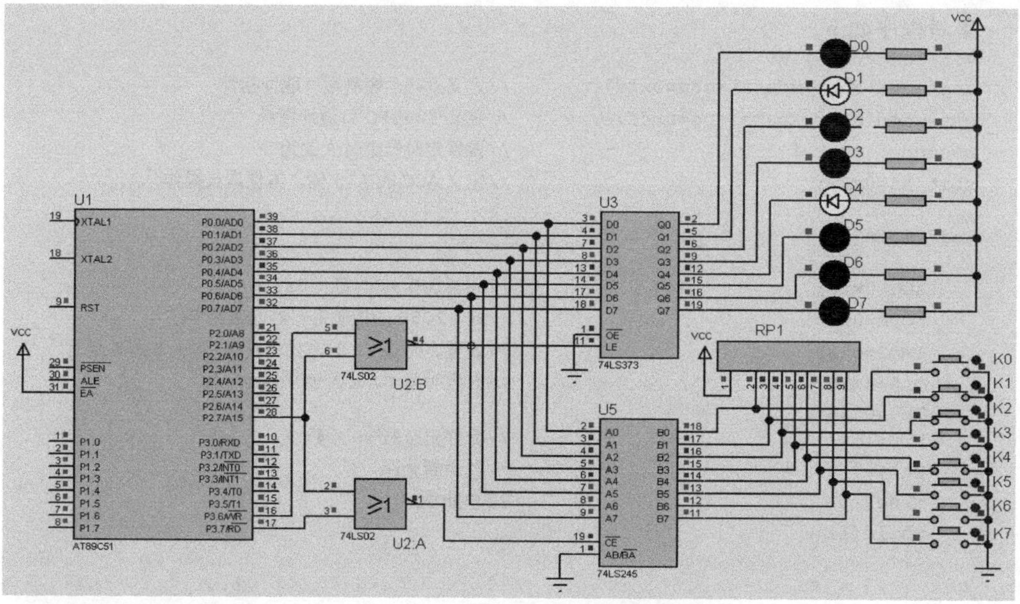

图 8-5　扩展 74LSTTL 电路的开关检测器

```
#include<absacc.h>
unsigned char swstate;

void main(void)
{
    while(1)
    {
        swstate=XBYTE[0x7fff];      //读入 74LS245 的 8 个输入端上开关的闭合状态
        XBYTE[0x7fff]=swstate;      //将开关状态输出至 74LS373 驱动点亮发光二极管
    }
}
```

例 8-5　单总线 DS18B20 测温系统案例设计 1

单总线扩展应用的典型案例是采用单总线温度传感器 DS18B20 的温度测量系统。

DS18B20 是美国 DALLAS 公司生产的数字温度传感器，具有体积小、低功耗、适用电压范围宽、抗干扰能力强等优点。是支持“单总线”接口的温度传感器。

DS18B20 将温度直接转化成数字信号，以“单总线”方式传送给单片机处理，因而可省去传统的测温电路的信号放大、A/D 转换等外围电路，大大提高了系统的抗干扰性。所以特别适用于测控点多、分布面广、环境恶劣以及狭小空间内设备的测温，广泛用于现场温度测量，如环境控制、设备或过程控制、测温类消费电子产品等。

1．DS18B20的特性

DS18B20 温度测量范围为−55～+128℃，在−10～+ 85℃范围内，测量精度可达±0.5℃。

图 8-6 所示为单片机与多个带有单总线接口的数字温度传感器 DS18B20 芯片的分布式温度监测系统，图中的多个 DS18B20 都挂在单片机的 1 根 I/O 口线（即 DQ 线）上。单片机对每个 DS18B20 通过总线 DQ 寻址。DQ 为漏极开路，需加上拉电阻。DS18B20 的一种封装形式如图 8-6 的右部所示。除 DS18B20 外，在该数字温度传感器系列中还有 DS1820、DS18S20、DS1822 等其他型号，工作原理与特性基本相同。

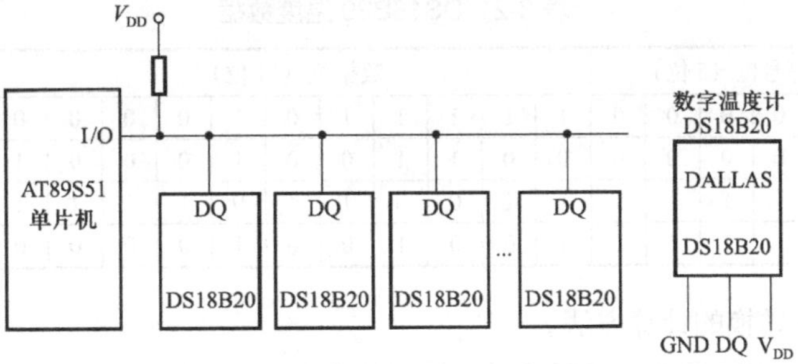

图 8-6 单总线构成的分布式温度监测系统

每个DS18B20芯片都有唯一的64位光刻ROM编码，它是DS18B20的地址序列码，目的是使每个DS18B20的地址都不相同，这样就可以在一根总线上挂接多个DS18B20。

DS18B20片内的高速暂存器由9字节的E^2PROM组成，各字节分配如下。

温度低位	温度高位	TH	TL	配置	—	—	—	8位CRC
第1字节	第2字节							第9字节

第1、2字节是在单片机发给DS18B20的温度转换命令发布后，经转换所得的温度值，以两字节补码形式存放其中。单片机通过单总线可读得该数据，读取时低位在前，高位在后。

第3、4字节分别是由软件写入用户报警的上限值TH和下限值TL。

第5字节为配置寄存器，可对其更改DS18B20的测温分辨率。

第6～8字节未用，为全1。

第9字节是前面所有8字节的CRC码，用来保证正确通信。片内还有1个E^2PROM为TH、TL以及配置寄存器的映像。

第5字节的配置寄存器各位的定义如下。

TM	R1	R0	1	1	1	1	1

其中，TM位出厂时已被写入0，用户不能改变；低5位都为1；R1和R0用来设置分辨率。R1、R0与分辨率和转换时间的关系如表8-1所示。用户可修改R1、R0位的编码，获得合适的分辨率。

表 8-1 R1、R0与分辨率和转换时间的关系

R1	R0	分辨率	最大转换时间
0	0	9位	93.75 ms
0	1	10位	187.5 ms
1	0	11位	375 ms
1	1	12位	750 ms

由表8-1可看出，DS18B20的转换时间与分辨率有关。当设定分辨率为9位时，转换时间为93.75ms；依次类推；当设定分辨率为12位时，转换时间为750ms。

DS18B20温度转换后得到的16位转换结果的典型值如表8-2所示。

表 8-2　DS18B20 温度数据

温度/℃	符号位（5 位）					数据位（11 位）											十六进制温度值
+125	0	0	0	0	0	1	1	1	1	1	0	1	0	0	0	0	0x07d0
+25.0625	0	0	0	0	0	0	0	1	1	0	0	1	0	0	0	1	0x0191
-25.0625	1	1	1	1	1	1	1	0	0	1	1	0	1	1	1	1	0xfe6f
-55	1	1	1	1	1	1	0	0	1	0	0	1	0	0	0	0	0xfc90

下面介绍温度转换的计算方法。

当 DS18B20 采集的温度为+125℃时，输出为 0x07d0，则：

实际温度=（0x07d0）$/16=(0\times16^3+7\times16^2+13\times16^1+0\times16^0)/16=125$℃

当 DS18B20 采集的温度为-55℃时，输出为 0xfc90，由于是补码，所以先将 11 位数据取反加 1 得 0x0370，注意符号位不变，也不参加运算。

实际温度=（0x0370）$/16=(0\times16^3+3\times16^2+7\times16^1+0\times16^0)/16=55$℃

注意，负号需要判断采集温度的结果数据后，再予以显示。

2．DS18B20的工作时序

DS18B20 对工作时序要求严格，延时时间需准确，否则容易出错。DS18B20 的工作时序包括初始化时序、写时序和读时序。

(1) 初始化时序。单片机将数据线电平拉低 480~960μs 后释放，等待 15~60μs，单总线器件可输出一个持续 60~240μs 的低电平，单片机收到此应答后即可进行操作。

(2) 写时序。当单片机将数据线电平从高拉到低时，产生写时序，有写 0 和写 1 两种时序。写时序开始后，DS18B20 在 15～60μs 期间从数据线上采样。如果采样到低电平，则向 DS18B20 写 0；如果采样到高电平，则向 DS18B20 写 1。这两个独立的时序间至少需要拉高总线电平 1μs 的时间。

(3) 读时序。当单片机从 DS18B20 读取数据时，产生读时序。此时单片机将数据线的电平从高拉到低，使读时序被初始化。如果在此后的 15μs 内，单片机在数据线上采样到低电平，则从 DS18B20 读 0；如果在此后的 15μs 内，单片机在数据线上采样到高电平，则从 DS18B20 读的是 1。

3．DS18B20的命令

DS18B20 的所有命令均为 8 位长，常用的命令代码如表 8-3 所示。

表 8-3　DS18B20 命令

命令的功能	命令代码
启动温度转换	0x44
读取暂存器内容	0xbe
读 DS18B20 的序列号（总线上仅有 1 个 DS18B20 时使用）	0x33
跳过读序列号的操作（总线上仅有 1 个 DS18B20 时使用）	0xcc
将数据写入暂存器的第 2、3 字节中	0x4e
匹配 ROM（总线上有多个 DS18B20 时使用）	0x55
搜索 ROM（单片机识别所有 DS18B20 的 64 位编码）	0xf0
报警搜索（仅在温度测量报警时使用）	0xec
读电源供给方式，0 为寄生电源，1 为外部电源	0xb4

4. 基于DS18B20的单总线温度测量系统设计

利用 DS18B20 和 LED 数码管实现单总线温度测量系统，原理电路如图 8-7 所示。DS18B20 的测量范围是−55～128℃。本例只显示 00～99。通过本例，读者可以了解 DS18B20 的特性以及单片机 I/O 实现单总线协议的方法。

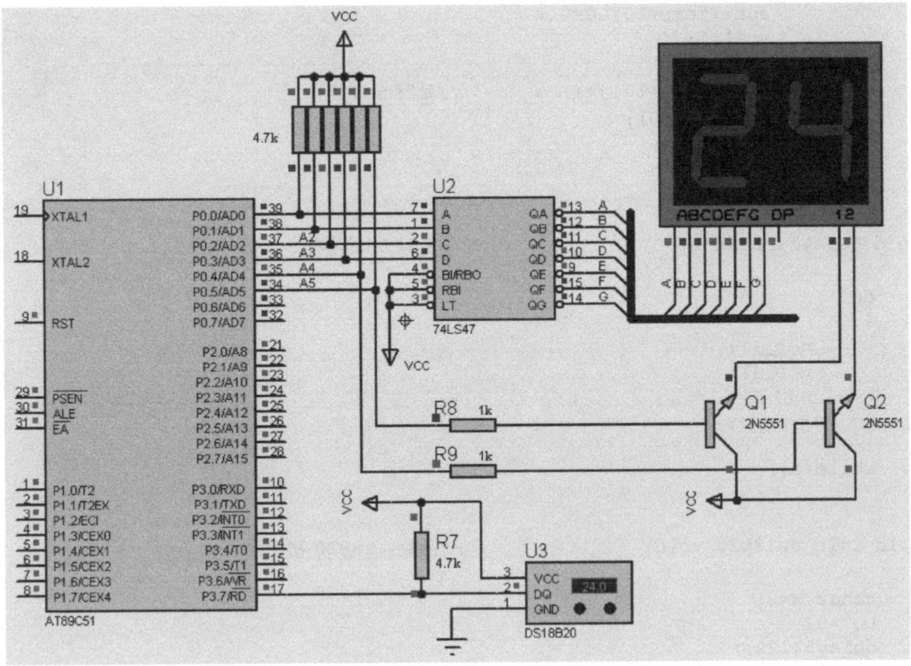

图 8-7　单总线的基于 DS18B20 的温度测量系统

电路中的 74LS47 是 BCD-7 段译码器/驱动器，将单片机 P0 口输出的用于显示的 BCD 码转化成相应的数字显示的段码，并直接驱动 LED 数码管显示。

参考程序如下。

```
#include "reg51.h"
#include "intrins.h"
#define uchar unsigned char
#define uint unsigned int
#define out P0
sbit smg1=out^4;
sbit smg2=out^5;
sbit DQ=P3^7;
void delay5(uchar);
void init_ds18b20(void);
uchar readbyte(void);
void writebyte(uchar);
uchar retemp(void);

void main(void)                          //主函数
{
    uchar i,temp;
    uchar j;                             //函数 delay5( )循环次数控制变量，用于较长时延
    for(j=0;j<10;j++)
    delay5(100);
    while(1)
    {
        temp=retemp();
```

```
        for(i=0;i<10;i++)                        //连续扫描数码管10次
        {
            out=(temp/10)&0x0f;
            smg1=0;
            smg2=1;
            for(j=0;j<10;j++)                    //延时5ms
            delay5(100);
            out=(temp%10)&0x0f;
            smg1=1;
            smg2=0;
            for(j=0;j<10;j++)                    //延时5ms
            delay5(100);
        }
    }
}

void delay5(uchar n)                             //延时5μs 函数
{
    do
    {
        _nop_();
        _nop_();
        _nop_();
        n--;
    }
    while(n);
}

void init_ds18b20(void)                          //函数：18B20 初始化
{
    uchar x=0;
    DQ =0;
    delay5(120);
    DQ =1;
    delay5(16);
    delay5(80);
}

uchar readbyte(void)                             //函数：读取1字节数据
{
    uchar i=0;
    uchar date=0;
    for (i=8;i>0;i--)
    {
        DQ =0;
        delay5(1);
        DQ =1;                                   //15μs 内拉释放总线
        date>>=1;
        if(DQ)
        date|=0x80;
        delay5(11);
    }
    return(date);
}

void writebyte(uchar dat)                        //函数：写1字节数据
{
    uchar i=0;
    for(i=8;i>0;i--)
    {
        DQ =0;
        DQ =dat&0x01;                            //写1在15μs 内拉低
        delay5(12);                              //写0拉低60μs
```

```
        DQ=1;
        dat>>=1;
        delay5(5);
    }
}

uchar retemp(void)                    //函数：读取温度值
{
    uchar a,b,tt;
    uint t;
    init_ds18b20();
    writebyte(0xCC);
    writebyte(0x44);
    init_ds18b20();
    writebyte(0xCC);
    writebyte(0xBE);
    a=readbyte();
    b=readbyte();
    t=b;
    t<<=8;
    t=t|a;
    tt=t*0.0625;
    return(tt);
}
```

例 8-6　单总线 DS18B20 测温系统案例设计 2

本例为单片机扩展 1 个单总线温度传感器 DS18B20，构成一个单总线温度测量系统，原理电路如图 8-8 所示。本例与例 8-5 的区别是，温度测量结果采用 LCD1602 显示，显示范围也就不限于仅显示两位数字 00～99，可将 DS18B20 温度测量范围内的全部数值显示出来。

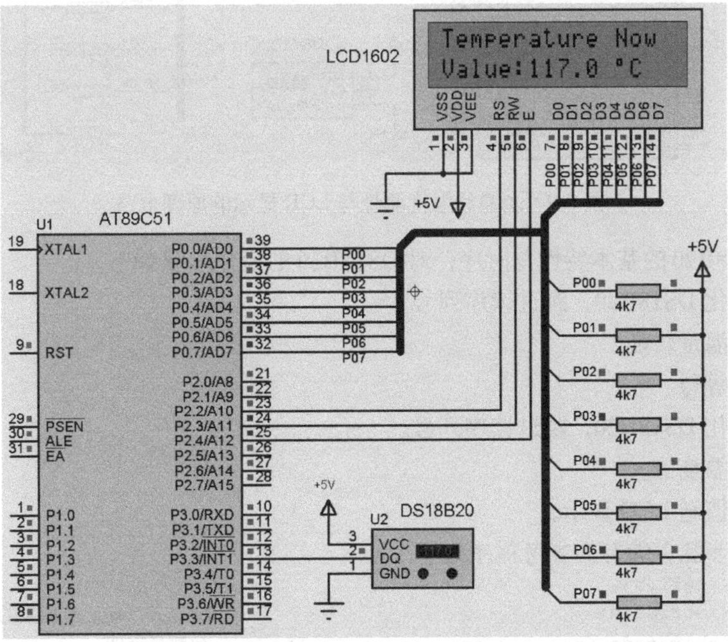

图 8-8　单总线温度测量与 LCD 显示的原理电路

有关温度传感器 DS18B20 的特性、时序以及温度转换的计算方法见例 8-5。

对 DS18B20 的具体操作如下。

首先对DS18B20进行初始化，然后识别，最后读取测量结果并显示。由于单总线上仅挂接有1个DS18B20，单片机可不必读取64位序列码，而直接对DS18B20进行操作，因此可采用跳过读序列号的命令（0xcc），然后对DS18B20发出启动转换命令（0x44）。等待转换结束后，再次将DS18B20进行初始化并跳过读序列号操作，接着向DS18B20发出读暂存器的命令(0xbe)，就可以读出温度值，最后将温度值送到LCD1602显示。

调节DS18B20上的“↓”或“↑”图符，相当于改变环境温度，相应的LCD显示的温度值也随之变化。

如果将图8-8中的DS18B20的DQ脚与单片机的P3.3脚的连线断开，执行程序时，单片机就会检测不到DS18B20，此时LCD会显示如图8-9所示的内容。

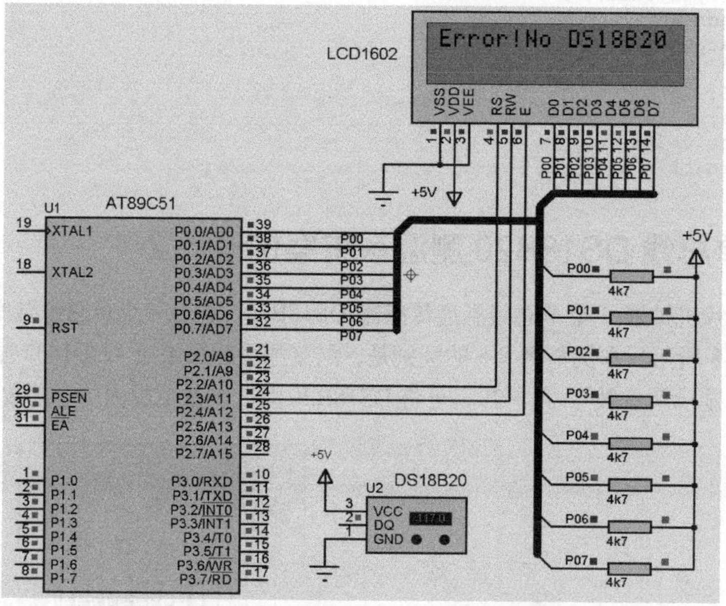

图8-9　单总线温度测量与LCD显示的原理电路

根据DS18B20的基本特性与时序，对DS18B20的操作步骤如下。

（1）初始化DS18B20，跳过读序列号。

（2）启动温度转换。

（3）延时等待。

（4）初始化DS18B20，跳过读序列号。

（5）读取温度值。

（6）温度值送LCD显示。

按照上述步骤，编写的参考程序如下。

```
#include<reg51.h>
#include<intrins.h>                                        //定义_nop_()函数的头文件
unsigned char code Str[]={"Temperature Now"};              //测量说明
unsigned char code Error[]={"Error!No DS18B20"};           //出错信息，未检测到DS18B20
unsigned char code Temp[]={"Value:"};                      //显示温度值的说明
unsigned char code digit[10]={"0123456789"};               //定义字符数组显示的数字
unsigned char code Cent[]={0xdf,"C"};                      //显示温度的单位为摄氏度℃
```

```
sbit DQ=P3^3;                                //DS18B20 的 DQ 端与 P3.3 脚相连
sbit E=P2^4;                                 //E 使能信号与 P2.4 脚相连
sbit RW=P2^3;                                //RW 读写选择与 P2.3 脚相连
sbit RS=P2^2;                                //RS 寄存器选择与 P2.2 脚相连
sbit BF=P0^7;                                //BF 忙标志位与 P0.7 脚相连

void delay1ms()                              //函数：延时约 1ms
{
    unsigned char i,j;
    for(i=0;i<8;i++)
    for(j=0;j<40;j++)
    ;
}

void delaynms(unsigned char n)               //函数：延时约 nms
{
    unsigned char i;
    for(i=0;i<n;i++)
    delay1ms();
}

bit BusyChek(void)                           //函数：判 LCD 忙标志 busy，1 忙；0 不忙
{
    bit busy;
    RS=0;                                    //RS 为低，RW 为高时，可以读 LCD 状态
    RW=1;
    E=1;                                     //E=1，允许读写
    _nop_();_nop_();_nop_();_nop_();         //4 个空操作，给硬件反应时间
    busy=BF;                                 //将忙标志 BF 的电平赋予 busy
    E=0;                                     //将 E 恢复低电平
    return busy;
}

void WriteCommand (unsigned char dictate)    //函数：将模式设置命令或显示地址写入 LCD
                                             //入口参数为 dictate
{
    while(BusyChek()==1);                    //如忙则等待
    RS=0;                                    //RS 与 R/W 同时为低，可以写入命令
    RW=0;
    E=0;                                     //写命令，E 须为高脉冲，应先置 E 为零
    _nop_();_nop_();                         //2 个空操作，给硬件反应时间
    P0=dictate;                              //将数据从 P0 口输出，向 LCD 写入命令或地址
    _nop_();_nop_();_nop_();_nop_();         //4 个空操作，给硬件反应时间
    E=1;                                     //E 置高
    _nop_();_nop_();_nop_();_nop_();         //4 个空操作，给硬件反应时间
    E=0;                                     //E 负跳变，LCD 开始执行命令
}

void WritePosition(unsigned char x)          //函数：写入显示字符的指定位置
{
    WriteCommand(x|0x80);                    //显示位置为“80H+地址码 x”
}

void WriteASCII(unsigned char y)             //函数：将字符的 ASCII 码写入 LCD，入口参数为 y
{
    while(BusyChek()==1);
    RS=1;                                    //RS 为高，RW 为低时，可向 LCD 写入数据
    RW=0;
```

8

```
    E=0;                                   //E 置低，为产生正跳变做准备
    P0=y;                                  //将数据从 P0 口写入 LCD
    _nop_();_nop_();_nop_();_nop_();       //4 个空操作，给硬件反应时间
    E=1;                                   //E 置高
    _nop_();_nop_();_nop_();_nop_();       //4 个空操作，给硬件反应时间
    E=0;                                   //E 由高变低时，LCD 开始执行命令
}

void LcdInit(void)                         //函数：LCD 初始化
{
    delaynms(16);                          //延时约 16ms，首次写命令给 LCD 稍长反应时间
    WriteCommand(0x38);                    //显示模式设置：16×2 显示，5×7 点阵，8 位数据接口
    delaynms(5);                           //延时 5ms，给硬件反应时间
    WriteCommand(0x38);                    //连续写入 2 次，确保初始化成功
    delaynms(5);                           //延时 5ms，给硬件反应时间
    WriteCommand(0x0c);                    //显示模式设置：显示开，无光标，光标不闪烁
    delaynms(5);                           //延时 5ms，给硬件反应时间
    WriteCommand(0x06);                    //显示模式设置：光标右移，字符不移
    delaynms(5);                           //延时 5ms，给硬件反应时间
    WriteCommand(0x01);                    //清屏命令
    delaynms(5);                           //延时 5ms，给硬件反应时间
}
unsigned char time;                        //time 为全局变量，延时用
bit Init_DS18B20(void)                     //函数：DS18B20 初始化，读取应答信号，出口参数为 flag
{
    bit flag;                              //flag 为 DS18B20 是否存在的标志，=0 存在；=1 不存在
    DQ = 1;                                //先将数据线拉高
    for(time=0;time<2;time++)              //延时约 6 μs
     ;
    DQ = 0;                                //再将数据线从高拉低，要求保持 480~960 μs
    for(time=0;time<200;time++)            //延时约 600 μs
    ;                                      //已向 DS18B20 发出一个持续 480~960 μs 的低电平复位脉冲
    DQ = 1;                                //释放数据线（将数据线拉高）
    for(time=0;time<10;time++)
    ;                          //延时约 30 μs(释放总线后需等待 15~60 μs 让 DS18B20 输出存在脉冲)
    flag=DQ;                               //单片机检测是否有存在脉冲（DQ=0 表示存在）
    for(time=0;time<200;time++)            //延时稍长时间，让存在脉冲输出完毕
    ;
    return (flag);                         //返回检测成功标志
}

unsigned char ReadOneByte(void)            //函数：从 DS18B20 读取一字节数据，出口参数为 dat
{
    unsigned char i=0;
    unsigned char dat;                     //dat 用于存储读出的 1 字节数据
    for (i=0;i<8;i++)
    {
        DQ =1;                             //先将数据线拉高
        _nop_();                           //等待 1 个机器周期
        DQ = 0;                            //单片机读数据时，将数据线从高拉低即启动读操作
        dat>>=1;
        _nop_();                           //等待 1 个空操作周期
        DQ = 1;                            //将数据线拉高，为检测 DS18B20 的输出电平做准备
        for(time=0;time<2;time++)          //延时约 6 μs，使单片机在 15 μs 内采样
        ;
```

```
        if(DQ==1)
        dat|=0x80;                   //如果读的数据是 1，则将 1 存入 dat
        else
        dat|=0x00;                   //如果读的数据是 0，则将 0 存入 dat
        for(time=0;time<8;time++)
        ;                            //延时，两个读时序间须有大于 1 μs 的时间
        }
        return(dat);                     //返回读出的十进制数据
}

WriteOneChar(unsigned char dat)      //函数：向 DS18B20 写入 1 字节数据，入口参数为 dat
{
    unsigned char i=0;
    for (i=0; i<8; i++)
    {
        DQ =1;                       //先将数据线拉高
        _nop_();                     //等待 1 个空操作周期
        DQ=0;                        //将数据线从高拉低时即启动写时序
        DQ=dat&0x01;                 //用与运算取出要写的某位二进制数，并将其送到数据线
                                     //上 DS18B20
                                       等待采样
        for(time=0;time<10;time++)
        ;                            //延时约 30 μs，DS18B20 在拉低后的 15~60 μs 期间，从数
                                     //据线上采样
        DQ=1;                        //释放数据线
        for(time=0;time<1;time++)
        ;                            //延时 3 μs，因为两个写时序间至少需要 1 μs 的恢复期
        dat>>=1;                     //将 dat 中的各二进制位数据右移 1 位
    }
    for(time=0;time<5;time++)
    ;                                //延时，给硬件反应时间
}

void Display_Error(void)             //函数：显示出错信息，未检测到 DS18B20
{
    unsigned char i;
    WritePosition(0x00);             //写显示地址，将在第 1 行第 1 列开始显示
    i = 0;                           //从第 1 个字符开始显示
    while(Error[i] != '\0')          //只要没有写到结束标志，就继续写
    {
        WriteASCII(Error[i]);        //将字符常量写入 LCD
        i++;                         //指向下一个字符
        delaynms(100);               //延时 100ms，以便显示清楚
    }
    while(1)                       //死循环，等待查明原因
    ;
}

void Display_Explain(void)         //函数：显示说明信息
{
    unsigned char i;
    WritePosition(0x00);           //写显示位置，在第 1 行第 1 列开始显示
    i = 0;                         //从第 1 个字符开始显示
    while(Str[i] != '\0')          //只要没有写到结束标志，就继续写
    {
        WriteASCII(Str[i]);        //将字符常量写入 LCD
        i++;                       //指向下一个字符
        delaynms(100);             //延时稍长时间，以便看清关于说明的显示
    }
```

8

```
}

void Display_Symbol(void)               //函数：显示温度符号
{
    unsigned char i;
    WritePosition(0x40);                //写显示位置，在第 2 行第 1 列开始显示
    i = 0;                              //从第一个字符开始显示
    while(Temp[i] != '\0')              //没有写到结束标志，则继续写
    {
        WriteASCII(Temp[i]);            //将字符常量写入 LCD
        i++;                            //指向下一个字符
        delaynms(50);                   //延时，给硬件反应时间
    }
}

Void Display_Dot(void)                  //函数：显示温度的小数点
{
    WritePosition(0x49);                //写显示位置，将在第 2 行第 10 列开始显示
    WriteASCII('.');                    //将小数点写入 LCD
    delaynms(50);                       //延时，给硬件反应时间
}
Void Display_Cent(void)                 //函数：显示温度的单位
{
    unsigned char i;
    WritePosition(0x4c);                //写显示位置，将在第 2 行第 13 列开始显示
    i = 0;                              //从第一个字符开始显示
    while(Cent[i] != '\0')              //没有写到结束标志，则继续写
    {
        WriteASCII(Cent[i]);            //将字符常量写入 LCD
        i++;                            //指向下一个字符
        delaynms(50);                   //延时，给硬件反应时间
    }
}

void Display_Integer(unsigned char x) //函数：显示温度的整数部分，入口参数为 x
{
    unsigned char u,v,w;                //u, v, w 分别储存温度的百位、十位和个位
    u=x/100;                            //取百位
    v=(x%100)/10;                       //取十位
    w=x%10;                             //取个位
    WritePosition(0x46);                //写显示位置，在第 2 行第 7 列开始显示
    WriteASCII(digit[u]);               //将百位数字写入 LCD
    WriteASCII(digit[v]);               //将十位数字写入 LCD
    WriteASCII(digit[w]);               //将个位数字写入 LCD
    delaynms(50);                       //延时 1ms，给硬件反应时间
}

void Display_Decimal(unsigned char x) //函数：显示温度的小数部分，入口参数为 x
{
    WritePosition(0x4a);                //写显示地址，在第 2 行第 11 列开始显示
    WriteASCII(digit[x]);               //将小数部分的第一位数字字符常量写入 LCD
    delaynms(50);                       //延时，给硬件反应时间
}

void ReadyReadTemp(void)                //函数：为读温度做准备
```

```
{
    Init_DS18B20();                      //DS18B20 初始化
    WriteOneChar(0xCC);                  //跳过读序列号的操作
    WriteOneChar(0x44);                  //启动温度转换
    for(time=0;time<100;time++)
    ;                                    //延时，温度转换需要一定时间
    Init_DS18B20();                      //DS18B20 初始化
    WriteOneChar(0xCC);                  //跳过读序列号的操作
    WriteOneChar(0xBE);                  //读取温度寄存器，前两个分别是温度的低位和高位
}

void main(void)                          //主函数
{
    unsigned char TL;                    //储存暂存器的温度低位
    unsigned char TH;                    //储存暂存器的温度高位
    unsigned char TN;                    //储存温度的整数部分
    unsigned char TD;                    //储存温度的小数部分
    LcdInit();                           //LCD 初始化
    delaynms(4);                         //延时，硬件反应时间
    if(Init_DS18B20()==1)
    Display_Error();
    Display_Explain();
    Display_Symbol();                    //显示温度说明
    Display_Dot();                       //显示温度的小数点
    Display_Cent();                      //显示温度的单位
    while(1)                             //循环，不断检测并显示温度
    {
        ReadyReadTemp();                 //读温度准备
        TL=ReadOneByte();                //读温度值低位
        TH=ReadOneByte();                //读温度值高位
        TN=TH*16+TL/16;                  //实际温度值=（TH×256+TL）/16，即 TH×16+TL/16
                                         //得出温度的整数部分，小数部分丢弃
        TD=(TL%16)*10/16;                //计算温度的小数部分，将余数乘以 10 再除以 16 取整
                                         //得到温度小数部分的第 1 位数字（保留 1 位小数）
        Display_Integer(TN);             //显示温度的整数部分
        Display_Decimal(TD);             //显示温度的小数部分
        delaynms(10);
    }
}
```

8

例 8-7 片内 RAM 的读写

本例先向片内 RAM 写入数据 0x39，再把写入片内 RAM 中的数据读出并送数码管显示。硬件原理电路如图 8-10 所示。

参考程序如下。

```
#include <reg52.h>
#include <intrins.h>

#define uchar unsigned char              //数据类型宏定义
#define uintunsigned int

uchar data dis_digit;                    //声明一个全局变量
uchar code dis_code[16]={0xc0,0xf9,0xa4,0xb0, 0x99,0x92,0x82,0xf8,0x80, 0x90,0x88,
0x83, 0xc6, 0xa1,0x86,0x8e};             //共阳数码管 0~F 段码表
```

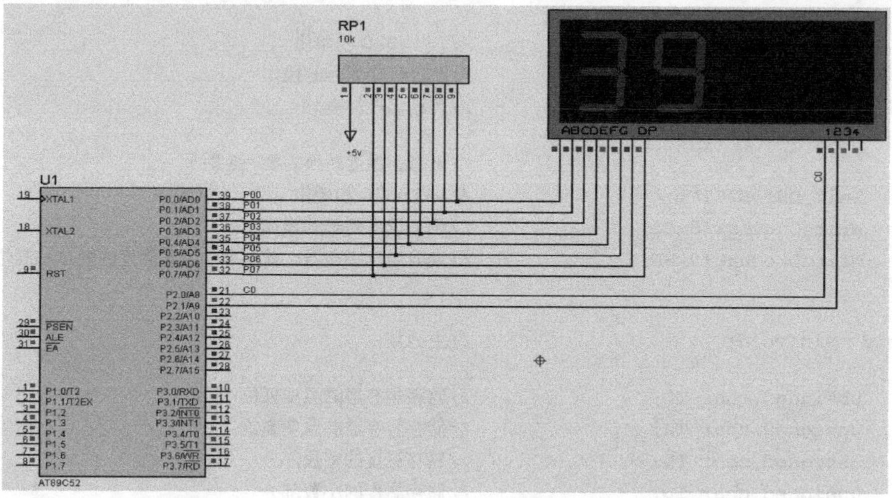

图8-10　写入片内RAM单元的数据在数码管上显示

```
uchar datadis_buf[2];                    //在DATA区定义2个数据缓冲单元
uchar dataRW_Add;                        //在DATA区定义一个字符变量
void delayms(uchar ms);

void main(void)                          //主函数
{
    uchar i;
    P0 = 0xff;                           //关闭段码
    P2 = 0x00;                           //关闭位控端

    dis_buf[0] = 0xbf;                   //显示—
    dis_buf[1] = 0xbf;                   //显示—
    dis_digit = 0x01;
    while(1)
    {
        RW_Add=0x39;                     //写入的数据
        dis_buf[0]=dis_code[(RW_Add&0xf0)>>4];    //写入3
        dis_buf[1]=dis_code[RW_Add&0x0f];         //写入9

        dis_digit=0x01;
        for(i=0;i<2;i++)
        {
            P0=dis_buf[i];               //显示数据通过P0口送出
            P2=dis_digit;                //位控码通过P2口送出
            delayms(5);                  //延时
            P0=0xff;
            dis_digit<<=1;               //左移1位
        }
    }
}

void delayms(unsigned char ms)          //延时函数
{
    unsigned char i;
    while(ms--)
    {
        for(i = 0; i < 120; i++);
    }
}
```

例 8-8 单片机并行扩展数据存储器 RAM6264

单片机外部扩展 1 片外部数据存储器 RAM6264。原理电路如图 8-11 所示。单片机先向 0x0000 地址写入 64 字节的数据 0x01~0x40，写入的数据同时送到 P1 口通过 8 个 LED 显示出来。然后再将这些数据反向复制到 RAM6264 的 0x0080 地址开始处，复制操作时，数据也通过 P1 口的 8 个 LED 显示出来。上述两个操作执行完成后，发光二极管 D1 被点亮，表示数据第 1 次写入起始地址 0x0000 的 64 字节和将这 64 字节数据反向复制到起始地址 0x0080 已经完成。如要查看 RAM6264 中的内容，可在 D1 点亮后，单击“暂停”按钮[II]，然后单击调试（Debug）→Memory Contents 命令，可以看到图 8-12 所示的窗口中显示 RAM6264 中的数据。可以看到单元地址 0x0000~0x003f 中的内容为 0x01~0x40。

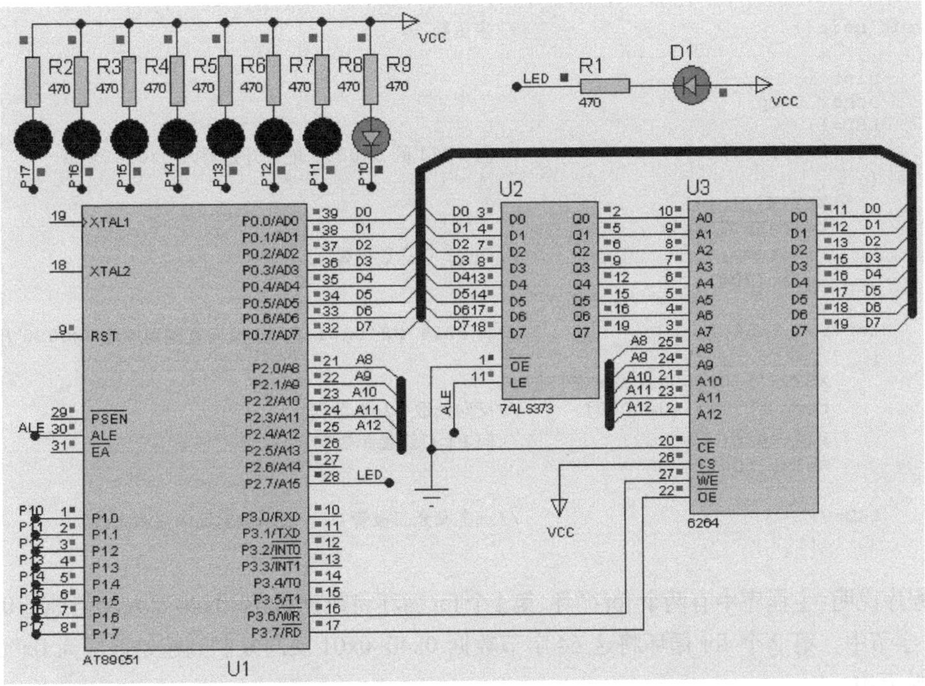

图 8-11 单片机外部扩展 1 片外部数据存储器 RAM6264

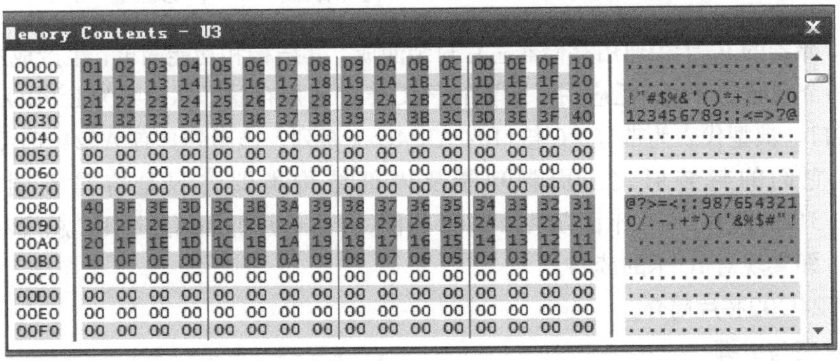

图 8-12 RAM6264 第 1 次写入的数据与反向复制的数据

从起始地址 0x0080 开始的 64 个单元中的数据为 0x40~ 0x01，可见完成了反向复制。

参考程序如下。

```
//先向 6264 中写入 1~64 (0x01~0x40)，然后将其反向复制到起始地址 0x0080 的 64 个单元中
#include <reg51.h>
#include <absacc.h>                   //定义地址所需的头文件
#define uchar unsigned char
#define uint unsigned int
sbit LED=P2^7;

void Delay(uint t)                    //延时函数
{
    uint i,j,k;
    for(i=2;i>0;i--)
    for(j=46;j>0;j--)
    for(k=t;k>0;k--);
}

void main()                           //主函数
{
    uint i;
    uchar temp;
    LED=1;
    for(i=0;i<64;i++)                 //向 6264 的 0x0000 地址开始写入 0x01~0x40
    {
        XBYTE[i]=i+1;
        temp=XBYTE[i];
        P1=~temp;                     //向 P1 口送数据显示
        Delay(200);
    }
    for(i=0;i<64;i++)                 //将 6264 中的 0x01~0x40 反向复制到地址 0x0080 开始处
    {
        XBYTE[i+0x0080]=XBYTE[63-i];
        temp=XBYTE[i+0x0080];         //反向读取 6264 数据
        P1=~temp;                     //向 P1 口送显示数据
        Delay(200);
    }
    LED=0;                            //点亮发光二极管 D1，表示数据反向复制完成
    while(1);
}
```

程序说明：主程序中有两个 for 循环，第 1 个 for 循环将数据 0x01~0x40 写入起始地址 0x0000 的 64 字节中，第 2 个 for 循环将这 64 字节数据 0x40~0x01 反向复制到起始地址为 0x0080 的 64 个单元中。

例 8-9　基于 I^2C 总线的 AT24C02 存储器 IC 卡设计

通用存储器的 IC 卡由通用存储器芯片封装而成，其结构和功能简单，生产成本低，使用方便，在各个领域已得到广泛应用。目前用于 IC 卡的通用存储器芯片多为 E^2PROM，且采用 I^2C 总线接口，典型代表为带有 I^2C 接口的 AT24Cxx 系列。该系列具有 AT24C01/02/04/08/16 等型号，它们的封装形式、引脚功能及内部结构类似，只是容量不同，分别为 128B/256B/512B/1KB/2KB。下面以 AT24C02 为例，介绍单片机如何通过 I^2C 总线对 AT24C02 进行读写，即实现对 IC 卡的读写。

1. AT24C02芯片简介

(1) 封装与引脚

AT24C02 的封装形式有双列直插（DIP）8 脚式和贴片 8 脚式两种，无论何种封装，其引

脚功能都相同。AT24C02 的 DIP 形式引脚如图 8-13 所示。

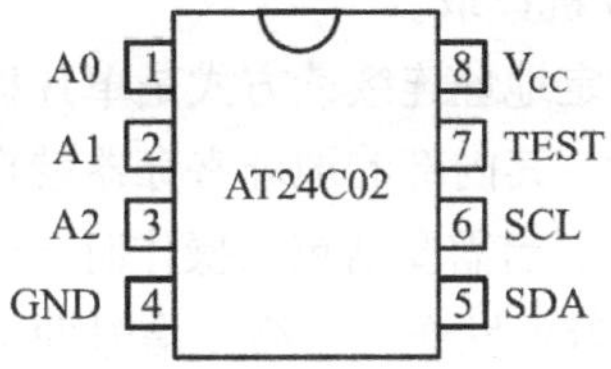

图 8-13　AT24C02 的 DIP 引脚

AT24C02 各引脚功能如表 8-4 所示。

表 8-4　AT24C02 的引脚功能

引脚	名称	功能
1～3	A0、A1、A2	可编程地址输入端
4	GND	电源地
5	SDA	串行数据输入/输出端
6	SCL	串行时钟输入端
7	TEST	硬件写保护控制引脚，TEST=0 时，正常进行读/写操作。TEST=1 时，部分存储区域只能读，不能写（写保护）
8	V_{CC}	+5V 电源

（2）存储结构与寻址

AT24C02 的存储容量为 256B，分为 32 页，每页 8B。有两种寻址方式：芯片寻址和片内子地址寻址。

① 芯片寻址。AT24C02 芯片地址固定为 1010，它是 I²C 总线器件的特征编码，其地址控制字的格式为 1010 A2A1A0 R/$\overline{W}$。A2A1A0 引脚接高、低电平后得到确定的 3 位编码，与 1010 形成的 7 位编码，即为该器件的地址码。由于 A2A1A0 共有 8 种组合，故系统最多可外接 8 片 AT24C02，R/$\overline{W}$ 是对芯片的读/写控制位。

② 片内子地址寻址。确定 AT24C02 芯片的 7 位地址码后，片内的存储空间可用 1 字节的地址码寻址，寻址范围为 00H～FFH，可对片内的 256 个单元进行读/写操作。

（3）写操作

AT24C02 有两种写入方式：字节写入方式和页写入方式。

① 字节写入方式。单片机（主器件）先发送启动信号和 1 字节的控制字，从器件发出应答信号后，单片机再发送 1 字节的存储单元子地址（AT24C02 芯片内部单元的地址码），单片机收到 AT24C02 应答后，再发送 8 位数据和 1 位终止信号。

② 页写入方式。单片机先发送启动信号和 1 字节的控制字，再发送 1 字节的存储器起始单元地址，上述几字节都得到 AT24C02 的应答后，就可以发送最多 1 页的数据，并顺序存放在由已指定的起始地址开始的相继单元中，最后以终止信号结束。

（4）读操作

AT24C02 的读操作也有两种方式，即指定地址读方式和指定地址连续读方式。

① 指定地址读方式。单片机发送启动信号后，先发送含有芯片地址的写操作控制字，AT24C02 应答后，单片机再发送 1 字节的指定单元的地址，AT24C02 应答后再发送 1 个含有

芯片地址的读操作控制字，此时如果 AT24C02 做出应答，被访问单元的数据就会按 SCL 信号同步出现在 SDA 线上，供单片机读取。

② 指定地址连续读方式。指定地址连续读方式是单片机收到每字节数据后要做出应答，只有 AT24C02 检测到应答信号后，其内部的地址寄存器就自动加 1 指向下一个单元，并顺序将指向单元的数据送到 SDA 线上。当需要结束读操作时，单片机接收到数据后，在需要应答的时刻发送一个非应答信号，接着再发送一个终止信号即可。

2. 单片机通过I²C总线扩展单片AT24C02

单片机通过 I²C 串行总线扩展 1 片 AT24C02，实现单片机对存储器 AT24C02 的读、写。由于 Proteus 元件库中没有 AT24C02，所以可用 FM24C02 或 24C02 代替。

AT89S51 与 FM24C02 的接口原理电路如图 8-14 所示。

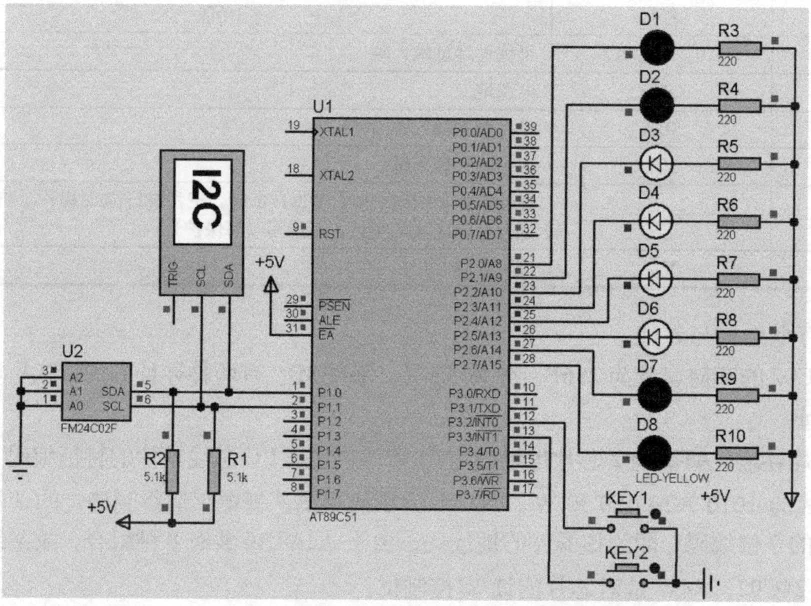

图 8-14　AT89C51 与 AT24C02 接口的原理电路

在图 8-14 中，KEY1 作为外部中断 0 的中断源，当按下 KEY1 时，单片机通过 I²C 总线发送数据 0x41、0x42、0x43、0xaa 给 AT24C02，待数据发送完毕后，将数据 0xc3 送 P2 口通过 LED 显示出来，即标号为 D1～D8 的 8 个 LED 中的 D3、D4、D5、D6 灯亮，如图 8-15 所示。

KEY2 作为外部中断 1 的中断源，当按下 KEY2 时，单片机通过 I²C 总线读取刚才发送给 AT24C02 中的数据，等读数据完毕后，将读出的最后一个数据 0xaa 送 P2 口通过 LED 显示出来，即按下 KEY2 后，D1、D3、D5、D7 灯亮。

Proteus 提供的 I2C 调试器是调试 I²C 系统的得力工具，使用 I2C 调试器的观测窗口可观察 I²C 总线上的数据流。在原理电路中添加 I2C 调试器的具体操作如下。先单击图 1-2 左侧工具箱中的虚拟仪器图标，在预览窗口中显示各种虚拟仪器选项，单击 I2C DEBUGGER 项，在原理图编辑窗口单击，出现 I2C 调试器的符号，如图 1-60 所示。把 I2C 调试器的 SDA 端和 SCL 端分别连接在 I²C 总线的 SDA 和 SCL 线上。

在仿真运行时，用鼠标右键单击电路中的 I2C 调试器图标，在快捷菜单中单击 Terminal 选项，出现 I2C 调试器的观测窗口，如图 8-15 所示。从观测窗口可以看到按一下 KEY1 时，出现在 I^2C 总线上的数据流，即 0x41、0x42、0x43、0xaa。

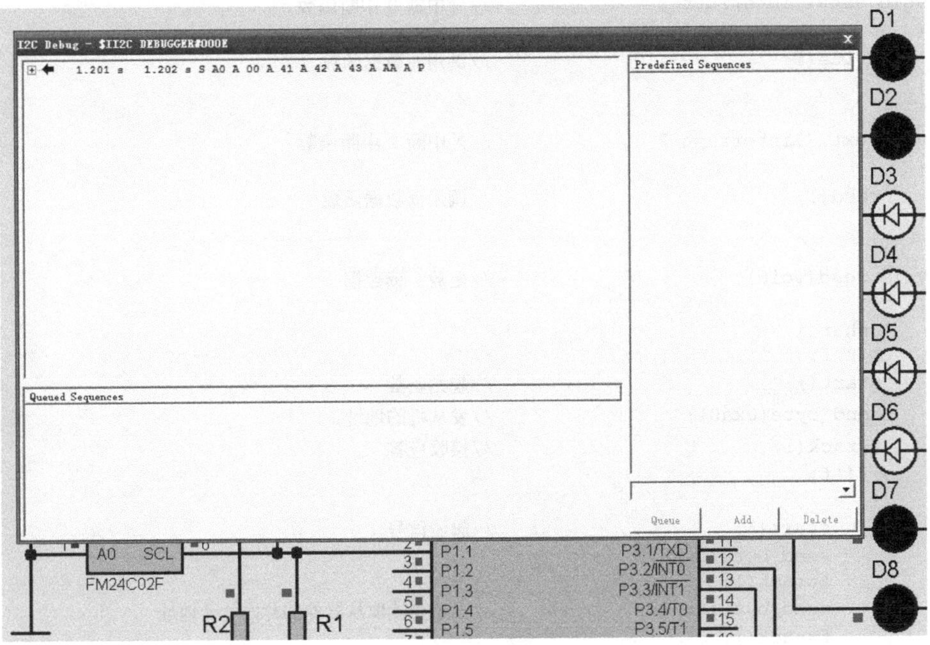

图 8-15　I2C 调试器的观测窗口

参考程序如下。

```
#include "reg51.h"
#include "intrins.h"              //包含函数_nop_()的头文件
#define uchar unsigned char
#define uint unsigned int
#define out P2                     //发送缓冲区的首地址
sbit scl=P1^1;                     //AT24C02 的时钟端与 P1.1 脚相连
sbit sda=P1^0;                     //AT24C02 的数据端与 P1.0 脚相连
sbit key1=P3^2;                    //按键 key1 与 P3.2，即外中断 0 脚相连
sbit key2=P3^3;                    //按键 key2 与 P3.3，即外中断 1 脚相连
uchar data mem[4]_at_ 0x55;        //发送缓冲区的首地址
uchar mem[4]={0x41,0x42,0x43,0xaa}; //欲发送的数据数组 0x41,0x42,0x43,0xaa
uchar data rec_mem[4] _at_ 0x60;   //接收缓冲区的首地址
void start(void);                  //起始信号函数
void stop(void);                   //终止信号函数
void sack(void);                   //发送应答信号函数
bit rack(void);                    //接收应答信号函数
void ackn(void);                   //发送无应答信号函数
void send_byte(uchar);             //发送一字节函数
uchar rec_byte(void);              //接收一字节函数
void write(void);                  //写一组数据函数
void read(void);                   //读一组数据函数
void delay4us(void);               //延时 4μs

void main(void)                    //主函数
```

```
{
    EA=1;EX0=1;EX1=1;               //总中断开，允许外中断 0 与外中断 1 中断
    while(1);
}

void ext0()interrupt 0              //外中断 0 中断函数
{
    write();                        //调用写数据函数
}

void ext1()interrupt 2              //外中断 1 中断函数
{
    read();                         //调用读数据函数
}

void read(void)                     //函数：读数据
{
    uchar i;
    bit f;
    start();                        //起始函数
    send_byte(0xa0);                //发从机的地址
    f=rack();                       //接收应答
    if(!f)
    {
        start();                    //起始信号
        send_byte(0xa0);
        f=rack();
        send_byte(0x00);            //设置要读取从器件的片内单元地址
        f=rack();
    if(!f)
    {
        start();                    //起始信号
        send_byte(0xa1);
        f=rack();
        if(!f)
        {
        or(i=0;i<3;i++)
        {
            rec_mem[i]=rec_byte();
            sack();
        }
        rec_mem[3]=rec_byte();ackn();
    }
    }
    }
stop();out=rec_mem[3];while(!key2);  //P2 口输出接收完毕的最后 1 个数据 rec_mem[3]，即 0xaa
}

void write(void)                    //函数：写数据函数
{
    uchar i;
    bit f;
    start();
    send_byte(0xa0);
    f=rack();-
    if(!f){
            send_byte(0x00);
            f=rack();
            if(!f){
            for(i=0;i<4;i++)
            {
                send_byte(mem[i]);
```

```
                    f=rack();
                    if(f)break;
                }
            }
        }
    stop();out=0xc3;while(!key1);         //P2 口输出 0xc3，表示数据写入完毕，点亮中间 4 个
                                          //灯 D3、D4、D5、D6，见图 8-14
}

void start(void)                          //函数：起始信号
{
    scl=1;
    sda=1;
    delay4us();
    sda=0;
    delay4us();
    scl=0;
}

void stop(void)                           //函数：终止信号
{
    scl=0;
    sda=0;
    delay4us();
    scl=1;
    delay4us();
    sda=1;
    delay5us();
    sda=0;
}

bit rack(void)                            //函数：接收一个应答位
{
    bit flag;
    scl=1;
    delay4us();
    flag=sda;
    scl=0;
    return(flag);
}

void sack(void)                           //函数：发送接收应答位
{
    sda=0;
    delay4us();
    scl=1;
    delay4us();
    scl=0;
    delay4us();
    sda=1;
    delay4us();
}

void ackn(void)                           //函数：发送非接收应答位
{
    sda=1;
    delay4us();
    scl=1;
    delay4us();
    scl=0;
    delay4us();
    sda=0;
}
```

8

```
uchar rec_byte(void)                    //函数：接收一字节
{
    uchar i,temp;
    for(i=0;i<8;i++)
    {
        temp<<=1;
        scl=1;
        delay4us();
        temp|=sda;
        scl=0;
        delay4us();
    }
    return(temp);
}

void send_byte(uchar temp)              //函数：发送一字节
{
    uchar i;
    scl=0;
    for(i=0;i<8;i++)
    {
        sda=(bit)(temp&0x80);
        scl=1;
        delay4us();
        scl=0;
        temp<<=1;
    }
    sda=1;
}

void delay4us(void)                     //函数：延时 4μs
{
    _nop_();_nop_();_nop_();_nop_();
}
```

例 8-10 基于 I²C 总线的 AT24C02 存储器记录按键次数并显示

本例为单片机通过 I²C 总线扩展 1 片存储器 AT24C02，要求按键 S 按下时，按下键的次数变量加 1，并写入 AT24C02，然后读出送到 LCD 显示。原理电路及仿真效果如图 8-16 所示。按键按下次数计满 20 后，按下键次数变量清零，重新计数。

参考程序如下。

```
//将按键 S 按下次数写入 AT24C02，然后读出并在 LCD 上显示
#include<reg51.h>
#include<intrins.h>                 //定义_nop_()函数的头文件
sbit E=P2^2;                        //使能信号 E 定义为 P2.2 脚
sbit RW=P2^1;                       //读写选择 RW 定义为 P2.1 脚
sbit RS=P2^0;                       //寄存器选择位 RS 定义为 P2.0 引脚
sbit s=P1^7;                        //s 按键定义为与 P1.7 脚相连
sbit BF=P0^7;                       //忙标志 BF 定义为与 P0.7 脚相连
#define READ_U2 0xa3                //U2(AT24C02)的读操作地址：0xa3(1010 0011B)
#define WRITE_U2 0xa2               //U2 的写操作地址：0xa2(1010 0010B)
sbit SDA=P3^4;                      //SDA 位定义为与 P3.4 脚相连
sbit SCL=P3^3;                      //SCL 位定义为与 P 3.3 脚相连
unsigned char code str1[]={"The S button is"};      //LCD 显示的第 1 行提示信息
unsigned char code str2[]={"pressed:"};             //LCD 显示的第 2 行提示信息
unsigned char code digit[ ]={"0123456789"};         //定义字符数组显示数字
```

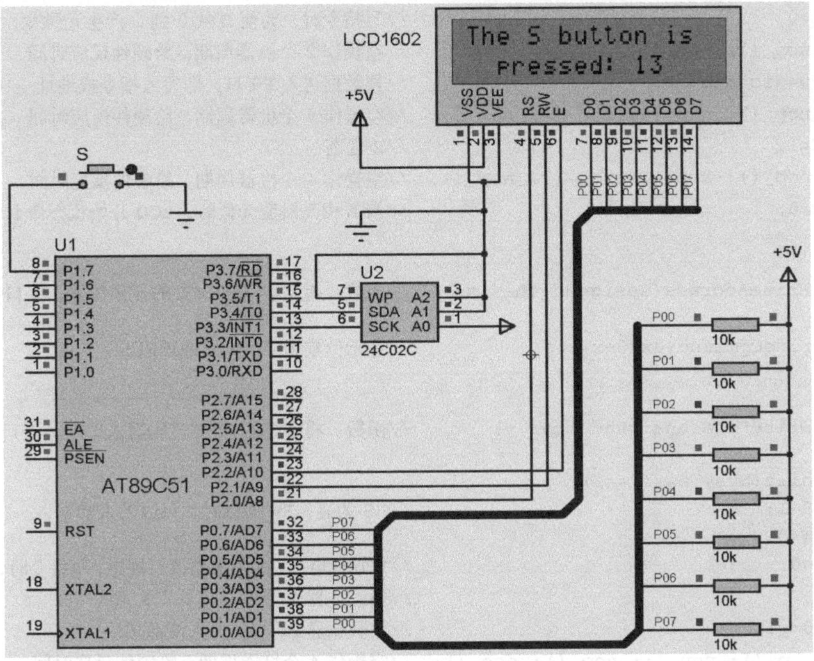

图 8-16　I²C 总线的 AT24C02 存储器记录按下按键次数并在 LCD 显示

```
void delay1ms()                         //函数：延时约 1ms
{
    unsigned char i,j;
      for(i=0;i<10;i++)
      for(j=0;j<34;j++)
    ;
}

 void delaynms(unsigned char n)         //函数：延时约 nms，入口参数：n
{
    unsigned char i;
    for(i=0;i<n;i++)
    delay1ms();
}

unsigned char BusyTest(void)  //函数：判断 LCD 是否忙，busy=1 为忙;busy=0 则不忙，返回值：busy
{
    bit busy;
    RS=0;                                   //RS=0，RW=1 时，才可读取状态
    RW=1;
    E=1;                                    //E=1，允许读写
    _nop_();_nop_();_nop_();_nop_();        //空操作 4 个机器周期，给硬件反应时间
    busy=BF;                                //将忙标志赋予 busy
    E=0;                                    //将 E 置低
    return busy;
}

void WriteCommand (unsigned char dictate)   //函数：将模式设置指令或显示地址写入液晶模块；入
                                            //口参数：dictate
{
    while(BusyTest()==1);                   //如果忙则等待
    RS=0;                                   //RS 与 R/W 同时为低时，才可写入指令
    RW=0;
```

```
    E=0;                                  //写指令时，为使E从0到1产生正跳变，应先置0
    _nop_();_nop_();                      //空操作2个机器周期，给硬件反应时间
    P0=dictate;                           //将数据送入P0口，即写入指令或地址
    _nop_();_nop_();_nop_();_nop_();      //空操作4个机器周期，给硬件反应时间
    E=1;                                  //E置高
    _nop_();_nop_();_nop_();_nop_();      //空操作4个机器周期，给硬件反应时间
    E=0;                                  //当E由高跳变为低时，LCD开始执行命令
}

void WriteAddress(unsigned char x)        //函数：指定字符在LCD的显示位置，入口参数为x
{
    WriteCommand(0x80+x);                 //显示位置为“0x80+地址码x”
}

void WriteData(unsigned char y)           //函数：将字符的ASCII码写入LCD；入口参数为y
{
    while(BusyTest()==1);
    RS=1;                                 //RS为高，RW为低时，可以写入数据
    RW=0;
    E=0;                                  //E置低电平，因为根据读写规定，写指令时，E为高脉冲，
                                          //所以先置0
    P0=y;                                 //将数据送P0口，写入液晶模块
    _nop_();_nop_();_nop_();_nop_();      //空操作4个机器周期，给硬件反应时间
    E=1;                                  //E置高
    _nop_();_nop_();_nop_();_nop_();      //空操作4个机器周期，给硬件反应时间
    E=0;                                  //当E由高变低时，LCD开始执行命令
}
void LcdInit(void)                        //函数：LCD初始化设置
{
    delaynms(16);                         //延时16ms，首次写命令时给LCD稍长的反应时间
    WriteCommand(0x38);                   //显示模式设置：16×2显示，5×7点阵，8位数据接口
    delaynms(6);                          //延时6ms，给硬件反应时间
    WriteCommand(0x38);                   //连续2次写命令字0x38，确保初始化成功
    delaynms(6);
    WriteCommand(0x0c);                   //显示模式设置：显示开，无光标，光标不闪烁
    delaynms(6);
    WriteCommand(0x06);                   //光标右移，字符不移
    delaynms(6);
    WriteCommand(0x01);                   //清屏，将以前的显示内容清除
    delaynms(6);

}

void DisplayExplain1(void)                //函数：显示第1行说明信息The S button is
{
    unsigned char i;
    WriteAddress(0x00);                   //写显示地址，第1行第1列开始显示
    i = 0;                                //从第一个字符开始显示
    while(str1[i] != '\0')                //只要未写到结束标志，就继续写
    {
        WriteData(str1[i]);               //将字符常量写入LCD
        i++;                              //指向下一个字符
        delaynms(2);                      //延时，为看清显示
    }
}
```

```
void DisplayExplain2(void)              //函数：显示第 2 行说明信息 pressed:
{
    unsigned char i;
    WriteAddress(0x42);                 //写显示地址，在第 2 行第 4 列开始显示
    i = 0;                              //从第 1 个字符开始显示
    while(str2[i] != '\0')              //只要没有写到结束标志，就继续写
    {
        WriteData(str2[i]);             //将字符常量写入 LCD
        i++;                            //指向下一个字符
        delaynms(2);                    //延时，为看清显示
    }
}

void Display(unsigned char x)           //函数：显示按键 S 按下的次数
{
    unsigned char i,j;
    i=x/10;                             //取整运算，得十位数字
    j=x%10;                             //取余运算，得个位数字
    WriteAddress(0x4b);                 //写显示地址，将十位数字显示在第 2 行第 13 列
    WriteData(digit[i]);                //将十位数字写入 LCD
    WriteData(digit[j]);                //将个位数字写入 LCD
}
//以下为单片机对 AT24C02 的读写程序
void start()                            //函数：起始位
{
    SDA = 1;                            //SDA 初始化为高电平 1
    SCL = 1;                            //开始数据传送时，要求 SCL 为高
    _nop_();_nop_();                    //空操作 2 个机器周期，给硬件反应时间
    SDA = 0;                            //SDA 的下降沿为开始信号
    _nop_();_nop_();_nop_();_nop_();    //空操作 4 个机器周期，给硬件反应时间
    SCL = 0;                            //SCL 为低，SDA 才允许以后的数据传递
}

void stop()                             //函数：停止位
{
    SDA = 0;                            //SDA 初始化为低
    _nop_();_nop_();                    //空操作 4 个机器周期，给硬件反应时间
    SCL = 1;                            //结束数据传送时，要求 SCL 为高
    _nop_();_nop_();_nop_();_nop_();    //空操作 4 个机器周期，给硬件反应时间
    SDA = 1;                            //SDA 的上升沿为结束信号
}

unsigned char ReadData()                //函数：从 AT24C02 读取数据；出口参数为 x（按下次数）
{
    unsigned char i;
    unsigned char x;                    //储存从 AT24C02 中读出的数据
    for(i = 0; i < 8; i++)
    {
        SCL=1;                          //SCL 置高
        x<<=1;                          //将 x 中的内容左移一位
        x|=(unsigned char)SDA;          //将 SDA 上的数据通过按位或运算存入 x 中
        SCL = 0;                        //在 SCL 的下降沿读出数据
    }
    return(x);                          //将读取的数据返回
}
```

8

```
//在调用写函数前，需先调用开始函数 start()，因此 SCL=0
bit WriteCurrent(unsigned char y)       //函数：向 AT24C02 的当前地址写入数据；入口参数为 y
                                        //(存储待写入的数据)
{
    unsigned char i;
    bit ack_bit;                        //储存应答位
    for(i = 0; i < 8; i++)              //循环移入 8 位
    {
        SDA = (bit)(y&0x80);            //通过按位与运算将最高位数据送到 S，传送时高位前，
                                        //低位后
        _nop_();                        //等待 1 个机器周期
        SCL = 1;                        //在 SCL 的上升沿将数据写入 AT24C02
        _nop_();_nop_();                //空操作 2 个机器周期，给硬件反应时间
        SCL = 0;                        //将 SCL 重新置低，为在 SCL 线形成传送数据所需的 8 个脉冲
        y <<= 1;                        //将 y 中内容左移一位
    }
    SDA = 1;                    //主机应在 SCL=1 释放 SDA,让 SDA 转由接收器件 AT24C02 控制
    _nop_();_nop_();            //空操作 2 个机器周期，给硬件反应时间
    SCL = 1;                    //按规定，SCL 应为高
    _nop_();_nop_();_nop_();_nop_();   //空操作 4 个机器周期，给硬件反应时间
    ack_bit = SDA;              //接收器件（AT24C02）向 SDA 送低电平，表示已经接收到 1 字节
                                //若送高电平，表示未接收到，传送异常
    SCL = 0;                    //SCL 为低时，SDA 上的数据才允许变化（即 SDA 允许以后的数据传递）
    returnack_bit;              // 返回 AT24C02 应答位
}
void WriteU2(unsigned char add, unsigned char dat)    //函数：向 U2 的指定地址 add 写入数据 dat
{
    start();                    //数据传送开始
    WriteCurrent(WRITE_U2);     //选择要操作的 AT24C02 芯片，并告知要对其写入数据
    WriteCurrent(add);          //写入指定地址
    WriteCurrent(dat);          //向指定地址写入数据
    stop();                     //停止数据传送
    delaynms(2);                //1 字节的写入时间约为 1ms，最好延时 1ms 以上
}
unsigned char ReadCurrent()     //函数：从 AT24C02 中的当前地址读取数据 x
{
    unsigned char x;
    start();                    //开始数据传递
    WriteCurrent(READ_U2);      //选择要操作的 AT24C02 芯片，并告知要读其数据
    x=ReadData();               //将读取的数据存入 x
    stop();                     //停止数据传递
    return x;                   //返回读取的数据 x
}

unsigned char ReadSet(unsigned char set_add)     //函数：从 AT24C02 中的指定地址读取数据
                                                 //入口为 set_add，出口参数为 x
{
    start();                    //开始传递数据
    WriteCurrent(WRITE_U2);     //选择要写入的 AT24C02 芯片，并通知对其写入数据
    WriteCurrent(set_add);      //写入指定地址
    return(ReadCurrent());      //从指定地址读出数据并返回
}
```

```
void main(void)                       //主函数
{
    unsigned char sum;                //sum 为按键按下的计数值
    unsigned char x;                  //x 为从 AT24C02 读出的值
    LcdInit();                        //调用 LCD 初始化函数
    sum=0;                            //计数值初始化为 0
    while(1)                          //无限循环
    {
        if(s==0)                      //如果 s 键被按下
        {
            delaynms(40);             //软件消抖
            if(s==0)                  //确认 s 键被按下
            sum++;                    //计数值加 1
            delaynms(40);
            if(sum==20)               //如果计满 20
            sum=0;                    //清零，重新计数
        }
        WriteU2(0x01,sum);            //将计数值存储在 AT24C02 中的指定地址单元 0x01 中
        x=ReadSet(0x01);              //从 AT24C02 的指定地址单元 0x01 中读出按下 s 键的次数 x
        Display(x);                   //按下键次数 x 在 LCD 第 2 行显示
        DisplayExplain1();            //在第 1 行显示提示信息
        DisplayExplain2();            //在第 2 行显示提示信息
    }
}
```

例 8-11　基于 I²C 总线多个存储器 AT24C02 的读写

当 I²C 总线上挂有多个器件时，单片机实现对多个器件的读写，只需要用不同的器件地址把器件区分开即可。本例介绍的单片机对挂接在 I²C 总线上的 2 个存储器器件 AT24C02 进行读写操作的原理也适合于对多个器件的读写操作。本例的原理电路如图 8-17 所示，将 I²C 器件的 A2、A1、A0 引脚连接不同的高、低电平，就可确定器件的不同地址。

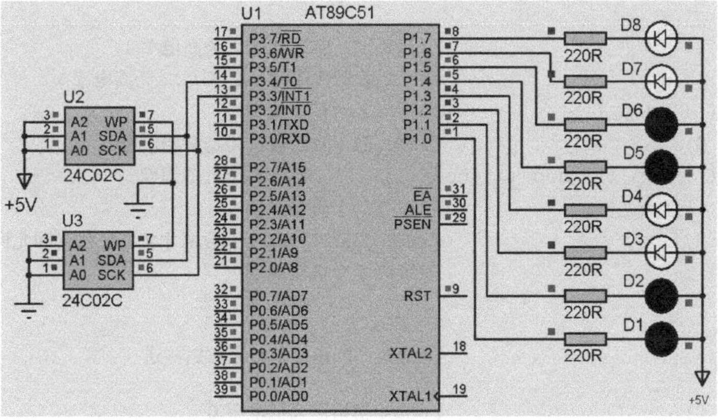

图 8-17　对 I²C 总线上两个存储器 AT24C02 的读写

本例中两个器件的 AT24C02 分别有各自的读写地址。由于第 1 个 AT24C02（U2）的 3 个地址位（A2、A1、A0）均接高电平，即 A2A1A0=111；第 2 个 AT24C02 的 3 个地址位（A2A1A0）均接地，即 A2A1A0=000。因此按照 I²C 总线协议的规定，第 1 个 AT24C02（U2）的读地址

为 0xaf，即 1010 1111B，其中高 4 位固定为 1010，最低位的 1 表示读，最低位的前 3 位即为 A2A1A0 的电平；写地址为 0xae（1010 1110B），最低位的 0 表示写。同理，第 2 个 AT24C02（U3）的读地址为 0xa1（1010 0001B），写地址为 0xa0（1010 0000B）。

程序执行时，先将数据 0x33 写入 U2（第 1 个 AT24C02）的指定单元地址 0x44 中。然后从 U2 的 0x44 单元中读出刚才写入的数据（0x33），再把该数据写入 U3（第 2 个 AT24C02）的指定单元地址 0x55 中。再将 0x55 单元中的数据（0x33）读出送到 P1 口，并控制 P1 口 8 个发光二极管的亮灭（亮为 0，灭为 1），如图 8-17 所示。

参考程序如下。

```
#include <reg51.h>
#include <intrins.h>                  //包含_nop_()函数定义的头文件
#define READ_U2 0xaf                  //U2 读地址 0xaf，即 1010 1111B
#define WRITE_U2 0xae                 //U2 写地址 0xae，即 1010 1110B
#define READ_U3  0xa1                 //U3 读地址 0xa1，即 1010 0001B
#define WRITE_U3 0xa0                 //U3 写地址 0xa0，即 1010 0000B
sbit SDA=P3^4;                        //将串行数据总线 SDA 位定义为 P3.4 脚
sbit SCL=P3^3;                        //将串行时钟总线 SDA 位定义为 P3.3 脚

void delay1ms()                       //函数：延时 1ms
{
    unsigned char i,j;
      for(i=0;i<10;i++)
      for(j=0;j<32;j++)
      ;
}

void delaynms(unsigned char n) //函数：延时 nms，入口参数为 n
{
    unsigned char i;
    for(i=0;i<n;i++)
    delay1ms();
}

void start()                          //函数：开始数据传送
{
    SDA = 1;                          //起始位，SDA 初始化为高电平 1
    SCL = 1;                          //开始数据传送时，要求 SCL 为高电平 1
    _nop_(); _nop_();                 //等待 2 个机器周期
    SDA = 0;                          //SDA 的下降沿被认为是开始信号
    _nop_();_nop_();_nop_();_nop_();       //等待 4 个机器周期
    _nop_();_nop_();                  //等待 2 个机器周期
    SCL = 0;                          //SCL 为低时，SDA 上数据才允许变化（即允许以后的数据传递）
    _nop_();                          //等待 1 个机器周期
}

void stop()                           //函数：停止位，结束数据传送
{
    SDA = 0;                          //SDA 初始化为低电平 0
    _nop_();_nop_();                  //等待 2 个机器周期
    SCL = 1;                          //结束数据传送时，要求 SCL 为高电平 1
    _nop_();_nop_();_nop_();_nop_();       //等待 4 个机器周期
    SDA = 1;                          //SDA 的上升沿被认为是结束信号
}
```

```
unsigned char ReadData()                  //函数：从 AT24C02 读数据到单片机，出口参数为 x
{
    unsigned char i;
    unsigned char x;                      //存储从 AT24C02 中读出的数据
    for(i = 0; i < 8; i++)
    {
        SCL = 1;                          //SCL 置为高电平
        x<<=1;                            //将 x 中的各二进位向左移一位
        x|=(unsigned char)SDA;            //将 SDA 上的数据通过按位或运算存入 x 中
        SCL = 0;                          //在 SCL 的下降沿读出数据
    }
    return(x);                            //将读取的数据返回
}

bit WriteCurrent(unsigned char y)         //函数：向 AT24C02 的当前地址写数据，入口参数为 y（储存待
//写入的数据），因为在调用此数据写入函数前，需首先调用开始函数 start()，所以 SCL=0
{
    unsigned char i;
    bit ack_bit;                          //存储应答位
    for(i = 0; i < 8; i++)                //循环移入 8 位
    {
        SDA = (bit)(y&0x80);              //通过按位与，将最高位送 S，因传送时高位在前，低位在后
        _nop_();                          //等待 1 个机器周期
        SCL = 1;                          //在 SCL 的上升沿将数据写入 AT24C02
        _nop_();_nop_();                  //等待 2 个机器周期
        SCL=0;                            //将 SCL 重置为低，为在 SCL 线形成传送数据所需的 8 个脉冲
        y <<= 1;                          //将 y 中的各位向左移一位
    }
    SDA = 1;                  //发送设备（主机）应在时钟脉冲的高期间（SCL=1）释放 SDA 线，以让 SDA
                              //转由接收设备（AT24C02）控制
    _nop_();_nop_();                      //等待 2 个机器周期
    SCL = 1;                              //根据规定，SCL 应为高电平
    _nop_();_nop_();_nop_();_nop_();      //等待 4 个机器周期
    ack_bit = SDA;                        //接收设备（AT24C02）向 SDA 送低电平，表示已收到 1 字节
                                          //若送高电平，表示没有接收到，传送异常
    SCL = 0;                              //SCL 为低时，SDA 上数据才允许变化（即允许以后的数据传递）
    returnack_bit;                        //返回 AT24C02 应答位
}

void WriteU2(unsigned char add, unsigned char dat) //函数：向 U2 的指定地址写数据，入口参
//数为 add（储存写入地址）；dat（储存待写入的数据）；在指定地址 addr 处写入数据 WriteCurrent
{
    start();                              //开始数据传递
    WriteCurrent(WRITE_U2);               //选择要操作的 U2 芯片，并告知要对其写入数据
    WriteCurrent(add);                    //写入指定地址
    WriteCurrent(dat);                    //向当前地址（上面指定的地址）写入数据
    stop();                               //停止数据传递
    delaynms(4);                          //1 字节的写入周期为 1ms，最好延时 1ms 以上
}

void WriteU3(unsigned char add, unsigned char dat)  //函数：向 U3 的指定地址写数据，入口参数为
  //add（储存指定的地址）；dat（储存待写入的数据），在指定地址 addr 写入数据 WriteCurrent
{
    start();                              //开始数据传递
    WriteCurrent(WRITE_U2);               //选择要操作的 AT24C02 芯片，并告知要对其写入数据
```

```
    WriteCurrent(add);                  //写入指定地址
    WriteCurrent(dat);                  //向当前地址（上面指定的地址）写入数据
    stop();                             //停止数据传递
    delaynms(4);                        //1 字节的写入周期为 1ms, 最好延时 1ms 以上
}

unsigned char ReadCurrent1()        //函数：从 U2 的当前地址读取数据，出口参数为 x（储存读出的数据）
{
    unsigned char x;
    start();                            //开始数据传递
    WriteCurrent(READ_U2);              //选择要操作的 U2 芯片，并告知要读其数据
    x=ReadData();                       //将读取的数据存入 x
    stop();                             //停止数据传递
    return x;                           //返回读取的数据
}

unsigned char ReadCurrent2()        //函数：从 U3 的当前地址读取数据，出口参数为 x（储存读出的数据）
{
    unsigned char x;
    start();                            //开始数据传递
    WriteCurrent(READ_U2);              //选择要操作的 U3 芯片，并告知要读其数据
    x=ReadData();                       //将读取的数据存入 x
    stop();                             //停止数据传递
    return x;                           //返回读取的数据
}
unsigned char ReadU2(unsigned char set_addr)  //函数：从 U2 中的指定地址读取数据
                                    //入口参数为 set_addr，出口参数为 x，在指定地址读取
{
    start();                            //开始数据传递
    WriteCurrent(WRITE_U2);             //选择要操作的 U2 芯片，并告知要对其写入数据
    WriteCurrent(set_addr);             //写入指定地址
    return(ReadCurrent1());             //从 U2 芯片指定地址读出数据并返回
}

unsigned char ReadU3(unsigned char set_addr)   //函数：从 U3 中的指定地址读取数据，入口参数
                                    //为 set_addr，出口参数为 x，在指定地址读取
{
    start();                            //开始数据传递
    WriteCurrent(WRITE_U2);             //选择要操作的 U3 芯片，并告知要对其写入数据
    WriteCurrent(set_addr);             //写入指定地址
    return(ReadCurrent2());             //从 U3 芯片指定地址读出数据并返回
}

main(void)                              //主函数
{
    unsigned char x;
    SDA = 1;                            //SDA=1, SCL=1, 使主从设备处于空闲状态
    SCL = 1;
    WriteU2(0x44,0x33);             //将数据 0x33 写入第 1 个 AT24C02 的指定单元地址 0x44 中
    x=ReadU2(0x44);                 //从第 1 个 AT24C02 中的指定单元地址 0x44 读出数据
    WriteU3(0x55,x);                //将读出的数据写入第 2 个 AT24C02 的指定地址 0x55
    P1=ReadU3(0x55);                //将从第 2 个 AT24C02 的指定地址读出的数据送 P1 口显示
}
```

第 9 章

DAC、ADC 的扩展及软件滤波

例 9-1 单片机控制 DAC0832 的程控电压源

利用单片机控制 DAC0832 可实现数字调压。单片机只要送给 DAC0832 不同的数字量，即可实现不同的模拟电压输出。

DAC0832 的输出可采用单缓冲方式或双缓冲方式。在实际应用中，如果只有一路模拟量输出，或虽是多路模拟量输出，但在不要求多路输出同步的情况下，就可采用单缓冲方式。

单片机控制 DAC0832 实现数字调压的单缓冲方式接口电路如图 9-1 所示。由于 $\overline{\text{XFER}}$ =0、$\overline{\text{WR2}}$ =0，所以第二级“8 位 DAC 寄存器”处于直通方式。第一级“8 位输入寄存器”为单片机控制的锁存方式，其中锁存控制端的 ILE 直接接到有效的高电平，另两个控制端 $\overline{\text{CS}}$ 、$\overline{\text{WR1}}$ 分别由单片机的 P2.0 脚和 P2.1 脚控制。

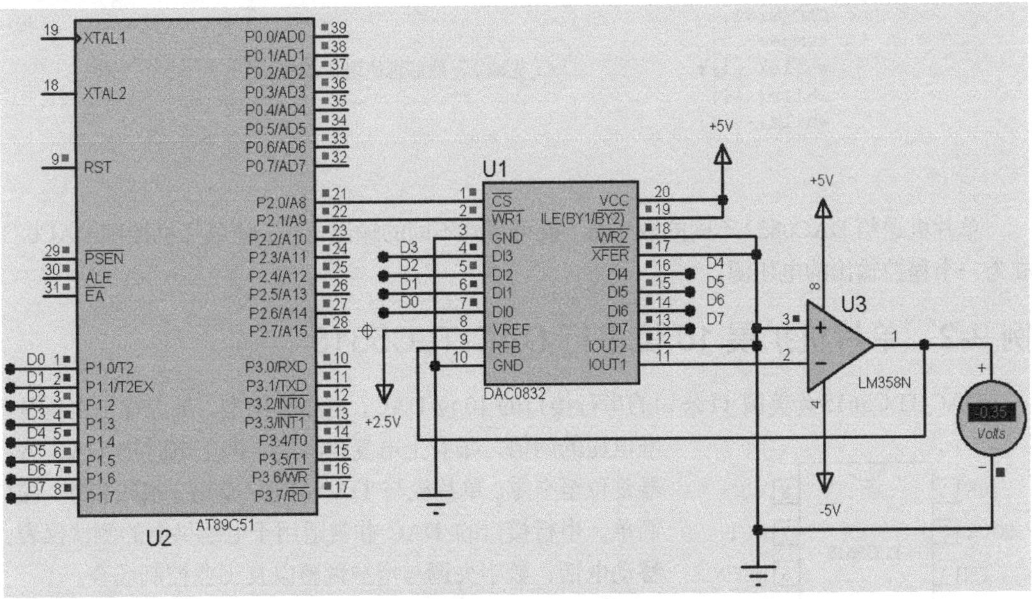

图 9-1 单片机控制 DAC0832 数字调压原理电路

DAC 0832 的输出电压 V_o 与输入数字量 B 的关系如下。

$$V_o = -B \cdot \frac{V_{REF}}{256}$$

由上式可见，DAC0832输出的模拟电压 V_o 和输入的数字量 B 以及基准电压 V_{REF} 成正比，且 B 为0时，V_o 也为0，B 为255时，V_o 为最大的绝对值输出，且不会大于 V_{REF}。

在图9-1中，当P2.0脚为低时，如果同时 $\overline{WR}$ 有效，单片机就会把数字量通过P1口送入DAC0832的DI7～DI0端，并转换输出电压。用虚拟直流电压表测量经运放LM358N的I/V转换后的电压值，并观察输出电压的变化。

在仿真运行后，可看到虚拟直流电压表测量的输出电压在−2.5V～0V（参考电压为2.5V）范围内不断线性变化。如果参考电压为5V，则输出电压在−5V～0V范围内变化。如果虚拟直流电压表太小，看不清楚电压的显示值，就可用鼠标滚轮放大直流电压表。

参考程序如下。

```
#include "reg51.h"
#define uchar unsigned char
#define uint unsigned int
#define out P1
sbit DAC_cs=P2^0;
sbit DAC_wr=P2^1;

void main(void)                          //主函数
{
   uchar temp,i=255;
   while(1)
   {
        {
          out=temp;
          DAC_cs=0;                      //单片机控制CS脚为低
          DAC_wr=0;                      //单片机控制WR1脚为低，向DAC写入转换的数字量
          DAC_cs=1;
          DAC_wr=1;
          temp++;
          while(--i);                    //i先减1，然后再使用i的值
          while(--i);
          while(--i);
        }
   }
}
```

单片机送给DAC0832不同的数字量，就可得到不同的输出电压，使单片机控制DAC0832成为一个程控输出的电压源。

例9-2 单片机扩展10位串行DAC-TLC5615

DAC-TLC5615为美国TI公司的串行接口的10位DAC，电压输出型，最大输出电压是基准电压的两倍，带有上电复位功能，即上电时把DAC寄存器复位至全零。单片机与TLC5615只需用3根线相连，接口简单。串行接口的DAC非常适用于电池供电的测试仪表、移动电话，数字失调与增益调整以及工业控制场合。

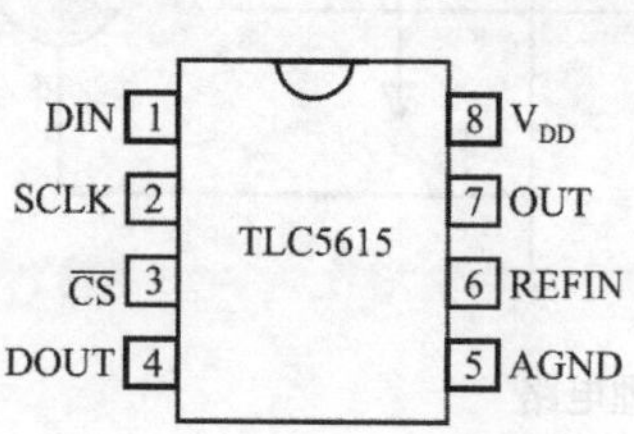

图9-2 TLC5615引脚

TLC5615的引脚如图9-2所示。

8只引脚的功能如下。

- DIN：串行数据输入端。

- SCLK：串行时钟输入端。
- $\overline{\text{CS}}$：片选端，低电平有效。
- DOUT：用于级联时的串行数据输出端。
- AGND：模拟地。
- REFIN：基准电压输入端，2V～（V_{DD}−2）。
- OUT：DAC 模拟电压输出端。
- V_{DD}：正电源端，4.5～5.5V，通常取 5V。

TLC5615 的内部结构框图如图 9-3 所示。

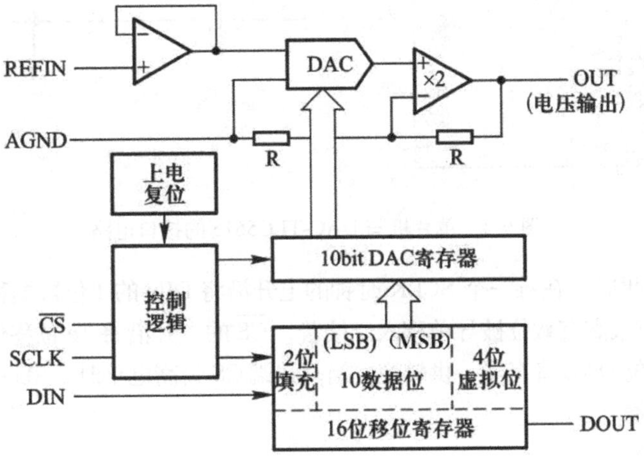

图 9-3 TLC5615 内部功能框图

TLC5615 由以下几部分组成。

- 10 位 DAC 电路。
- 一个 16 位移位寄存器，接收串行移入的二进制数，并且有一个级联的数据输出端 DOUT。
- 并行输入/输出的 10bit DAC 寄存器，为 10 位 DAC 电路提供待转换的二进制数据。
- 电压跟随器为参考电压端 REFIN 提供高输入阻抗，大约 10MΩ。
- “×2”电路提供最大值为 2 倍于 REFIN 的输出。
- 上电复位电路和控制逻辑电路。

TLC5615 有两种工作方式。

（1）第 1 种工作方式。12 位数据序列。由图 9-3 可知，16 位移位寄存器分为高 4 位的虚拟位、低 2 位的填充位以及 10 位有效数据位。在 TLC5615 工作时，只需要向 16 位移位寄存器先后输入 10 位有效位和低 2 位的任意填充位。

（2）第 2 种工作方式为级联方式。即 16 位数据列，可将本片的 DOUT 接到下一片的 DIN，需要向 16 位移位寄存器先后输入高 4 位虚拟位、10 位有效位和低 2 位填充位，由于增加了高 4 位虚拟位，所以需要 16 个时钟脉冲。

单片机控制串行 DAC-TLC5615 进行 D/A 转换，电路原理图及仿真如图 9-4 所示。调节电位器 RV1，使 TLC5615 的输出电压可在 0～5V 内调节，从虚拟直流电压表的显示窗口可观察到 DAC 转换输出的电压值。

9

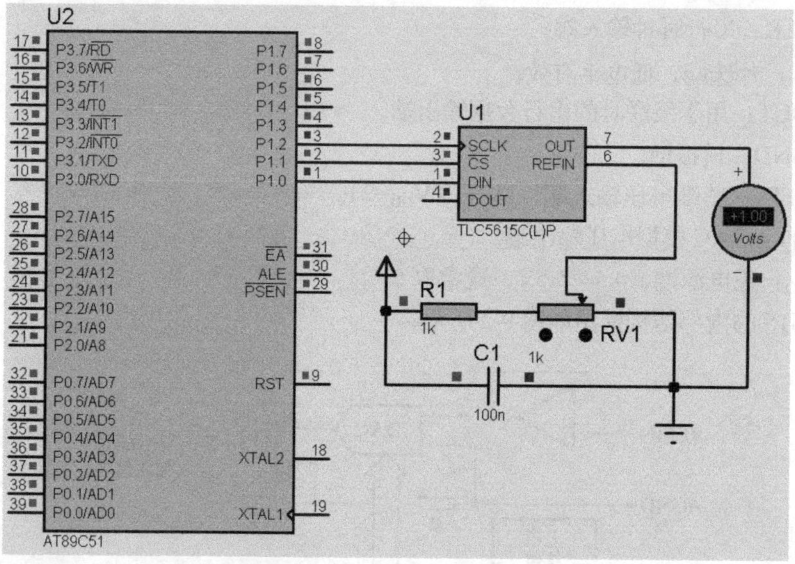

图 9-4　单片机与 DAC-TLC5615 的接口电路

当 $\overline{CS}$ 为低电平时，在每一个 SCLK 时钟的上升沿将 DIN 的 1 位数据移入 16 位移位寄存器，注意，二进制最高有效位被导前移入。接着，$\overline{CS}$ 的上升沿将 16 位移位寄存器的 10 位有效数据锁存于 10 位 DAC 寄存器，供转换；当片选端 $\overline{CS}$ 为高电平时，串行输入数据不能被移入 16 位移位寄存器。

参考程序如下。

```
#include<reg51.h>
#include<intrins.h>
#define uchar unsigned char
#define uint unsigned int
sbit  SCL=P1^1;
sbit  CS=P1^2;
sbit  DIN=P1^0;
uchar bdata dat_in_h;
uchar bdata dat_in_l;
sbit h_7 = dat_in_h^7;sbit l_7 = dat_in_l^7;

void delayms(uint j)
{
    uchar i=250;
    for(;j>0;j--)
    {
        while(--i);
        i=249;
        while(--i);
        i=250;
    }
}

void Write_12Bits(void)                //一次向 TLC5615 中写入 12bit 数据的函数
{
    uchar i;
    SCL=0;                             //置零 SCL，为写 bit 做准备
    CS=0;                              //片选端 CS =0
    for(i=0;i<2;i++)                   //循环 2 次，发送高两位
    {
```

```
        if(h_7)                         //高位先发
        {
            DIN = 1;                    //将数据送出
            SCL = 1;                    //提升时钟，写操作在时钟上升沿触发
            SCL = 0;                    //结束该位传送，为下次写做准备
        }
        else
        {
            DIN= 0;
            SCL = 1;
            CL = 0;
        }
        dat_in_h <<= 1;                 //dat_in_h 左移 1 位
    }
    for(i=0;i<8;i++)                    //循环 8 次，发送低 8 位
    {
        if(l_7)
        {
            DIN = 1;                    //将数据送出
            SCL = 1;                    //写操作在时钟上升沿触发
            SCL = 0;                    //结束该位传送，为下次写做准备
        }
        else
        {
            DIN= 0;
            SCL = 1;
            SCL = 0;
        }
            dat_in_l <<= 1;             //dat_in_l 左移 1 位
            }
            for(i=0;i<2;i++)            //循环 2 次，发送两个填充位
            {
                DIN= 0;
                SCL = 1;
                SCL = 0;
            }
            CS = 1;
            SCL = 0;
}

void TLC5615_Start(uint dat_in)         //启动 D/A 转换函数
{
    dat_in %= 1024;
    dat_in_h=dat_in/256;
    dat_in_l=dat_in%256;
    dat_in_h <<= 6;                     //dat_in_ h 左移 6 位
    Write_12Bits();
}

void main( )                            //主函数
{
    while(1)
    {
        TLC5615_Start(0xffff);
        delayms(1);
    }
}
```

例 9-3 单片机扩展 DAC0832 的波形发生器

单片机控制 DAC0832 产生正弦波、方波、三角波、梯形波和锯齿波。原理电路如图 9-5

所示。单片机的 P1.0~ P1.4 引脚接有 5 个按键，当按键按下时，分别对应产生正弦波、方波、三角波、梯形波和锯齿波。

单片机控制 DAC0832 能产生各种波形，实质就是单片机把波形的采样点数据送至 DAC0832，经 D/A 转换后输出模拟信号。改变送出的函数波形采样点后的延时时间，改变输出波形的频率。产生各种函数波形的原理如下。

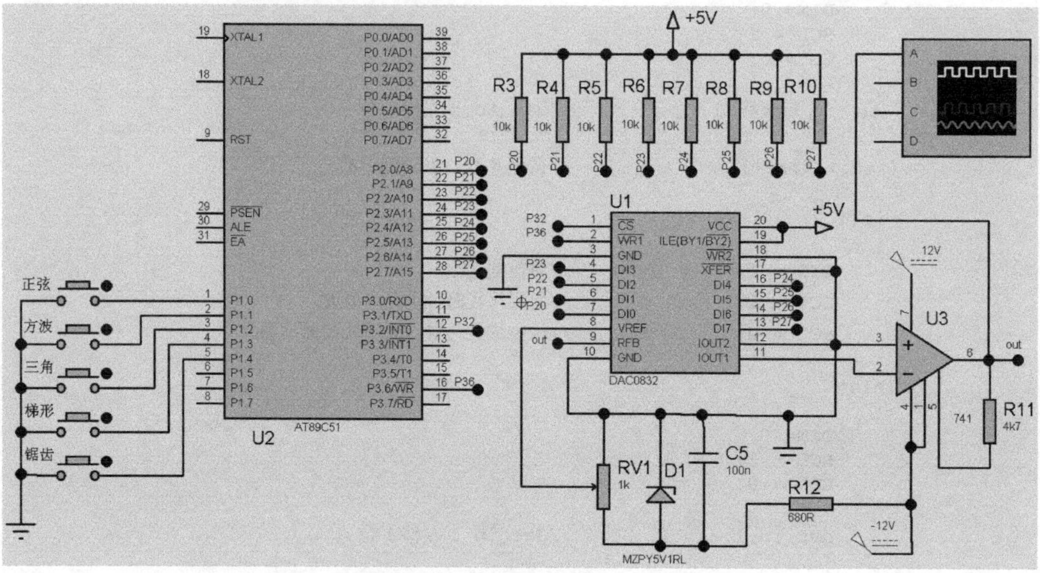

图 9-5　控制 DAC0832 产生各种波形的原理电路

（1）正弦波的产生

单片机把正弦波的 256 个采样点的数据送给 DAC0832。正弦波采样数据可采用软件编程或 MATLAB 等工具计算。

（2）方波的产生

单片机采用定时器定时中断，时间常数决定方波高、低电平的持续时间。

（3）三角波的产生

单片机把初始数字量 0 送给 DAC0832 后，不断增 1，增至 0xff 后，再把送给 DAC0832 的数字量不断减 1，减至 0 后，再重复上述过程。

（4）梯形波的产生

输入给 DAC0832 的数字量从 0 开始，逐次加 1。当输入数字量为 0xff 时，延时一段时间，形成梯形波的平顶，然后波形数据逐次减 1，如此循环，可输出梯形波。

（5）锯齿波的产生

单片机把初始数据 0 送给 DAC0832 后，数据不断增 1，增至 0xff 后，再增 1 则溢出清零，模拟输出又为 0，然后重复上述过程，如此循环，可输出锯齿波。

参考程序如下。

```
#include<reg51.h>
sbit wr=P3^6;
sbit rd=P3^2;
sbit key0=P1^0;              //定义 P1.0 脚的按键为正弦波键 key0
sbit key1=P1^1;              //定义 P1.1 脚的按键为方波键 key1
```

```
sbit key2=P1^2;          //定义 P1.2 脚的按键为三角波键 key2
sbit key3=P1^3;          //定义 P1.3 脚的按键为梯形波键 key3
sbit key4=P1^4;          //定义 P1.3 脚的按键为锯齿波键 key4
unsigned char flag;      //flag 为 1, 2, 3, 4, 5 时对应正弦波、方波、三角波、梯形波、锯齿波
unsigned char const code
//以下为弦波采样点数组的 256 个数据
SIN_code[256]={0x80,0x83,0x86,0x89,0x8c,0x8f,0x92,0x95,0x98,0x9c,0x9f,0xa2,0xa5,
0xa8,0xab,0xae,0xb0,0xb3,0xb6,0xb9,0xbc,0xbf,0xc1,0xc4,0xc7,0xc9,0xcc,0xce,0xd1,
0xd3,0xd5,0xd8,0xda,0xdc,0xde,0xe0,0xe2,0xe4,0xe6,0xe8,0xea,0xec,0xed,0xef,0xf0,
0xf2,0xf3,0xf4,0xf6,0xf7,0xf8,0xf9,0xfa,0xfb,0xfc,0xfc,0xfd,0xfe,0xfe,0xff,0xff,
0xff,0xff,0xff,0xff,0xff,0xff,0xff,0xff,0xff,0xfe,0xfe,0xfd,0xfc,0xfc,0xfb,0xfa,
0xf9,0xf8,0xf7,0xf6,0xf5,0xf3,0xf2,0xf0,0xef,0xed,0xec,0xea,0xe8,0xe6,0xe4,0xe3,
0xe1,0xde,0xdc,0xda,0xd8,0xd6,0xd3,0xd1,0xce,0xcc,0xc9,0xc7,0xc4,0xc1,0xbf,0xbc,
0xb9,0xb6,0xb4,0xb1,0xae,0xab,0xa8,0xa5,0xa2,0x9f,0x9c,0x99,0x96,0x92,0x8f,0x8c,
0x89,0x86,0x83,0x80,0x7d,0x79,0x76,0x73,0x70,0x6d,0x6a,0x67,0x64,0x61,0x5e,0x5b,
0x58,0x55,0x52,0x4f,0x4c,0x49,0x46,0x43,0x41,0x3e,0x3b,0x39,0x36,0x33,0x31,0x2e,
0x2c,0x2a,0x27,0x25,0x23,0x21,0x1f,0x1d,0x1b,0x19,0x17,0x15,0x14,0x12,0x10,0xf,0xd,
0xc,0xb,0x9,0x8,0x7,0x6,0x5,0x4,0x3,0x3,0x2,0x1,0x1,0x0,0x0,0x0,0x0,0x0,0x0,0x0,
0x0,0x0,0x0,0x0,0x1,0x1,0x2,0x3,0x3,0x4,0x5,0x6,0x7,0x8,0x9,0xa,0xc,0xd,0xe,0x10,
0x12,0x13,0x15,0x17,0x18,0x1a,0x1c,0x1e,0x20,0x23,0x25,0x27,0x29,0x2c,0x2e,0x30,
0x33,0x35,0x38,0x3b,0x3d,0x40,0x43,0x46,0x48,0x4b,0x4e,0x51,0x54,0x57,0x5a,0x5d,
0x60,0x63,0x66,0x69,0x6c,0x6f,0x73,0x76,0x79,0x7c};

unsignedchar keyscan()          //键盘扫描函数
{
    unsigned char keyscan_num,temp;
    P1=0xff;                    //P1 口输入
    temp=P1;                    //从 P1 口读入键值，存入 temp 中
    if(~(temp&0xff))            //判断是否有键按下，如果键值不为 0xff，则有键按下
        {
        if(key0==0)             //正弦波的按键按下，P1.0=0
        {
            keyscan_num=1;      //得到的键值为 1，表示产生正弦波
        }
        else if(key1==0)        //方波的按键按下，P1.1=0
        {
            keyscan_num=2;      //得到的键值为 2，表示产生方波
        }
        else if(key2==0)        //三角波的按键按下，P1.2=0
        {
            keyscan_num=3;      //得到的键值为 3，表示产生三角波
        }
        else if(key3==0)        //梯形波的按键按下，P1.3=0
        {
            keyscan_num=4;      //得到的键值为 4，表示产生梯形波
        }
        else if(key4==0)        //锯齿波的按键按下，P1.4=0
        {
            keyscan_num=5;      //得到的键值为 5，表示产生锯齿波
        }
        else
        {
            keyscan_num=0;      //没有按键按下，键值为 0
        }
        return keyscan_num;     //得到的键值返回
    }
}

void  init_DA0832()             //DAC0832 初始化函数
{
    rd=0;
```

9

```
    wr=0;
  }

void  SIN( )                          //正弦波函数
{
    unsigned int i;
    do
    {
        P2=SIN_code[i];               //由P2口输出给DAC0832正弦波数据
        i=i+1;                        //数组数据指针增1
    }while(i<256);                    //判断是否已输出完256个波形数据，未完继续
}

void  Square()                        //方波函数
{
    EA=1;                             //总中断允许
    ET0=1;                            //允许T0中断
    TMOD=1;                           //T0工作在方式1
    TH0=0xff;                         //给T0高8位装入时间常数
    TL0=0x83;                         //给T0低8位装入时间常数
    TR0=1;                            //启动T0
}

void  Triangle ( )                    //三角波函数
{
    P2=0x00;                          //三角波函数初始值为0
    do
    {
        P2=P2+1;                      //三角波上升沿
    }while(P2<0xff);                  //判断是否已经输出为0xff
        P2=0xff;
    do
    {
        P2=P2-1;                      //三角波下降沿
    }while(P2>0x00);                  //判断是否已经输出为0
        P2=0x00;
}

void  Sawtooth ( )                    //锯齿波函数
{
    P2=0x00;
    do
    {
        P2=P2+1;                      //产生锯齿波的上升沿
    }while(P2<0xff);                  //判断上升沿是否已经结束
}

void Trapezoidal ( )                  //梯形波函数
{
    unsigned char i;
    P2=0x00;
    do
    {
        P2=P2+1;                      //产生梯形波的上升沿
    }while(P2<0xff);
        P2=0xff;                      //产生梯形波的平顶
    for(i=255;i>0;i--)                //梯形波的平顶延时
    {
        P2=0xff;                      //产生梯形波的下降沿
```

```
    }
    do
    {
        P2=P2-1;                              //产生梯形波的下降沿
    }while(P2>0x00);                          //判断梯形波的下降沿是否结束
        P2=0x00;
}

void  main()                                  //主函数
{
    init_DA0832();                            //DA0832 初始化函数
do
{
    flag=keyscan();                           //将键盘扫描函数得到的键值赋予 flag
}while(!flag);
 while(1)
 {
    switch(flag)
    {
        case 1:                               //键值为 1，为正弦波
        do
        {
            flag=keyscan();
            SIN( );                           //产生正弦波的函数
        }while(flag==1);
        break;
        case 2:                               //键值为 2，为方波
        Square ();                            //产生方波的函数
        do{
            flag=keyscan();
          }while(flag==2);
           TR0=0;
           break;
        case 3:                               //键值为 3，为三角波
        do{
            flag=keyscan();
            Triangle ();                      //产生三角波的函数
            }while(flag==3);
            break;
        case 4:                               //键值为 4，为梯形波
        do{
            flag=keyscan();
            Trapezoidal ();                   //产生梯形波的函数
            }while(flag==4);
            break;
        case 5:                               //键值为 5，为锯齿波
        do{
            flag=keyscan();
            Sawtooth ();                      //产生锯齿波的函数
            }while(flag==5);
            break;
            default:
            flag=keyscan();
            break;
        }
    }
}

void  timer0(void) interrupt 1                //定时器 T0 的中断函数
{
    P2=~P2;                                   //方波的输出电平求反
```

```
        TH0=0xff;                                   //重装定时时间常数
        TL0=0x83;
        TR0=1;                                      //启动定时器 T0
    }
```

仿真运行时，需要用虚拟示波器来观察产生的波形，可用鼠标右键单击屏幕右上角的显示器图标，在快捷菜单中单击 oscilloscope，从弹出的虚拟示波器屏幕上可观察到由按键选择的函数波形输出。

例 9-4　单片机扩展 ADC0809 的 A/D 转换

ADC0809 是常见的 8 位逐次比较型的 A/D 转换器。Proteus 元件库中没有 ADC0809，可用其兼容的 ADC0808 替代，ADC0808 与 ADC0809 性能完全相同，只是在非调整误差方面有所不同，ADC0808 为±1/2LSB，ADC0809 为±1LSB。单片机扩展 ADC0809 的原理电路如图 9-6 所示。加到 ADC0809 输入端的模拟电压可通过调节电位器 RV1 来实现，ADC0809 将输入的模拟电压转换成二进制数字，并通过 P1 口的输出来控制发光二极管的亮与灭，显示出转换结果的数字量。

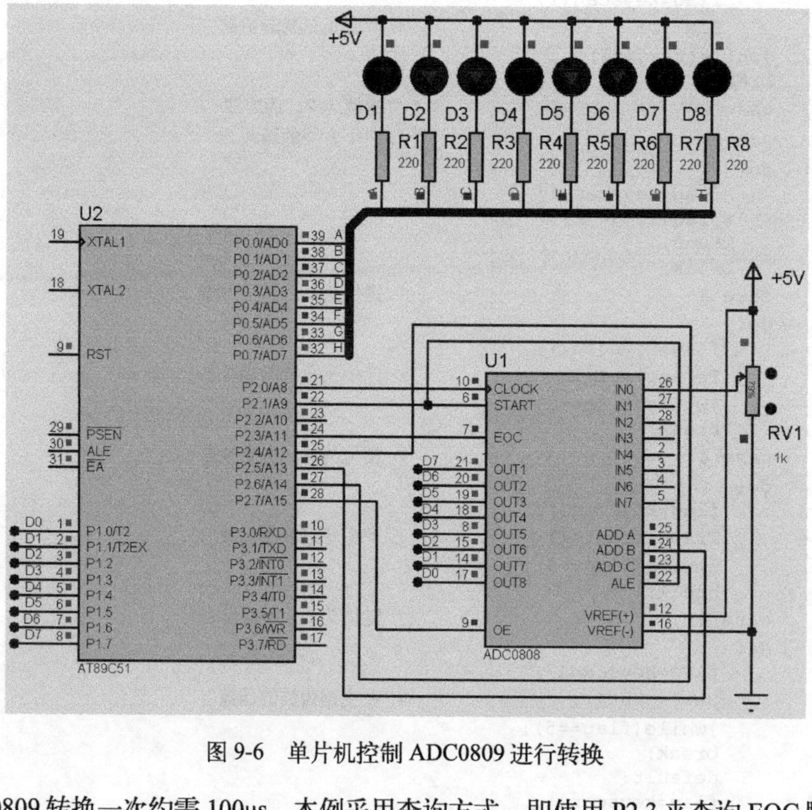

图 9-6　单片机控制 ADC0809 进行转换

ADC0809 转换一次约需 100μs，本例采用查询方式，即使用 P2.3 来查询 EOC 脚的电平，判断 A/D 转换是否结束。如果 EOC 脚为高电平，则说明 A/D 转换结束，单片机从 P1 口读入转换二进制的结果，然后把转换结果从 P0 口输出给 8 个发光二极管，对应转换结果为 0 的位，发光二极管被点亮。

参考程序如下。

```
#include "reg51.h"
```

```
#define uchar unsigned char
#define uint unsigned int
#define LED P0
#define out P1
sbit start=P2^1;
sbit OE=P2^7;
sbit EOC=P2^3;
sbit CLOCK=P2^0;
sbit add_a=P2^4;
sbit add_b=P2^5;
sbit add_c=P2^6;

void main(void)
{
    uchar temp;
    add_a=0;add_b=0;add_c=0;                          //选择 ADC0809 的通道 0 进行转换
    while(1)
    {
        start=0;
        start=1;
        start=0;                                       //启动转换
        while(1)
        {
            clock=!clock;if(EOC==1)break;}             //等待转换结束
            OE=1;                                      //允许输出
            temp=out;                                  //暂存转换结果
            OE=0;                                      //关闭输出
            LED=temp;                                  //采样结果通过 P0 口输出到 LED
        }
    }
}
```

ADC0809 在使用时必须外加高精度基准电压，其电压的变化要小于 1LSB，这是保证转换精度的基本条件，否则当被转换的输入电压不变，而基准电压的变化大于 1LSB，也会引起 A/D 转换器输出的数字量变化。

上面介绍的是采用查询方式读取转换结果，如果采用中断方式读取转换结果，可将 EOC 引脚与单片机的 P2.3 引脚断开，改接反相器（如 74LS04）的输入，反相器的输出接至单片机的外部中断请求输入端（$\overline{\text{INT0}}$ 或 $\overline{\text{INT1}}$ 脚），当 A/D 转换结束时，EOC 引脚上的跳变则向单片机发出的中断请求信号。

读者可修改本例的接口电路及程序，使单片机采用中断方式来读取 A/D 转换结果。

例 9-5　单片机控制 ADC0809 两路数据采集

本例采用单片机控制 ADC0809 两个通道的输入模拟量进行转换，两个通道的结果显示各占 3 位，同时显示在 8 位数码管上（有效显示位数为 6 位）。两个通道的模拟输入电压的大小由两个滑动电位器来调节。原理电路如图 9-7 所示。

参考程序如下。

```
#include <reg51.h>
#define uchar unsigned char
sbit CLK=P1^3;
sbit ST=P1^2;
sbit EOC=P1^1;
sbit OE=P1^0;
sbit wei1=P2^1;
sbit wei2=P2^2;
sbit wei3=P2^3;
```

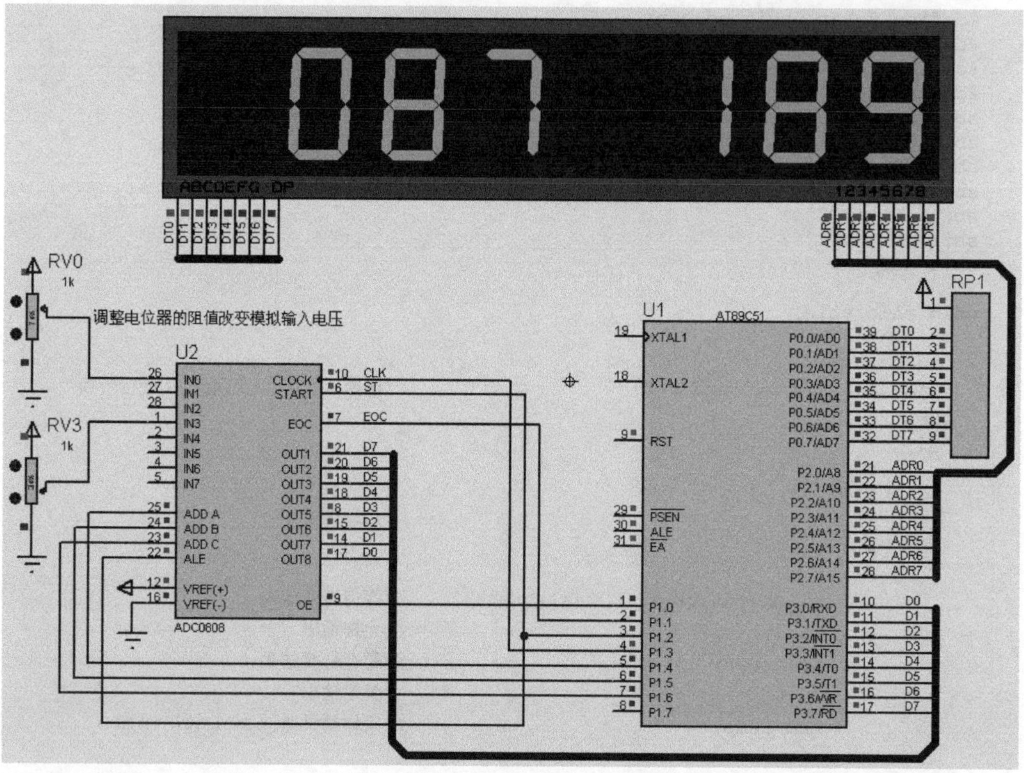

图 9-7　ADC0809 双通道数据采集的接口电路

```
sbit wei4=P2^5;
sbit wei5=P2^6;
sbit wei6=P2^7;
uchar code dulatab[]={0x3f,0x06,0x5b,0x4f,0x66, 0x6d,0x7d,0x07,0x7f,0x6f,0x40};
                                        //共阴极数码管 0～9 的段码
uchar code welatab[]={0xfe,0xfd,0xfb,0xf7,0xef,0xdf,0xbf,0x7f};  //数码管的位控码
uchar count;

void delay(uchar time)                  //延时函数
{
    uchar i,j;
    for(i=0;i<time;i++)
    {
        for(j=0;j<110;j++)
        ;
    }
}

void init()                             //初始化函数
{
    P2=0xff;
    EA = 1;                             //总中断允许
    TMOD=0x02;                          //设置定时器 T0 工作方式
    TH0=216;                            //利用 T0 中断产生 ADC 的 CLK 信号
    TL0=216;                            //定时 40μs，CLK 周期为 80μs，频率为 12.5kHz
    TR0=1;                              //启动定时器 T0
    ET0=1;                              //允许定时器 T0 中断
    ST=0;                               //ADC 的 START 端为低
    OE=0;                               //ADC 的 OE 端为低
```

```
    P1=0x30;
}

void write1(uchar num)
{
    uchar i,j,k;
    k=num/100;
    j=num%100/10;
    i=num%10;
    P2=0xff;
    P0=dulatab[k];
    wei4=0;
    delay(4);
    P2=0xff;
    P0=dulatab[j];
    wei5=0;
    delay(4);
    P2=0xff;
    P0=dulatab[i];
    wei6=0;
    delay(4);
}

void write0(uchar num)
{
    uchar i,j,k;
    k=num/100;
    j=num%100/10;
    i=num%10;
    P2=0xff;
    P0=dulatab[k];
    wei1=0;
    delay(4);
    P2=0xff;
    P0=dulatab[j];
    wei2=0;
    delay(4);
    P2=0xff;
    P0=dulatab[i];
    wei3=0;
    delay(4);
}

uchar adin0()
{
    uchar value;
    OE=0;
    EOC=1;
    ST=0;
    P1&=0x8f;
    P1|=0x30;
    delay(10);
    ST=1;
    delay(10);
    ST=0;
    while(!EOC);
    EOC=0;
    delay(10);
    OE=1;
    delay(1);
    value=P3;
    OE=0;
    return value;
}

uchar adin1()
```

```
{
    uchar value;
    OE=0;
    EOC=1;
    ST=0;
    P1&=0x8f;
    P1|=0x00;
    delay(10);
    ST=1;
    delay(10);
    ST=0;
    while(!EOC);
    EOC=0;
    delay(10);
    OE=1;
    delay(1);
    value=P3;
    OE=0;
    return value;
}

void main()                              //主函数
{
    uchar in0,in1;
    init();
    while(1)
    {
        in0=adin0();
        write0(in0);
        in1=adin1();
        write1(in1);
    }
}

void timer0(void) interrupt 1          //定时器 T0 中断函数，作为 ADC 的 CLK
{
    CLK=~CLK;
}
```

例 9-6　2 路查询方式的数字电压表设计

设计一个采用查询方式单片机对 2 路模拟电压（0～5V）交替进行数据采集的数字电压表。数字电压表的原理电路与仿真如图 9-8 所示。

2 路 0～5V 的被测电压分别加到 ADC0809 的 IN0 和 IN1 通道，进行 A/D 转换，两路输入电压的大小可通过手动调节 RV1 和 RV2 来实现。

本例将 1.25V 和 2.50V 作为两路输入的报警值，当通道 IN0 和 IN1 的电压分别超过 1.25V 和 2.50V 时，对应的二进制数值分别为 0x40 和 0x80。当 A/D 转换结果超过这一数值时，将驱动发光二极管 D2 闪烁与蜂鸣器发声，以表示超限。

测得的输入电压交替显示在 LED 数码管上，同时也显示在两个虚拟电压表的图标上，通过鼠标滚轮来放大虚拟电压表的图标，可清楚地看到输入电压的测量结果。

如果 ADC0809 采用的基准电压为+5V，转换结果的二进制数字 addata 代表的电压的绝对值为（addata ÷ 256）× 5V，若将其显示到小数点后两位，不考虑小数点的存在（将其乘以 100），其计算的数值为（addata × 100 ÷ 256）× 5V ≈ addata × 1.96 V。控制小数点显示在左边第二位数码管上，即为实际的测量电压。

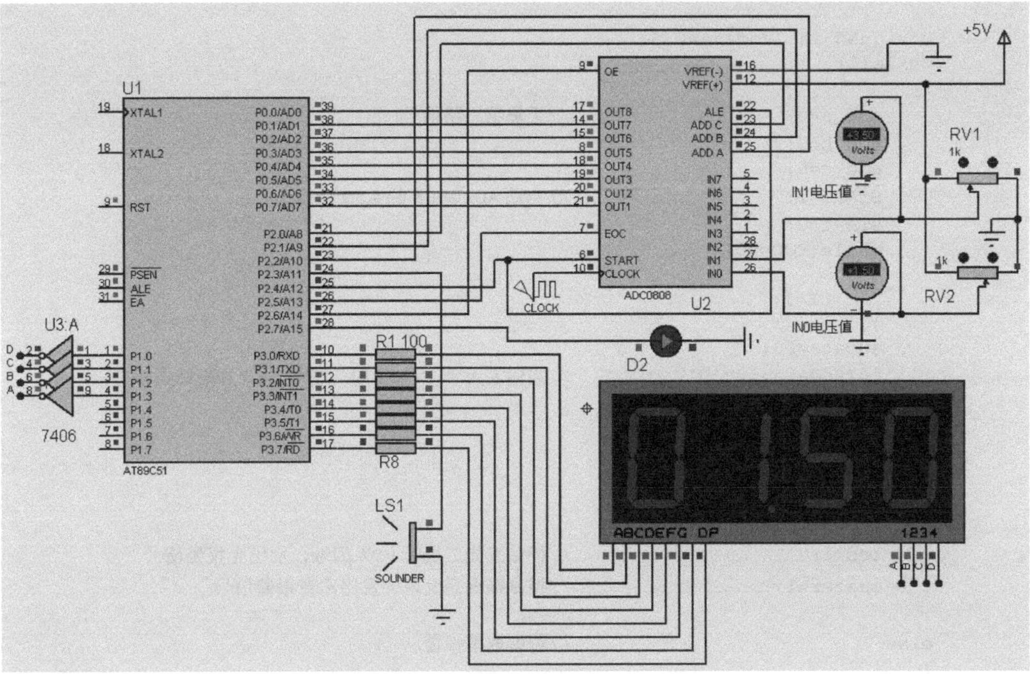

图 9-8　查询方式的数字电压表电路原理图与仿真

参考程序如下。

```
#include<reg51.h>
unsigned char a[16]={0x3f,0x06,0x5b,0x4f,0x66,0x6d,0x7d,0x07,0x7f,0x6f,0x77,0x7c,
                     0x39,0x5e,0x79,0x71,},b[4],c=0x01;
sbit START=P2^4;
sbit OE=P2^6;
sbit EOC=P2^5;
sbit add_a=P2^2;
sbit add_b=P2^1;
sbit add_c=P2^0;
sbit led=P2^7;
sbit buzzer=P2^3;

void Delay1ms(unsigned int count)           //延时函数
{
    unsigned int i,j;
    for(i=0;i<count;i++)
    for(j=0;j<120;j++);
}

void display()                              //显示函数
{
    unsigned int r;
    for(r=0;r<4;r++)
    {
        P1=(c<<r);
        P3=b[r];
        if(r==2)                            //显示小数点
        P3=P3|0x80;
        Delay1ms(1);
    }
}

void main(void)
```

```
{
    unsigned int addata=0,i;
    while(1)
    {
        add_a=0;                    //采集第一路信号
        add_b=0;
        add_c=0;
        START=1;                    //启动 ADC0808 的 A/D 转换
        START=0;
        while(EOC==0)
        {
            OE=1;
        }
        addata=P0;
        if(addata>=0x40)            //当输入大于 1.25V 时，使用 LED 和蜂鸣器报警
        {
        for(i=0;i<=100;i++)
        {
            led=~led;
            buzzer=~buzzer;
        }
        led=1;                      //控制发光二极管 VD2 闪烁，发出光报警信号
        buzzer=1;                   //控制蜂鸣器发声，发出声音报警信号
    }
    else                            //否则取消报警
    {
            led=0;                  //控制发光二极管 VD2 灭
            buzzer=0;               //控制蜂鸣器不发声
        }
        addata=addata*1.96;         //将采得的二进制数转换成可读的电压值
        OE=0;
        b[0]=a[addata%10];          //显示到数码管上
        b[1]=a[addata/10%10];
        b[2]=a[addata/100%10];
        b[3]=a[addata/1000];
        for(i=0;i<=200;i++)
        {
            display();              //调用显示函数
        }
        add_a=1;                    //采集第二路信号
        add_b=0;
        add_c=0;
        START=1;                    //启动 ADC 开始转换
        START=0;
        while(EOC==0)
        {
            OE=1;
        }
        addata=P0;
        if(addata>=0x80)            //当大于 2.5V 时，使用 LED 和蜂鸣器报警
        {
            for(i=0;i<=100;i++)
            {
                led=~led;
                buzzer=~buzzer;
            }
            led=1;
            buzzer=1;
        }
        else                        //否则取消报警
        {
            led=0;
```

```
            buzzer=0;
        }
        addata=addata*1.96;         //将采集的二进制数转换成可读的电压
        OE=0;
        b[0]=a[addata%10];          //显示到数码管上
        b[1]=a[addata/10%10];
        b[2]=a[addata/100%10];
        b[3]=a[addata/1000];
        for(i=0;i<=200;i++)
        {
            display();              //调用显示函数
        }
    }
}
```

例 9-7　2 路中断方式的数字电压表设计

在例 9-6 的基础上，要求交替采集 2 路输入模拟电压，把查询方式改为中断方式来读取转换结果，并交替显示，输入电压超出界限时，指示灯 D2 闪烁并驱动蜂鸣器报警。

采用中断方式读取转换结果，首先要改动图 9-8 所示的电路，将 EOC 脚与 P2.5 脚断开，然后将 EOC 脚经反相器 74LS06 接至单片机的 $\overline{\text{INT0}}$ 脚。本例的接口电路以及仿真如图 9-9 所示。

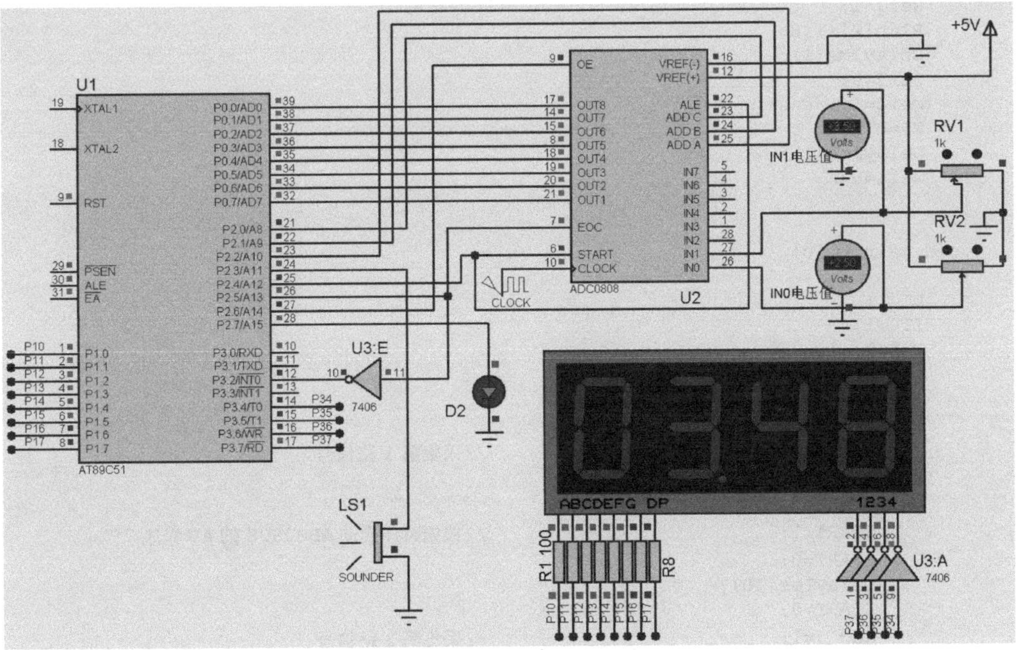

图 9-9　2 路中断方式的数字电压表原理电路与仿真

参考程序如下。

```
#include<reg51.h>
#include<intrins.h>
unsigned char a[16]={0x3f,0x06,0x5b,0x4f,0x66,0x6d,0x7d,0x07,0x7f,0x6f,0x77,0x7c,
                     0x39,0x5e,0x79,0x71,},b[4];      //显示与位控码数组
unsigned int addata=0,i;
sbit START=P2^4;
sbit OE=P2^6;
```

```
sbit add_a=P2^2;
sbit add_b=P2^1;
sbit add_c=P2^0;
sbit led=P2^7;
sbit buzzer=P2^3;
sbit wei1=P3^4;
sbit wei2=P3^5;
sbit wei3=P3^6;
sbit wei4=P3^7;

void Delay1ms(unsigned int count)           //延时函数
{
    unsigned int i,j;
    for(i=0;i<count;i++)
    for(j=0;j<120;j++);
}

void display()                              //显示函数
{
    wei1=1;
    P1=b[0];
    Delay1ms(1);
    wei1=0;
    wei2=1;
    P1=b[1];
    Delay1ms(1);
    wei2=0;
    wei3=1;
    P1=b[2]+128;
    Delay1ms(1);
    wei3=0;
    wei4=1;
    P1=b[3];
    Delay1ms(1);
    wei4=0;
}

void main(void)
{
    EA=1;
    IT0=1;
    EX0=1;
    while(1)
    {
        START=0;
        add_a=0;                            //采集第1路信号
        add_b=0;
        add_c=0;
        START=1;                            //根据时序启动ADC0808的AD程序
        START=0;
        Delay1ms(10);
        START=0;
        add_a=1;                            //采集第2路信号
        add_b=0;
        add_c=0;
        START=1;                            //启动ADC的A/D转换
        START=0;
        Delay1ms(10);
    }
}

void InT0(void) interrupt 0                 //定时器T0中断函数
{
    OE=1;
```

```
        addata=P0;
        if(addata>=0x80)                    //当大于 2.5V 时，LED 和蜂鸣器报警
    {
        for(i=0;i<=100;i++)
        {
            led=~led;
            buzzer=~buzzer;
        }
            led=1;
            buzzer=1;
    }
        else                                //否则取消报警
        {
            led=0;
            buzzer=0;
        }
        addata=addata*1.96;                 //将采集的二进制数转换成可读的电压
        OE=0;
        b[0]=a[addata%10];                  //在数码管上显示
        b[1]=a[addata/10%10];
        b[2]=a[addata/100%10];
        b[3]=a[addata/1000];
        for(i=0;i<=200;i++)
        {
            display();                      //调用显示函数
        }
    }
```

例 9-8　单片机扩展串行 8 位 ADC-TLC549

串行接口的 A/D 转换器与单片机连接具有占用 I/O 口线少的优点，使用逐渐增多，随着价格的降低，大有取代并行 A/D 转换器的趋势。

TLC549 是 美国 TI 公司推出的低价位、高性能的带有 SPI 串行口的 8 位 A/D 转换器，转换速度小于 17μs，最大转换速率为 40kHz。它与各种单片机连接简单，可构成廉价的测控应用系统。内部系统时钟的典型值为 4MHz，电源为 3～6V。

1. TLC549的引脚及功能

TLC549 的引脚如图 9-10 所示。

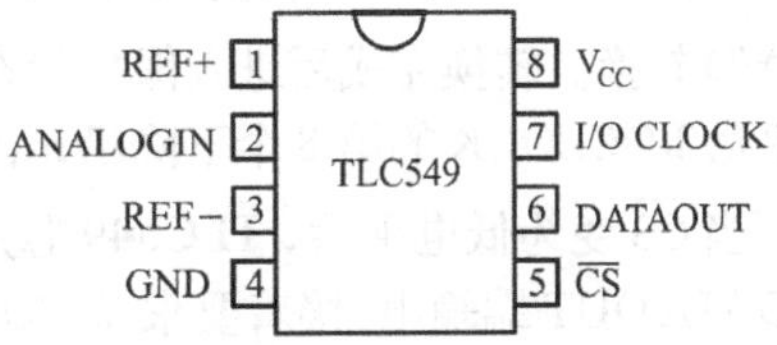

图 9-10　TLC549 的引脚

各引脚功能如下。

- REF+：正基准电压输入 2.5V≤REF+≤Vcc+0.1V。
- REF−：负基准电压输入端，−0.1V≤REF−≤2.5V，且（REF+）－（REF−）≥1V。
- V_{CC}：电源 3V≤V_{CC}≤6V。
- GND：地。
- $\overline{CS}$：片选端。
- DATAOUT：转换结果数据串行输出端，与 TTL 电平兼容，输出时高位在前，低位在后。
- ANALOGIN：模拟信号输入端，0≤ANALOGIN≤Vcc，当 ANALOGIN≥REF+电压时，转换结果为全 1（0xff），ANALOGIN≤REF−电压时，转换结果为全 0（0x00）。
- I/O CLOCK：外接输入/输出时钟输入端，与同步芯片的输入输出操作相同，无需与芯

片内部系统时钟同步。

2. TLC549的工作时序

TLC549 的工作时序如图 9-11 所示，由图可知：

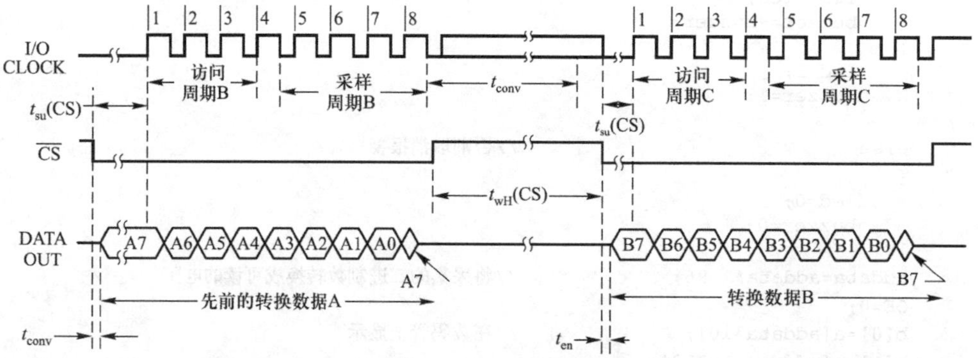

图 9-11　TLC549 的工作时序

（1）串行数据中高位 A7 先输出，最后输出低位 A0。

（2）在每次 I/O COLCK 的高电平期间，DATA OUT 线上的数据产生有效输出，每出现一次 I/O COLCK，DATA OUT 线就输出 1 位数据。一个周期出现 8 次 I/O COLCK 信号并对应 8 位数据输出。

（3）$\overline{CS}$ 变为低电平后，最高有效位（A7）自动置于 DATA OUT 总线。其余 7 位（A6～A0）在前 7 个 I/O CLOCK 下降沿由时钟同步输出。B7～B0 以同样的方式跟在其后。

（4）t_{su} 在片选信号 $\overline{CS}$ 变低后，I/O COLCK 开始正跳变的最小时间间隔为 1.4μs。

（5）t_{en} 是从 $\overline{CS}$ 变低到 DATA OUT 线上输出数据的最小时间（1.2μs）。

（6）只要 I/O COLCK 变高，就可以读取 DATA OUT 线上的数据。

（7）只有在 $\overline{CS}$ 端为低电平时，TLC549 才工作。

（8）TLC549 的 A/D 转换电路没有启动控制端，只要读取前一次数据，马上就可以开始新的 A/D 转换。转换完成后进入保持状态。TLC549 每次转换时间是 17μs，它开始于 $\overline{CS}$ 变为低电平后 I/OCLOCK 的第 8 个下降沿，没有转换完成标志信号。

当 $\overline{CS}$ 变为低电平后，TLC549 芯片被选中，同时前次转换结果的最高有效位 MSB（A7）自 DATA OUT 端输出，接着要求从 I/O CLOCK 端输入 8 个外部时钟信号，前 7 个 I/O CLOCK 信号的作用，是配合 TLC549 输出前次转换结果的 A6~A0 位，并为本次转换做准备：在第 4 个 I/O CLOCK 信号由高至低的跳变之后，片内采样/保持电路对输入模拟量采样开始，第 8 个 I/O CLOCK 信号的下降沿使片内采样/保持电路进入保持状态并启动 A/D 开始转换。转换时间为 36 个系统时钟周期，最大为 17μs。直到 A/D 转换完成前的这段时间内，TLC549 的控制逻辑要求为：或者 $\overline{CS}$ 保持高电平，或者 I/O CLOCK 时钟端保持 36 个系统时钟周期的低电平。由此可见，在 TLC549 的 I/O CLOCK 端输入 8 个外部时钟信号期间需要完成以下工作：读入前次 A/D 转换结果；采样并保持本次转换的输入模拟信号；启动本次 A/D 转换开始。

3. TLC549与单片机的接口设计

单片机控制串行 8 位 A/D 转换器 TLC549 进行 A/D 转换，原理电路如图 9-12 所示。

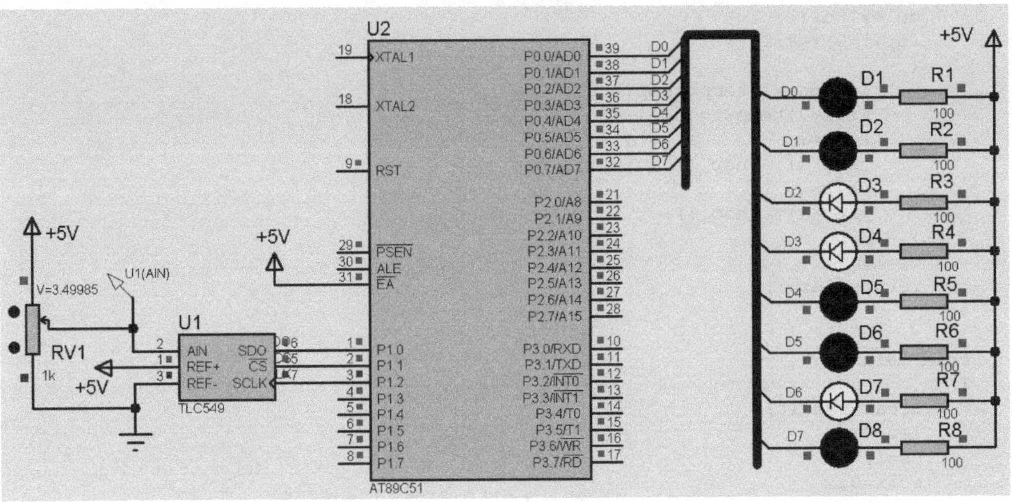

图 9-12　单片机与 TLC549 接口的原理电路

由电位计 RV1 提供给 TLC549 模拟量输入，通过调节 RV1 上的+、-端，改变输入电压值。编写程序将模拟电压量转换成二进制数字量，本例用 P0 口输出控制 8 个发光二极管的亮、灭来显示转换结果的二进制码，也可用数码管将转换完毕的数字量以十六进制数形式显示出来。在 TLC549 的模拟电压输入端 AIN 接了一个电压探针，可将被转换的模拟电压显示出来，例如图 9-12 所示的被转换的电压为 3.49985V。

参考程序如下。

```
#include<reg51.h>
#include<intrins.h>              //包含_nop_()函数的头文件
#define uchar unsigned char
#define uint unsigned int
#define led P0
sbit sdo=P1^0;                   //定义 P1^0 与 TLC549 的 SDO 脚（即 5 脚 DATA OUT）连接
sbit cs=P1^1;                    //定义 P1^1 与 TLC549 的 CS 脚连接
sbit sclk=P1^2;                  //定义 P1^2 与 TLC549 的 SCLK 脚（即 7 脚 I/O CLOCK）连接

void delayms(uint j)             //延时函数
{
    uchar i=250;
    for(;j>0;j--)
    {
        while(--i);
        i=249;
        while(--i);
        i=250;
    }
}

void delay18us(void)             //延时约 18μs 函数
{
    _nop_();_nop_();_nop_();_nop_();_nop_();_nop_();_nop_();_nop_();_nop_();
    _nop_();_nop_();_nop_();_nop_();_nop_();_nop_();_nop_(); nop_();;_nop_();
}

uchar convert(void)              //A/D 转换函数
{
    uchar i,temp;
    cs=0;
```

```
        delay18us();
        for(i=0;i<8;i++)
        {
            if(sdo==1)temp=temp|0x01;
            if(i<7)temp=temp<<1;
            sclk=1;
            _nop_(); _nop_();_nop_();_nop_();
            sclk=0;
            _nop_(); _nop_();
        }
        cs=1;
        return(temp);
    }

    void main()
    {
        uchar result;
        led=0;
        cs=1;
        sclk=0;
        sdo=1;
        while(1)
        {
            result=convert();
            led=result;                          //转换结果从 P0 口输出驱动 LED 显示
            delayms(1000);
        }
    }
```

由于 TLC549 的转换时间应不少于 17μs，程序采用软件延时，延时时间大约为 18μs，每次读取转换数据的时间间隔大于 17μs 即可。

例 9-9　单片机扩展串行 12 位 ADC-TLC2543

TLC2543 是美国 TI 公司推出的采用 SPI 串行接口的 A/D 转换器，转换时间为 10μs。片内有一个 14 路模拟开关，用来选择 11 路模拟输入以及 3 路内部测试电压中的 1 路进行采样。为了保证测量结果的准确性，该器件具有 3 路内置自测试方式，可分别测试 REF+高基准电压、REF−低基准电压和 REF+/2 值。该器件的模拟输入范围为 REF+～REF−，因为一般模拟量的范围为 0~+5V，所以 REF+脚接+5V，REF−脚接地。

由于 TLC2543 价格适中，分辨率较高，已在智能仪器仪表中有较为广泛的应用。

1. TLC2543的引脚及功能

TLC2543 的引脚如图 9-13 所示。

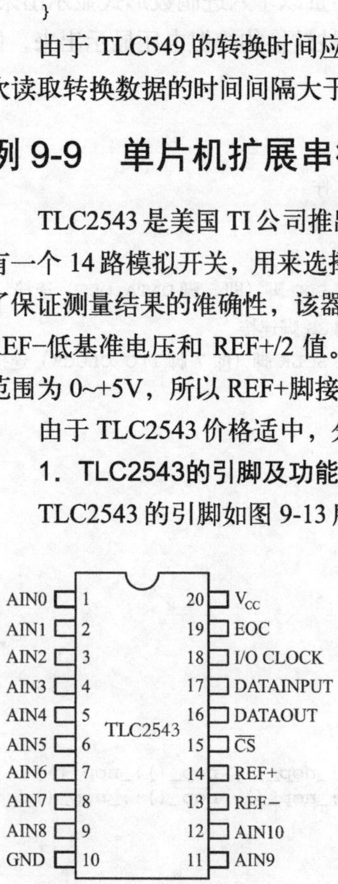

图 9-13　TLC2543 的引脚

各引脚功能如下。

- AIN0～AIN10：11 路模拟量输入端。
- $\overline{CS}$：片选端。
- DATAINPUT：串行数据输入端。由 4 位串行地址输入来选择模拟量输入通道。
- DATAOUT：A/D 转换结果的三态串行输出端。$\overline{CS}$ 为高时处于高阻抗状态，$\overline{CS}$ 为低时处于转换结果输出状态。
- EOC：转换结束端。
- I/O CLOCK：I/O 时钟端。

- REF+：正基准电压端。基准电压的正端（通常为 Vcc）被加到 REF+，最大的输入电压范围为加在本引脚与 REF−引脚的电压差。
- REF−：负基准电压端。基准电压的低端（通常为地）加此端。
- V_{CC}：电源。
- GND：地。

2. TLC2543的工作时序

TLC2543 的工作时序分为 I/O 周期和实际转换周期。

（1）I/O 周期

I/O 周期由外部提供的 I/O CLOCK 定义，延续 8，12 或 16 个时钟周期，取决于选定的输出数据的长度。器件进入 I/O 周期后同时进行两种操作。

① TLC2543 的工作时序如图 9-14 所示。在 I/OCLOCK 的前 8 个脉冲的上升沿，以 MSB 前导方式从 DATAINPUT 端输入 8 位数据到输入寄存器。其中前 4 位为模拟通道地址，控制 14 通道模拟多路器从 11 个模拟输入和 3 个内部自测电压中，选通 1 路到采样保持器，该电路从第 4 个 I/O CLOCK 脉冲的下降沿开始，对所选的信号进行采样，直到最后一个 I/O CLOCK 脉冲的下降沿。I/O 脉冲的时钟个数与输出数据长度（位数）有关，输出数据的长度由输入数据的 D3、D2 可选择为 8 位、12 位或 16 位。当工作于 12 位或 16 位时，在前 8 个脉冲之后，DATAINPUT 无效。

② 在 DATA OUT 端串行输出 8 位、12 位或 16 位数据。当 $\overline{CS}$ 保持为低时，第 1 个数据出现在 EOC 的上升沿，若转换由 $\overline{CS}$ 控制，则第 1 个输出数据发生在 $\overline{CS}$ 的下降沿。这个数据是前一次转换的结果，在第 1 个输出数据位之后的每个后续位均由后续的 I/O CLOCK 脉冲下降沿输出。

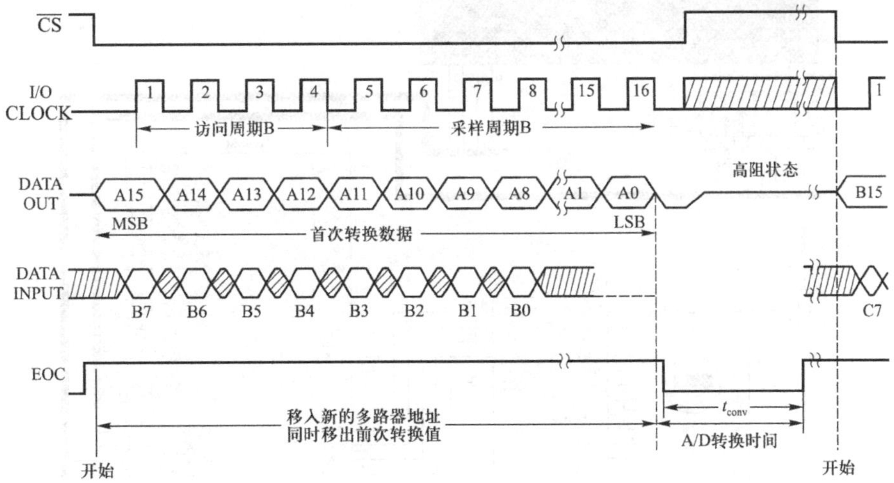

图 9-14　TLC2543 的工作时序

（2）转换周期

在 I/O 周期的最后一个 I/O CLOCK 脉冲下降沿之后，EOC 变低，采样值保持不变，转换周期开始，片内转换器对采样值进行逐次逼近式 A/D 转换，其工作由与 I/O CLOCK 同步的内部时钟控制。转换结束后 EOC 变高，转换结果锁存在输出数据寄存器中，待下一个 I/O 周期输出。I/O 周期和转换周期交替进行，从而可减少外部的数字噪声对转换精度的影响。

3. TLC2543的命令字

每次 A/D 转换单片机都必须给 TLC2543 写入命令字，以便确定被转换的信号来自哪个通道，转换结果用多少位输出，输出的顺序是高位在前还是低位在前，输出的结果是有符号数还是无符号数。命令字的写入顺序是高位在前。命令字格式如下。

通道地址选择（D7~D4）	数据的长度（D3～D2）	数据的顺序（D1）	数据的极性（D0）

（1）通道地址选择位（D7~D4）用来选择输入通道。二进制数 0000~1010 分别是 11 路模拟量 AIN0～AIN10 的地址；地址 1011、1100 和 1101 选择的自测试电压分别是（VREF（VREF+）－（VREF−））/2、VREF−、VREF+。1110 是掉电地址，选择掉电后，TLC2543 处于休眠状态，此时电流小于 20μA。

（2）数据的长度（D3～D2）位用来选择转换的结果用多少位输出。x 0−为 12 位输出；01−为 8 位输出；11−为 16 位输出。

（3）数据的顺序位（D1）用来选择数据输出的顺序。0−高位在前，1−低位在前。

（4）数据的极性位（D0）用来选择数据的极性。0−数据是无符号数；1−数据是有符号数。

4. TLC2543与单片机的接口设计

单片机与 TLC2543 接口电路如图 9-15 所示，程序控制对 AIN2 模拟通道进行数据采集，结果在数码管上显示，输入电压的改变通过调节 RV1 来实现。

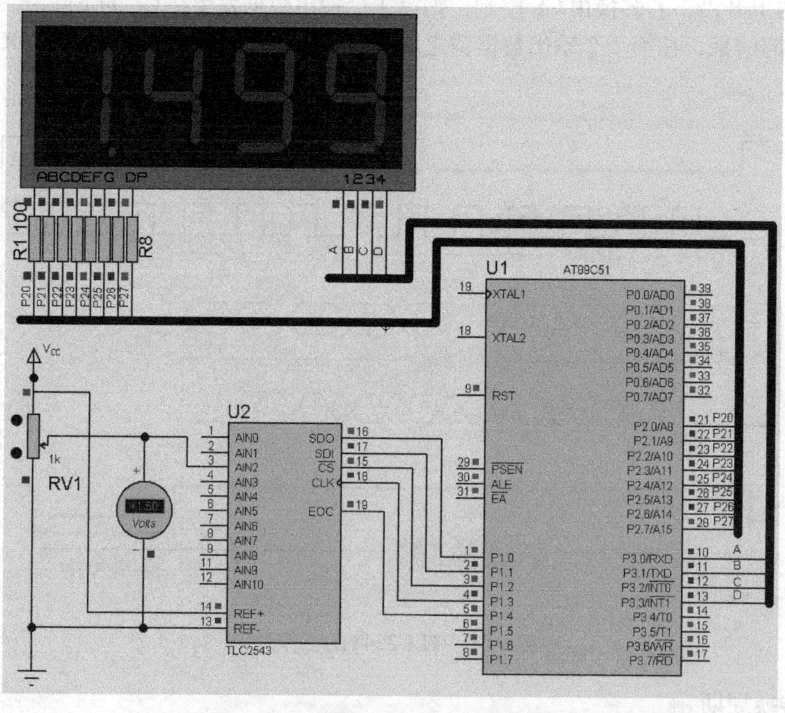

图 9-15　单片机与 TLC2543 的接口电路

TLC2543 与单片机的接口采用 SPI 串行外设接口，由于 AT89S51 没有 SPI 接口，所以必须采用软件与单片机 I/O 口线相结合，来模拟 SPI 的接口时序。TLC2543 的 3 个控制输入端分别为 I/O CLOCK（18 脚，输入/输出时钟）、DATAINPUT（17 脚，4 位串行地址输入端）以及 $\overline{CS}$（15 脚，片选），分别由单片机的 P1.3、P1.1 和 P1.2 控制。转换结果（16 脚）由单片机的 P1.0 脚串行接收，单片机将命令字通过 P1.1 引脚串行写入 TLC2543 的输入寄存器中。

片内的 14 通道选择开关可选择 11 个模拟输入中的任一路或 3 个内部自测电压中的一个并自动完成采样保持。转换结束后，EOC 输出变高，转换结果由三态输出端 DATA OUT 输出。

采集的数据为 12 位无符号数，采用高位在前的输出数据。写入 TLC2543 的命令字为 0xa0。由 TLC2543 的工作时序，命令字写入和转换结果输出是同时进行的，即在读出转换结果的同时也写入下一次的命令字，采集 11 个数据要进行 12 次转换。第 1 次写入的命令字是有实际意义的操作，但是第 1 次读出的转换结果是无意义的操作，应丢弃；第 11 次写入的命令字是无意义的操作，而读出的转换结果是有意义的操作。

参考程序如下。

```
#include <reg51.h>
#include <intrins.h>                  //包含_nop_()函数的头文件
#define uchar unsigned char
#define unit unsigned int
unsigned char code table[]={0xc0,0xf9,0xa4,0xb0,0x99,0x92,0x82,0xf8,0x80,0x90};
unit ADresult[11];                    //11 个通道的转换结果单元
sbit  DATOUT=P1^0;                    //定义 P1.0 与 DATA OUT 相连
sbit  DATIN=P1^1;                     //定义 P1.1 与 DATA INPUT 相连
sbit  CS=P1^2;                        //定义 P1.2 与 CS 端相连
sbit  IOCLK=P1^3;                     //定义 P1.3 与 I/O CLOCK 相连
sbit  EOC=P1^4;                       //定义 P1.4 与 EOC 引脚相连
sbit wei1=P3^0;
sbit wei2=P3^1;
sbit wei3=P3^2;
sbit wei4=P3^3;

void delay_ms(unit i)                 //延时函数
{
    int j;
    for(; i>0; i--)
          for(j=0; j<123; j++);
}

unit getdata(uchar channel)           //getdata()为获取转换结果函数，channel 为通道号
{
    uchar i,temp;
    unit read_ad_data=0;              //分别存放采集的数据，先清零
    channel=channel<<4;               //结果为 12 位数据格式，高位导前，单极性××××0000
    IOCLK=0;
    CS=0;                             //CS 下跳沿，并保持低电平
    temp=channel;                     //输入要转换的通道
    for(i=0;i<12;i++)
    {
        if(DATOUT) read_ad_data=read_ad_data|0x01;  //读入转换结果
        DATIN=(bit)(temp&0x80);       //写入方式/通道命令字
        IOCLK=1;                      //IOCLK 上跳沿
        _nop_();_nop_();_nop_();      //空操作延时
        IOCLK=0;                      //IOCLK 下跳沿
        _nop_();_nop_();_nop_();
        temp=temp<<1;                 //左移 1 位，准备发送方式通道控制字下一位
        read_ad_data<<=1;             //转换结果左移 1 位
```

```
    }
    CS=1;                               //CS 上跳沿
    read_ad_data>>=1;                   //抵消第 12 次左移，得到 12 位转换结果
    return(read_ad_data);
}

void dispaly(void)                      //显示函数
{
    uchar qian,bai,shi,ge;              //定义千、百、十、个位
    unit value;
    value=ADresult[2]*1.221;            //*5000/4095
    qian=value%10000/1000;
    bai=value%1000/100;
    shi=value%100/10;
    ge=value%10;
    wei1=1;
    P2=table[qian]-128;
    delay_ms(1);
    wei1=0;
    wei2=1;
    P2=table[bai];
    delay_ms(1);
    wei2=0;
    wei3=1;
    P2=table[shi];
    delay_ms(1);
    wei3=0;
    wei4=1;
    P2=table[ge];
    delay_ms(1);
    wei4=0;
}

main(void)
{
    ADresult[2]=getdata(2);             //启动 2 通道转换，第 1 次转换结果无意义
    while(1)
    {
        _nop_(); _nop_(); _nop_();
        ADresult[2]=getdata(2);         //读取本次转换结果，同时启动下次转换
        while(!EOC);                    //判断是否转换完毕，未转换完则循环等待
        dispaly();
    }
}
```

由本例可见，单片机与 TLC2543 的接口电路十分简单，只需用软件控制 4 条 I/O 引脚，按规定时序访问 TLC2543 即可。

例 9-10 算术平均软件滤波

对于实时数据采集系统，为了消除传感器通道中的干扰信号，可对 A/D 转换后的采集数据进行软件滤波抑制，消除叠加在输入信号上噪声的影响，剔除虚假信号，求取真值。

由于软件滤波设计灵活，节省硬件资源，已得到较为广泛的使用。下面介绍几种常见的软件滤波方法。首先介绍算术平均滤波法。

算术平均滤波法就是对一点数据连续取 *n* 个值进行采样，然后求算术平均。这种方法一般适用于采集的具有随机干扰的信号的滤波。这种信号的特点是有一个平均值，信号在某一数值范围附近上下波动。这种滤波法，当采样点的 *n* 值较大时，信号的平滑度高，但灵敏度

低；当 *n* 值较小时，平滑度低，但灵敏度高。应视具体情况选取 *n* 值，既要节约时间，又要滤波效果好。对于一般流量测量，通常取经验值 *n* =12；若为压力测量，则取经验值 *n* =4。一般情况下，经验值 *n* 取 3～5 次即可。

求 *N* 点采样值的算术平均滤波的参考程序如下。

```
#define N 12                    //采样点的N值可根据具体实际情况选取
char filter( )
{
    charADCRESULT;              //ADCRESULT 中存放的是 A/D 转换结果（采样值）
    int sum=0;
    for(count=0;count<N;count++)
    {
        sum+=ADCRESULT;         //求 N 点采样值的累加和
    }
    return(char) (sum/N);       //求 N 点采样值累加和的平均值并返回
}
```

例 9-11 滑动平均软件滤波

上面介绍的算术平均滤波法，每计算一次数据需要测量 *n* 次。对于测量速度较慢或要求数据计算速度较快的实时控制系统来说，该方法无效。下面介绍一种只需测量一次，就能得到当前算术平均值的方法——滑动平均滤波法。

滑动平均滤波法是把 *n* 个采样值看成一个队列，队列的长度为 *n*，每进行一次采样，就把最新的采样值放入队尾，而扔掉原来队首的一个采样值，这样在队列中始终有 *n* 个“最新”采样值。对队列中的 *n* 个采样值进行平均，就可以得到新的滤波值。

滑动平均滤波法对周期性干扰有良好的抑制作用，平滑度高，灵敏度低；但对偶然出现的脉冲性干扰的抑制作用差，不易消除由此引起的采样值的偏差。因此它不适用于脉冲干扰比较严重的场合。通常，观察不同 *n* 值下滑动平均的输出响应，据此选取 *n* 值，以便既少占用时间，又能达到最好的滤波效果，其工程经验值参考如下。

参数	温度	压力	流量	液面
n 值	1～4	4	12	4～12

N 点滑动平均滤波的参考程序如下。

```
#define N 12                            //N的值可根据具体实际情况选取
char value_buf[N];
char i=0;
char ADCRESULT;
char filter( )
{
    char count;
    int sum=0;
    value_buf[i++]=ADCRESULT;           // ADCRESULT 中存放的是 A/D 转换结果
    if(i==N)i=0;
    for(count=0;count<N;count++)
    sum=value_buf[count];
    return(char) (sum/N);
}
```

例 9-12 中位值软件滤波

中位值滤波法就是对某一被测参数连续采样 *n* 次（一般 *n* 取奇数），然后把 *n* 次采样值从小到大排列（升序法），或从大到小排列（降序法），取中间值为本次采样值。中位值滤波能有效克服因偶然因素引起的波动干扰。对温度、液位等变化缓慢的被测参数采用此方法能收到良好的滤波效果。但对于流量、速度等快速变化的参数一般不宜采用中位值滤波法。

最常用的数据排序算法是冒泡法。冒泡法是相邻数互换的排序方法，因其过程类似水中气泡上浮，故称冒泡法。排序时，从前向后比较相邻两个数，如果数据的大小次序与要求的顺序不符，就将两个数互换；顺序符合要求就不互换。以升序排序法为例，通过相邻数互换，使小数向前移，大数向后移。如此从前向后进行一次次相邻数互换（冒泡），就会把这批数据的最大数排到最后，次大数排在倒数第二的位置，从而实现一批数据由小到大排列。

对于 n 个数，理论上应进行（n–1）次冒泡才能完成排序，但实际上有时不到（n-1）次就已完成排序。

冒泡法排序的中位值滤波参考程序如下。

```
#define N 11
char filter( )
{
    char ADCRESULT;
    char value_buf[N];
    char count,i,j,temp;
    for(count=0;count<N;count++)
    {
        value_buf[count]=ADCRESULT;          //将 A/D 转换结果赋予 value_buf[count]
        delay () ;                           //延时
    }
    for(j=0;j<N-1;j++)                       // (N-1) 次冒泡
    {
        for(i=0;i<N-j;i++)
        {
            if(value_buf>value_buf[i+1]) //采用升序进行冒泡
            {
                temp=value_buf;
                value_buf=value_buf[i+1];
                value_buf[i+1]=temp;
            }
        }
    }
    return value_buf[(N-1)/2];              //求得中间值
}
```

例 9-13　防脉冲干扰软件滤波

前面介绍的算术平均与滑动平均滤波法，在脉冲干扰比较严重的场合，干扰将会“平均”到结果中，故上述两种平均值法不易消除由脉冲干扰引起的误差。这时可采用去极值平均值滤波法。

去极值平均值滤波法的思想是：连续采样 n 次后累加求和，同时找出其中的最大值与最小值，再从累加和中减去最大值和最小值，按 n–2 个采样值求平均，即可得到有效采样值。这种方法类似于体育比赛中的去掉最高、最低分，再求平均分的评分办法。

为使平均滤波算法简单，n–2 应为 2，4，6，8 或 16，故 n 常取 4，6，8，10 或 18。具体做法有两种：对于快变参数，先连续采样 n 次，然后再处理，但要在 RAM 中开辟 n 个数据的暂存区；对于慢变参数，可一边采样，一边处理，而不必在 RAM 中开辟数据暂存区。在实践中，为了加快测量速度，一般 n 不能太大，常取 4。该取值方式具有计算方便速度快，存储量小等优点。

下面的防脉冲干扰的数字滤波的例子，是在连续 4 次数据采样后，去掉其中的最大值和最小值，然后计算中间两个数据的平均值。

参考程序如下。

```
#define N 4
char filter( )
{
    char ADCRESULT;
    char count,i,j;
    char value_buf[N];
    int sum=0;
    for(count=0;count<N;count++)
    {
        value_buf[count]=ADCRESULT;     //将 A/D 转换结果赋予 value_buf[count]
        delay () ;
    }
    for(j=0;j<N-1;j++)
    {
        for(i=0;i<N-j;i++)
        {
            if(value_buf> value_buf[i+1])
            temp=value_buf;
            value_buf[i+1]=temp
        }
    }
}
    for(count=1;count<N-1;count++)
    sum+= value[count];                 //求 N-2 点采样值的累加和
    return(char) (sum/ N-2);            //求 N-2 点采样值的平均值
}
```

9

第 10 章

电机控制

10

例 10-1　步进电机正反转的控制

步进电机是将脉冲信号转变为角位移或线位移的开环控制元件。在非超载的情况下，电机的转速、停止的位置只取决于脉冲信号的频率和脉冲数，而不受负载变化的影响。给电机加一个脉冲信号，电机转过一个步距角，因而步进电机只有周期性的误差而无累积误差。

1．控制步进电机的工作原理

步进电机的驱动是由单片机通过顺序切换每组线圈中的电流来使电机做步进式旋转，切换是通过单片机输出脉冲信号来实现的。调节脉冲信号频率就可以改变步进电机的转速；而改变各相脉冲的先后顺序，就可以改变电机的旋转方向。

步进电机驱动方式可采用双四拍（AB→BC→CD→DA→AB）方式，也可采用单四拍（A→B→C→D→A）方式。为了使步进电机旋转平稳，还可以采用单、双八拍方式（A→AB→B→BC→C→CD→D→DA→A）。各种工作方式的时序如图 10-1 所示。

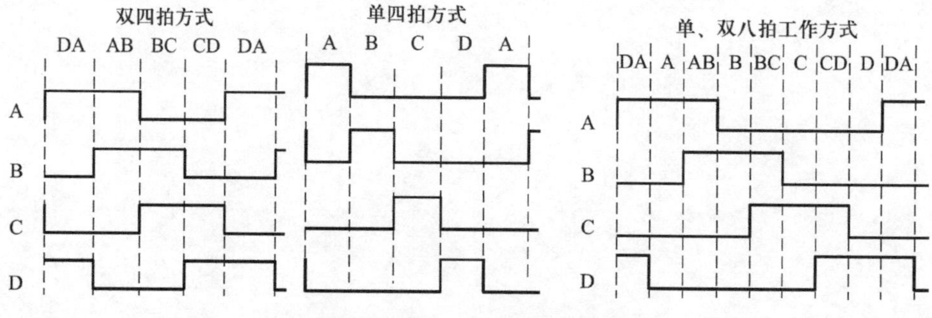

图 10-1　各种工作方式的时序图

图 10-1 中的脉冲信号是高电平有效，但因为实际控制时，公共端接在 V_{CC}上，所以实际控制脉冲是低电平有效。

2．电路设计与编程

利用单片机控制步进电机的原理电路如图 10-2 所示。编写程序，用四路 I/O 口的输出分配环形脉冲，控制步进电机按固定方向连续转动。同时，通过“正转”和“反转”两个按键来控制电机的正转与反转。要求按下“正转”按键时，控制步进电机正转；按下“反转”按键时，控制步进电机反转；松开按键时，电机停止转动。

图 10-2 中的 ULN2003 是高耐压、大电流达林顿阵列系列产品，由 7 个 NPN 达林顿管组成。

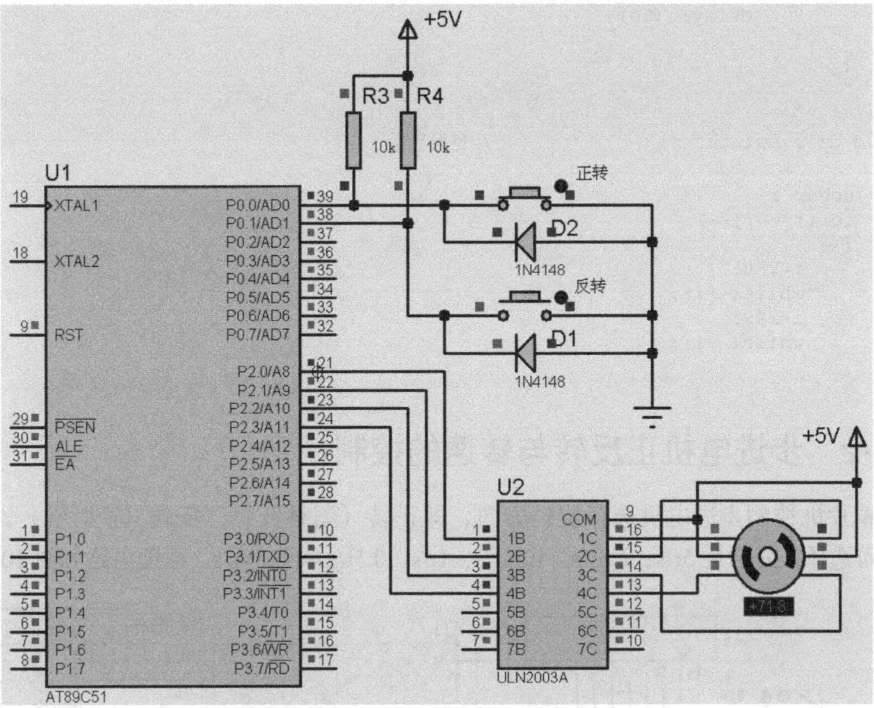

图 10-2　单片机控制步进电机的接口电路

多用于单片机、智能仪表、PLC 等控制电路中。在 5V 的工作电压下能与 TTL 和 CMOS 电路直接相连，可直接驱动继电器等负载，具有电流增益高、工作电压高、温度范围宽、带负载能力强等特点。对其输入 5V 的 TTL 电平，输出可达 500mA/50V，适应于各类高速大功率驱动的系统。

参考程序如下。

```
#include "reg51.h"
#define uchar unsigned char
#define uint unsigned int
#define out P2
sbit pos=P0^0;                  //定义检测正转控制位 P0.0
sbit neg=P0^1;                  //定义检测反转控制位 P0.1
void delayms(uint);
uchar code turn[]={0x02,0x06,0x04,0x0c,0x08,0x09,0x01,0x03};   //步进脉冲数组
void main(void)
{
    uchar i;
    out=0x03;
    while(1)
    {
        if(!pos)                //如果正转按键按下
        {
            i=i< 8?i+1: 0;      //如果 i<8, 则 i=i+1; 否则, 则 i=0
            out=turn[i];
            delayms(50);
        }
        else if(!neg)           //如果反转按键按下
        {
            i = i>0 ? i-1: 7;   //如果 i>0, 则 i=i-1; 否则, 则 i=7
            out=turn[i];
```

```
            delayms(50);
        }
    }
}

void delayms(uint j)                //延时函数
{
    uchar i;
    for(;j>0;j--)
    {
        i=250;
        while(--i);
        i=249;
        while(--i);
    }
}
```

例 10-2　步进电机正反转与转速的控制

用单片机控制步进电机选择旋转方向，即正转（顺时针）、反转（逆时针），以及 6 挡转速可选择，分别是 5r/s、2.5r/s、1.25r/s、1r/s、0.5r/s 和 0.25r/s。原理电路如图 10-3 所示。

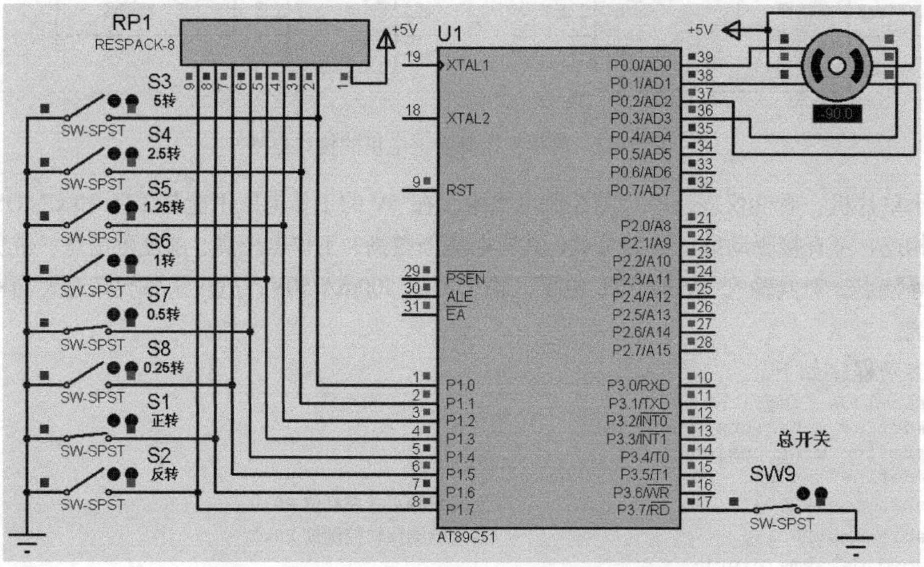

图 10-3　步进电机转速与方向控制的原理电路

电路中设置了 9 个开关，分别是总开关 SW9、旋转方向选择以及转速选择。步进电机要想运行，首先必须合上总开关，还要选择“正转”开关 S1 和“反转”开关 S2，即必须选择一个合上，最后选择转速，即选择开关 S3～S8。步进电机即可按照开关的设定来运行。

步进电机的属性设置如图 10-4 所示。

参考程序如下。

```
#include <reg51.h>
#define uchar unsigned char
sbit P1_0=P1^0;
sbit P1_1=P1^1;
sbit P1_2=P1^2;
sbit P1_3=P1^3;
```

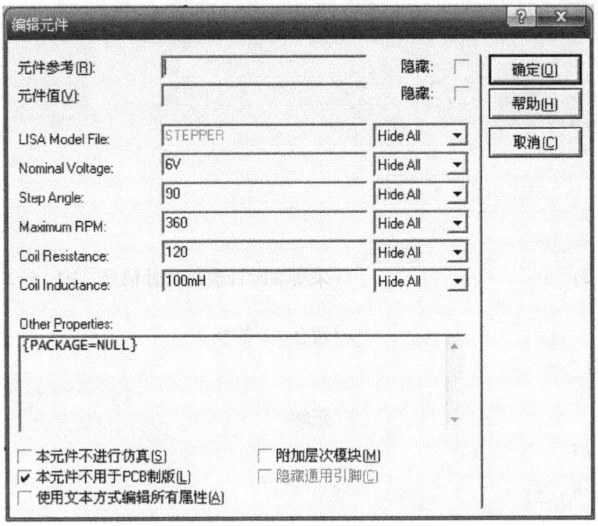

图 10-4　步进电机的属性设置

```
sbit P1_4=P1^4;
sbit P1_5=P1^5;
sbit P1_6=P1^6;
sbit P1_7=P1^7;
sbit shut=P3^7;
uchar RRR,flg,KKK;
        //RRR 用于调速控制；flg = 0 正转，flg = 1 反转，flg = 2 不转；KKK 为 P1 的状态寄存

uchar loop[2][4]={{0x0c,0x06,0x03,0x09},{0x09,0x03,0x06,0x0c}};
        //低 4 位 1100, 0110, 0011, 1001, 0011, 0110, 1100
void loop1(void);
void loop2(void);
void step(void);

main()                          //主函数
{
    uchar i,j;
    TMOD=0x10;
    TL1=0xf0;
    TH1=0xd8;
    EA=0;
    ET1=0;
    while(1)
    {
        while(shut);            //开关
        if(KKK!=P1)             //P1 的值发生变化时，触发采集信号
        loop1();
    if(flg!=2)
    {
        for(i=0;i<=3;i++)
        {
            P0=loop[flg][i];
            for(j=0;j<RRR;j++)
            {
                step();
            }
        }
    }
    }
}
```

```
void step(void)                         //产生20ms的单位步时间函数
{
    TF1=0;
    TR1=1;
    while(TF1==0);
    TR1=0;
    TL1=0xf0;
    TH1=0xd8;
}

void loop1(void)                        //采集顺时针或逆时针信号，P1.6=1 正转；P1.7=1 反转
{
    KKK=P1;                             //暂存P1的状态
    if(P1_6==1)
    {
        flg=0;                          //正转
        loop2();
    }
    else if(P1_7==1)
    {
        flg=1;                          //反转
        loop2();
    }
    else
    {
        flg=2;                          //不转
    }
}
void loop2(void)
{
    if(P1_0==0)
    {
        RRR=5;                          //5r/s
    }
    else if(P1_1==0)
    {
        RRR=10;                         //2.5r/s
    }
    else if(P1_2==0)
    {
        RRR=20;                         //1.25r/s
    }
    else if(P1_3==0)
    {
        RRR=25;                         //1r/s
    }
    else if(P1_4==0)
    {
        RRR=50;                         //0.5r/s
    }
    else if(P1_5==0)
    {
        RRR=100;                        //0.25r/s
    }
}
```

例 10-3　单片机控制直流电机

直流电机多用在没有交流电源、方便移动的场合，具有低速、大力矩等特点。下面介绍如何使用单片机来控制直流电机。

1．控制直流电机的工作原理

可精确控制直流电机的旋转速度和转矩，直流电机是通过两个磁场的相互作用产生旋转。其结构如图 10-5 所示，定子上装设了一对直流励磁的静止的主磁极 N 和 S，在转子上装设电枢铁心。定子与转子之间有一气隙。在电枢铁心上放置了由两根导体连成的电枢线圈，线圈的首端和末端分别连到两个圆弧形的铜片上，此铜片称为换向片。换向片之间互相绝缘，由换向片构成的整体称为换向器。换向器固定在转轴上，换向片与转轴之间亦互相绝缘。在换向片上放置一对固定不动的电刷 B1 和 B2，当电枢旋转时，电枢线圈通过换向片和电刷与外电路接通。

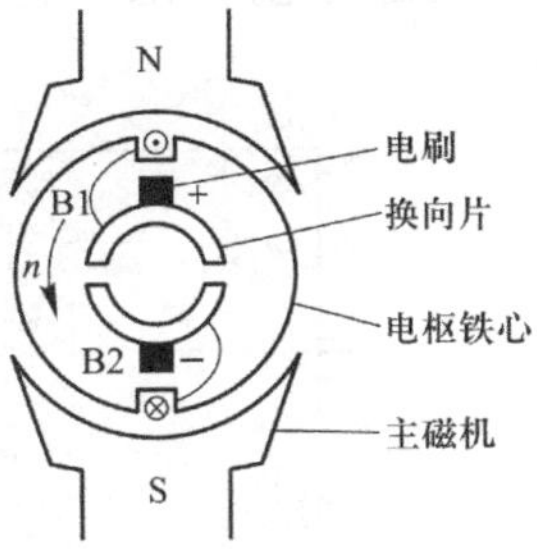

图 10-5　有刷直流电机结构示意图

定子通过永磁体或受激励电磁铁产生一个固定磁场，由于转子由一系列电磁体构成，当电流通过其中一个绕组时会产生一个磁场。对有刷直流电机而言，转子上的换向器和定子的电刷在电机旋转时为每个绕组供给电能。通电转子绕组与定子磁体有相反极性，因而相互吸引，使转子转动至与定子磁场对准的位置。当转子到达对准位置时，电刷通过换向器为下一组绕组供电，从而使转子维持旋转运动。有刷直流电机工作示意图如图 10-6 所示。

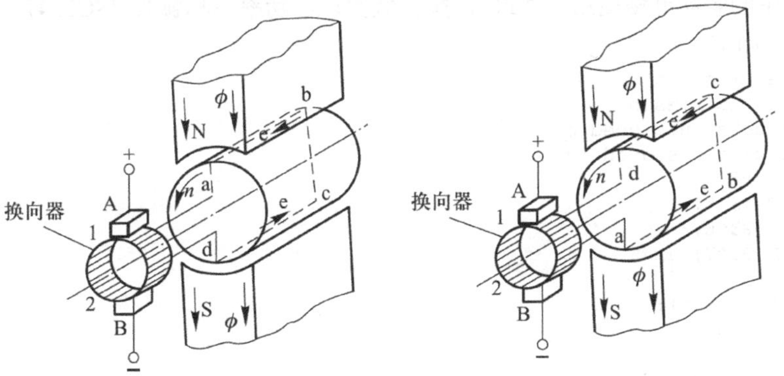

(a) 导体 ad 处于 N 极下　　(b) 导体 ad 处于 S 极下

图 10-6　有刷直流电机工作示意图

直流电机的旋转速度与施加的电压成正比，输出转矩则与电流成正比。由于必须在工作期间改变直流电机的速度，直流电机的控制是较困难的问题。直流电机高效运行最常见的方法是施加一个 PWM（脉宽调制）脉冲波，其占空比对应于所需速度。直流电机本身起到一个低通滤波器的作用，将 PWM 信号转换为有效直流电平，特别是对于由单片机驱动的直流电机，由于 PWM 信号相对容易产生，所以这种驱动方式应用更为广泛。

2．电路设计与编程

单片机控制直流电机的原理电路如图 10-7 所示。使用单片机两个 I/O 脚来控制直流电机的转速与旋转方向。其中 P3.7 脚输出 PWM 信号用来控制直流电机的转速；P3.6 脚用来控制直流电机的旋转方向。

P3.6=1 时，P3.7 发送 PWM 波，将看到直流电机正转，并且可以通过 INC 和 DEC 两个按键来增大和减少直流电机的转速。反之，P3.6=0 时，P3.7 发送 PWM 信号，将看到直流电机反转。因此，增大和减小电机的转速，实际上是通过按下 INC 或 DEC 按键来改变输出的 PWM

信号的占空比，以控制直流电机转速。

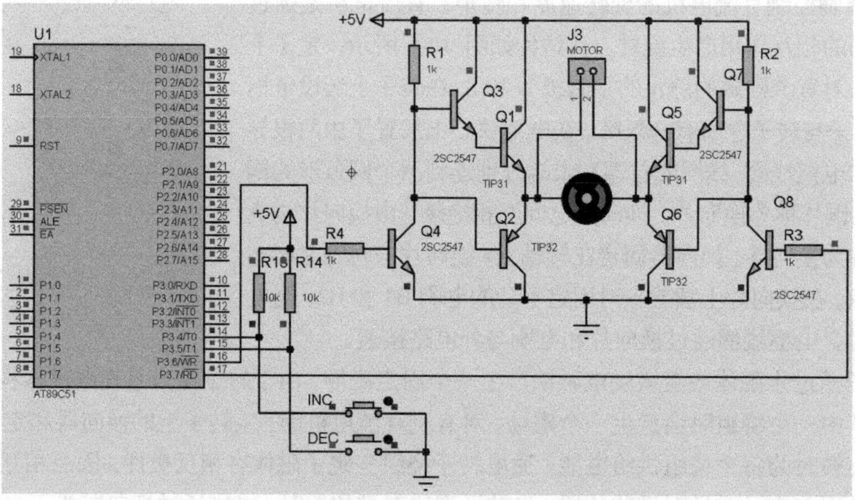

图 10-7　单片机控制直流电机的原理电路

图 10-7 中的驱动电路使用了 NPN 低频、低噪声小功率达林顿管 2SC2547。

参考程序如下。

```
#include "reg51.h"
#include "intrins.h"
#define uchar unsigned char
#define uint unsigned int
sbit INC=P3^4;
sbit DEC=P3^5;
sbit DIR=P3^6;
sbit PWM=P3^7;

void delay(uint);
int PWM= 900;

void main(void)
{
    DIR=1;
    while(1)
    {
        if(!INC)
        PWM=PWM>0 ? PWM-1 : 0;             //如果 PWM>0，则 PWM=PWM-1，否则 PWM=0
        if(!DEC)
        PWM=PWM<1000?PWM+1:1000;           //如果 PWM<1000，则 PWM=PWM+1，否则 PWM=1 000
        PWM=1;                             //产生 PWM 的信号高电平
        delay(PWM);                        //延时
        PWM=0;                             //产生 PWM 的信号低电平
        delay(1000-PWM);                   //延时
    }
}

void delay(uint j)                         //延时函数
{
    for(;j>0;j--)
    {
        _nop_();
    }
}
```

例 10-4　小直流电机调速控制系统

以单片机为核心，设计一个小直流电机的调速控制装置。使用 ADC0809 采样电位器的值，并在显示器上显示，将此信号值作为方波占空比，通过 DAC0832 输出经放大后控制电机转速。

1．调速控制的原理

本例要设计的装置是以单片机为核心的数字电压表与 PWM 信号驱动直流电机电路的组合体。直流电机的工作原理见例 10-3。

本例的关键在于如何利用单片机的内部定时计数器，产生占空比可调的 PWM 驱动信号。使用定时计数器 T0，选择其工作方式 1（16 位定时计数器），通过改变软件载入的计数初值来调节 PWM 信号占空比。

ADC0809 采样得到电压信号的数字值 addata。初始化 T0，使 TH0=(256*addata)/256，TL0=(addata*256)%256，令输出 out=0（因为 addata 取值为 256，而定时计数器为 16 位，故在此将其放大 256，以实现 0～255 挡的调节）。中断处理，若原来 out=0，使 TH0=～((256*addata)/256)，TL0=～((addata*256)%256)，令输出 out=1；若原来 out=1，使 TH0=(256*addata)/256，TL0=(addata*256)%256，令输出 out=0。

不断循环执行上述 3 步，可以通过改变输入电压信号来调整 PWM 占空比。需要注意的是，第 3 步中用到了按位取反运算“～”，其功能是保证 PWM 的周期始终稳定在从 0x0000 计数到 0xffff 所需的时间上。位运算的效率远高于普通十进制的代数运算，应尽量使用。

2．原理电路设计与仿真

制作的小直流电机调速控制系统原理电路与仿真如图 10-8 所示。其中 LED 显示通过滑动变阻器输入的电压值。

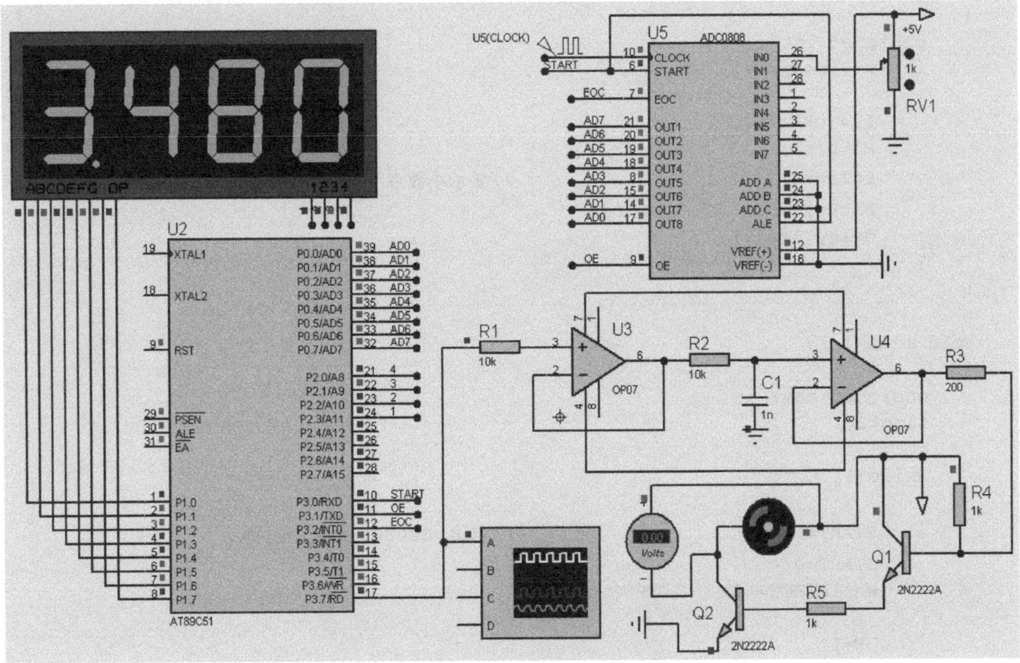

图 10-8　小直流电机调速控制系统电路原理图

参考程序如下。

```
#include<reg51.h>
unsigned char a[16]={0x3f,0x06,0x5b,0x4f,0x66,0x6d,0x7d,0x07,0x7f,0x6f,0x77,0x7c,
                    0x39,0x5e,0x79,0x71,};
unsigned char b[4],c=0x01;
unsigned char bb;                               //flag标志当前初值的载入状态
unsigned int addata=0;
bit flag;

sbit START=P3^0;
sbit OE=P3^1;
sbit EOC=P3^2;
sbit out=P3^7;

void timer0_init()                              //T1中断的初始化函数
{
    EA=1;
    ET0=1;
    TMOD=0x01;                                  //采用方式1，16位计数，软件装载初值
    TH0=addata;
    TL0=0x00;
    TR0=1;
}

void delay_1ms(unsigned char count)             //延时函数
{
    unsigned char i,j;
    for(i=0;i<count;i++)
    for(j=0;j<120;j++);
}

void display()                                  //显示函数
{
    unsigned int r;
    for(r=0;r<4;r++)
    {
        P2=(c<<r);
        P1=b[r];
        if(r==2)                                //显示小数点
        P1=P1|0x80;
        delay_1ms(1);
    }
}

void main()
{
    unsigned char i;
    flag=1;
    out=1;
    while(1)
    {
        START=1;                                //启动ADC0809的A/D转换
        START=0;
        while(EOC==0)
    {
        OE=1;
    }
    addata=P0;
```

```
        timer0_init();
        addata=addata*1.96;              //将采集的二进制数转换成可读的电压
        OE=0;
        b[0]=a[addata%10];               //显示到数码管上
        b[1]=a[addata/10%10];
        b[2]=a[addata/100%10];
        b[3]=a[addata/1000];
        for(i=0;i<=200;i++)
        {
            display();
        }
        }
}

void timer() interrupt 1                    //T1 中断函数
{
        if(flag)
        //以电压值作为占空比的控制系数，电机转速过慢，这里实现的是电压与转速正相关，分别在 5~2.5V,
        //2.5~0V
        {
            out=0;
            flag=0;
            TH0=addata;
            TL0=0;
        }
        else                                //此时与初始化函数中均为输出低电平
        {
            out=1;
            flag=1;
            TH0=0xff-addata;
            TL0=0;
        }
        TR0=1;
}
```

例 10-5　单片机控制三相单三拍步进电机

1. 设计要求

用单片机控制一个三相单三拍的步进电机工作。步进电机的旋转方向由正反转控制信号控制。步进电机的步数由键盘输入，可输入的步数分别为 3，6，9，12，15，18，21，24 和 27，并且键盘具有键盘锁功能，当键盘上锁时，步进电机不接收输入步数，也不会运转。只有当键盘锁打开并输入步数时，步进电机才开始工作。电机运转时有正转和反转指示灯指示。电机在运转过程中，如果过热，则电机停止运转，同时红色指示灯亮，警报响。本例的关键是如何生成控制步进电机的脉冲序列。

2. 原理说明

步进电机的不同驱动方式都是在工作时，脉冲信号按一定顺序轮流加到三相绕组上，从而实现不同的工作状态。由于通电顺序不同，其运行方式有三相单三拍，三相双三拍和三相单、双六拍 3 种（注意：上面“三相单三拍”中的“三相”是指定子有三相绕组；“拍”是指定子绕组改变一次通电方式；“三拍”表示通电三次完成一个循环。“三相双三拍”中的“双”是指同时有两相绕组通电）。

(1) 三相单三拍运行方式

图 10-9 所示为反应式步进电动机工作原理图，若通过脉冲分配器输出的第 1 个脉冲使 A 相绕组通电，B、C 相绕组不通电，在 A 相绕组通电后产生的磁场将使转子上产生反应转矩，转子的 1，3 齿将与定子磁极对齐，图 10-9（c）所示。第 2 个脉冲到来，使 B 相绕组通电，而 A、C 相绕组不通电；B 相绕组产生的磁场将使转子的 2，4 齿与 B 相磁极对齐，如图 10-9（b）所示，与图 10-9（a）相比，转子逆时针方向转动了一个角度。第 3 个脉冲到来后，是 C 相绕组通电，A、B 相不通电，这时转子的 1，3 齿会与 C 相磁极对齐，转子的位置如图 10-9（c）所示，与图 10-9（b）比较，又逆时针转过了一个角度。

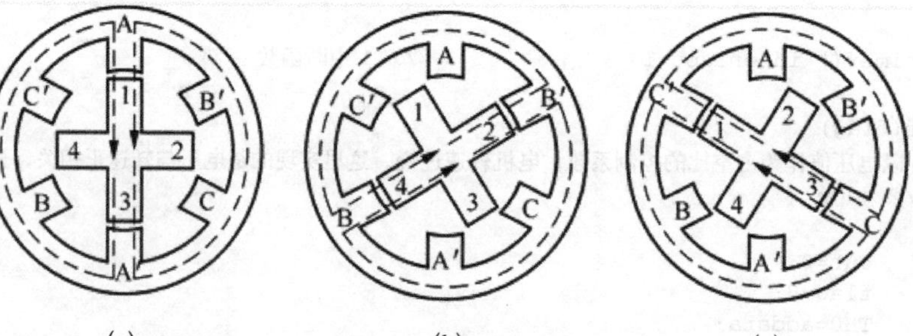

图 10-9　单片机控制三相单三拍步进电机的电路

当脉冲不断到来时，通过分配器使定子的绕组按着 A 相→B 相→C 相→A 相……的规律不断地接通与断开，这时步进电动机的转子就连续不停地一步步按逆时针方向转动。如果改变步进电动机的转动方向，只要将定子各绕组通电的顺序改为 A 相→C 相→B 相→A 相，转子转动方向即改为顺时针方向。单三拍分配方式时，步进电动机由 A 相通电转换到 B 相相同点，步进电动机的转子转过一个角度，称为一步。这时转子转过的角度是 30°。步进电动机每一步转过的角度称为步距角。

(2) 三相双三拍运行方式

每次都有两个绕组通电，通电方式是 AB→BC→CA→AB……，如果通电顺序改为 AB→CA→BC→AB……则步进电机反转。双三拍分配方式时，步进电动机的步距角也是 30°。

(3) 三相单、双六拍运行方式

三相六拍分配方式就是每个周期内有 6 种通电状态。这 6 种通电状态的顺序可以是 A→AB→B→BC→C→CA→A……或者 A→CA→C→BC→B→AB→A……在六拍通电方式中，有一个时刻两个绕组同时通电，这时转子齿的位置将位于通电的两相的中间位置。在三相六拍分配方式下，转子每一步转过的角度只是三相三拍方式下的一半，步距角是 15°。

单三拍运行的突出问题是每次只有一相绕组通电，在转换过程中，一相绕组断电，另一相绕组通电，容易发生失步；另外单靠一相绕组通电吸引转子，稳定性不好，容易在平衡位置附近震荡，故用得较少。

双三拍运行的特点是每次都有两相绕组通电，而且在转换过程中始终有一相绕组保持通电状态，因此工作稳定，且步距角与单三拍相同。

六拍运行方式转换时始终有一相绕组通电，且步距角较小，故工作稳定性好，但电源较复杂，实际应用较多。

3. 原理电路与编程

单片机控制步进电机的原理电路与仿真如图 10-10 所示。根据设计要求，只有当开关合上时，步进电机才工作。图 10-10 为运行开关 SW10 合上，选择 9 步反转。

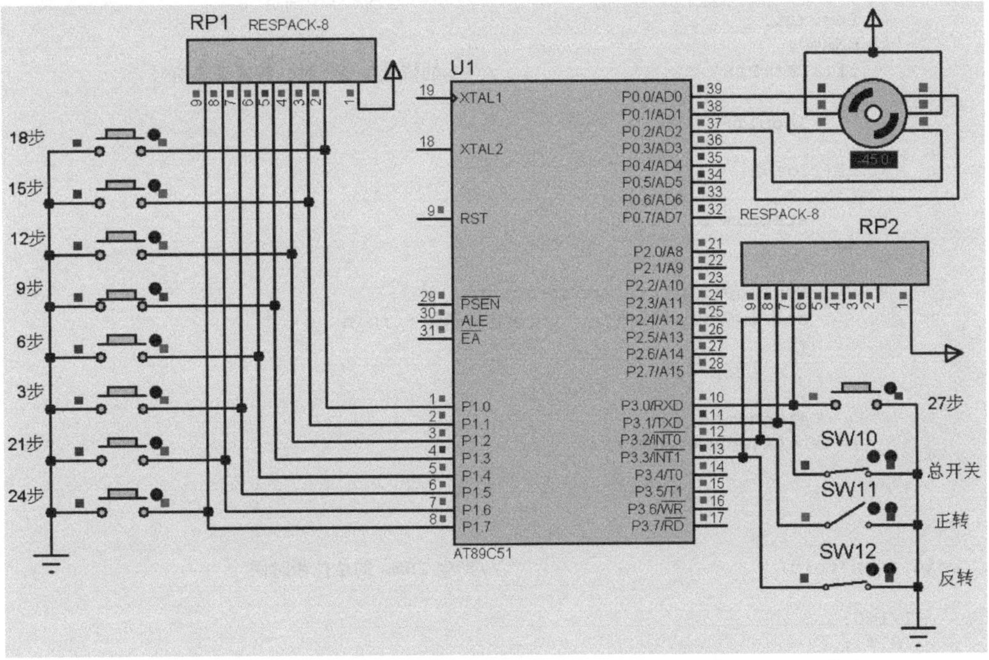

图 10-10 单片机控制三相单三拍步进电机的原理电路

参考程序如下。

```
#include <reg51.h>
#define uchar unsigned char
sbit step18=P1^0;
sbit step15=P1^1;
sbit step12=P1^2;
sbit step9=P1^3;
sbit step6=P1^4;
sbit step3=P1^5;
sbit step21=P1^6;
sbit step24=P1^7;
sbit step27=P3^0;
sbit zheng=P3^2;
sbit fan=P3^3;
sbit shut=P3^1;                    //当按下总开关时，电机运行
uchar stepnum,counter=0;           //前进的步数
uchar RRR,flg,KKK;                 //RRR 用于调速控制；flg=0 正转；flg=1 反转；flg=2 不转
                                   //KKK 为 P1 状态的寄存
uchar loop[2][4]={{0x0e,0x0d,0x0b,0x07},{0x07,0x0b,0x0d,0x0e}};    //两组分别为正转和反转
void loop1(void);
void loop2(void);
void step(void);

main()
{
    uchar i;
    TMOD=0x10;
    TL1=0xf0;
```

10

```
    TH1=0xd8;
    EA=0;
    ET1=0;
    while(1)
    {
        while(shut);                          //开关按下后才开始运转
        P0=0xff;
        RRR=0;
        if(KKK!=P1)                           //P1 的值发生变化时，触发采集信号
        {
            loop1();
        }
        if(flg!=2)
        {
            stepnum=0;
        do
        {
            P0=loop[flg][(stepnum+counter)%4];
            for(i=0;i<=4;i++)       //确定转速为 5r/min
            {
                step();
            }
            stepnum++;
        }while(stepnum<=RRR);
        }
    }
}

void step(void)                               //产生 10ms 的单位步时间
{
    TF1=0;
    TR1=1;
    while(TF1==0);
    TR1=0;
    TL1=0xf0;
    TH1=0xd8;
}

void loop1(void)                              //采集顺时针或逆时针信号，zheng=1 顺时针，fan=1
                                              //逆时针
{
    KKK=P1;                                   //暂存 P1 的状态
    if(zheng==1)
    {
        flg=0;                                //正转
    do
        {
        loop2();
    }while(!RRR);
    }
else if(fan==1)
    {
    do
    {
        flg=1;                      //反转
        loop2();
    }while(!RRR);
  }
  else
  {
      flg=2;                                //不转
  }
}
```

```
void loop2(void)
{
    if(step27==0)
    {
        RRR=27;          //27 步
    }
    else if(step24==0)
    {
        RRR=24;          //24 步
    }
    else if(step21==0)
    {
        RRR=21;          //21 步
    }
    else if(step18==0)
    {
        RRR=18;          //18 步
    }
    else if(step15==0)
    {
        RRR=15;          //15 步
    }
    else if(step12==0)
    {
        RRR=12;          //12 步
    }
    else if(step9==0)
    {
        RRR=9;           //9 步
    }
    else if(step6==0)
    {
        RRR=6;           //6 步
    }
    else if(step3==0)
    {
        RRR=3;           //3 步
    }
    else
    {
        RRR=0;
    }
}
```

例 10-6　单片机控制三相双三拍步进电机

1. 设计要求

以单片机为核心，设计一个三相双三拍方式控制步进电动机的装置，并配以按键开关，控制步进电机的启停、正反转（500r/min）、加减速。

2. 工作原理

本例采用三相双三拍方式驱动步进电机。该驱动方式见例 10-5 的说明。

3. 电路设计与编程

步进电机单片机控制系统的设计电路原理图与仿真如图 10-11 所示。电机的启动与停止通过右下角的开关控制。通过合上左侧的正转或反转开关，选择不同的转速控制开关可以观察步进电机以不同的转速正转或反转。

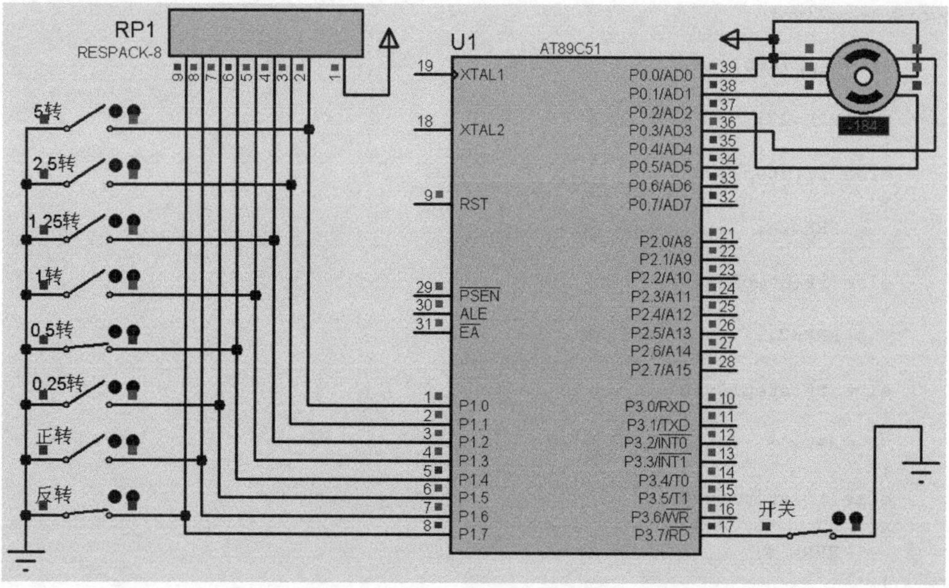

图 10-11　单片机以双三拍方式控制三相步进电机

参考程序如下。

```
#include <reg51.h>
#define uchar unsigned char
sbit P1_0=P1^0;
sbit P1_1=P1^1;
sbit P1_2=P1^2;
sbit P1_3=P1^3;
sbit P1_4=P1^4;sbit P1_5=P1^5;
sbit P1_6=P1^6;
sbit P1_7=P1^7;
sbit shut=P3^7;
uchar RRR,flg,KKK;
        //RRR 用于调速控制；flg=0 正转；flg=1 反转；flg=2 不转；KKK 为 P1 的状态寄存
uchar loop[2][4]={{0x0c,0x06,0x03,0x09},{0x09,0x03,0x06,0x0c}};
        //低四位 1100, 0110, 0011, 1001, 0011, 0110, 1100
void loop1(void);
void loop2(void);
void step(void);

main()
{
    uchar i,j;
    TMOD=0x10;
    TL1=0xf0;
    TH1=0xd8;
    EA=0;
    ET1=0;
    while(1)
    {
        while(shut);                        //开关
        if(KKK!=P1)                         //P1 的值发生变化时，触发采集信号
        loop1();
        if(flg!=2)
        {
            for(i=0;i<=3;i++)
            {
                P0=loop[flg][i];
                for(j=0;j<RRR;j++)
```

```
                    {
                        step();
                    }
                }
            }
        }
}

void step(void)                        //产生 20ms 的单位步时间
{
    TF1=0;
    TR1=1;
    while(TF1==0);
    TR1=0;
    TL1=0xf0;
    TH1=0xd8;
}

void loop1(void)                       //采集顺时针或逆时针信号，P1.6=1 顺时针，P1.7=1 逆时针
{
    KKK=P1;                            //暂存 P1 的状态
    if(P1_6==1)
    {
        flg=0;                         //正转
        loop2();
    }
    else if(P1_7==1)
    {
        flg=1;                         //反转
        loop2();
    }
    else
    {
        flg=2;                         //不转
    }
}

void loop2(void)
{
    if(P1_0==0)
    {
        RRR=5;                         //5r/s
    }
    else if(P1_1==0)
    {
        RRR=10;                        //2.5r/s
    }
    else if(P1_2==0)
    {
        RRR=20;                        //1.25r/s
    }
    else if(P1_3==0)
    {
        RRR=25;                        //1r/s
    }
    else if(P1_4==0)
    {
        RRR=50;                        //0.5r/s
    }
    else if(P1_5==0)
    {
        RRR=100;                       //0.25r/s
    }
}
```

例 10-7　直流电机转速测量

1. 电机转速测量的工作原理

利用光电对管、单片机及 LED 数码管等器件可测量直流电机的转速并显示。光电对管也称光电开关，内部结构就是一个发光二极管和一个光敏三极管，分为反射式和直射式，它们的工作原理都是光电转化，即通过集聚光线来控制光敏三极管的导通与截止。因此，测量电机转速的实质是利用光电管控制直流电机叶片底部的白色小带，当检测到白色小带时，产生一个脉冲信号。电机转一圈对应一个脉冲，然后放大脉冲信号并计数，计算单位时间内测得的脉冲数，也就测出了电机的转速，并把转速数据送 LED 数码管显示。

2. 电路设计与编程

测量电机转速的原理电路如图 10-12 所示。电路中的 Z-OPTOCOULER-NPN 为光电管，电机旋转时，使光电管输出脉冲信号，然后放大脉冲信号并对其计数，经过计算，把转速数据送到 LED 数码管显示。

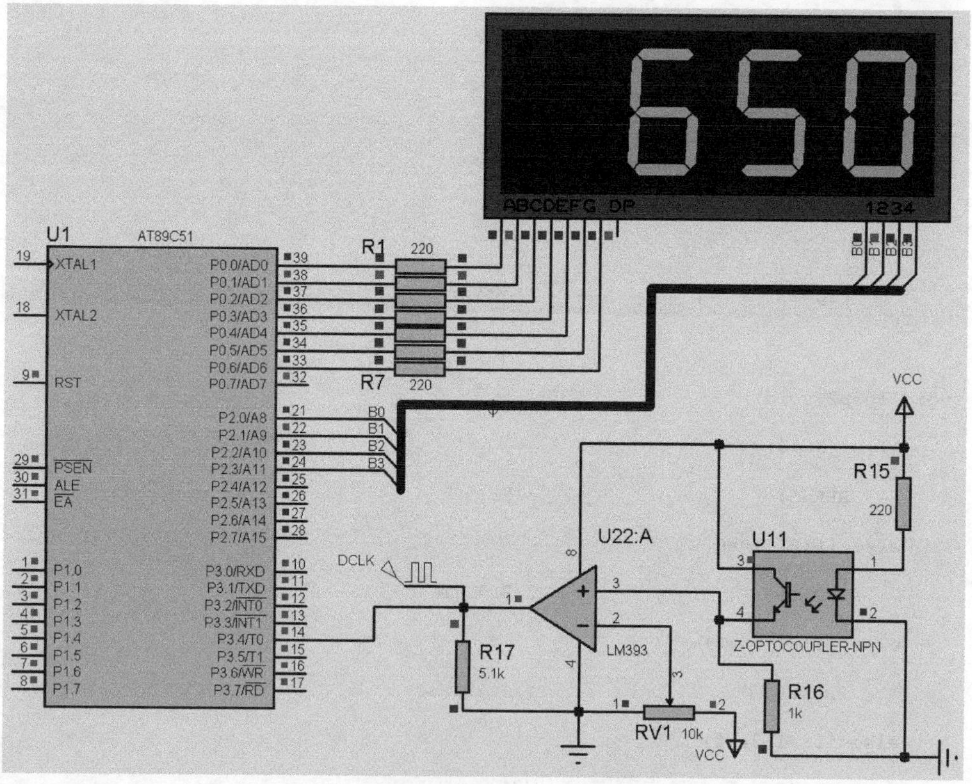

图 10-12　测量电机转速的原理电路与仿真

模拟直流电机转速的脉冲是由数字时钟发生器产生的，在电路中添加数字时钟发生器的方法是，单击图 1-2 中左侧工具箱中的图标，出现选择菜单，选择 DCLOCK 选项，然后把其放入原理图编辑窗口中进行连线。用鼠标右键单击 DCLOCK 图标，出现属性设置窗口，选择“数字类型”栏中的“时钟”项，在右面的“时间”栏中，手动修改输出的数字时钟脉冲的频率，这也就相当于改变了电机的转速。

仿真运行后，电机转速（即每秒计得的脉冲数）显示在 LED 数码管上。数字时钟源频率选择 650，在数码管上显示经过单片机测得的转数（r/s）。

参考程序如下。

```
#include "reg51.h"
#include "intrins.h"
#define uchar unsigned char
#define uint unsigned int
#define out P0
uchar code seg[]={0xc0,0xf9,0xa4,0xb0,0x99,0x92,0x82,0xf8,0x80,0x90,0x01};
int i = 0;

void main(void)                    //主函数
{
    int j;
    TMOD=0x15;                     //T0 方式 1 计数，T1 方式 1 定时
    TH0=0;                         //T0 计数器清零
    TL0=0;
    TH1=0x3C;                      //12MHz 晶振，T1 定时 50ms
    TL1=0xB0;
    TR0=1;                         //启动 T0 计数器
    TR1=1;                         //启动 T1
    IE=0x88;                       //允许 T1 中断和总中断允许
    while(1)
    {
        P2=0x00;                   //输出百位显示值
        out = seg[i/100];
        P2 = 0x02;
        for(j=0;j<100;j++);
        P2=0x00;
        out = seg[i%100/10];       //输出十位显示值
        P2 = 0x04;
        for(j=0;j<100;j++);
        P2=0x00;
        out = seg[i%10];           //输出个位显示值
        P2 = 0x08;
        for(j=0;j<100;j++);
    }
}

void Timer1_ISR() interrupt 3      //定时器 T1 中断程序，用来产生 50ms 定时
{
    static char j = 0;
    TH1=0x3C;                      //重装定时器初值，50ms 定时，12MHz 晶振
    TL1=0xB0;
    if(++j == 20)                  //是否中断 20 次，即 50ms×20 次 = 1s
    {
        j=0;
        i=(TH0 << 8)|TL0;          //1s 内的计数值即为电机转动速度，单位为 r/s
        TH0=0;                     //T0 清零
        TL0=0;
    }
}
```

第 11 章

其他常用的应用案例设计

11

本章介绍其他常用的单片机系统的应用设计。

例 11-1　8 位竞赛抢答器设计

目前，各类竞赛中大多用到竞赛抢答器，以单片机为核心配上抢答按钮开关以及数码管显示器并结合编写的软件，很容易制作一个竞赛抢答器，且修改方便。

1．设计要求

设计一个以单片机为核心 8 位竞赛抢答器，要求如下。

（1）抢答器同时供 8 名选手或 8 个代表队比赛，分别用 8 个按钮 S0～S7 表示。

（2）设置一个系统清除和抢答控制开关 S，该开关由主持人控制。

（3）抢答器具有锁存与显示功能。即选手按动按钮，锁存相应的编号，且优先抢答选手的编号一直保持到主持人将系统清除为止。

（4）抢答器具有定时抢答功能，且一次抢答的时间由主持人设定（如 30s）。当主持人启动“开始”键后，定时器进行减计时，同时扬声器发出短暂的声响，声响持续的时间为 0.5s 左右。

（5）参赛选手在设定的时间内抢答，抢答有效，定时器停止工作，显示器上显示选手的编号和抢答剩余的时间，并保持到主持人将系统清除为止。

（6）如果定时时间已到，无人抢答，本次抢答无效，系统报警并禁止抢答，“剩余时间”数码管显示器上显示 00。

通过键盘改变可抢答的时间，可把定时时间变量设为全局变量，通过键盘扫描程序使每按下一次按键，时间加 1（超过 30 时置 0）。同时单片机不断进行按键扫描，当参赛选手的按键按下时，用于产生时钟信号的定时计数器停止计数，同时将选手编号（按键号）和抢答时间分别显示在 LED 数码管上。

2．电路设计与编程

8 位竞赛抢答器的原理电路如图 11-1 所示。选择晶振频率为 12MHz。图 11-1 为剩余 18s 时，7 号选手抢答成功。

图 11-1 中的 MAX7219 是一串行接收数据的动态扫描显示驱动器。MAX7219 驱动 8 位以下 LED 数码管显示器时，它的 DIN、LOAD、CLK 端分别与单片机 P3 口中的三条口线（P3.0～P3.2）连接。

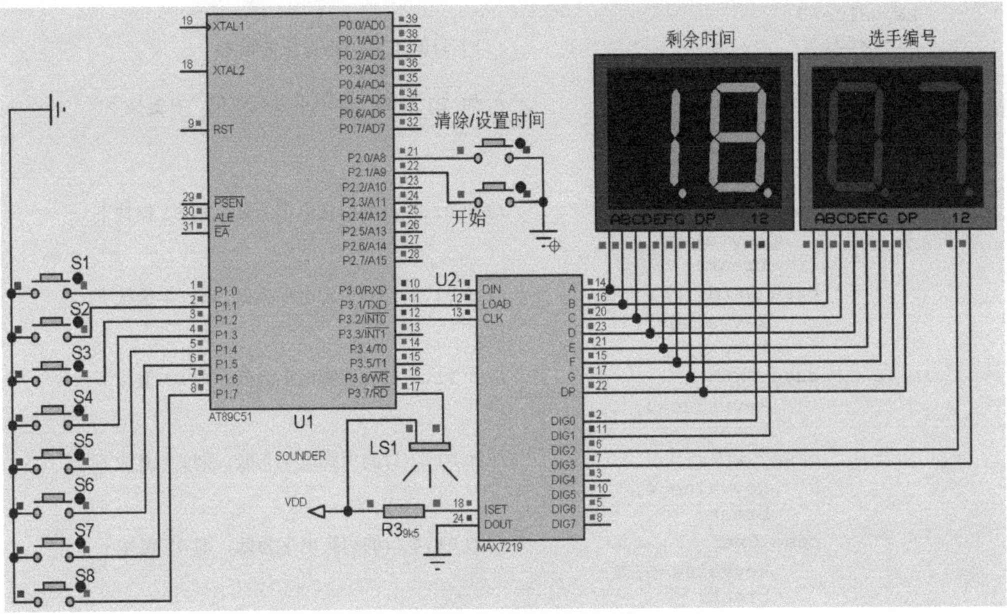

图 11-1　8 位竞赛抢答器的原理电路与仿真

MAX7219 采用 16 位数据串行移位接收方式，即单片机将 16 位二进制数逐位发送到 DIN 端，在 CLK 的每个上升沿将一位数据移入 MAX7219 内部的移位寄存器，当 16 位数据移入完后，在 LOAD 引脚信号上升沿将 16 位数据装入 MAX7219 内的相应位置，能对送入的数据进行 BCD 译码并显示。本例对 MAX7219 进行相应的初始化设置，有关 MAX7219 的特性请参阅相关的技术资料。

参考程序如下。

```
#include<reg51.h>
sbit DIN=P3^0;                      //与 MAX7219 的接口引脚定义
sbit LOAD=P3^1;
sbit CLK=P3^2;
sbit key0=P1^0;                     //定义 8 路抢答器按键
sbit key1=P1^1;
sbit key2=P1^2;
sbit key3=P1^3;
sbit key4=P1^4;
sbit key5=P1^5;
sbit key6=P1^6;
sbit key7=P1^7;

sbit key_clear=P2^0;                //主持人的“清除/设置时间”按键
sbit begin=P2^1;                    //主持人开始按键
sbit sounder=P3^7;                  //蜂鸣器相连的引脚
unsigned char second=30;            //秒表计数值
unsigned char counter=0;            //counter 每计 100，minite 加 1
unsigned char people=0;             //抢答结果
unsigned char num_add[]={0x01,0x02,0x03,0x04,0x05,0x06,0x07,0x08};    //MAX7219 的读写地址
unsigned char num_dat[]={0x80,0x81,0x82,0x83,0x84,0x85,0x86,0x87,0x88,0x89};

unsigned char keyscan()             //键盘扫描函数
{
    unsigned char keyvalue,temp;
```

11

```
    keyvalue=0;
    P1=0xff;                           //P1 口的 8 个引脚设置为输入
    temp=P1;
    if(~(P1&temp))                     //如 P1 口的引脚电平发生变化，有键按下
    {
        switch(temp)
        {
            case 0xfe:                 //如 P1.0 口的引脚电平为低，则 S1 键按下
                keyvalue=1;
                break;
            case 0xfd:                 //如 P1.1 口的引脚电平为低，则 S2 键按下
                keyvalue=2;
                break;
            case 0xfb:                 //如 P1.2 口的引脚电平为低，则 S3 键按下
                keyvalue=3;
                break;
            case 0xf7:                 //如 P1.3 口的引脚电平为低，则 S4 键按下
                keyvalue=4;
                break;
            case 0xef:                 //如 P1.4 口的引脚电平为低，则 S5 键按下
                keyvalue=5;
                break;
            case 0xdf:                 //如 P1.5 口的引脚电平为低，则 S6 键按下
                keyvalue=6;
                break;
            case 0xbf:                 //如 P1.6 口的引脚电平为低，则 S7 键按下
                keyvalue=7;
                break;
            case 0x7f:
                keyvalue=8;            //如 P1.7 口的引脚电平为低，则 S8 键按下
                break;
            default:
                keyvalue=0;
                break;
        }
    }
    return keyvalue;                   //返回键号
}

void max7219_send(unsigned char add,unsigned char dat)     //向 MAX7219 写命令函数
{
    unsigned char  ADS,i,j;
    LOAD=0;
    i=0;
    while(i<16)
    {
        if(i<8)
        {
            ADS=add;
        }
        else
        {
            ADS=dat;
        }
        for(j=8;j>=1;j--)
        {
            DIN=ADS&0x80;
            ADS=ADS<<1;
            CLK=1;
            CLK=0;
        }
```

```
        i=i+8;
    }
    LOAD=1;
}

void max7219_init()                          //MAX7219 初始化函数
{
    max7219_send(0x0c,0x01);
    max7219_send(0x0b,0x07);
    max7219_send(0x0a,0xf5);
    max7219_send(0x09,0xff);
}

void  time_display(unsigned char x)          //时间显示函数
{
    unsigned char i,j;
    i=x/10;
    j=x%10;
    max7219_send(num_add[1],num_dat[j]);
    max7219_send(num_add[0],num_dat[i]);
}

void scare_display(unsigned char x)          //显示抢答结果函数
{
    unsigned char i,j;
    i=x/10;
    j=x%10;
    max7219_send(num_add[3],num_dat[j]);
    max7219_send(num_add[2],num_dat[i]);
}

void holderscan()                            //函数功能：设置抢答时间为 0～60s
{
    time_display(second);                    //时间显示
    scare_display(people);
    if(~key_clear)                           //如果设置时间键按下，则改变抢答时间
    {
        while(~key_clear);
        if(people)                           //如果抢答结果没有清空，则抢答器重置
        {
            second=30;
            people=0;
        }
        if(second<60)                        //如果设置时间小于 60，则时间变量增 1
        {
            second++;
        }
        else
        {
            second=0;                        //如果设置时间≥60，则时间变量清零
        }
    }
}

void timer_init()                            //定时器 T0 初始化
{
    EA=1;
    ET0=1;
    TMOD=0x01;                               //定时器 T0 方式 0 定时
    TH0=0xd8;                                //装入定时初值，10ms 中断一次
    TL0=0xef;
```

```
}

void main()                                //主函数
{
    while(1)
    {
    do
    {
        holderscan();
    }while(begin);                    //若未按下“开始”键，则循环
    while(~begin);                    //若按下“开始”键，则往下执行
    max7219_init();                   // MAX7219 初始化
    timer_init();                     //定时器 T0 中断初始化
    TR0=1;                            //启动定时器 T0
    do
    {
        time_display(second);         //显示时间
        scare_display(people);        //显示抢答结果
        people=keyscan();
    }while((!people)&&(second));  //运行直到抢答结束或者时间结束
    TR0=0;
    }
}

void timer0() interrupt 1                  //定时器 T0 中断函数
{
    if(counter<100)
    {
        counter++;
        if(counter==50)
        {
            sounder=0;                     //蜂鸣器发出声响
        }
    }
    else
    {
        sounder=1;
        counter=0;
        second=second-1;
    }
    TH0=0xd8;                              //重新装载定时初值
    TL0=0xef;
    TR0=1;                                 //启动 T0
}
```

例 11-2　电话拨号的模拟

设计一个模拟电话拨号时的电话键盘及显示装置，把电话键盘拨出的电话号码及其他信息，显示在 LCD 显示屏上。电话键盘共有 12 个键，除了 0～9 这 10 个数字键外，还有“*”键用于删除最后输入的 1 位号码；“#”键用于清除显示屏上所有的数字显示；还要求每按下一个键，蜂鸣器要发出声响，以表示按下该键。显示的信息共 2 行，第 1 行为设计者信息，第 2 行显示所拨的电话号码。本例的原理电路及仿真如图 11-2 所示。

电话拨号键盘采用 4×3 矩阵键盘，共 12 个键。拨号号码的显示用 LCD 1602 液晶显示模块，因此涉及单片机与 4×3 矩阵式键盘以及 1602 液晶显示模块 LCD1602（即 Proteus 中的 LM016L）的接口设计及驱动程序的编制。

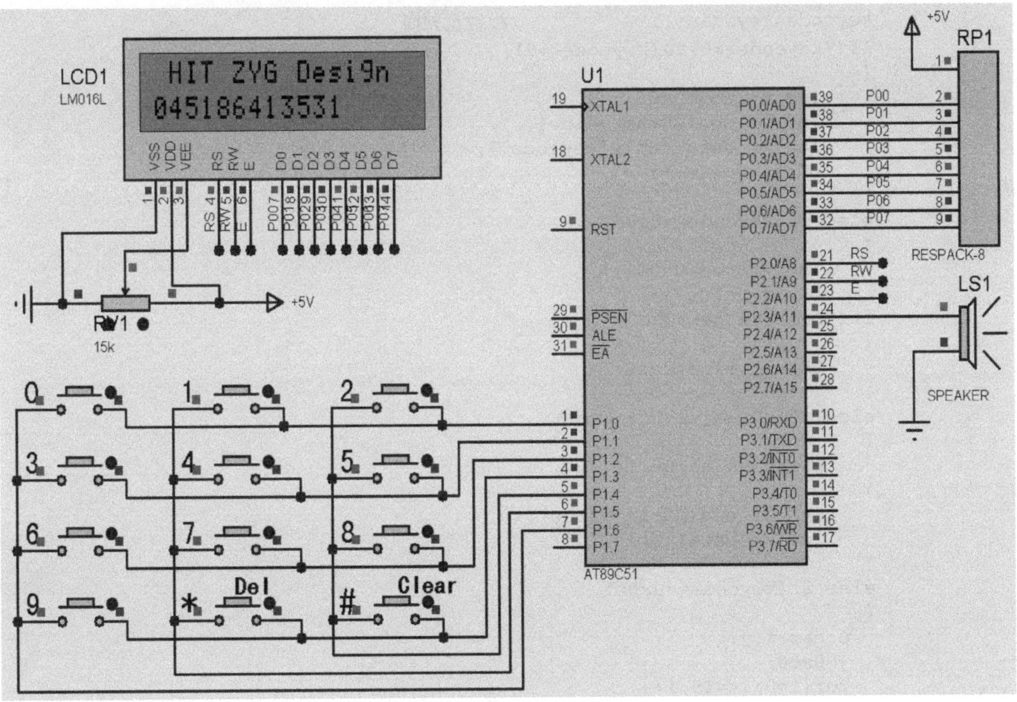

图 11-2　电话拨号的模拟

参考程序如下。

```
#include<reg51.h>
#define uint unsigned int
#define uchar unsigned char
uchar keycode,DDram_value=0xc0;
sbit rs=P2^0;
sbit rw=P2^1;
sbit e =P2^2;
sbit speaker=P2^3;
uchar code table[]={0x30,0x31,0x32,0x33,0x34, 0x35,0x36,0x37,0x38,0x39, 0x20};
uchar code table_designer[]=" HIT ZYG Design ";      //第 1 行显示的设计者信息
void lcd_delay();                                    //函数声明
void delay(uint n);                                  //延时函数
void lcd_init(void);                                 //LCD 初始化函数
void lcd_busy(void);                                 //检测 LCD 是否忙函数
void lcd_wr_con(uchar c);                            //向 LCD 写命令函数
void lcd_wr_data(uchar d);                           //向 LCD 写数据函数
uchar checkkey(void);                                //检测键盘有无键按下函数
uchar keyscan(void);                                 //键盘扫描函数

void main()                                          //主函数
{
    uchar num;
    lcd_init();                                      //LCD 初始化
    lcd_wr_con(0x80);
    for(num=0;num<=14;num++)
    {
        lcd_wr_data(table_designer[num]);
    }
    while(1)
    {
```

```
        keycode=keyscan();                    //键盘扫描
        if((keycode>=0)&&(keycode<=9))
        {
            lcd_wr_con(0x06);
            lcd_wr_con(DDram_value);
            lcd_wr_data(table[keycode]);
            DDram_value++;
        }
        else if(keycode==0x0a)
        {
            lcd_wr_con(0x04);
            DDram_value--;
        if(DDram_value<=0xc0)
        {
            DDram_value=0xc0;
        }
        else if(DDram_value>=0xcf)
        {
            DDram_value=0xcf;
        }
            lcd_wr_con(DDram_value);
            lcd_wr_data(table[10]);
        }
        else if(keycode==0x0b)
        {
          uchar i,j;
          j=0xc0;
          for(i=0;i<=15;i++)
          {
              lcd_wr_con(j);
              lcd_wr_data(table[10]);
              j++;
          }
          DDram_value=0xc0;
        }
    }
}

void lcd_delay()                              //延时函数
{
    uchar y;
    for(y=0;y<0xff;y++)
    {
        ;
    }
}

void lcd_init(void)                           //LCD 初始化函数
{
    lcd_wr_con(0x01);                         //向 LCD 写命令 0x01
    lcd_wr_con(0x38);                         //向 LCD 写命令 0x38
    lcd_wr_con(0x0c);                         //向 LCD 写命令 0x0c
    lcd_wr_con(0x06);                         //向 LCD 写命令 0x06
}

void lcd_busy(void)                           //判断 LCD 是否忙函数
{
    P0=0xff;                                  //设置 P0 口为输入，读忙信号
    rs=0;
    rw=1;
    e=1;
    e=0;
    while(P0&0x80)                            //读取的忙信号，是否为忙，忙则循环
```

```
    {
        e=0;
        e=1;
    }
    lcd_delay();                            //忙信号为不忙，往下执行
}

void lcd_wr_con(uchar c)                    //向 LCD 写命令函数
{
    lcd_busy();
    e=0;
    rs=0;
    rw=0;
    e=1;
    P0=c;
    e=0;
    lcd_delay();
}

void lcd_wr_data(uchar d)                   //向 LCD 写数据函数
{
    lcd_busy();
    e=0;
    rs=1;
    rw=0;
    e=1;
    P0=d;
    e=0;
    lcd_delay();
}

void delay(uint n)                          //延时函数
{
    uchar i;
    uint j;
    for(i=50;i>0;i--)
    for(j=n;j>0;j--);
}

uchar checkkey(void)                        //检测键盘有无键按下的函数
{
    uchar temp;
    P1=0xf0;
    temp=P1;
    temp=temp&0xf0;
    if(temp==0xf0)
    {
        return(0);
    }
    else
    {
        return(1);
    }
}

uchar keyscan(void)                         //键盘扫描并返回所按下的键号的函数
{
    uchar hanghao,liehao,keyvalue,buff;
    if(checkkey()==0)
    {
        return(0xff);                       //无键按下，返回 0xff
    }
    else                                    //无键按下，返回 0xff
    {
```

```
            uchar sound;
            for(sound=50;sound>0;sound--)
            {
                speaker=0;
                delay(1);
                speaker=1;
                delay(1);
            }
            P1=0x0f;
            buff=P1;
            if(buff==0x0e)
            {
                hanghao=0;
            }
            else if(buff==0x0d)
            {
                hanghao=3;
            }
            else if(buff==0x0b)
            {
                hanghao=6;
            }
            else if(buff==0x07)
            {
                hanghao=9;
            }
            P1=0xf0;
            buff=P1;
            if(buff==0xe0)
            {
                liehao=2;
            }
            else if(buff==0xd0)
            {
                liehao=1;
            }
            else if(buff==0xb0)
            {
                liehao=0;
            }
            keyvalue=hanghao+liehao;
            while(P1!=0xf0);
            return(keyvalue);
        }
}
```

例 11-3　基于热敏电阻的数字温度计设计

1. 工作原理与技术要求

本例使用铂热电阻 PT100 作为温度传感器，其阻值会随着温度的变化而改变。PT 后的 100 即表示它在 0℃时阻值为 100Ω，在 100℃时它的阻值约为 138.5Ω。厂家提供 PT100 在各温度下电阻阻值的分度表，在此可以近似取电阻变化率为 0.385Ω/℃。向 PT100 输入稳恒电流，再通过转换后测定 PT100 两端的电压，即可得到 PT100 的电阻值，进而推算出当前的温度值。本例采用 2.55mA 的电流源对 PT100 进行供电，然后用运算放大器 LM324 搭建的同相放大电路将其电压信号放大 10 倍后输入 AD0804 中。利用电阻变化率为 0.385Ω/℃的特性，可计算出当前的温度值。具体技术要求如下。

（1）测量温度范围为−50℃～110℃。

（2）精度误差小于 0.5℃。

（3）LED 数码直读显示。

2．电路设计与编程

基于热敏电阻的数字温度计原理电路与仿真如图 11-3 所示。

需注意本例采用 PT100 的“两线制”接线方式，属于精度稍低的接线法，也可尝试采用工业上广泛使用的“三线制”接线方式和精度很高的“四线制”接线方式。

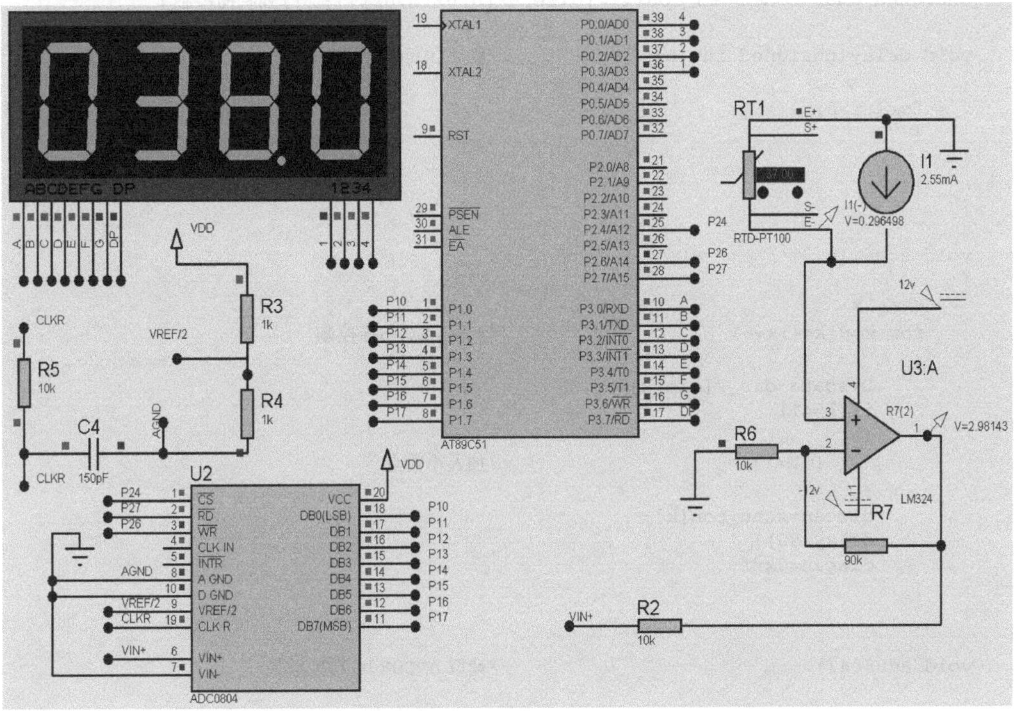

图 11-3　基于热敏电阻的数字温度计原理电路与仿真

电路中的 A/D 转换器采用了 ADC0804，ADC0804 为 8 位逐次逼近型 A/D 转换器，内部由 1 个 A/D 转换器和 1 个三态输出锁存器组成，单通道输入，转换时间约为 100μs，非线性误差为±1LSB，电源电压为单一+5V。如果要对多路模拟量进行转换，可采用 ADC0809（在 Proteus 中用 ADC0808 代替）。ADC0809 与 ADC0804 相比，多了 1 个 8 路模拟开关和 1 个 3 位地址锁存译码器，ADC0809 可分时输入并转换 8 个模拟通道的模拟量。除这一点外，其他均相同。

启动仿真，PT100 旁边的数字窗口显示测定的环境温度，调整 PT100 的↓和↑，可模拟环境温度的改变，使得显示器上显示的值随着 PT100 的变化而变化。值得注意的是，由于使用热敏电阻 PT100 对温度存在一定的响应时间，故启动程序一段时间后，测定的温度才能稳定下来。

参考程序如下。

```
#include<reg51.h>
#include <intrins.h>
#define Disdata P3
#define discan P0
sbit adrd=P2^7;                    //I/O 口定义
sbit adwr=P2^6;
```

```
sbit csad=P2^4;
sbit  DIN=P3^7;                              //LED 显示小数点控制

unsigned char j,k,ad_data,t;
unsigned char dis[4]={0x00,0x00,0x00,0x00};
unsigned char code dis_7[12]={0x3f,0x06,0x5b,0x4f,0x66,0x6d,0x7d,0x07,0x7f,0x6f,
                    0x77,0x40};
//共阳 LED 段码表对应显示字型：0, 1, 2, 3, 4, 5, 6, 7, 8, 9, 灭, "- "
unsigned char code scan_con[4]={0xfe,0xfd,0xfb,0xf7};  //列扫描控制字

void delay(unsigned int t)                   //约 11μs 延时函数
{
    for(;t>0;t--)
    {
        ;
    }
}

void scan()
{
    char k;
    for(k=0;k<4;k++)                         //4 位 LED 扫描控制
    {
        Disdata=dis_7[dis[k]];
        if(k==1)
        {
            DIN=1;                           //加入小数点
        }
        discan=scan_con[k];
        delay(90);
        discan=0xff;
    }
}

void ad0804()                                //读取 ADC0804 转换结果
{
    P1=0xff;                                 //读取 P1 口之前先给其写全 1
    csad=0;                                  //选通 ADCS
    adrd=0;                                  //ADC 读使能
    ad_data=P1;                              //AD 数据读取赋给 P1 口
    adrd=1;
    csad=1;                                  //关闭 ADCS
    adwr=0;
}

void ad_compute()                            //u=2.55+T/100, 2.55 反映在 A/D 转换结果为 0x83
{
    unsigned char t_temp;
    ad_data=ad_data-0x83;
    t_temp=ad_data*2-4;
    if(t_temp<=110)
    {
        dis[3]=t_temp/100;
        dis[2]=t_temp/10-dis[3]*10;
        dis[1]=t_temp%10;
        dis[0]=t%5*2;
    }
    else
    {
        t_temp=256-t_temp;
        dis[3]=11;
        dis[2]=t_temp/10;
```

```
            dis[1]=t_temp%10;
            dis[0]=t%5*2;
        }
}

void main()                                     //主函数
{
    while(1)
    {
        ad0804();
        ad_compute();
        scan();
    }
}
```

例 11-4 基于时钟/日历芯片 DS1302 的电子钟设计

在单片机应用系统中，有时需要一个实时的时钟/日历作为时间基准。实时时钟/日历的集成电路芯片有多种，设计者只需选择合适的芯片即可。本节介绍最为常见的时钟/日历芯片 DS1302 的功能、特性、与单片机的硬件接口设计及软件编程。

1. DS1302基本性能及工作原理

时钟/日历芯片 DS1302 是美国 DALLAS 公司推出的涓流充电时钟芯片，主要功能特性如下。

（1）能计算 2100 年前的年、月、日、星期、时、分、秒的信息；每月的天数和闰年的天数可自动调整；时钟可设置为 24 小时或 12 小时格式。

（2）与单片机之间采用单线的同步串行通信。

（3）31 字节的 8 位静态 RAM。

（4）功耗低，保持数据和时钟信息时，功率小于 1mW；具有可选的涓流充电能力。

（5）读/写时钟或 RAM 的数据有单字节和多字节（时钟突发）两种传送方式。DS1302 的引脚如图 11-4 所示。

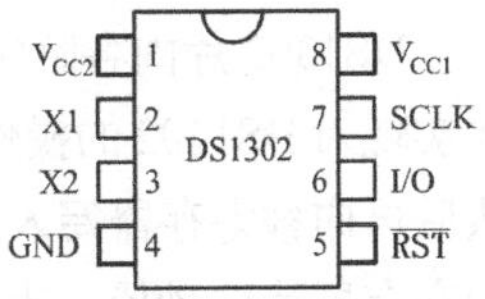

图 11-4 DS1302 的引脚

各引脚功能如下。

- I/O：数据输入/输出。
- SCLK：同步串行时钟输入。
- $\overline{RST}$：芯片复位，1—芯片的读/写使能，0—芯片复位并被禁止读/写。
- V_{CC2}：主电源输入，接系统电源。
- V_{CC1}：备份电源输入引脚，通常接 2.7~3.5V 电源。当 V_{CC2}> V_{CC1}+0.2V 时，芯片由 V_{CC2} 供电；当 V_{CC2}<V_{CC1} 时，芯片由 V_{CC1} 供电。
- GND：地。

单片机与 DS1302 之间无数据传输时，SCLK 保持低电平，此时如果 $\overline{RST}$ 从低变为高，就启动数据传输，SCLK 的上升沿将数据写入 DS1302，而在 SCLK 的下降沿从 DS1302 读出数据。$\overline{RST}$ 为低时，禁止数据传输。读/写时序如图 11-5 所示。数据传输时，低位在前，高位在后。

2. DS1302的命令字格式

单片机对 DS1302 的读/写，都必须由单片机先向 DS1302 写入一个命令字（8 位）发起。DS1302 的命令字格式见表 11-1。

11

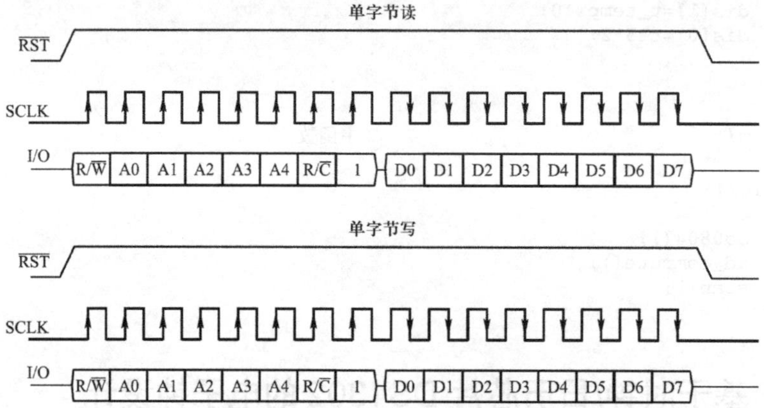

图 11-5　DS1302 读/写时序

表 11-1　DS1302 的命令字格式

D7	D6	D5	D4	D3	D2	D1	D0
1	RAM/$\overline{CK}$	A4	A3	A2	A1	A0	RD/$\overline{W}$

命令字中各位的功能如下。

- D7：必须为逻辑 1，如为 0，则禁止写入 DS1302。
- D6：1—读/写 RAM 数据，0—读/写时钟/日历数据。
- D5～D1：为读/写单元的地址。
- D0：1—对 DS1302 读操作，0—对 DS1302 写操作。

注意，命令字（8 位）总是低位在先，命令字的每 1 位都是在 SCLK 的上升沿送出。

3．DS1302的内部寄存器

DS1302 片内各时钟/日历寄存器以及其他的功能寄存器见表 11-2。通过向寄存器写入命令字实现对 DS1302 的操作。例如，要设置秒寄存器的初始值，需要先写入命令字 80H（见表 11-2），然后再向秒寄存器写入初始值；如果要读出某时刻秒的值，需要先写入命令字 81H，然后再从秒寄存器读取秒值。表 11-2 中各寄存器“取值范围”列的数据均为 BCD 码。

表 11-2　主要寄存器、命令字与取值范围及各位内容

寄存器名（地址）	命令字		取值范围	各位内容							
	写	读		D7	D6	D5	D4	D3～D0			
秒寄存器（00H）	80H	81H	00～59	CH	10SEC			SEC			
分寄存器（01H）	82H	83H	00～59	0	10MIN			MIN			
小时寄存器（02H）	84H	85H	01～12 或 00～23	12/24	0	AP	HR	HR			
日寄存器（03H）	86H	87H	01～28,29, 30,31	0	0	10DATE		DATE			
月寄存器（04H）	88H	89H	01～12	0	0	0	10M	MONTH			
星期寄存器（05H）	8AH	8BH	01～07	0	0	0	0	DAY			
年寄存器（06H）	8CH	8DH	01～99	10YEAR				YEAR			
写保护寄存器（07H）	8EH	8FH		WP	0	0	0	0			
涓流充电寄存器（08H）	90H	91H		TCS	TCS	TCS	TCS	DS	DS	RS	RS
时钟突发寄存器（3EH）	BEH	BFH									

表 11-2 中前 7 个寄存器的各特殊位符号的含义如下。

- CH：时钟暂停位，1—振荡器停止，DS1302 为低功耗方式；0—时钟开始工作。
- 10SEC：秒的十位数字，SEC 为秒的个位数字。
- 10MIN：分的十位数字，MIN 为分的个位数字。
- 12/24：12 或 24 小时方式选择位。
- AP：小时格式设置位，0—上午模式（AM）；1—下午模式（PM）。
- 10DATE：日期的十位数字，DATE 为日期的个位数字。
- 10M：月的十位数字，MONTH 为日期的个位数字。
- DAY：星期的个位数字。
- 10YEAR：年的十位数字，YEAR 为年的十位数字。

表 11-2 中后 3 个寄存器的功能及特殊位符号的含义如下。

- 写保护寄存器：该寄存器的 D7 位 WP 是写保护位，其余 7 位（D0～D6）置为 0。在对时钟/日历单元和 RAM 单元进行写操作前，WP 必须为 0，即允许写入。当 WP 为 1 时，用来防止对其他寄存器进行写操作。
- 涓流充电寄存器，即慢充电寄存器，用于管理备用电源的充电。
  - ➢ TCS：只有 4 位 TCS=1010 时，才允许使用涓流充电寄存器，其他任何状态都将禁止使用涓流充电器。
  - ➢ DS：两位 DS 位用于选择连接在 V_{CC2} 和 V_{CC1} 之间的二极管数目。1—选择 1 个二极管；10—选择 2 个二极管；11 或 00—涓流充电器被禁止。
  - ➢ RS：两位 RS 位用于选择涓流充电器内部在 V_{CC2} 和 V_{CC1} 之间的连接电阻。RS=01，选择 R1（2kΩ）；RS=10 时，选择 R2（4kΩ）；RS=11 时，选择 R3（8kΩ）；RS=00 时，不选择任何电阻。
- 时钟突发寄存器：单片机对 DS1302 除了单字节数据读/写外，还可采用突发方式，即多字节的连续读/写。在多字节连续读/写中，只要对地址为 3EH 的时钟突发寄存器进行读/写操作，即把对时钟/日历或 RAM 单元的读/写设定为多字节方式。在多字节方式中，读/写都开始于地址 0 的 D0 位。当用多字节方式写时钟/日历时，必须按照数据传送的次序写入最先的 8 个寄存器；但是以多字节方式写 RAM 时，没有必要写入所有的 31 字节，被写入的每字节都被传输到 RAM，无论 31 字节是否都被写入。

4．接口电路设计与编程

制作一个使用时钟/日历芯片 DS1302 并采用 LCD1602 显示的日历/时钟，其基本功能如下。

（1）显示 6 个参量的内容，第一行显示年、月、日；第二行显示时、分、秒。

（2）闰年自动判别。

（3）键盘采用动态扫描方式查询，参量应能进行增 1 修改，由“启动日期与时间修改”功能键 K1 与 6 个参量修改键的组合来完成增 1 修改。先按一下 K1，然后按一下被修改参量键，即可使该参量增 1，修改完毕，再按一下 K1 表示修改结束确认。

本例的时钟/日历原理电路如图 11-6 所示。LCD1602 分两行显示日历与时钟。

图 11-6 中的 4×3 矩阵键盘，只用到了其中的 2 行键共 6 个，余下的其他按键，本例没有使用，可用于将来的键盘功能扩展。

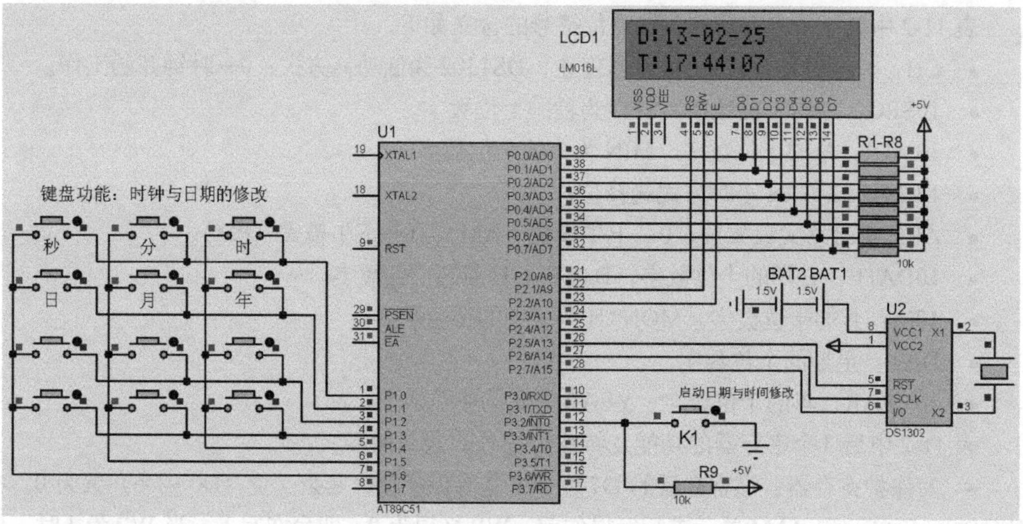

图 11-6　LCD 显示的时钟/日历原理电路及仿真

参考程序如下。

```
#include<reg51.h>
#include "LCD1602.h"                  //液晶显示器 LCD1602 的头文件，见附录 1
#include "DS1302.h"                   //时钟/日历芯片 DS1302 的头文件，见附录 2
#define uchar unsigned char
#define uint unsigned int
bit key_flag1=0,key_flag2=0;
SYSTEMTIME adjusted;                  //此处为结构体定义

uchar sec_add=0,min_add=0,hou_add=0,day_add=0,mon_add=0,yea_add=0;
uchar data_alarm[7]={0};

int key_scan()                        //键盘扫描函数，判断是否有键按下
{
    int i=0;
    uint temp;
    P1=0xf0;
    temp=P1;
    if(temp!=0xf0)
    {
        i=1;
    }
    else
    {
        i=0;
    }

    return i;
}

uchar key_value()                     //获取按下的按键值函数
{
    uint m=0,n=0,temp;
    uchar value;
    uchar v[4][3]={'2','1','0','5','4','3','8','7','6','b','a','9'} ;
    P1=0xfe;temp=P1; if(temp!=0xfe)m=0;          //采用分行、分列扫描的形式获取按键键值
    P1=0xfd;temp=P1; if(temp!=0xfd)m=1;
    P1=0xfb;temp=P1; if(temp!=0xfb)m=2;
```

```
    P1=0xf7;temp=P1; if(temp!=0xf7)m=3;
    P1=0xef;temp=P1; if(temp!=0xef)n=0;
    P1=0xdf;temp=P1; if(temp!=0xdf)n=1;
    P1=0xbf;temp=P1; if(temp!=0xbf)n=2;
    value=v[m][n];
    return value;
}

void adjust(void)                              //修改各参量函数
{
    if(key_scan()&&key_flag1)
    switch(key_value())
    {
        case '0':sec_add++;break;
        case '1':min_add++;break;
        case '2':hou_add++;break;
        case '3':day_add++;break;
        case '4':mon_add++;break;
        case '5':yea_add++;break;
        default: break;
    }
    adjusted.Second+=sec_add;
    adjusted.Minute+=min_add;
    adjusted.Hour+=hou_add;
    adjusted.Day+=day_add;
    adjusted.Month+=mon_add;
    adjusted.Year+=yea_add;
    if(adjusted.Second>59)
    {
        adjusted.Second=adjusted.Second%60;
        adjusted.Minute++;
    }
    if(adjusted.Minute>59)
    {
        adjusted.Minute=adjusted.Minute%60;
        adjusted.Hour++;
    }
    if(adjusted.Hour>23)
    {
        adjusted.Hour=adjusted.Hour%24;
        adjusted.Day++;
    }
    if(adjusted.Day>31)
        adjusted.Day=adjusted.Day%31;
    if(adjusted.Month>12)
        adjusted.Month=adjusted.Month%12;
    if(adjusted.Year>100)
        adjusted.Year=adjusted.Year%100;
}

void changing(void) interrupt 0 using 0   //中断处理函数，修改参量，或修改确认
{
    if(key_flag1)
        key_flag1=0;
    else
        key_flag1=1;
}

main()                                         //主函数
{
    uint i;
    uchar p1[]="D:",p2[]="T:";
    SYSTEMTIME T;
```

11

```
    EA=1;
    EX0=1;
    IT0=1;
    EA=1;
    EX1=1;
    IT1=1;
    init1602();
    Initial_DS1302() ;
    while(1)
    {
        write_com(0x80);
        write_string(p1,2);
        write_com(0xc0);
        write_string(p2,2);
        DS1302_GetTime(&T) ;
        adjusted.Second=T.Second;
        adjusted.Minute=T.Minute;
        adjusted.Hour=T.Hour;
        adjusted.Week=T.Week;
        adjusted.Day=T.Day;
        adjusted.Month=T.Month;
        adjusted.Year=T.Year;
        for(i=0;i<9;i++)
        {
            adjusted.DateString[i]=T.DateString[i];
            adjusted.TimeString[i]=T.TimeString[i];
        }
        adjust();
        DateToStr(&adjusted);
        TimeToStr(&adjusted);
        write_com(0x82);
        write_string(adjusted.DateString,8);
        write_com(0xc2);
        write_string(adjusted.TimeString,8);
        delay(10);
    }
}
```

程序中，使用了自行编写的液晶显示器 LCD1602 的头文件 LCD1602.h，由于液晶显示器 LCD1602 是单片机应用系统经常用到的器件，因此将其常用到的各种驱动函数写成一个头文件，如果以后在其他项目中也用到 LCD1602，只需将该头文件包含进来即可，这为程序的编写提供了方便。同理涉及对时钟/日历芯片 DS1302 的控制，也可自行编写头文件 DS1302.h，以后在其他项目中将该头文件包含进来即可。上述两个头文件的清单分别在附录 1 与附录 2 中列出。

例 11-5　电容、电阻参数测试仪设计

本例的电容、电阻参数测试仪的原理电路如图 11-7 所示。

对电阻的测量，可将待测电阻与一个标准电阻串联后接在+5V 的电源上，按下 1 号键，根据串联分压原理，利用 ADC0804 测定电阻两端电压后，即可得到其阻值。对电容的测量，按下 2 号键可将其与已知阻值的电阻 R_A、R_B 组成基于 NE555 的多谐振荡器，见图 11-7 中的 NE555 电路部分，其产生的方波信号频率为 $f=\dfrac{1.44}{C(R_A+2R_B)}$，故通过测定方波信号的频率可以比较精确地测定 C 的值。测定方波信号频率的方法参见例 6-14。

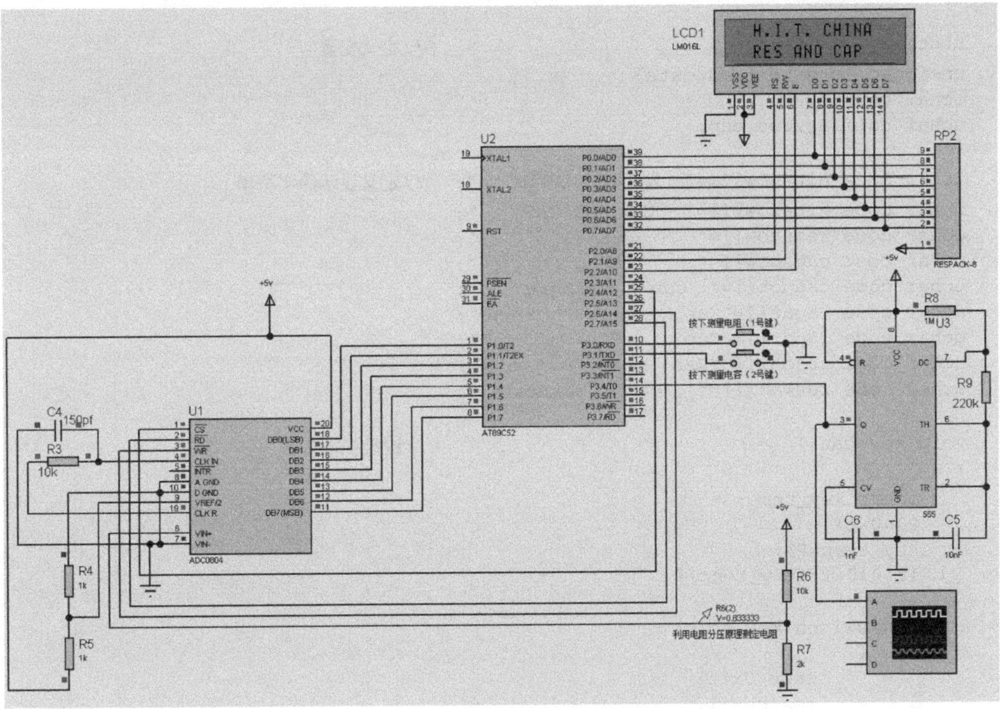

图 11-7 电容、电阻参数测试仪的原理电路

电阻与电容的测量结果显示如图 11-8 和图 11-9 所示。

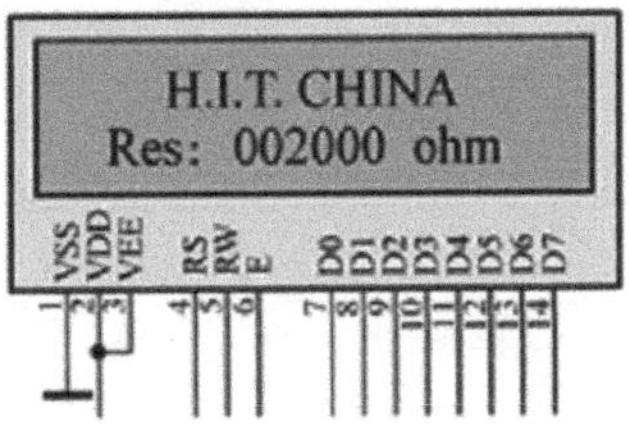

图 11-8 电阻测量结果显示

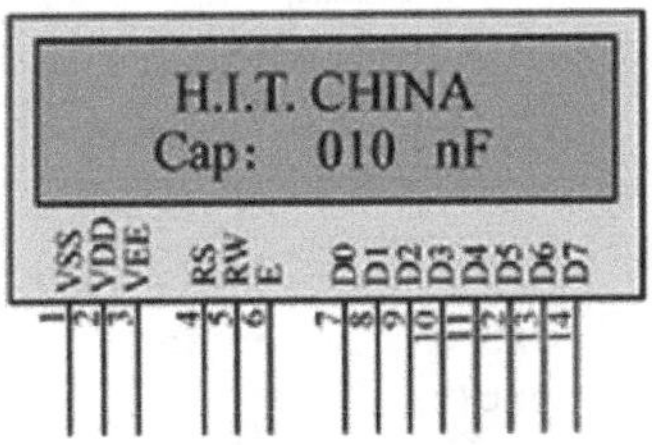

图 11-9 电容测量结果显示

参考程序如下。

```
#include<reg51.h>                    //头文件
#include<lcd1602.h>                  //液晶显示头文件，见附录 1
#include<intrins.h>                  //头文件

#define uchar unsigned char          //宏定义
#define uint unsigned int            //宏定义

sfr16 DPTR=0x82;                     //定义 DPTR
bit status_F=1;                      //状态标志位

sbit adrd=P2^7;                      //I/O 脚定义
sbit adwr=P2^6;
sbit csad=P2^4;

sbit led=P2^3;
```

```
uint aa;                                            //定义变量
unsigned long temp,ad_data;
uchar cout;
uchar capflag,res_cap;

uchar code hitshow1[]="  H.I.T. CHINA   ";  //定义显示的字符串
uchar code hitshow2[]="  RES AND CAP    ";
uchar code resshow[]="     RES          ";
uchar code capshow[]="     CAP          ";
uchar code capnot[]="  can't measure    ";
uchar code capnf[]="Cap:              nF";
uchar code cappf[]="Cap:              pF";
uchar code resohm[]="Res:            ohm";
uchar code reskohm[]="   can't measure ";

void keyscan()                                      //键盘扫描
{
    uchar key_temp;
    P3=0xff;
    key_temp=P3;
    if(~(0xff&key_temp))
    {
        switch(key_temp)
        {
            case 0xfe:
            res_cap=1;
            led=0;
            break;
            case 0xfd:
            res_cap=2;
            break;
            default:
            res_cap=0;
            break;
        }
    }
}

void  init()
{
    uchar i,j;
    write_com(0x80);
    for(i=0;i<16;i++)
    {
        write_data(hitshow1[i]);
    }
    write_com(0x80+0x40);
    for(j=0;j<16;j++)
    {
        write_data(hitshow2[j]);
    }
}

void  resinit()
{
    uchar i;
    write_com(0x80+0x40);
    for(i=0;i<16;i++)
    {
        write_data(resshow[i]);
    }
```

```
    P1=0xff;                            //读取 P1 口之前先给其写全 1
    csad=0;                             //选通 ADCS
    adrd=0;                             //AD 读使能
    ad_data=P1;                         //AD 数据读取赋予 P1 口
    adrd=1;
    csad=1;                             //关闭 ADCS
    adwr=0;
}

void  res()                             //R=0xff\ad_data*2000-10000
{
    unsigned char i;
    unsigned char shiwan,wan,qian,bai,shi,ge;
    resinit();
    ad_data=10000/(0xff/ad_data-1);
    //ad_data=(ad_data/(0xff-ad_data))*2000;
    if(ad_data<1000000)                 //1000000 欧姆以下显示
    {
        shiwan=ad_data%1000000/100000;  //十万位(0xff-ad_adta)/ad_data=10000/x
        wan=ad_data%100000/10000;       //万位
        qian=ad_data%10000/1000;        //千位
        bai=ad_data%1000/100;           //百位
        shi=ad_data%100/10;             //十位
        ge=ad_data%10;                  //个位
        write_com(0x80+0x40);
        for(i=0;i<16;i++)
        {
            write_data(resohm[i]);
        }
        do{
              write_com(0x80+0x45);
              write_data(0x30+shiwan);
              write_com(0x80+0x46);
              write_data(0x30+wan);
              write_com(0x80+0x47);
              write_data(0x30+qian);
              write_com(0x80+0x48);
              write_data(0x30+bai);
              write_com(0x80+0x49);
              write_data(0x30+shi);
              write_com(0x80+0x4a);
              write_data(0x30+ge);
              keyscan();
              }while(res_cap!=2);         //如果不按下 2 号键，则始终显示当前阻值
        }
        else                              //否则不显示
        {
            write_com(0x80+0x40);
            for(i=0;i<16;i++)
            {
                write_data(reskohm[i]);
            }
        }

    }

//定时器，计数器初始化
void  capinit()                           //电容测量初始化
{
```

```
    uchar i;
    temp=0;                              //变量赋初值
    aa=0;
    cout=0;
    IE=0X8A;                             //开中断，T0、T1 中断
    TMOD=0x15;                           /T0 为方式 1 定时，T1 为方式 1 计数
    TH1=0x3c;                            //定时器赋高 8 初值，12M 晶振
    TL1=0xb0;                            //定时器赋低 8 初值，12M 晶振
    TR1=1;                               //开定时器 1
    TH0=0;                               //计数器赋高 8 初值
    TL0=0;                               //计数器赋低 8 初值
    TR0=1;                               //启动计数器 0
    write_com(0x80+0x40);
    for(i=0;i<16;i++)
    {
        write_data(capshow[i]);
    }
void capdisplay(uint capacity,uchar flag) //显示函数
{
    uchar bai,shi,ge,i;
    if(flag==1)
    {
        write_com(0x80+0x40);
        for(i=0;i<16;i++)
        {
            write_data(capnot[i]);
        }
    }
    else if(flag==2)
    {
        write_com(0x80+0x40);
        for(i=0;i<16;i++)
        {
            write_data(capnf[i]);
        }
        capacity=1000/capacity;
        bai=capacity/100;
        shi=(capacity%100)/10;
        ge=capacity%10;
        P1=capacity;
        do{
            write_com(0x80+0x48);
            write_data(0x30+bai);
            write_com(0x80+0x49);
            write_data(0x30+shi);
            write_com(0x80+0x4a);
            write_data(0x30+ge);
            keyscan();
          }while(res_cap!=1);            //不按下 1 号键则始终显示电容值
    }
    else if(flag==2)
    {
        write_com(0x80+0x40);
        for(i=0;i<16;i++)
        {
            write_data(cappf[i]);
        }
        capacity=1000000/capacity;
        bai=capacity/100;
```

```
        shi=(capacity%100)/10;
        ge=capacity%10;
        do{
              write_com(0x80+0x48);
              write_data(0x30+bai);
              write_com(0x80+0x49);
              write_data(0x30+shi);

              write_com(0x80+0x4a);
              write_data(0x30+ge);
              keyscan();
          }while(res_cap!=1);
    }
}

void cap()                              //电容测量函数
{
    capinit();                          //调用定时器，计数器初始化
    while(aa!=19);
    if(aa==19)                          //定时 20*50ms=1s
    {
        aa=0;                           //定时完成一次后清零
        status_F=1;                     //完成计数
        TR1=0;                          //关闭 T1 定时器，定时 1s 完成
        delay(46);                      //延时较正误差
        TR0=0;                          //关闭 T0
        DPL=TL0;                        //计数量的低 8 位
        DPH=TH0;                        //计数量的高 8 位
        temp=DPTR+cout*65535;           //计数值放入变量
    }
    //如下各计算公式为整理基于 555 的多频发生器的参数得到
    if(temp<1000 && temp>10)            //1-100nf
    {
        capflag=2;
    }
    else if(temp>10000 && temp<50000) //20-100pf
    {
        capflag=3;
    }
    else                                //uf 级，不能测量
    {
        capflag=1;
    }
    capdisplay(temp,capflag);           //显示函数
}

void main()
{
    init1602();
    init();
    while(1)
    {
        keyscan();
        if(res_cap==1)                  //如果按下 1 号键，则测量电阻
        {
            res();
        }
        else if(res_cap==2)             //如果按下 2 号键，则测量电容
        {
```

```
            cap();
        }
    }
}

void  xtimer1()  interrupt 3            //T1 定时中断函数
{
    TH1=0x3c;                           //定时器赋高 8 初值
    TL1=0xb0;                           //定时器赋低 8 初值
    aa++;
}

void  xtimer0()  interrupt 1            //T0 计数中断函数
{
    cout++;
}
```

附录 1

头文件 LCD1602.h 清单

```
#ifndef LCD_CHAR_1602_2005_4_9
#define LCD_CHAR_1602_2005_4_9
#define uchar unsigned char
#define uint unsigned int

sbit lcdrs = P2^0;
sbit lcdrw = P2^1;
sbit lcden = P2^2;

void delay(uint z)                  //延时函数，此处使用晶振为 11.0592MHz
{
    uint x,y;
    for(x=z;x>0;x--)
    for(y=110;y>0;y--);
}

void write_com(uchar com)           //写入命令数据到 LCD
{
    lcdrw=0;
    lcdrs=0;
    P0=com;
    delay(5);
    lcden=1;
    delay(5);
    lcden=0;
}

void write_data(uchar date)         //写入字符显示数据到 LCD
{
    lcdrw=0;
    lcdrs=1;
    P0=date;
    delay(5);
    lcden=1;
    delay(5);
    lcden=0;
}

void init1602()                     //LCD1602 初始化设定
{
    lcdrw=0;
    lcden=0;
    write_com(0x3C);
    write_com(0x0c);
    write_com(0x06);
    write_com(0x01);
```

```
    write_com(0x80);
}

void write_string(uchar *pp,uint n)   //采用指针的方法输入字符，n 为字符数目
{
    int i;
    for(i=0;i<n;i++)
    write_data(pp[i]);
}
#endif
```

附录 2

头文件 DS1302.h 清单

```
#ifndef TIMER_DS1302
#define TIMER_DS1302

sbit  DS1302_CLK = P2^6;                //实时时钟时钟线引脚
sbit  DS1302_IO  = P2^7;                //实时时钟数据线引脚
sbit  DS1302_RST = P2^5;                //实时时钟复位线引脚
sbit  ACC0 = ACC^0;            //定义 ACC 的最低位和最高位，在对 ACC 移位操作后，用于传输数据
sbit  ACC7 = ACC^7;

typedef struct SYSTEM_TIME
{
    unsigned char Second;
    unsigned char Minute;
    unsigned char Hour;
    unsigned char Week;
    unsigned char Day;
    unsigned char Month;
    unsigned char  Year;
    unsigned char DateString[9];        //用这两个字符串来放置读取的时间
    unsigned char TimeString[9];
}SYSTEMTIME;                            //定义的时间类型结构体

#define AM(X)  X
#define PM(X)  (X+12)                   //转成 24 小时制
#define DS1302_SECOND  0x80             //片内各位数据的地址
#define DS1302_MINUTE  0x82
#define DS1302_HOUR    0x84
#define DS1302_WEEK    0x8A
#define DS1302_DAY     0x86
#define DS1302_MONTH   0x88
#define DS1302_YEAR    0x8C
#define DS1302_RAM(X)  (0xC0+(X)*2)    //用于计算 DS1302_RAM 地址的宏

//内部指令
void DS1302InputByte(unsigned char d) //实时时钟写入一字节（内部函数）
{
    unsigned char i;
    ACC = d;
    for(i=8; i>0; i--)
    {
        DS1302_IO = ACC0;               //相当于汇编中的 RRC
        DS1302_CLK = 1;
        DS1302_CLK = 0;                 //写数据在上升沿，且先写低位再写高位
        ACC=ACC>>1;                     //前面已经定义 ACC0 = ACC^0，以便再次利用
        DS1302_IO = ACC0;
    }
}
```

```
unsigned char DS1302OutputByte(void)      //函数功能：实时时钟读取一字节（内部函数）
{
    unsigned char i;
    for(i=8; i>0; i--)
    {
        ACC = ACC >>1;                    //相当于汇编中的 RRC
        ACC7 = DS1302_IO;                 //由低位到高位传播 ACC7 中的信息
        DS1302_CLK = 1;                   //读信息在下降沿
        DS1302_CLK = 0;
    }
    return(ACC);
}

void Write1302(unsigned char ucAddr,unsigned char ucDa)    //ucAddr 为 DS1302 地址，
                                                           //ucData 为要写的数据
{
    DS1302_RST = 0;
    DS1302_CLK = 0;
    DS1302_RST = 1;
    DS1302InputByte(ucAddr);              //地址，命令
    DS1302InputByte(ucDa);                //写 1Byte 数据
    DS1302_CLK = 1;
    DS1302_RST = 0;
}

unsigned char Read1302(unsigned char ucAddr)               //读取 DS1302 某地址的数据
{
    unsigned char ucData;
    DS1302_RST = 0;
    DS1302_CLK = 0;
    DS1302_RST = 1;
    DS1302InputByte(ucAddr|0x01);         //上升沿，写地址，命令
    ucData = DS1302OutputByte();          //下降沿，读 1Byte 数据
    DS1302_CLK = 1;
    DS1302_RST = 0;
    return(ucData);                       //在上升沿之后做写操作，在下降沿之前做读操作
}

void DS1302_SetProtect(bit flag)          //是否写保护
{
    if(flag)
    Write1302(0x8E,0x10);
  else
    Write1302(0x8E,0x00);
}

void DS1302_SetTime(unsigned char Address,unsigned char Value)   //函数功能：设置时间
{
    DS1302_SetProtect(0);
    Write1302(Address, ((Value/10)<<4 | (Value%10)));        //将十进制数转换为 BCD 码
}                  //在 DS1302 中的与日历、时钟相关的寄存器存放的数据必须为 BCD 码形式

void DS1302_GetTime(SYSTEMTIME *Time)
{
    unsigned char ReadValue;
    ReadValue = Read1302(DS1302_SECOND);
    Time->Second = ((ReadValue&0x70)>>4)*10 + (ReadValue&0x0F); //将 BCD 码转换为十进制
                                                                 //数，此处为结构体操作

    ReadValue = Read1302(DS1302_MINUTE);
```

```
    Time->Minute = ((ReadValue&0x70)>>4)*10 + (ReadValue&0x0F);

    ReadValue = Read1302(DS1302_HOUR);
    Time->Hour = ((ReadValue&0x70)>>4)*10 + (ReadValue&0x0F);

    ReadValue = Read1302(DS1302_DAY);
    Time->Day = ((ReadValue&0x70)>>4)*10 + (ReadValue&0x0F);

    ReadValue = Read1302(DS1302_WEEK);
    Time->Week = ((ReadValue&0x70)>>4)*10 + (ReadValue&0x0F);

    ReadValue = Read1302(DS1302_MONTH);
    Time->Month = ((ReadValue&0x70)>>4)*10 + (ReadValue&0x0F);

    ReadValue = Read1302(DS1302_YEAR);
    Time->Year = ((ReadValue&0x70)>>4)*10 + (ReadValue&0x0F);
}

unsigned char *DataToBCD(SYSTEMTIME *Time)
{
    unsigned char D[8];
    D[0]=Time->Second/10<<4+Time->Second%10;//将时间信息转换成二进制码后存入数组D[]
    D[1]=Time->Minute/10<<4+Time->Minute%10;
    D[2]=Time->Hour/10<<4+Time->Hour%10;
    D[3]=Time->Day/10<<4+Time->Day%10;
    D[4]=Time->Month/10<<4+Time->Month%10;
    D[5]=Time->Week/10<<4+Time->Week%10;
    D[6]=Time->Year/10<<4+Time->Year%10;
    return D;
}

void DateToStr(SYSTEMTIME *Time)
{
    //将十进制数转换为液晶显示的ASCII值，即变为字符型，此函数为设置年月日信息
    Time->DateString[0] = Time->Year/10 + '0';
    Time->DateString[1] = Time->Year%10 + '0';
    Time->DateString[2] = '-';
    Time->DateString[3] = Time->Month/10 + '0';
    Time->DateString[4] = Time->Month%10 + '0';
    Time->DateString[5] = '-';
    ime->DateString[6] = Time->Day/10 + '0';
    Time->DateString[7] = Time->Day%10 + '0';
    Time->DateString[8] = '\0';
}

void TimeToStr(SYSTEMTIME *Time)
{
    //将十进制数转换为液晶显示的ASCII值，此处为时间信息
    Time->TimeString[0] = Time->Hour/10 + '0';
    Time->TimeString[1] = Time->Hour%10 + '0';
    Time->TimeString[2] = ':';
    Time->TimeString[3] = Time->Minute/10 + '0';
    Time->TimeString[4] = Time->Minute%10 + '0';
    Time->TimeString[5] = ':';
    Time->TimeString[6] = Time->Second/10 + '0';
    Time->TimeString[7] = Time->Second%10 + '0';
    Time->DateString[8] = '\0';
    //还未实现星期的显示转换，改为使用数值显示
}

/*uchar *WeekToStr(SYSTEMTIME Time)
{
    uint i;
    uchar *z;
    i=Time.Week ;
```

```
    switch(i)
    {
        case 1:z="sun";break;
        case 2:z="mon";break;
        case 3:z="tue";break;
        case 4:z="wen";break;
        case 5:z="thu";break;
        case 6:z="fri";break;
        case 7:z="sat";break;
    }

    return z;
}*/

void Initial_DS1302(void)
{
    unsigned char Second;
    Second=Read1302(DS1302_SECOND);
    if(Second&0x80)                          //初始化时间
    {
        DS1302_SetTime(DS1302_SECOND,0);
    }
}

void DS1302_TimeStop(bit flag)               //是否将时钟停止
{
    unsigned char Data;
    Data=Read1302(DS1302_SECOND);
    DS1302_SetProtect(0);
    if(flag)
        Write1302(DS1302_SECOND, Data|0x80);
    else
        Write1302(DS1302_SECOND, Data&0x7F);
}
#endif
```

参考文献

[1] 8-bit Microcontroller With 4K Bytes Flash AT89C51. ATMEL，2000.

[2] 8-bit Microcontroller With 8K Bytes in-system programable Flash AT89S52. ATMEL，2001.

[3] 8-bit Microcontroller With 20K Bytes Flash AT89C55WD. ATMEL，2000.

[4] 张毅刚. 单片机原理及接口技术（C51 编程）[M].（第 2 版）. 北京：人民邮电出版社，2016.

[5] 张毅刚. 单片机原理及接口技术[M].（第 2 版）. 北京：人民邮电出版社，2015.

[6] 张毅刚. 基于 proteus 的单片机课程的基础实验与课程设计[M]. 北京：人民邮电出版社，2012.

[7] 王东峰. 单片机 C 语言应用 100 例[M]. 北京：电子工业出版社，2009.

[8] 王幸之. AT89 系列单片机原理与接口技术[M]. 北京：北京航空航天大学出版社，2004.